国家出版基金项目
NATIONAL PUBLICATION FOUNDATION

“十四五”时期国家重点出版物出版专项规划项目

番茄生物技术

TOMATO BIOTECHNOLOGY

王傲雪 主编

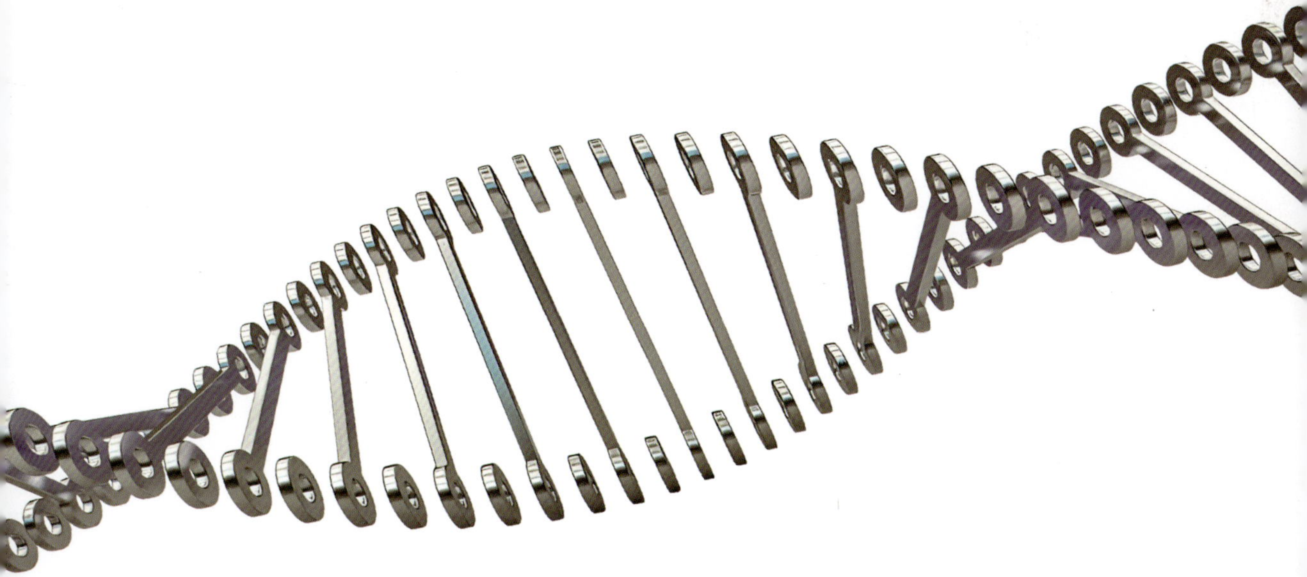

黑龙江科学技术出版社
HEILONGJIANG SCIENCE AND TECHNOLOGY PRESS

图书在版编目（CIP）数据

番茄生物技术 / 王傲雪主编. -- 哈尔滨 : 黑龙江科学技术出版社, 2023.12

ISBN 978-7-5719-2232-0

Ⅰ. ①番… Ⅱ. ①王… Ⅲ. ①番茄—生物工程 Ⅳ. ①S641.2

中国国家版本馆CIP数据核字(2023)第250531号

番茄生物技术

FANQIE SHENGWU JISHU

王傲雪 主编

项目总监 薛方闻

项目策划 薛方闻 朱佳新 梁祥崇

责任编辑 刘 杨 宋秋颖 王化丽 梁祥崇

封面设计 单 迪

出　　版 黑龙江科学技术出版社

地址：哈尔滨市南岗区公安街70-2号 邮编：150007

电话：（0451）53642106 传真：（0451）53642143

网址：www.lkcbs.cn

发　　行 全国新华书店

印　　刷 哈尔滨市石桥印务有限公司

开　　本 787 mm × 1 092 mm 1/16

印　　张 29

字　　数 600千字

版　　次 2023年12月第1版

印　　次 2023年12月第1次印刷

书　　号 ISBN 978-7-5719-2232-0

定　　价 160.00元

编 委 会

主　　编　王傲雪

副 主 编　崔　霞（浙江农林大学）

卢　钢（浙江大学）

张俊红（华中农业大学）

陈秀玲（东北农业大学）

杜敏敏（中国农业大学）

周　姚（中国科学院）

杨文才（中国农业大学）

许向阳（东北农业大学）

参编人员　张　贺　张　瑶　王沛文　程谟桢

姜景彬　卢松冲　赵婷婷　杨欢欢

曹　蕾　刘佳音　仇有文　冯明芳

刘　洋　王文飞　刘宇欣　张慧欣

莫福磊　吕　瑞　李凤硕　孟凡越

崔　雪　崔　佳　苗　爽　于　雷

于天悦　邹宇鑫　白怡潇　田雨鑫

序　一

番茄是一种世界性的经济作物，其营养丰富、风味独特，是人们最喜爱的蔬菜之一。目前中国已经成为世界上番茄种植面积最大、产量最多的国家，种植面积 1 600 多万亩，年产量约 6 600 万吨，占蔬菜总产量的 7%，番茄种植在我国蔬菜生产中具有举足轻重的地位。我国鲜食番茄的产能巨大，不仅实现国人对番茄日常需求的自给自足，而且对外出口，成为国际番茄贸易的重要力量。

同时，由于番茄具有生长周期短、基因组较小、遗传转化容易、遗传多样性丰富、突变体多以及研究基础好等特点，番茄也成为生物学研究的一种模式植物。很多生物技术都首先应用到番茄研究和生产方面，番茄在一定程度上起到了植物生物技术的先锋作用，辐射带动了整个作物生物技术的发展。但迄今为止，国内未见系统论述番茄生物技术，尤其是前沿生物技术在番茄上应用的专著出版。

王傲雪教授深耕番茄生物技术领域多年，在番茄生物技术研究方面具有丰富的理论和实践经验。其主编的《番茄生物技术》是国内首部以番茄为对象，系统全面地介绍细胞及基因工程、组织培养、分子标记及基因编辑等生物技术在番茄的种质资源创新、抗病抗逆育种、重要基因挖掘及功能解析等方面的运用的图书。

该书的出版，可以为番茄领域内科技工作者提供“一站式”技术获取渠道，解决科研工作思路和技术困难，从而提高我国番茄研究工作的整体技术水平，加快我国番茄新品种培育的效率、解决种业“卡脖子”问题，推进番茄产业发展。

2023 年 12 月 19 日

序　二

中国是世界上番茄种植面积最大、产量最多的国家，番茄种植面积约为 1 600 万亩且逐年上升，年产量约 6 600 万吨，占蔬菜总产量的 7%。巨大的产能不仅实现了国人对番茄日常需求的自给自足，还出口国外，成为国际番茄贸易的重要力量。

但综合来看，我国番茄产业与发达国家相比依然处于落后局面：一是品种上，同质化严重，抗病抗逆资源匮乏；二是组织模式上，研发实力不足，成果转化效率有待提高；三是育种技术上，创新力不足，最前沿生物技术与传统育种的融合时效有待提高。

番茄既是重要蔬菜，又是新型水果，还是科研模式作物，具有“三位一体”的功能。王傲雪教授主编的《番茄生物技术》填补了国内番茄生物技术图书出版的空白，具有重要的出版价值。

该书首次对番茄的基因组利用、番茄遗传组学智能分析平台的建立、生物设计育种的最新研究进行了全面、系统的整理。总结了生物技术在番茄上的应用，明确了在番茄育种工作中生物技术充当的重要角色，梳理出番茄育种工作中涉及的生物技术体系，规范了番茄作物基础研究和应用推广的科学研究路径，从而加快番茄育种效率，提高番茄育种质量，巩固番茄产业地位。

该书的出版，对番茄产业科研体系建设及番茄产业发展具有重要推动作用，在提高国民生活水平、提高农民收入、助力乡村振兴方面具有重要意义，有极高的学术价值和社会效益。

2023 年 12 月 26 日

前　言

随着生物科学理论的不断进步，生物技术得到了快速发展。目前，生物技术已经成为农业研究的常规手段，通过生物技术改造传统农业不仅是生物经济发展的重要领域，也是提升传统农业研究水平的重要手段。

番茄是一种世界性蔬菜，种植在南纬 45°、北纬 65° 的广大地区。番茄栽培面积、产量、效益等均居蔬菜生产前列，是全球消费量最大的果蔬之一，其品质和产量对于满足人们的需求和提高农民的经济效益具有重要意义。同时，由于番茄具有基因组小、遗传转化容易、栽培简单、生长周期短等特点，番茄也是生物学研究的重要模式植物。番茄研究论文数量居蔬菜研究前列。因此，番茄在农业领域和研究领域都具有举足轻重的地位，其在生物技术领域进展很快，在细胞工程、基因工程、基因组学、基因编辑、生物信息、分子设计育种等方面均取得了突破性进展。世界上第一例商业化转基因植物就是番茄，基因组编辑问世以后，进入商业化领域的首例基因编辑作物也为番茄，例如日本研制的 γ－氨基丁酸番茄、英国研制的维生素 D 番茄等。除了产品外，我们目前对番茄生长发育、抗逆抗病、品质改良等的理论研究也大多依靠生物技术手段。

鉴于番茄的经济意义和科学价值，面对我国科技和经济发展需要，我们将番茄生物技术相关理论和技术研究梳理出来奉献给读者，旨在推动我国番茄生物技术产业的可持续发展。本书共设 10 章，从番茄的起源、传播和进化展开，对生物技术在番茄上的应用进行系统、全面的阐述。本书首次引入番茄的基因组利用、番茄遗传组学智能分析平台的建立、分子设计育种的最新研究成果。全书包含番茄的细胞工程、基因工程、组织培养、分子标记、转基因技术和基因编辑技术在番茄遗传进化、种质资源创新、抗病抗逆育种、重要基因挖掘及功能解析方面的应用等内容。本书理论与实践紧密结合，兼具科学性、学术性和实用性。该书对番茄领域的科技工作者及其他农业领域的从业者均有很好的参考价值，同时可以作为高等院校园艺学相关专业研究生的辅助教材。

本书在编写中参考并引用了大量国内外番茄科研工作者的最新研究成果，也得到了许多专家学者的支持和帮助，在此表示衷心的感谢！同时，由于生物技术的快速发展和番茄研究的多样性，加上编著者水平有限，不当之处在所难免，敬请广大读者批评指正。

王傲雪

2023 年 12 月 2 日

目　录

第一章

绪论

第一节　番茄的起源、传播与进化

一、番茄的起源

番茄是茄科（Solanaceae）茄属（*Solanum*）中以成熟果实为产品的一年生或多年生草本植物，也是一种世界性蔬菜，是在全球栽培范围最广的蔬菜作物。早在1753年，林奈（Carl von Linné）将番茄归为茄属，并命名为 *Solanum lycopersicum* L.，1768年，英国植物学家菲利普·米勒（Philip Miller）将其归为番茄属，命名为 *Lycopersicon esculentum* Mill.，这一学名2010年之前曾被广泛使用，但该学名不符合植物命名规则，林奈首先命名的物种名称 *Lycopersicum* 具有优先权。Karsten（1888）建议使用 *Lycopersicon lycopersicum* 这个名称，因为它违反了《国际植物命名法规》中“禁止在植物命名中使用两个或两个以上拉丁学名”的原则，所以并未使用。现在遗传学研究证明了番茄属于茄属，所以 *Solanum lycopersicum* L. 是目前通用的番茄拉丁名（海维林等，2022）。

当前普遍认为番茄起源于南美洲的安第斯山地带的秘鲁、厄瓜多尔、玻利维亚和智利的部分地区，至今那里还可发现大量的番茄野生种。随着印第安人的迁徙，番茄最初被传到北美洲南部的墨西哥，公元前500年，墨西哥南部地区就有番茄栽培的记载，在墨西哥湾温暖湿润的气候条件下，经自然选择和人工选择产生了大量变异。英文 tomato 这个名词来源于墨西哥的纳瓦特尔语，与印第安人的方言 tamatl 很相近，番茄的英文名称也间接说明了其起源，而且在哥伦布发现新大陆之前番茄就已在墨西哥及中美洲发展起来（苏宝林 等，1995）。

二、番茄的传播

随着新大陆的发现，16世纪欧洲航海家将番茄从墨西哥传入西班牙、葡萄牙等欧洲国家，之后逐步传入意大利、英国、法国及欧洲其他国家。最初欧洲国家的人们认为番茄果实有毒，无人敢吃，再加上其植株分泌出一种具有怪味的汁液（陈惠明 等，1999），果实酸度高，所以只作为观花看果之物栽种。直到18世纪初期，番茄才作为蔬菜作物进行栽培。19世纪以后，番茄作为一种世界性蔬菜在全球得以迅猛发展。

番茄由西欧传到俄国已是18世纪后期，1783年沙皇俄国的克里米亚最初引进了番茄，再由沙皇俄国传到乌克兰南部及俄罗斯各地。十月革命前俄国番茄栽培面积仅6 000 hm^2，但番茄栽培发展迅猛，至20世纪50年代，番茄栽培面积达到了20万 hm^2（赵

凌侠 等，1999）。

美国虽然是“番茄的故乡”墨西哥的近邻，但直到番茄传入欧洲两个世纪后，即18世纪（1710年）美国才有从欧洲引入番茄的文字记载，1847年番茄才开始在宾夕法尼亚作为蔬菜种植销售（杨又迪，2000）。到19世纪中后期，番茄种植在美国发展很快，不但大面积栽培，而且有计划地开展新品种改良工作。20世纪以来，番茄已经成为美国最重要的蔬菜作物之一，自20世纪30年代以来，美国不论是在番茄新品种选育方面，还是在遗传、生理等基础理论研究方面，均居世界领先地位，美国在番茄遗传资源中心（Tomato Genetics Resource Center，TGRC）、美国农业部（United States Department of Agriculture，USDA）和美国国家种子贮藏实验室（NSSL）均收集了大量的番茄种质资源。

据资料记载，17世纪番茄由葡萄牙人带到东南亚菲律宾、爪哇等地，然后向亚洲传播。大多数学者认为中国最早的番茄是通过传教士由东南亚传入的，也有人认为最早由荷兰传入台湾地区。在中国，番茄别名有西红柿、蕃柿、洋柿子等（孟方平 等，1986）。早在清朝汪灏增修明朝王象晋的《群芳谱》为《广群芳谱》时，即有对番茄的记载：“一名六月柿，茎似蒿，高四五尺，叶似艾，花似榴，一枝结五实或三四实，一树二三十实……草本也，来自西番，故名。”但19世纪中期以前番茄在我国内地少有栽培食用，台湾地区有柑仔蜜“形如柿，细如橘，可和糖煮茶品”的记载。20世纪中叶以后，番茄在我国栽培面积日渐扩大，目前我国已经成为世界上番茄栽培面积最大的国家，并且在番茄基础理论研究、育种技术提升、种质资源创新以及新品种选育等方面均取得了长足的进展。

关于番茄最初传到日本的途径有两种说法（肖瑜 等，2017）：一说来自中国，狩野探幽的《草木花写生图卷》（现藏于东京国立博物馆）中即有一幅“唐茄”，18世纪初出版的《大和本草》第九卷中又有“唐柿”的记述；另一说法是直接由东南亚传入。但不管哪种说法，在最初传入之时，同样由于植株难闻的气味及果实酸度强，人们均认为其有毒而不敢食用，仅作观赏用。真正作为蔬菜栽培还是在明治维新时期，即19世纪中叶（1868年）以后，日本全面学习西方，聘请欧美专家到日本指导栽培，所以番茄在日本作为蔬菜栽培也只有一百多年的历史。

三、番茄的进化

人们通常认为当前的栽培番茄是由野生醋栗番茄（*Solanum pimpinellifolium*）驯化而来的，樱桃番茄变种是栽培番茄的祖先。关于最早驯化地区有两种假说，一是秘鲁，二是墨西哥，但是这两个地点均缺乏确切的证据。尤其是大果型番茄，当欧洲人到美洲时，大果型番茄已经存在（徐鹤林 等，2007）。

同工酶分析结果表明，与来自南美洲起源地的番茄相比，现在的欧洲栽培品种与来自墨西哥和中美洲的早期品种以及樱桃番茄相似性更大。另外，与从安第斯山地区收集的野生樱桃番茄相比，从世界其他地区收集的野生樱桃番茄的遗传多样性明显降低。遗传多样性降低是很多植物在驯化过程中的一个重要伴随特征。但是也有研究提供一些证据，认为番茄的驯化发生在秘鲁，而不是墨西哥。Robertson 等（2006）对各种证据进行了认真分析，得出的结论是番茄的真正驯化中心尚难以确定（表 1–1）。

中国农业科学院蔬菜花卉研究所、华中农业大学及东北农业大学等单位对 360 份不同番茄材料的全基因组进行重测序，获得了 1 160 多万个单核苷酸多态性位点（single nucleotide polymorphism，SNPs）及 130 多万个插入 / 删除（insertions and deletions，InDels），构建了一个高密度番茄变异组图谱（肖瑜 等，2017）。把番茄群体分为 3 个亚群，即醋栗番茄、樱桃番茄和大果型栽培番茄。结合表型数据和群体遗传学分析，证明了野生醋栗番茄进化成樱桃番茄，最终形成大果型栽培番茄的两步人工选择过程。

在番茄由野生型向栽培型转变的整个过程中伴随着遗传多样性降低及重要农艺性状向人类需求的方向转变。在番茄的进化历程中，遗传多样性降低分为两个阶段：一是与野生醋栗番茄相比，樱桃番茄的遗传多样性明显降低，主要体现在人工选择主要围绕果实变大、风味变好、植株长势强等方面进行，不良基因及与不良基因紧密连锁的一些基因部分被剔除；二是与樱桃番茄相比，大果型栽培番茄的遗传多样性更低，具有更大的果实，在此阶段人类开始有意识有目的地选择和培育番茄新品种以满足人类需求，导致全基因组的遗传多样性骤降（徐鹤林 等，2007）。人们已经意识到栽培番茄基因组狭窄的问题，随着育种技术的不断发展和市场需求日益多样化，不同的栽培番茄类型逐渐产生。20 世纪 30 年代末，育种家们已开始利用番茄野生种来改良栽培品种，例如通过杂交的方式，许多抗病基因被导入栽培番茄中，并且培育出多个携带导入基因的商品品种。随着这些抗病基因的渗透，现代栽培番茄的遗传多样性得到了一定程度的提高（何永梅 等，2008）。

在重要农艺性状改良方面，番茄在长期驯化过程中，按照人类的需求，果实口感风味、重量、颜色、形状、坐果率、植株生长势等方面发生了显著变化。如对糖苷生物碱等苦味物质的驯化。在育种早期，人类只是本能地选择苦味少的果实。在漫长的选育过程中逐步选出果实口感更好的植株，从而降低了糖苷生物碱的含量。野生番茄果实非常小，重量仅 1~2 g；而现代大果型栽培番茄的果重是其祖先的 100 多倍，最高甚至能达到 1 000 多倍。番茄 *fw2.2*、*fas*、*Style2.1* 等基因是控制番茄果实大小的重要功能基因，丢失这些基因会严重影响番茄果实大小，进而影响番茄产量。除果实大小明显不同于野生番茄外，栽培番茄的果色和果型也发生了明显变化，如欧美地区的人们喜欢红果且便于采收及制作番茄酱的加工番茄，而中国、韩国、日本等亚洲人喜欢粉果、

表1-1　番茄野生种与近缘野生种及其分布（Peralta et al.,2008）

依据 Peralta 等的命名	原来番茄属的命名	日照习性	果实颜色	授粉方式	分布与生境
S. lycopersicum L. 栽培番茄	*L. esculentum* L. Miller	日中性	红色、粉色、橘黄色、绿色、紫黑色、橙红色等	自交亲和，自交授粉，兼性异花授粉	番茄的起源中心是南美洲的安第斯山地带，包括秘鲁、厄瓜多尔、玻利维亚、智利、科隆群岛等地，墨西哥是最早的番茄驯化中心，其驯化的类型遍布世界各地。番茄是喜温、喜光、怕霜、怕热、耐肥、半耐旱作物
S. lycopersicum var. *cerasiforme* 樱桃番茄	*L. esculentum* var. *cerasiforme* A. Gray	日中性	红色、黄色、粉红色、紫色、绿色等	自交亲和，自交授粉，兼性异花授粉	被认为是栽培番茄的祖先，起源于南美洲安第斯山一带，原产于秘鲁、厄瓜多尔、玻利维亚等地。樱桃番茄常常被发现生长在温暖环境下的农田周边（并不一定在它的起源地）。樱桃番茄可能更像是栽培番茄与野生番茄的混合体
S. arcanum Peralta 奥秘番茄	Part of *L.peruvianum* L. Miller	日中性	典型绿色带有深绿条纹	典型的自交不亲和，异花授粉，很少一些群体自交亲和，自花授粉，兼性异花授粉	北秘鲁，安第斯山谷的沿海和内陆的干燥岩石斜坡，海拔 100~2 500 m
S. cheesmaniae (L. Riley) Fosberg 契斯曼尼番茄	*L. cheesmanii* L. Riley	短日照	黄色、橙色	自交亲和，严格自交	加拉帕戈斯群岛（厄瓜多尔）特有，从海平面到 1 300 m
S. chilense (Dunal) Reiche 智利番茄	*L. chilense* (Dunal)	短日照	绿色到白绿色，带有紫色条纹	自交不亲和，异花授粉	南秘鲁到北智利，安第斯山脉西斜坡的极度干燥的岩石平地、干河床和沿海沙滩，从海平面到 3 000 m

续表

依据 Peralta 等的命名	原来番茄属的命名	日照习性	果实颜色	授粉方式	分布与生境
S. chmielewskii (C.M. Rick, Kesicki, Fobes & M. Holle) D.M. Spooner, G.J.Anderson & R.K. Jansen 克梅留斯基番茄	*L. chmielewskii* C.M. Rick, Kesicki, Fobes and M. Holle	日中性	典型绿色带有深绿条纹	自交亲和，兼性异花授粉	秘鲁阿普里马克河谷上游和玻利维亚索拉塔山谷，海拔 2 300~3 000 m
S. corneliomuelleri J.F. Macbr 多腺番茄	Part of *L. peruvianum* L. Miller; *L. glandulosum* C.F. Mull.	日中性，有些为短日照	典型绿色带有深绿或者紫色条纹，有时泛鲜紫色	典型的自交不亲和，异花授粉	秘鲁中部（利马附近）至南部安第斯山脉西坡的中高海拔地区，偶尔生长在该物种分布区南部山体滑坡边缘的低山坡上，海拔范围为海平面至 4 500 m
S. galapagense S.C. Darwin & Peralta 加拉帕戈斯番茄	Part of *L. cheesmaniae* L. Riley	短日照	黄色、橙色	自交亲和，严格自交	加拉帕戈斯群岛（厄瓜多尔）特有，特别是西部和南部岛屿，主要生长在沿海火山岩和火山斜坡带，海拔达 650 m。但在费尔南迪纳和圣地亚哥岛屿，可达 1 500 m
S. habrochaites S. Knapp & D.M. Spooner 多毛番茄	*L. hirsutum* (Dunal)	短日照	绿色带有深绿条纹	典型的自交不亲和，伴随北部和南部种的自交亲和	厄瓜多尔中心到秘鲁中心，山前森林到安第斯山脉西斜坡的干燥深林，偶尔在北秘鲁的洛马斯形成区域，海拔 300~400 m
S. huaylasense Peralta 华莱斯番茄	Part of *L. peruvianum* L. Miller	日中性，有些为短日照	典型绿色带有深绿条纹	典型的自交不亲和，异花授粉	北秘鲁（安卡什部分），沿河的岩石坡地，海拔 1 000~3 100 m
S. juglandifolium Humb. & Bonpl. ex Dunal 胡桃番茄	*L. juglandifolum* (Dunal) J.M.H. Shaw	短日照	绿色到黄绿色	自交不亲和，异花授粉	哥伦比亚东北到南厄瓜多尔，林中空地边缘、开阔区域和路边，海拔 1 200~3 100 m

续表

依据 Peralta 等的命名	原来番茄属的命名	日照习性	果实颜色	授粉方式	分布与生境
S. lycopersicoides Dunal 类番茄茄	*L. lycopersicoides* (Dunal)	短日照	开始成熟为黄绿色，完全成熟为黑色	自交不亲和，异花授粉	南秘鲁到北智利的安第斯山脉西部斜坡的干燥岩石坡地，海拔 1 500~3 700 m
S. neorickii D.M. Spooner, G.J. Anderson & R.K. Jansen 小花番茄	*L. parviflorum* Rick, Kesicki, Fobes & Holle	日中性	典型绿色带有深绿色条纹	自交亲和，高度自交授粉	南厄瓜多尔到南秘鲁，干燥的安第斯山谷，600~3 500 m，常生长在岩石床和路边。有时发现与克梅留斯基番茄混生
S. ochranthum Humb. & Bonpl. ex Dunal 赭番茄	*L. ochranthum* (Dunal) J.M.H. Shaw	短日照	绿色到黄绿色	自交不亲和，异花授粉	哥伦比亚中心到南秘鲁的山区深林和河边，海拔 1 800~4 100 m
S. pennellii Correll 潘那利番茄	*L. pennellii* (Correll) D'Arcy	日中性	绿色	通常自交不亲和，南部一些种自交亲和	北秘鲁到北智利的干燥岩石坡地和沙地，从海平面到 3 000 m
S. peruvianum L. 秘鲁番茄	*L. peruvianum* L. Miller	日中性，有些为短日照	典型的绿色变为绿白色，但有时泛鲜紫色	典型的自交不亲和，异花授粉	秘鲁中心到北智利，洛马斯形成区域，偶尔在沿海沙滩从海平面到 600 m，有时像杂草一样生长在海边河谷的地边
S. pimpinellifolium L. 醋栗番茄	*L. pimpinellifolium* (L.) Miller	多数为日中性	红色	自交亲和，自交授粉，兼性异花授粉	明显生长在厄瓜多尔中心到南秘鲁的沿海地区，0~500 m，智利的部分地区，是北美洲外来植物。在其起源地的潮湿地和农田的边上到处生长
S. sitiens I.M. Johnst 里基茄	*L. sitiens*（I.M. Johnst）J.M.H. Shaw	短日照或日中性	开始成熟为黄绿色，完全成熟变为黑色	自交不亲和，异花授粉	南美洲西部智利特有，分布在智利北部西安第斯山脉斜坡的岩石和哥斯达黎加的干燥处，海拔 2 350~3 500 m

可直接食用的鲜食番茄。当前，提高品质、提高抗性等已经成为番茄农艺性状改良的主要目标。

第二节　番茄的营养价值与用途

一、番茄的营养价值

番茄果实营养丰富，含有多种维生素和矿质元素，如维生素 A、B 族维生素、维生素 C、钙、磷、钾、钠、镁等，食用番茄可以补充人体大部分维生素和矿质元素。番茄中果胶物质含量为 1.3%~2.5%。果胶能降低人体中胆固醇的质量分数，有降血脂的作用。番茄中还含有多种多酚类物质如儿茶酚、柿胶酚等。多酚具有抗辐射、抗衰老的功效，还有清除自由基、清除亚硝酸根离子的生物活性功能（赵美佳 等，2016）。

番茄红素是番茄的主要色素物质，是一种天然的脂溶性的类胡萝卜素（罗金凤 等，2011）。番茄红素广泛存在于番茄、胡萝卜、西瓜等成熟的红色植物果实中，以番茄中含量最高，番茄及其制品是人类摄入番茄红素的最主要来源（田玉娟 等，2022）。番茄红素被认为是目前发现的具有最强抗氧化能力的植物性营养素之一。由于具有极强的抗氧化能力，番茄红素能够阻断人体细胞在外界诱变剂作用下发生基因突变，并能抑制癌细胞增殖，加速癌细胞凋亡（毕素云 等，2018）。因此，番茄红素对胃癌、卵巢癌、皮肤癌、肺癌、肝癌、前列腺癌等多种肿瘤有一定的预防和抑制作用（刘伟 等，2018；王贵刚 等，2018）。此外，番茄红素在保护神经系统、延缓衰老、减少心血管疾病、提高人体免疫力和延缓骨质疏松等多个方面均具有较好的作用。综上所述，番茄是一种营养丰富并具有良好的保健功能的果菜。

二、番茄的用途

番茄是全球分布最广且最受欢迎的蔬菜作物之一。番茄营养丰富、风味可口、色泽鲜艳，既可鲜食，又能做成美味的菜肴。樱桃番茄、草莓番茄、嘎啦果番茄等较好口感番茄已经成为人们餐桌上的高档水果。番茄用来烹饪，可凉拌，可炒食，也可做汤。番茄是一年四季皆受欢迎的主要果菜。

番茄还可加工成各种番茄制品（杨吉德 等，2017），当前仍以初加工产品为主，如番茄酱、去皮番茄、番茄汁、番茄沙司、番茄粉等。美国、以色列、意大利等国都盛产番茄，并且主要用于制品加工，如美国 88.1% 的番茄用于加工制品，近 11.8% 供应鲜食；意大利 72.5% 的番茄用于加工制品，26.6% 为鲜食；希腊 70.7% 的番茄用于加工制品，

29.2% 供鲜食（江燕，2007）。根据出口量统计，全球番茄出口结构为鲜番茄 > 番茄酱 > 番茄沙司 > 去皮番茄 > 番茄汁。中国产的番茄酱年出口量超 100 万 t，出口金额超 50 亿元。除以上列举的番茄主要加工制品外，当前番茄发酵饮料如乳酸菌发酵饮料和番茄酒饮料等也在迅猛发展（姚宇晨 等，2021）。番茄深加工产品当前主要围绕番茄红素的提取，近年来取得较大的发展，如市场中已有的番茄红素胶囊、片剂和液体制剂等（陈建平 等，2018）。随着人们营养保健意识的增强，番茄及其加工制品将越来越受到人们的喜爱（李佳 等，2016）。

第三节　番茄生物技术的发展与趋势

一、番茄生物技术的发展

生物学理论的突破和生物技术的创新不断给番茄新品种、新技术带来新契机，由于番茄具有遗传转化容易、基因组相对小等优点，细胞工程、基因工程、基因组选择等生物技术在番茄品种选育与栽培中不断取得新突破。特别是在当前生物经济蓬勃发展的前提下，番茄生物技术正以前所未有的速度迅猛发展，促进了番茄育种、栽培以及采后加工等领域的跨越式发展。

（一）番茄细胞工程的发展

番茄生物技术基本上按照从宏观逐渐到微观的过程发展（表 1–2）。最先发展的生物技术就是细胞工程技术。番茄组织培养相对容易，最早在 1934 年就已经报道成功。通过组织培养技术可以对远缘杂交种幼胚及回交种幼胚进行离体培养，进而分化成再生植株，克服远缘杂交的不亲和性及自交不亲和性，进行胚拯救，从而实现远缘杂交。从 1941 年开始，美国夏威夷的 Frazier 等人便开始利用组培技术开发普通番茄与番茄属野生种 *S. peruvianum*、*S. habrochaites*、*S. chilense* 的远缘杂交，以期通过组织培养技术转育野生种中的烟草花叶病毒（tobacco mosaic virus，TMV）抗性，并于 1949 年成功获得了具有烟草花叶病毒（TMV）抗性的转育株系（Frazier et al.，1949）。1960 年 Clayberg 等人将这一株系的抗病基因定名为 *Tm-1*（Clayberg et al.，1960）。Soost（1963）在该抗病株系基础上进一步分离出一个新的抗病株系，其抗病性是由一个显性基因控制的，但与一个隐性黄化基因相连锁，被定名为 *Tm-2*^{nv}。1974 年美国康奈尔大学 H. Munger 教授将含有 *Tm-2*^{nv} 基因的材料 manapal 带到了中国，给我国番茄抗病育种研究和新品种应用带来一次飞跃，一大批 manapal 转育而成的优良杂交组合在生产上得到了广泛的应用，如苏抗系列番茄品种、东农系列番茄品种、西粉和西抗系列番茄品种以及渝抗系列番茄品种等，不仅遏制了当时流行且严重危害番茄生产的烟草花叶病毒病蔓延，而且促进了番茄抗病育种研究的深入发展。

细胞融合技术可以集中不同物种的优异性状，从而产生优异新品种或者新物种。1977 年，Shepard 等人通过原生质体融合技术获得马铃薯和番茄的体细胞杂交种，该杂交种表现出双亲的形态，根据杂交种与马铃薯、番茄相似程度不同，分别命名为 Topatoes 或 Pomatoes，不过最终这一体细胞杂交未能结薯块，也未能开花结果。1985 年，Handley 等人将类番茄茄与普通番茄进行体细胞杂交，杂交种无论在细胞解剖、同工酶，还是在形态学上都表现双亲的性状，创造了新的番茄种质。

（二）番茄基因工程的完善

由于番茄组织培养较为容易，番茄基因工程技术也得到了迅速的发展。早在 1986 年，美国便获得了转化 TMV 外壳蛋白基因的番茄植株，转基因番茄在 TMV 抗性上得到了提高。1988 年起，江苏省农业科学院蔬菜研究所与北京大学蛋白质与植物基因研究国家重点实验室合作，将黄瓜花叶病毒（cucumber mosaic virus, CMV）外壳蛋白编码基因 *CMV-cp* 转入番茄品种中，结果证明转基因番茄的 CMV 抗性达到中等水平。1994 年，美国 Calgene 公司推出利用反义 RNA 技术抑制多聚半乳糖醛酸酶（PG）基因表达的耐贮番茄品种 Flavr-Savr^{TM}，其成为世界上第一个商业化转基因品种。在接下来的 30 年时间里，番茄在抗病、抗虫、抗逆、耐贮藏、品质等方面取得了一系列成果，特别是农业部在 1997 年批准了华中农业大学自主研制的转基因延熟番茄“华番 1 号”的商业化生产，拉开了我国转基因番茄的商业化序幕。2021 年 12 月 30 日，中国农业大学领衔的国内外单倍体育种技术研究团队在植物领域知名期刊 *Plant Biotechnology Journal* 上发表了 *In vivo maternal haploid induction in tomato* 的研究成果，通过敲除 *SlDMP* 基因使番茄产生败育种子的同时，在杂交和自交后代中形成一定比例的母本单倍体，首次建立了番茄单倍体诱导系统，为创建单双子叶作物通用的跨物种单倍体快速育种技术体系奠定了基础（Zhong et al., 2022）。

基因编辑是生物技术的里程碑式成果，特别是 2012 年发明的 CRISPR/Cas9 基因编辑技术，给番茄遗传改良带来了新的契机。基因组编辑可以实现精确的植物育种，并且可以快速产生与传统育种技术产生的植物相似或相同的新型和无转基因植物（Araki et al., 2015）。自 2014 年以来，基因组编辑极大地促进了番茄基因功能表征和精准育种，已应用于番茄改良工作，主要包括野生番茄的驯化（Li et al., 2018）、城市农业番茄（Xu et al., 2019）、维生素 D 番茄（Li et al., 2022）、γ－氨基丁酸番茄等（Waltz, 2022）。

（三）番茄智能育种的兴起

虽然植物基因工程技术可以很大程度上推进番茄的遗传改良，但毕竟是单基因或少数基因改良，番茄育种主要还要依赖于番茄自身性状的聚合。常规育种中性状鉴定费时费力，直接影响育种效率。而通过分子标记辅助选择方法可以提高性状选择效率。分子标记最早产生于 1974 年，而真正应用到番茄上是 1986 年。世界上第一张分子标记遗传图谱是 1980 年 Botstein 等人构建的，随后 Bernatzky 等人又构建了分子标记更为饱和的高密度番茄遗传图谱（Botstein et al., 1980；Bernatzky et al., 1986）。番茄分子标记在番茄品质育种、耐冷性育种、耐盐性育种、抗虫害育种和抗病性育种（主要包括晚疫病、番茄花叶病毒病、青枯病、斑萎病）等方面都有应用，但是由于构建群体不同和重组事件的发生，分子标记的应用受到了一定的限制，随着越来越多的基因被鉴定出来，人们用基因作为标记将得到更为广泛的应用。

随着拟南芥（*Arabidopsis thaliana*）和水稻（*Oryza sativa*）等作物基因组测序的完成及计算机科学和互联网技术的飞速发展，各种生物学网络资源高度共享，已成为生物学研究的重要资源。当前，利用网络资源并结合生物信息学的方法，可以实现引物的设计、电子克隆、加速染色体步移、分子标记引物开发、基因的结构和功能预测及代谢途径研究等工作。传统实验生物学与生物信息学相结合已经成为生物学研究的趋势。由来自中国、美国、荷兰、以色列等 14 个国家的 300 多位科学家组成的“番茄基因组研究国际协作组”，于 2012 年完成了对栽培番茄全基因组的精细序列分析（Sato et al., 2012）。历时 8 年多的艰苦努力，国际协作组采用“克隆连克隆”和“全基因组鸟枪法”相结合的测序策略，在解码的番茄基因组中共鉴定出约 34 727 个基因，其中 97.4%（33 824 个）的基因已经精确定位到染色体上。代谢组学、连锁图谱研究和基于代谢组学的全基因组关联研究（metabolome genome-wide association study, mGWAS）的相互结合为番茄代谢的自然变异程度及其遗传和生化控制提供了相当多的见解。2014 年，中国农业科学院深圳农业基因组研究所对来自世界各地的 360 份番茄材料进行重测序，揭示了番茄的进化经历了两个阶段：第一阶段是由野生的蓝莓大小的醋栗番茄进化到樱桃大小的樱桃番茄，第二阶段是从樱桃番茄进化到如今我们常常食用的大果型番茄。在进化的过程中，由于人们一味地追求产量和单一口味，导致大量风味、抗性决定基因位点被人为驯化丢失，该研究找到了多个调控番茄果实风味的遗传位点（Lin et al., 2014）。2017 年，黄三文团队对 100 多种番茄进行了多次严格的品尝实验，并利用数据模型分析确定了 33 种影响消费者喜好的主要风味物质，包括葡萄糖、果糖、柠檬酸、苹果酸和 29 种挥发性物质，揭示了番茄风味的物质基础。对来自世界各地的 400 多份番茄进行基因组测序和生物信息学分析，获得了 250 多个控制风味的基因位点，首次阐明了番茄风味的遗传基础（Tieman et al., 2017）。2018 年 1 月，中国农业科学院深圳农业基因组研究所黄三文研究员团队、海南大学罗杰教授团队及合作者在 *Cell* 杂志上发表了题为 *Rewiring of the fruit metabolome in tomato breeding* 的研究论文。该研究利用多重组学的大数据，揭示了在驯化和育种过程中番茄果实的营养和风味物质的变化，并发现了调控这些物质的重要遗传位点，为植物代谢物的分子机制研究提供了源头大数据和方法创新。同时，该研究结果为番茄果实风味、营养物质的遗传调控和全基因组设计育种提供了路线图（Zhu et al., 2018）。2019 年，康奈尔大学的费章军团队对 725 种不同栽培条件的番茄种质进行泛基因组分析，其结果不但完善了 2012 年发布的番茄参考基因组，而且发现了 4 873 个新基因。研究发现基因 *TomLoxC* 上游启动子区域有一个罕见等位基因，导致 *TomLoxC* 表达量显著改变，并发现该基因与番茄果实中的风味物质紧密关联，同时也导致果实脱辅基类胡萝卜素含量降低（Gao et al., 2019）。2022 年，中国农业科学院深圳农业基因组研究所黄三文团队在 *Nature* 在线发表了题为 *Graph pangenome captures missing heritability and empowers tomato breeding* 的研究论文，该研究报道了新构建的番茄图泛基因组（graph pangenome）。该研究从遗传标记的不完全连锁、等位基因和位点异质性三个角度去寻找丢失的遗传力，为未来番茄育种提供了重要的理论参考。该研究构建的番茄图泛基因组中包含了大量的遗传变异，为番茄基因组研究和基因组辅助育种提供了重要资源。利用图泛基因组特异性检测到的结构变异（structural variation, SV）可进一步解决由于不完全连锁、等位基因和位点异质性等因素导致的在前期研究中丢失遗传力的问题（Zhou et al., 2022）。2023 年 4 月 6 日，*Nature Genetics* 发表了由新疆农业科学院园艺作物研究所牵头，题为 *Super-pangenome analyses highlight genomic diversity and structural variation across wild and cultivated tomato species* 的研究论文。该研究绘制了 11 个野生和栽培番茄的染色体级别高质量基因组图谱，阐明了茄属番茄的基因组演化历史，构建了首个番茄超级泛基因组，并进一步在野生番茄中克隆到可大幅提升栽培番茄产量的新基因1个。该研究既是对番茄基因组资源的重要补充，同时也对其他作物基因组学研究和野生种质资源尤其是近缘野生种的利用具有重要启发意义。研究团队收集了 8 个野生番茄种（*Solanum habrochaites* 多毛番茄，*Solanum chilense* 智利番茄，*Solanum peruvianum* 秘鲁番茄，*Solanum corneliomulleri* 多腺番茄，*Solanum neorickii* 小花番茄，*Solanum chmielewskii* 克梅留斯基番茄，*S. pimpinellifolium* 醋栗番茄和 *Solanum galapagense* 加拉帕戈斯番茄）、1 个番茄野生近缘种（*Solanum lycopersicoides* 类番茄茄）和 2 个栽培番茄代表性品种，利用 PacBio、Bionano 和 Hi-C 测序技术，构建了 11 个染色体水平高质量基因组，解析了其基因组构成；结合已发表数据，重构了野生和栽培番茄的系统发生关系，将其明确划分为 4 个单系起源分支，并发现红果和绿果番茄在约 173 万年前分化。这些结果阐明了野生和栽培番茄的基因组演化历史（Li et al., 2023）。随着番茄基因组和性状的关键基因解析以及人工智能的发展，传统育种、生物技术与人工智能结合得越来越密切，并且逐渐推进番茄育种进入智能时代，即“育种 4.0”时代。虽然番茄智能育种还刚刚起步，但是由于番茄也是一种模式植物，番茄基因组数据相对成熟，解析的功能基因较多，而且番茄基因组遗传变异与性状关联比较系统，相信随着番茄遗传规律、基因功能及基因组的解析，以及人工智能的深度渗入，智能育种在不久的将来会运用到实际育种中。

表1–2　番茄生物技术发展大事件

时间	成果
1949 年	Frazier 等人成功地获得了具有 TMV 抗性的转育株系（其抗病基因后被定名为 *Tm-1*）（Frazier et al., 1949）。
1963 年	Soost 在含抗病基因 *Tm-1* 的抗病株系基础上，分离出一个新的抗病株系（其抗病基因被定名为 $Tm\text{-}2^{nv}$）（Soost et al., 1963）。
1977 年	Shepard 等人运用细胞融合技术获得番茄的体细胞杂交种（Shepard et al., 1977）。
1986 年	McCormick 等人利用叶盘法建立番茄遗传转化系统（McCormick et al., 1986）。
1986 年	Bernatzky 研究团队构建了第一张番茄 RFLP 图谱（Bernatzky et al., 1986）。
1992 年	美国加州大学戴维斯分校的研究团队成功地将一种外源基因导入番茄中，使其具备抗虫能力（Farrar et al., 1992）。
1994 年	美国 Calgene 公司推出第一个用于商业化生产的转基因耐贮番茄 Flavr Savr™（Schuch, 1994）。
1994 年	Smith 团队报道美国发明家和农民开始大规模种植番茄，并发展出了番茄酱的制作方法（Smith, 1994）。
2000 年	Budiman 研究团队完成番茄基因组的测序，使科学家们能够更深入地研究番茄的基因结构和功能（Budiman et al., 2000）。
2012 年	成功地完成了番茄的基因组测序，番茄基因组的测序为研究人员提供了详细的基因信息，并且以驯化的“亨氏 1706”为材料发布了第一个栽培番茄基因组（Sato et al., 2012）。
2014 年	中国农业科学院深圳农业基因组研究所黄三文领导的国际番茄变异组研究团队，通过基因组重测序分析揭示番茄的进化历史（Lin et al., 2014）。
2017 年	中国农业科学院深圳农业基因组研究所黄三文团队利用数据模型结合基因组测序和生物信息学分析首次阐明番茄风味遗传基础（Tieman et al., 2017）。
2017 年	Zouine 等人构建了一个番茄转录组数据可视化和数据挖掘的网络平台 TomExpress（Zouine et al., 2017）。

续表

时间	成果
2018 年	中国农业科学院深圳农业基因组研究所黄三文团队联合海南大学罗杰教授团队，首次通过代谢组 + 基因组 + 转录组多组学分析，为番茄果实风味、营养物质遗传调控和全基因组设计育种提供新思路（Zhu et al., 2018）。
2018 年	中国科学院遗传与发育生物学研究所许操研究组和高彩霞研究组合作，利用多靶点基因编辑载体系统，首次实现野生植物的快速驯化，为精准设计和创造全新作物提供新策略（Li et al., 2018）。
2019 年	美国冷泉港 Zachary B. Lippman 课题组，利用基因编辑技术，创制株型紧凑、可更早开花结果的城市番茄新材料（Kwon et al., 2020）。
2019 年	北京市农林科学院蔬菜研究中心李常保课题组、中国科学院遗传与发育生物学研究所李传友教授课题组和华中农业大学叶志彪教授课题组合作，利用基因编辑技术定向快速创制了粉果番茄杂交种，并能保持原始红果材料的优异的农艺性状（Yang et al., 2019）。
2019 年	中国科学院遗传与发育生物学研究所李传友研究员与北京农林科学院李常保研究员合作，揭示了番茄响应光信号积累花青素的分子机制并通过遗传操作创制出果肉富含花青素的紫色番茄（Gao et al., 2019）。
2020 年	中国科学院遗传与发育生物学研究所李传友团队和北京市农林科学院蔬菜研究中心李常保团队合作，利用生物技术在番茄骨干自交系背景中快速创制雄性不育系和保持系，并有效用于杂交种子生产（Du et al., 2020）。
2021 年	日本 Sanatech Seed 公司，利用基因编辑技术研发的番茄富含具有抑制血压上升功能的成分 GABA，其含量是普通番茄的 5~6 倍（Bhambhani et al., 2022）。
2022 年	中国农业大学陈绍江团队首次建立了番茄单倍体诱导系统，创建了单双子叶通用的跨物种单倍体快速育种技术体系（Zhong et al., 2022）。
2022 年	约翰英纳斯中心（John Innes Centre, JIC）Martin 研究组，利用基因编辑技术改造番茄维生素原 D_3 积累过程，创制富含维生素 D 的番茄，为番茄作为维生素 D 植物性食物来源提供可能性（Li et al., 2022）。
2022 年	利用图泛基因组，研究人员从遗传标记的不完全连锁、等位基因异质性和位点异质性三个方面找回“丢失的遗传力”，为解析生物复杂性状的遗传机制和番茄育种提供了新思路（Zhou et al., 2022）。
2023 年	新疆农业科学院园艺作物研究所绘制了 11 个野生和栽培番茄的染色体级别高质量基因组图谱，阐明了茄属番茄的基因组演化历史，构建了首个番茄超级泛基因组，并进一步在野生番茄中克隆到可大幅提升栽培番茄产量的新基因（Li et al., 2023）。

二、番茄生物技术的发展趋势

（一）番茄基因转化技术的完善

番茄遗传转化相对容易，但是有些基因型转化难度还是很大。实现无基因型依

[20] 赵美佳，邹通，汤泽君，等，2016. 番茄营养成分以及国内外加工现状 [J]. 食品研究与开发，37(10): 215–218.

[21]ARAKI M, ISHII T, 2015. Towards social acceptance of plant breeding by genome editing [J]. Trends in plant science, 20(3): 145–149.

[22]BERNATZKY R, TANKSLEY S D, 1986. Toward a saturated linkage map in tomato based on isozymes and random cDNA sequences [J]. Genetics, 112(4): 887–898.

[23]BHAMBHANI S, KONDHARE K R, GIRI A P, 2022. Advanced genome editing strategies for manipulation of plant specialized metabolites pertaining to biofortification [J]. Phytochemistry reviews, 21(1): 81–99.

[24]BOTSTEIN D, WHITE R L, SKOLNICK M, et al., 1980. Construction of a genetic linkage map in man using restriction fragment length polymorphisms [J]. American journal of human genetics, 32(3): 314–331.

[25]BUDIMAN M A, MAO L, WOOD T C, et al., 2000. A deep-coverage tomato BAC library and prospects toward development of an STC framework for genome sequencing [J]. Genome research, 10(1): 129–136.

[26]CAO X S, XIE H T, SONG M L, et al., 2023. Cut-dip-budding delivery system enables genetic modifications in plants without tissue culture [J]. The innovation, 4(1): 1–8.

[27]CLAYBERG C D, BUTLER L, RICK C M, et al., 1960. Second list of known genes in the tomato: including supplementary rules for nomenclature [J]. Journal of heredity, 51: 167–174.

[28]CODY J P, MAHER M F, NASTI R A, et al., 2023. Direct delivery and fast-treated *Agrobacterium* co-culture (Fast-TrACC) plant transformation methods for *Nicotiana benthamiana* [J]. Nature protocols, 18(1): 81–107.

[29]DU M M, ZHOU K, LIU Y Y, et al., 2020. A biotechnology-based male-sterility system for hybrid seed production in tomato [J]. The plant journal, 102(5): 1090–1100.

[30]FARRAR R R, KENNEDY G G, KASHYAP R K, 1992. Influence of life history differences of two tachinid parasitoids of *Helicoverpa zea*(Boddie)(*Lepidoptera*: *Noctuidae*) on their interactions with glandular trichome/methyl ketone-based insect resistance in tomato [J]. Journal of chemical ecology, 18: 499–515.

[31]FRAZIER W A, ROBERT K D, 1949.Tomato lines of *Lycopersicon esculentum* type resistant to tobacco mosaic virus [J]. HortScience, 54: 265–271.

[32]GAO L, GONDA I, SUN H H, et al., 2019. The tomato pan-genome uncovers new genes and a rare allele regulating fruit flavor [J]. Nature genetics, 51(6): 1044–1051.

[33]KWON C T, HEO J, LEMMON Z H, et al., 2020. Rapid customization of Solanaceae fruit crops for urban agriculture [J]. Nature biotechnology, 38(2): 182–188.

[34]LI J, SCARANO A, GONZALEZ N M, et al., 2022. Biofortified tomatoes provide a new route to vitamin D sufficiency [J]. Nature plants, 8(6): 611–616.

[35]LI N, HE Q, WANG J, et al., 2023. Super–pangenome analyses highlight genomic diversity and structural variation across wild and cultivated tomato species [J]. Nature genetics, 55(5): 852–860.

[36]LI T D, YANG X P, YU Y, et al., 2018. Domestication of wild tomato is accelerated by genome editing [J]. Nature biotechnology, 36(12): 1160–1163.

[37]LIN T, ZHU G T, ZHANG J H, et al., 2014. Genomic analyses provide insights into the history of tomato breeding [J]. Nature genetics, 46(11): 1220–1226.

[38]MCCORMICK S, NIEDERMEYER J, FRY J, et al., 1986. Leaf disc transformation of cultivated tomato(*L. esculentum*) using *Agrobacterium tumefaciens* [J]. Plant cell reports, 5(2): 81–84.

[39]PERALTA I E, DAVID M S, SANDRA K, 2008. Taxonomy of wild tomatoes and their relatives (*Solanum* sect. *lycopersicoides*, sect. *juglandifolia*, sect. *lycopersicon*; Solanaceae)[M]// WAGNER W L, WELLER S G, SAKAI N. Systematic botany monographs. Ann Arbor: University of Michigan Herbarium.

[40]ROBERTSON L D, LABATE J A, 2006.Genetic resources of tomato (*Lycopersicon esculentum* Mill.) and wild relatives[J]. Genetic improvement of solanaceous crops, 2: 25–75.

[41]SATO S, TABATA S, HIRAKAWA H, et al., 2012. The tomato genome sequence provides insights into fleshy fruit evolution [J]. Nature, 485(7400): 635–641.

[42]SCHUCH W, 1994. Improving tomato fruit quality and the European regulatory framework [J]. Euphytica, 79(3): 287–291.

[43]SHEPARD J F, TOTTEN R E, 1977. Mesophyll cell protoplasts of potato: isolation, proliferation, and plant regeneration [J]. Plant physiology, 60(2): 313–316.

[44]SMITH A F, 1994. The tomato in America: early history, culture, and cookery[M]. Urbana–Champaign: University of Illinois Press.

[45]SOOST R K, 1963. Hybrid tomato resistant to tobacco mosaic virus: inheritance for resistance in derivatives of a complex species hybrid [J]. Journal of heredity, 54(5): 241–244.

[46]TIEMAN D, ZHU G T, RESENDE M F R, et al., 2017. A chemical genetic roadmap to improved tomato flavor [J]. Science, 355(6323): 391–394.

[47]WALTZ E, 2002.GABA–enriched tomato is first CRISPR–edited food to enter market[J]. Nature biotechnology, 40(1):9–11.

[48]WANG X G, AGUIRRE L, RODRÍGUEZ–LEAL D, et al., 2021. Dissecting *cis*–regulatory

control of quantitative trait variation in a plant stem cell circuit [J]. Nature plants, 7(4): 419–427.

[49]XU J, LI Y F, HU H Y, 2019. Effects of lycopene on ovarian cancer cell line SKOV3 *in vitro*: suppressed proliferation and enhanced apoptosis [J]. Molecular and cellular probes, 46: 101419.

[50]YANG T, DENG L, ZHAO W, et al., 2019. Rapid breeding of pink-fruited tomato hybrids using the CRISPR/Cas9 system [J]. Journal of genetics and genomics, 46: 505–508.

[51]ZHONG Y, CHEN B J, WANG D, et al., 2022. *In vivo* maternal haploid induction in tomato [J]. Plant biotechnology journal, 20(2): 250–252.

[52]ZHOU Y, ZHANG Z, BAO Z, et al., 2022. Graph pangenome captures missing heritability and empowers tomato breeding [J]. Nature, 606(7914): 527–534.

[53]ZHU G T, WANG S C, HUANG Z J, et al., 2018. Rewiring of the fruit metabolome in tomato breeding [J]. Cell, 172: 249–261.

[54]ZOUINE M, MAZA E, DJARI A, et al., 2017. TomExpress, a unified tomato RNA-Seq platform for visualization of expression data, clustering and correlation networks [J]. The plant journal, 92(4): 727–735.

第二章

番茄细胞工程

植物细胞工程指按照人们的意愿，在细胞或细胞器水平上进行操作、培养、增殖，进而获得细胞产品或者改变细胞内遗传物质的技术。植物细胞工程主要是以细胞的全能性为理论基础，即生物体内每一个活细胞均需相同或者基本相同的成套遗传物质，具有发育成完整生物体所需的全部基因。番茄子叶和下胚轴等器官组织培养较为容易，因此，番茄遗传转化中常常使用子叶和下胚轴，但是对于一些特殊器官如小孢子等的培养迄今还没有成功。

第一节　组织培养

植物组织培养是根据植物细胞具有全能性理论而发展起来的一项无性繁殖技术。广义的植物组织培养是指利用人工培养基在无菌条件下培养植物组织或器官，使其再生为完整植株的过程。由于组织培养是针对离体组织或器官进行培养的，因此组织培养也称离体培养。

组织培养可以用于无性系快速繁殖、病毒脱毒、去除病害、培育新品种、次生代谢物生产、种质资源的保持和利用等方面。

一、番茄组织培养方法的建立

番茄组织培养研究起步较早。1934 年，美国植物生理学家 White 利用无机盐、蔗糖和酵母提取液配制培养基（White, 1934），建立了番茄首个活跃生长的无性繁殖系，成功实现了根的离体培养，并在以后的 28 年间继代培养（反复转移到新鲜培养基）1 600 代。White 的研究首次发现和提出了维生素 B_1、维生素 B_6 和烟酸在组织培养中的重要性。1937 年，他又配制出了 White 植物培养基，培养番茄根尖切段，长出了愈伤组织，后来该培养基得到了改良，称为 White 改良培养基。1954 年，Norton 和 Boll 以番茄根为外植体，首次成功获得了再生植株（Norton et al., 1954）。随后，Murashige 和 Skoog 以 White 培养基为基础，研究了氮、磷、钾等十几种元素在不同浓度下对烟草愈伤组织生长量的影响，最终找到了最适宜浓度，开发出了 MS 培养基（Murashige et al., 1962）。MS 培养基由大量元素、微量元素、维生素和有机成分组成，非常适合植物的细胞、组织和器官的生长和发育，番茄也适宜在该培养基上进行组织培养。将 MS 培养基的无机盐浓度减半，得到的 1/2MS 培养基可以用于番茄的生根培养。此后，番茄组织培养技术得到了迅速的发展，利用 MS 培养基成功地以根、叶、花药和种胚等作为外植体进行离体培养并获得再生植株（Düzyaman et al., 1994）。

但在番茄组织培养研究中，由于基因型、外植体之间的差异以及激素种类及组合上的影响，培养条件并不相同，特别是番茄再生率不高，制约了番茄离体培养技术的进一步应用。在提高愈伤组织及不定芽再生率方面，从生理、生化及细胞组学等多方面做了大量研究，并且在基因型、外植体及不定芽再生上取得了理想的效果。经过多年的研究，人们发现利用子叶、下胚轴作为外植体离体培养再生植株的培养体系相对容易，已经成为番茄农杆菌介导的遗传转化中的主要技术手段。

二、番茄再生的影响因素

（一）基因型

基因型对番茄再生率有重要影响，不同基因型番茄材料不定芽的诱导率存在差异，是影响外植体再生的一个先决条件。

关于基因型再生率差异的报道很多，例如 Singh 等（2010）在对 H-86、H-24、DVRT-1、Sel-7 和 DVRT-2 不同基因型的子叶和下胚轴进行外植体不定芽诱导的研究中发现，在基因型 H-86 中，下胚轴和子叶外植体的再生率最高，分别为 96.60% 和 92.20%，每个外植体的再生芽数最多，分别为 10.2 和 8.4。Shah 等（2015）在对三种不同番茄品种 Rio Grande、Moneymaker 和 Roma 的子叶和下胚轴的培养中发现，下胚轴的愈伤组织诱导率高于子叶的愈伤组织诱导率。其中 Rio Grande 下胚轴的愈伤组织诱导率为 67.48%，子叶的愈伤组织诱导率为 63.69%。但三种材料的子叶的不定芽诱导率均比下胚轴的不定芽诱导率高，说明同一基因型的愈伤组织诱导率高并不代表其分化不定芽的效率高。

不仅是下胚轴和子叶，其他组织器官在再生中也同样存在差异，因此对于不同基因型再生可采用不同培养基进行诱导。例如，单淑玲等（2019）研究发现不同基因型加工番茄 C1、C2 和 C3 的花药愈伤组织诱导培养基存在差异，C1 较适培养基是 MS+2,4-D 0.5 mg/L +KT 1.0 mg/L，诱导率为 13.33%；C2 和 C3 的较适培养基是 MS+NAA 1.0 mg/L +6-BA 1.0 mg/L，诱导率分别为 9.33% 和 4.33%。而 MS+ 6-BA 1.0 mg/L+ NAA 0.2 mg/L 对三种基因型加工番茄花药愈伤组织增殖都比较适合，此培养基下 C3 的愈伤组织增殖率可达 93.33%。

（二）外植体的选择与再生

1. 不同来源的外植体

外植体的来源影响番茄愈伤组织的形成和不定芽的诱导，花药、下胚轴、子叶、真叶等都可以作为外植体进行再生培养。但是不同外植体的再生率有很大差异，例如不同基因型的花药来源都很容易产生愈伤组织，但不定芽诱导的难度却很大（蒋青青等，2012）。

一般来说，在最适培养基下，子叶的愈伤组织诱导率、不定芽的诱导率和生根率都要高于下胚轴。陈丽萍等（2007）在番茄的再生研究中发现，在激素 ZT 2.0 mg/L+IAA 0.2 mg/L 浓度下子叶的不定芽诱导率最高可达 44.00%，但下胚轴的不定芽诱导率仅为 24.50%，其他研究者在试验中也同样发现子叶的不定芽诱导率高（Chaudhry et al.，2010；Otroshy et al.，2013）。

但在不同品种间子叶和下胚轴的不定芽诱导率也有差异，Moghaieb 等（1999）利用商品种“Pontaroza”“Zuishi”和“UC-97”进行不定芽诱导研究，发现“Pontaroza”的下胚轴和子叶的不定芽诱导率分别为 70.20% 和 35.30%，下胚轴的不定芽诱导率更高。Gubis 等（2004）在对 13 个不同基因型番茄的下胚轴、子叶、叶片等不同外植体不定芽诱导中发现，下胚轴的不定芽诱导率可以达到 100.00%，高于子叶和叶片的分化能力。

2. 不同苗龄的外植体

不同苗龄的外植体对不定芽诱导率有一定影响，因此选择合适的苗龄是外植体能够高效分化的基础，通常选用 7~10 d 的苗龄。蒋艳萍（2003）对“红宝石 6 号”和“超级明星”两种番茄的愈伤组织及不定芽诱导的研究表明，苗龄为 7 d 的子叶愈伤组织诱导率分别为 86.20% 和 89.90%，而苗龄 10 d 的愈伤组织诱导率可以达到 93.30% 和 98.50%，在此之后苗龄增大愈伤组织诱导率变低，在 14 d 时取得的外植体的愈伤组织诱导率仅为 84.50% 和 88.70%，显著低于 10 d 时的诱导率。乔亚红等（2013）在对“红番 3 号”番茄的不定芽培养中比较了苗龄对子叶形成愈伤组织和不定芽的影响，将外植体接种在 MS+6-BA 2.0 mg/L+IAA 0.1mg/L 的培养基上，苗龄 6 d 的子叶在接种 20 d 后诱导率接近 100%，但出芽率仅为 10% 左右，苗龄 8 d 和 10 d 的子叶在 10 d 后产生愈伤组织，出愈率达到 100.00%，出芽率提高到 57.50%，高于 6 d 苗龄下的不定芽诱导率。当然，由于基因型不同也有例外，马杰等（2011）对“浙杂 905”“圣亚”和“富丹”三种番茄材料进行愈伤组织和不定芽的诱导发现，苗龄 4 d 的外植体诱导率分别达到 96.67%、95.67%、89.33%，显著高于 2 d、6 d、8 d 苗龄下的诱导率。

（三）激素的选择与再生

在子叶和下胚轴作为外植体的研究中发现，在诱导愈伤组织和芽诱导上，激素配比 ZT 和 IAA 较多，其次是 6-BA+IBA/NAA/IAA。激素配比 6-BA+IBA/NAA 诱导产生愈伤组织的效果要优于 6-BA+IAA，但 6-BA+IAA 更易诱导不定芽的分化（黄刚 等，

2011）。

在诱导愈伤组织和芽分化上，Khaliluev 等（2014）发现，在不添加激素时，子叶的愈伤组织诱导率低于下胚轴，子叶难以分化出愈伤组织，而下胚轴的愈伤组织诱导率可以达到 47.50%；添加激素之后子叶的愈伤组织和不定芽诱导率高于下胚轴，子叶在激素浓度为 ZT 2.0 mg/L+IAA 0.1 mg/L 时不定芽诱导率可以达到 68.80%，单个外植体的不定芽增殖系数为 3.19，而下胚轴的不定芽诱导率仅为 54.70%。在 6–BA+IAA 不同浓度下，下胚轴和子叶均可以诱导分化产生不定芽，但下胚轴的诱导率高于子叶的诱导率，单独添加 6–BA 则下胚轴和子叶均不能诱导不定芽分化。培养基中添加激素 6–BA 1.0 mg/L+IAA 1.0 mg/L 的下胚轴的不定芽诱导率高于添加激素 TDZ 1.0 mg/L+IAA 0.2 mg/L 的培养基（李利利，2019）。研究还发现 GA_3（赤霉素）对番茄再生具有促进作用，在含有 6–BA+IAA 的培养基中加入 1.0 mg/L 的 GA_3，可以增加愈伤组织诱导率和不定芽的诱导（杨波 等，2014）。

在诱导生根方面，在 MS 基本培养基中加入 NAA 0.5 mg/L 和 IAA 0.1 mg/L 可以促进不定芽生根，而添加 6–BA 对不定芽生根作用不明显。在 1/2MS 培养基上，不添加生长素时生根率为 77%，添加 0.05 mg/L 的 IAA 生根率可以达到 87%，且根毛细长茂密，由此可见，低浓度的 IAA 促进不定芽生根的效果要显著优于 NAA 和 IBA（王金杰 等，2009）。Soundararajan 等（2018）研究发现正三乌头醇（TRIA）和茉莉酸（JA）可以促进番茄根的形态建成，TRIA 可能通过增加其他生长促进代谢物质的合成来促进番茄组织的离体生根，但在茉莉酸存在的情况下，TRIA 的作用受到一定的影响。

三、子叶和下胚轴组织培养

在番茄组织培养过程中，植物材料的部位及其生理苗龄决定着实验的成败。番茄外植体包括子叶、下胚轴及子叶柄等，选用子叶和下胚轴的居多。子叶和下胚轴组织培养主要步骤为诱导无菌苗、无菌外植体的获得、愈伤组织诱导培养、不定芽诱导培养、生根培养和驯化移栽（图 2–1、图 2–2）。

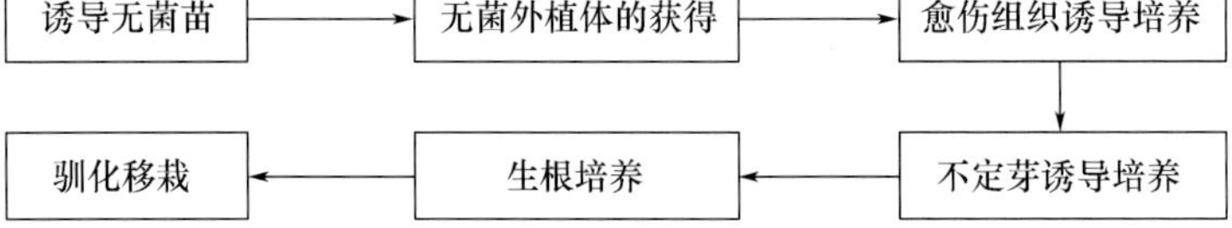

图2–1 番茄的组织培养流程图

图2-2　番茄的组织培养各阶段展示图

（一）诱导无菌苗

挑选饱满的番茄种子，温水浸泡 4 h，用体积分数为 75% 的酒精灭菌 30~60 s，无菌水冲洗 3 遍，然后用质量分数为 10% 的次氯酸钠灭菌 15 min，无菌水冲洗 3~5 遍。用无菌滤纸吸干番茄种子表面的水分后，放入 MS+3% 蔗糖 +0.7% 琼脂或 1/2MS+1.5% 蔗糖 +0.7% 琼脂培养基中，先暗培养 3~4 d，待种子发芽后移至光下，以使种子发芽整齐。在光照强度 1 600 lx，16 h /8 h 光暗周期、白天 26 ℃ / 晚上 22 ℃的培养条件下生长，待幼苗子叶完全展开时备用（李倩 等，2015）。

（二）无菌外植体的获得

番茄无菌苗生长 7~10 d 后，取两片子叶完全展开的无菌苗，以子叶和下胚轴为外植体。其中，将子叶的叶柄和叶尖切除，剩余部分切成 0.5 cm × 0.5 cm 的小块，下胚轴切去胚根和生长点，切成约 0.8 cm 长的茎段（周尧，2018）。

（三）愈伤组织诱导

将子叶背面朝上和下胚轴一起接种于愈伤组织诱导培养基上，在 16 h/8 h 光暗周期条件下培养 20~25 d，但不同类型外植体离体培养所需要的激素种类及其配比等有所差异，在 10 d 左右观察外植体出愈和芽分化情况，因为也有细胞不通过愈伤组织阶段直接进行芽分化的。

（四）不定芽诱导

取长出愈伤组织的子叶和下胚轴接种至分化培养基上，在与愈伤组织诱导相同的

件要求不高，仅需提供一些简单营养的培养基便可萌发成苗。由于外植体之间存在差异，有些需要特殊营养条件，可参见下文的幼胚培养内容。

（3）培养的外部条件

种胚的生长发育和光、温度因子有一定关系，多数植物胚的生长以每天 12 h 光照、温度在 25~30 ℃之间为宜。

2. 幼胚的培养

由于幼胚从生理至形态上远未成熟，其胚胎发育要求更为完全的人工合成培养基，而且对剥离技术要求很高，故其离体培养难度很大。一般胚龄越大，成功率越高；相反，胚龄越小，成功率越低。在幼胚培养中必须注意以下技术环节：

（1）基本培养基

培养未分化的幼胚，要求完全的异养条件，合适的基本培养基是首要条件。

大量研究认为，无机氮以硝酸盐、亚硝酸盐或铵盐的形式供给；一般而言，高盐水平比中盐水平更有利于生长，而低盐水平显然不支持生长。研究表明，高盐介质中存在的钠离子和硫酸盐离子能增加额外的渗透效应。与 MS 培养基相比较，HLH 培养基具有高盐水平，可以提高番茄幼胚培养成功的概率，更适于番茄幼胚培养（Neal et al., 1983）。在幼胚培养中，蔗糖不仅能够作为效果最好的碳源发挥作用，还能调节幼胚生长环境的渗透压。高渗透压是幼胚在自然环境中生长的必要条件，当对幼胚进行离体培养时，培养基的低渗透压会造成幼胚生长停顿，出现早熟萌发现象，导致幼苗畸形、死亡。因此，胚龄越小对渗透压的要求就越高，而高糖浓度能够提高渗透压从而控制幼胚早熟萌发。随着胚龄的不同，培养基中渗透压应有所不同。适于幼胚培养的蔗糖质量分数一般为 8%~12%。随着培养时间的增加，胚龄的增长，要求介质中渗透压逐渐降低，成熟胚在质量分数为 2% 的蔗糖培养基中就能长得很好。

（2）生长调节剂及其他附加物

植物离体胚培养中，为了控制胚胎生长，促进胚的正常发育，要求生长素与细胞分裂素合理配合使用。为了提高幼胚培养的效率，人们在培养基中常常添加复杂的天然植物提取物。另外，一些复杂的含氮化合物的降解物如酪蛋白水解物及酵母提取物也具有促进胚生长的作用。

五、组织培养在番茄中的应用

（一）基因转化的技术基础

大部分转基因方法如农杆菌介导法等主要依赖于高效的组织培养技术，番茄基因转化也是组织培养应用最广泛的领域。世界第一例转基因耐贮番茄 Flavr Savr 就是基于组织培养技术获得的（Krieger et al., 2008）。我国也有利用农杆菌介导的转基因技术育成的“华番 1 号”通过了食品安全性评价，并获得了环境释放和商品化生产的许可（叶志彪 等，1999）。由于组织培养技术的特异性较强，研究者也正在探讨不依赖组织培养的转化策略，例如从头开始诱导分生组织、花粉和纳米颗粒传递 DNA 或 RNA 等，用于转基因植株的获得（Maher et al., 2020；Lü et al., 2020）。

（二）变异产生的技术措施

通过组织培养手段增加遗传变异，已经成为开发新的种质资源、作物品种改良、选育新品种的一条途径。Cano 等（1996）、Rus 等（2000）以 NaCl 作为选择剂，结合离体再生筛选出耐盐番茄突变体。李永灿（2012）以番茄品种“苏粉 9 号”为试验材料，以灰霉病菌粗毒素为筛选压，对番茄愈伤组织进行抗病突变体离体筛选，获得具有灰霉病抗性的再生植株。此外，在组织培养时将愈伤组织置于 NaCl 或 PEG 胁迫下培养，可以用于抗盐或者耐旱材料的筛选（Aazami et al., 2010；Zaki et al., 2016）。

（三）番茄材料的快速繁殖

组织培养技术可以使植物材料在短时间内快速再生出大量的完整植株、加速选择，促进新品种的选育。以番茄杂种优势组合优秀植株的侧芽作为外植体建立的番茄杂种优势组合植株侧芽组培快繁体系，可以快速繁殖出大量番茄杂种优势组合侧芽的组培苗，将其用于固定番茄杂种优势，可以达到加快番茄新品种选育进程的目的（高玉蓉 等，2017）。赖呈纯等（2016）建立了侧芽离体培养快繁技术，将从以色列引进的品种“夏日阳光”的侧芽置于 MS+6-BA 0.1 mg/L +IBA 0.1 mg/L 培养基中，成苗率达到 46.70%，在 MS+6-BA 0.5 mg/L +IBA 0.1 mg/L 培养基中继代增殖，增殖系数可达 4.3，获得的芽苗生长健壮，可用于规模化繁育。张园等（2018）对富含花青素的紫色番茄“砚紫 1 号”进行了扩繁的再生体系研究，发现利用 IAA 0.1 mg/L 和 6-BA 0.5 mg/L 可有效地诱导愈伤组织的产生，诱导率达到 100%。愈伤组织在分化培养基中诱导芽分化时，由于材料中富含花青素易产生褐化，故需要暗培养。将愈伤组织接种至 MS+NAA 0.01 mg/L +6-BA 2.0 mg/L 培养基中，可成功获得再生芽，诱导率为 8.4%。当添加 0.1 mg/L NAA 时，生根率可达到 80%，后期采用逐步揭膜的方法对培养品种的无菌苗进行驯化移栽，可以达到 90% 以上的成活率。

（四）远缘杂交的胚拯救

野生番茄是进行番茄抗病、抗逆研究和品种选育的重要种质资源，其蕴含丰富的抗病、耐冷、耐贮藏、耐盐等优良基因，但远缘杂交通常会遇到一些障碍，如花粉不能在异种的柱头上萌发，或花粉管不能正常到达子房、不能完成正常的受精过程，或受精后胚与胚乳发育不协调、胚乳发育不良、种胚败育、不能正常萌发等等。吴鹤鸣等（1988）研究发现，“栽培番茄 × 秘鲁番茄”杂交组合中，杂交种胚乳细胞发育缓慢，珠被绒毡层细胞迅速增殖导致杂合胚败育。胚培养技术可以克服部分障碍，获得杂种苗；而且还可以克服一些植物的自交不孕和杂交不亲和障碍，提高番茄种子的发芽率。蒜芥茄（*Solanum sisymbriifolium*）是番茄的野生近缘种，对多种病害具有抗性，但其与番茄杂交是否亲和尚不明确。Piosik 等（2019）利用胚胎拯救法获得了番茄 - 蒜芥茄的杂种 F_1 代。杂交植株驯化后，可成功定植到土壤中，再生植株具有与 *S. sisymbriifolium* 亲本相似的形态特征，可用于番茄的抗性育种。

（五）番茄材料的脱毒

组织培养可用来对番茄进行脱毒处理。病毒能严重侵染番茄植株并且可以在遗留在土壤里的病株残体和越冬番茄上越冬，使得番茄种子也带毒，防治非常困难。早在 1943 年 White 就发现植物生长点附近的病毒浓度很低甚至无病毒，可以利用茎尖分生组织培养获得脱毒植株（White, 1943）。单性结实番茄“Kyo-temari”是日本东京广泛种植的番茄品种，易遭受番茄黄化曲叶病毒（tomato yellow leaf curl virus，TYLCV）的侵染，Koeda 等（2015）利用离体培养叶原基茎顶端分生组织的方法，约 3 个月即获得无 TYLCV 植株（图 2-3），该技术表明可利用无性繁殖技术消除番茄中的黄化曲叶病毒。

图2-3　利用离体培养叶原基茎顶端分生组织获得的 TYLCV抗性材料（Koeda et al., 2015）

（六）离体材料的保存

种质资源的离体保存是指利用离体培养的手段，对小植株、器官、组织、细胞或原生质体等材料进行限制、延缓或停止其生长的处理，当需要时可重新恢复其生长，并获得再生植株的方法。离体繁殖系统可以作为生产无病、优质繁殖材料的工具，并保持其独特性。

Al-Abdallat 等（2017）采用包封脱水、V 型冷冻板和种子低温保存的方法对过表达胁迫响应性转录因子 *SlAREB1* 的转基因番茄株系进行体外保存研究，番茄试管苗在慢速生长条件下保存较好。尽管研究表明超低温保存恢复的嫩枝存活率高，形态上没有变化，但从生化、超微结构和分子分析等方面观察到超低温保存和非超低温保存的嫩枝样品存在一些差异。这些变化的强度与细胞类型、品种或植株世代有关（Kulus, 2019）。胚胎发生组织的低温保存和真空渗透透明化超低温保存等离体保存技术的探索将有助于提高植物离体保存水平和质量。

（七）胚性愈伤组织的诱导

胚是人工诱导胚性愈伤组织的优良外植体。在主要农作物中，通过成熟胚培养获得胚性愈伤组织在水稻上已建立完整的体系，通过未成熟胚培养获得胚性愈伤组织在番茄上也建立了成熟的技术体系。许丁帆等（2020）在研究番茄胚性愈伤组织时，以番茄的种子为外植体，建立了稳定的番茄胚性愈伤组织的培养体系，为进一步研制番茄人工种子奠定了基础。同时，胚性愈伤组织更容易再生，作为转基因的技术基础将会极大提高遗传转化效率。

（八）打破种子休眠，促进胚萌发和缩短育种周期

种子的休眠期因植物的种类而异，种子长时间休眠会拖延育种研究工作。很多园艺植物的种子都具有休眠特性，甚至过了休眠期的种子在合适的温度、氧气和湿度条件下也不能萌发。而胚培养技术常常可以克服这一类种子发育上的障碍，促进胚的生长发育，可不经休眠而长成发育良好的幼苗（雷泽勇 等，2001）。在育种实践中，有的品种需要较长的育种周期，为加快育种进程，可采用离体胚培养的方法缩短育种周期。Bhattarai 等（2009）将授粉后 10 d 的番茄未成熟胚离体培养加速育种，快速获得后代植株，使番茄每年多增产两代。

（九）番茄单倍体的获得

单倍体育种是一种在植物遗传与育种方面广泛使用的技术，这种技术通过直接利用配子进行选择，既提高了植株有利基因型的筛选，又能在很短的时间内获得纯合自交系，大大缩短了育种年限（李润 等，2011），但是番茄单倍体培养一直没有成功。2022 年，陈绍江教授团队首次建立了番茄单倍体诱导系统，他们将与玉米单倍体诱导基因 *ZmDMP* 同源的番茄 *SlDMP* 敲除，在番茄材料产生败育种子的同时，可以在杂交和自交后代中形成一定比例的母本单倍体，并首创了配套的诱导鉴别技术，突破了关键技术瓶颈（Zhong et al.，2022）。

内融合，配备对亲本双方原生质体都具有抑制作用的双重抗性培养基，对融合体进行筛选培养，最终从44株再生植株中发现了4株彻底的CMS杂种植株（Matibiri et al., 1994）。

（三）避免遗传转化嵌合体，提高转基因效率

在进行植物遗传转化时普遍采用叶盘法，从叶片上分化出的再生植株极易存在嵌合体的现象，而通过原生质体再生体系培养出的再生植株就可以避免嵌合体的出现。李婧瑶等通过试验总结了园艺植物原生质体分离及培养时的各种影响因素，包括原生质体分离的植物材料、原生质体的酶解条件和纯化、原生质体的培养方法和原生质体的培养基成分等，提高了转基因效率（李婧瑶 等，2023）。

三、原生质体融合的方法

原生质体融合的方法先后出现了自发融合法、电融合法、$NaNO_3$融合法、高Ca^{2+}高pH法和聚乙二醇（PEG）法等。其中早期的$NaNO_3$融合法诱导的融合率非常低，通常不高于4%。

（一）自发融合

自发融合是指用酶溶解细胞壁形成原生质体的过程中，发生的原生质体自然融合的现象。在溶解过程中因胞间连丝的扩展和粘连，相邻的原生质体彼此融合形成同核体（homokaryon）。单个同核体内可包含两个或两个以上的核，植物幼嫩叶片或分裂旺盛的培养细胞制备的原生质体中常出现多核融合体。

（二）电融合法

1985年，Zimmermann等发明电融合法，是利用细胞融合仪的交变电压和高压脉冲电场使原生质体膜破裂，相邻的原生质体连接闭合形成融合体（Zimmermann et al., 1985）。刘克斌等利用电融合技术实现了普通番茄叶肉原生质体和多毛番茄茎尖原生质体的高效率融合，在交变电场中，普通番茄叶肉原生质体和多毛番茄茎尖原生质体发生双向电泳并随机排列成串，然后附加单个直流方波脉冲进一步诱导相邻原生质体融合，并且观察到了少数电融合处理原生质体的第1次分裂（刘克斌 等，1990）。电融合法的优点是操作简单、没有化学残留、融合率较高、单次融合量高、对细胞的毒害作用小、对融合后的植株再生比较有利。

（三）$NaNO_3$融合法

$NaNO_3$诱导原生质体融合的原理是 Na^+ 能中和原生质体表面的负电荷，这样原生质体之间不再排斥，原生质体凝聚在一起，从而融合。1970 年，Power 等研究玉米与燕麦原生质体融合时，首次阐述了离心过程中使用 $NaNO_3$ 作为融合剂诱导原生质体融合的方法（Power et al., 1970）。这种方法虽然操作简单，实验成本低，但是融合率低，只有 0.1% ~ 4.0%，并且异核体含量少，原生质体的吸收能力改变（黄国文，2011）。

（四）高 Ca^{2+} 高 pH 法

高 Ca^{2+} 高 pH 诱导法是将钙盐作为诱导剂，在高 Ca^{2+} 高 pH 值的条件下，诱导原生质体融合。1973 年，Keller 和 Melchers 在诱导烟草原生质体融合时首次使用该方法（Keller et al., 1973）。通常情况下，Ca^{2+} 诱导细胞融合的效率要低于 Na^+ 和 K^+，但是在 pH 值较高的环境下，高浓度的 Ca^{2+} 将会大大提高细胞融合的效率。具体方法是配制含有　7.35 g/L $CaCl_2 \cdot 2H_2O$ 和 72.87 g/L 甘露醇的溶液，pH 值调为 10.5，然后将原生质体混合物放于溶液中，200 r/min 低速离心 3 min，37 ℃水浴 40~50 min。该方法操作简单、实验成本低，并且能够获得较多的双元异核体，但是高 Ca^{2+} 高 pH 的诱导法只适合叶肉原生质体的融合，并且某些细胞的生理活性可能会受到高 pH 值影响（李琦，2018）。同时研究人员发现在高 Ca^{2+} 高 pH 诱导法诱导的融合产物中，某些融合后的番茄植株在生理形态和染色体数量方面与原始品种没有区别，但都有不同程度的雄性不育、花药缺失、畸形、花粉萎缩等情况（Melchers et al., 1992）。

（五）聚乙二醇（PEG）法

PEG 法指的是将两种不同的原生质体混合后，加入不同比例（28%~58%）的 PEG 溶液处理 20 min 左右，培养基清洗后即可进行培养。刘克斌等将纯化和漂洗普通番茄叶肉原生质体和多毛番茄茎尖原生质体的溶液调整到（1~5）× 10^5 原生质体 /mL 的密度，分别将 5 mL 普通番茄叶肉原生质体悬浮液和多毛番茄茎尖原生质体悬浮液离心浓缩到 0.3 mL，向两者混合后的原生质体中加入 30%PEG，按常规方法进行诱导融合，总融合率为 11% ± 1.4%。PEG 法操作简单、诱导率高、融合后的细胞特异性小，故被广泛选用（刘克斌 等，1990）。

（六）亚原生质体融合

植物亚原生质体分为核质体、胞质体和微原生质体，其中胞质体和微原生质体是最常用的。胞质体 – 原生质体融合更有利于转移胞质因子、获得胞质杂种植株。微原

生质体 – 原生质体融合也叫微核技术，是将植物的一条或几条染色体转移到另一种植物中的新的非对称原生质体融合的方法。Ramulu 等首次利用微核技术实现了马铃薯与烟草及番茄间目标染色体的转移，并获得再生植株（Ramulu et al., 1996）。然而，微核技术虽然可以在不同品种植株间转移染色体并获得稳定再生植株，但微原生质体较难制备，因此该技术没有被广泛应用。

（七）电气化学法

电气化学法是将 PEG 法和电融合法结合起来，综合两种方法的优点，先用低浓度的 PEG 使细胞接触，再用电击法诱导细胞融合。该方法既降低了 PEG 对融合细胞的毒害作用，又提高了融合效率。Olivares-Fuster 等首次利用电气化学法诱导柑橘种间的原生质体融合，并成功获得了再生柑橘对称体细胞杂种和胞质杂种植株。该研究表明电气化学法适用于对称杂种和胞质杂种的获得，提高了获得胞质杂种的效率，是一种值得深入研究和应用的融合方法（Olivares-Fuster et al., 2005）。借鉴柑橘原生质体融合方法，杨景安成功培养出番茄栽培种 C31 的愈伤组织，但无法继续分化成体胚或器官即已死亡（杨景安，2014），这是利用电气化学法诱导原生质体融合在番茄上的尝试。

除上述介绍的诱导植物原生质体融合的方法外，传统诱导植物原生质体融合的方法还包括遗传转化法、盐类融合法和多聚化合物法等，而前沿方法有高通量细胞融合芯片方法和基于微流控芯片的融合方法等。如果在植物原生质体融合诱导效率和获得目标再生植株、多种属原生质体间的融合与将优良基因导入融合原生质体方面取得更多进展，植物原生质体融合会发挥更加重要的作用，创造更大的经济价值。

第三节　单倍体培养

1922 年，Buchholz 和 Blakeslee 在曼陀罗花中首次发现了天然单倍体胚（Buchholz et al., 1922），引起了植物领域科学家的广泛关注，国内外植物学家们争相开展了单倍体诱导的研究工作。1964 年，印度科学家 Guha 和 Maheshwari 通过离体培养曼陀罗花药，成功得到了单倍体植株（Guha et al., 1964）。1979 年，我国科学家陈英首次用水稻（*Oryza sativa*）和小麦（*Triticum aestivum*）花粉成功培育出单倍体植株（陈英 等，1979），为国内单倍体诱导的研究工作提供了技术依据。目前，单倍体育种在果树、林木、禾谷等作物的育种研究上应用比较广泛（冯红玉 等，2021）。番茄育种需要发展自交系来减少或在很大程度上消除杂合性，传统的方法是通过多轮自交或回交产生自交系，如果能够通过单倍体诱导方法得到完整植株，既省时省力，又能提高育种效率。

一、单倍体培养技术

（一）人工诱导孤雄生殖技术

人工诱导孤雄生殖技术是指在无菌条件下，对离体的花药或花粉等植物雄性组织施加物理化学刺激，使之形成单倍体的技术。这种体外培养技术包括花药培养和花粉培养（小孢子培养）。

1. 花药培养

花药培养指的是将植物发育到一定阶段的花药接种到适宜培养基上最终获得完整植株的培养方法。因为花药里含有大量的单体小孢子，花药离体培养具有快速且高效的优点（Chaturvedi et al., 2003）。目前，国内外有超过 250 个物种通过花药培养产生了单倍体（Germana, 2011），包括辣椒（*Capsicum annuum*）（张菊平，2007）、烟草（*Nicotiana tabacum*）（Touraev et al., 1996）、大麦（*Hordeum vulgare*）（Ziauddin et al., 1990）、小麦（*Triticum aestivum* L.）（Touraev et al., 1996）等。花药离体培养的影响因素有很多：第一，花药离体培养需要无菌环境，这是必需的前提条件；第二，培养基是重要环节，植物的花药离体培养需要两个关键的步骤：愈伤组织的诱导和绿苗的分化，适宜浓度的生长素和细胞分裂素是不可或缺的；第三，在花药的选取方面，一般挑选处于单核早期和单核晚期之间的花药；第四，培养环境也是影响花药离体培养的重要条件，花药在进行离体培养时，需要经过不间断的冷热循环和光暗循环处理，愈伤组织形成后则需在增殖培养基中继代培养。

20 世纪 70 年代番茄单倍体培养技术快速发展，Sharp 等通过番茄花药培养获得单倍体愈伤组织（Sharp et al., 1972）。在此之后，Gresshoff 和 Doy 首次成功诱导番茄花药形成愈伤组织，由愈伤组织分化成单倍体植株，使用的培养基也成为番茄花药培养实验常用培养基（Gresshoff et al., 1972）。Levenko 等提出激素的比例和浓度对番茄花药愈伤组织的诱导具有重要作用（Levenko et al., 1977）。1978 年，蔡起贵等国内科研人员开展了单倍体培育等方面的研究工作（蔡起贵 等，1978）。刘晓荣等研究表明，2,4-D 1.0 mg/L+ 蔗糖 30 g/L + 硝酸银 50 μmol/L 是最适宜提高愈伤组织诱导率的组合（刘晓荣 等，2008）。韦鹏霄等研究不同激素配比与不同基因型材料的诱导，对番茄温敏核不育系的花药愈伤组织及其杂交组合的花药愈伤组织生长效率的影响，表明番茄花蕾外观形态及花粉发育时期与花药培养愈伤组织诱导有明显的相关性，番茄温敏核不育系花药培养的适宜花粉发育时期为单核中晚期（单核靠边期）（韦鹏霄 等，2010）。

2. 花粉（小孢子）培养

花粉培养也称小孢子培养，是指在无菌环境下将小孢子和花药分离，将分散或游离态的小孢子培养成单倍体植株的方法。这种培养方法具有成功率高的优点，但是一些外部组织如花药会对小孢子单倍体离体培养产生干扰，相较于花药培养难度较大，但当解决了花药干扰这一影响因素后，可以提高单倍体育种的纯正性（Touraev et al., 2011）。不仅如此，小孢子具有分散性、数量多、易获得等特点，根据花粉培养不同时期的特点，可以收集到同步胚，非常适合研究胚胎发育途径。1970 年，Kameya 等通过花粉离体培养首次在油菜（*Brassica napus*）和甘蓝（*Brassica oleracea*）中培育出愈伤组织（Kameya et al., 1970），随后国内外学者对花粉离体培养进行了大量研究，烟草、胡椒和水稻等作物相继通过花粉离体培养技术成功培育出了单倍体植株（Maluszynski et al., 2003）。影响花粉离体培养的因素与花药离体培养相似：无菌环境、适宜的温度和培养基，但在营养需求方面要求更复杂，目前在番茄上还没有取得成功的例子。

3. 小孢子和花药培养方法

花药和小孢子培养参照 Gresshoff 等的研究（Gresshoff et al., 1972），具体步骤如下：

1）取材

（1）时期：选取处于单核中期至晚期的花粉，操作过程中每个花蕾取一个花药，花粉发育的时期可以通过镜检来确定。

（2）消毒：将整个未开放的花蕾或幼穗，用体积分数为 70% 的酒精浸泡 30 s 后立即取出，然后用无菌水清洗并用无菌滤纸吸干。

2）预处理

0 ℃以上低温预处理整个花蕾或幼穗，根据不同的材料选择不同的预处理的时间和温度。

3）剥取花药

无菌操作条件下，除去萼片和花瓣，用镊子轻轻取出花药，将花丝去除干净。

4）接种

在适宜培养基上接种花药，平均每瓶接种 7~10 个。

5）培养

（1）条件：25 ℃左右，不需要光照。长出幼苗后需要光照。

（2）时间：培养 20~30 d 后，花药逐渐开裂，裂口处长出愈伤组织或胚状体。

（3）注意：长出胚状体的花药，开始产生许多幼小植株，此时必须尽快将开裂后的花药移植到新的培养基上。

4. 影响小孢子和花药培养技术的因素

1）基因型的影响

基因型对花药离体培养的影响很大。研究发现在茄属的 46 个物种和 9 个种间杂种中，只有 19 个物种和 4 个杂种能产生花粉植株（王伟光 等，2005）。李浚明（2002）的研究表明，花药的培养力是一种会受到多基因控制的数量性状，其培养力的大小会随着基因型的差异发生很大的变化，因此不同基因型植株的愈伤组织诱导率不同。高秀云等研究了 5 种不同基因型的番茄材料，虽然这 5 种基因型的番茄都得到了愈伤组织，但不同基因型植株的诱导率有明显的区别（高秀云 等，1980）。由此可见，基因型对花药离体培养的影响普遍存在。

2）生理状态的影响

植株的生理状态也是影响花药离体培养的重要因素之一。如供体植株的苗龄，一般来说幼龄期植株的花药的诱导能力要高于开花末期的花药，这是因为当植株的花药处于开花末期时，花药形成孢子体的效率很低，并且发生反应的能力很差。供体植株的生长条件对番茄花药培养的影响很大，郭奕明等（2001）在对番茄花药培养中发现，生长在大田和温室中以及生长在不同季节的番茄，花药的诱导率有很大差异。生长条件不同所造成的花药诱导率不同的原因可能是内生激素的变化，总的来说，在适宜条件下生长的植株经过温度与光周期共同作用，其花药和花粉离体培养的植株再生率高。袁亦楠等在对番茄游离小孢子培养研究过程中发现，用夏露地 5 月下旬花蕾进行游离小孢子培养，只有薯叶番茄有类胚形成，且效率极低，小于 0.01%。而秋露地 10 月份采花蕾进行培养，所供试的几种基因型均有类胚形成，薯叶番茄中类胚的发生率大大提高，樱桃番茄中还得到了比类胚更进一步发育的球形胚、类心形胚等各种胚状体（袁亦楠 等，1999）。

3）花粉发育时期的影响

花粉发育时期对植物的花药离体培养有很大的影响，它能影响小孢子分裂时期。处于单核中期至晚期的植物花粉诱导效果要比处于减数分裂时期的花粉诱导效果好，这是因为减数分裂时期的花粉过于幼嫩，不能产生胚状体。不同物种之间的最佳花粉临界期是不同的。Gresshoff 等对 43 个品系的番茄材料的花粉进行研究，发现当花粉母细胞处于减数分裂时期时，愈伤组织诱导的成功率最高，当花粉处于单核期时，花粉粒很难产生愈伤组织（Gresshoff et al., 1972）。朱丽萍等对不同果型番茄的花药长短、花粉发育时期与愈伤组织诱导的相关性进行研究，结果表明，花粉发育与花药长短呈正相关，当花粉处于单核靠边期时花药的愈伤组织诱导率最高，因此这个时期为最适时期（朱丽萍 等，2005）。因而花粉发育时期是影响花药培养成功与否的关键性因素。

4）培养基成分的影响

基本培养基是花药培养的关键。不同的植株适配不同成分配比的培养基。另外，植物生长调节剂对于诱导花粉细胞的增殖和发育也起着重要作用。郭奕明等（2001）发现当花粉产生愈伤组织后将其转移到生长素浓度较低、细胞分裂素浓度较高的分化培养基上才能分化诱导，形成完整植株。除此之外，碳源也是很重要的影响因素，在花药培养中，蔗糖、麦芽糖、果糖和葡萄糖等作为碳源都能取得良好的离体培养效果，其中蔗糖为最常用碳源。而在番茄的花药离体培养中，还未见使用麦芽糖和果糖作为碳源的报道。Sharp 等（1971）在研究番茄的花药离体培养时在培养基中附加了 ADE（果汁）、YE（酵母提取物）、CH （水解酪蛋白）或 CW（椰乳），结果显示对番茄花药培养的促进效果不大。而高秀云等在番茄花药培养中发现，添加 3%~5% 的椰乳能够增加愈伤组织诱导率（高秀云 等，1980）。

5）预处理的影响

在对花药进行离体培养前，对其进行预处理能够有效地提高花粉发育成小植株的成功率，其中最有效的是低温预处理。周毓君等（1996）发现在进行离体培养前，对离体花蕾进行 0 ℃以上的低温预处理有利于提高花粉发育成完整植株的成功率。奚元龄等（1992）研究发现，低温处理后纺锤丝的轴向发生了改变，微管蛋白被破坏，使得纺锤丝的形成受阻，有丝分裂过程不能正常进行，有利于分化过程的发生；研究还发现低温预处理还可以抑制小孢子离体后的衰败，延长小孢子的存活时间从而积累小孢子启动雄核发育。周广栋等（2005）通过低温预处理番茄花药，发现在低温处理之后番茄小孢子发生了退化延缓、雄核发育提早的情况，并且参与雄核发育的小孢子的比例也增加了许多。

（二）人工诱导孤雌生殖技术

在无菌条件下，离体子房和胚珠等各种雌性组织在物理、化学等因素的刺激下，培养形成单倍体的技术称为人工诱导孤雌生殖技术。人工诱导孤雌生殖技术是使用率最低的一项单倍体诱导技术，因为它操作复杂而且成功率比较低。但是，对于洋葱和甜菜这类无法通过其他培养方法获得再生植株的物种来说，离体孤雌生殖技术更适合（陈海强 等，2020）。

1. 子房培养

用未受精的子房作为外植体进行单倍体离体培养的技术称为子房培养。子房培养时，需要在无菌条件下，将未受精的子房或未成熟的花蕾横切成薄片，再将薄片放于无菌培养基中培养，然后对其进行连续的冷热循环及光暗循环处理（Hazarika et al., 2013）。早在1981年，王启忠等就已通过子房培养的方式获得单倍体刺槐（王启忠等，1981），之后肖三元等通过子房培养的方式获得单倍体三叶橡胶树（肖三元 等，1944）。目前在番茄上没有成功的案例。

2. 胚珠培养

取未受精的胚珠作为外植体进行单倍体离体培养的技术称为胚珠培养。胚珠培养时，同样需要在无菌条件下，切取胚珠，再将胚珠放于无菌培养基中培养，然后对其进行应激处理。这种方法已经成功应用于甜菜（Kaya, 2000）、甜瓜（韩丽华 等，2005）、西葫芦（谢冰，2005）等作物的单倍体培育中。胚珠培养至关重要的一步是切取胚珠，不同物种胚珠的大小不一样，胚珠切取的难易度也不同，大种子物种的胚珠较易切取，小种子物种的胚珠切取必须借助显微技术，取材难度较高（Sauton et al., 1987）。

3. 辐照花粉诱导孤雌生殖技术

在花粉处于萌芽但不受精阶段时，用物理射线辐照花粉，从而刺激胚胎发育，再将胚胎作为外植体进行单倍体离体培养的技术称为辐照花粉诱导孤雌生殖技术。在辐照花粉诱导孤雌生殖过程中，最常用的两种物理射线为钴-60（^{60}Co）γ 射线和X射线。自1987年，Sauton等使用辐照花粉诱导孤雌生殖技术培育出甜瓜单倍体植株后（Sauton et al., 1987），该技术在果树单倍体育种中被广泛应用，例如苹果（何道一 等，2001）和柑橘（Jedidi et al., 2015），在一定程度上解决了果树单倍体育种相对困难的问题（冯红玉，2021）。辐照花粉诱导孤雌生殖技术最关键的影响因素是辐照时间和强度（张宏宇 等，2019；Chaikam et al., 2020）。

（三）染色体加倍技术

优良品种的选育速度和质量是杂交育种的关键，在游离小孢子培养基础上进行改良的单倍体育种，能够有效缩短育种年限，曾给孟山都等公司带来巨大经济效益，被誉为育种界的“黑马”。在单倍体育种时，通常采用秋水仙素诱导等人工技术手段诱导单倍体形成具有正常染色体组数的二倍体植株，从而应用到生产实践中（隋新霞 等，2005）。此外，还需采用形态学鉴定、生化标记以及分子标记等技术手段进行染色体倍数鉴定。

由于诱导效率低、品种限制等影响因素，即使染色体加倍技术相继在部分蔬菜作物上取得了成功，仍不能进行大规模应用。近年来，研究人员利用 CRISPR/Cas9 基因编辑技术，突变失活 *MATL*、*DMP* 等基因创造出单倍体诱导系，已在拟南芥、玉米以及小麦等作物上取得成功，并突破基因型限制，提高了单倍体诱导率，为蔬菜作物的单倍体诱导规模化提供了高效的解决方案，为实现“纯化变异”高效化提供了途径（陈海强等，2020）。

二、单倍体培养技术应用

（一）建立纯合系

当使用传统的植物繁殖方法获得纯合植株时，往往需要经过世代连续的自交分离和人工选择才能得到纯合品种，并且很多木本植物的近亲杂交结实率非常低，很难得到种子，因此通过近亲杂交获得植株的纯合品种是非常困难的。而单倍体育种是一种非常理想的获得植株纯合系品种的培养技术，通过秋水仙素等方法处理后，离体培养的单倍体染色体数目加倍，从而能够在较短时间内得到纯合双倍体株系，提高了纯合株系建立的效率。

（二）推进遗传学研究

使用单倍体育种法得到单倍体配子，以此作为样本有利于对其进行性状平均值、变异幅度以及加性遗传方差等遗传学研究指标的评估。通过单倍体育种对雄性配子进行体外培养，有助于筛选出新的变异性状，从而推进遗传学对于性状变异幅度的研究。除此之外，利用单倍体育种得到单倍体植株，有利于研究物种的遗传机制，从而更好地控制遗传变异以及遗传组合，进而获得更高的产量和品质。因此，单倍体培养技术对遗传学的研究具有重要的意义。

（三）形成新的基因型

单倍体培养技术还能使植物形成新的基因型，在进行植物单倍体愈伤组织离体培养时，培养细胞处于不断分生状态，容易受到培养条件和外界压力（如射线、化学物质等）的影响产生诱变，从而基因突变产生新的基因型。人们可以从中筛选出有用的突变体育成新品种。此外，经过单倍体培养技术得到的单倍体植株通过杂交使染色体加倍后，还能获得携带外源染色体的新基因型品种（Bhojwani et al., 1996）。

（四）培育转基因品种

小孢子是单细胞，是外源基因的理想受体细胞，把目标基因切割下来并通过载体使外源基因整合进植物的基因组获得单倍体植株，然后经过加倍便能成功得到二倍体纯合植株。通过单倍体培养技术获得转基因品种，不仅有利于实现分离和克隆重要性状的功能基因，揭示相应的分子机制，从基因水平上进行品质和产量的改良，还减少了外源基因的损失，缩短了育种周期。

三、单倍体育种在番茄育种中的应用

（一）番茄花药和小孢子培养的尝试

20 世纪 70 年代，番茄的花药离体培养开始取得一定的进展。1971 年，Sharp 等从番茄植株中长度为 1 cm 的花芽中取得花药，研究表明，由腺嘌呤、酵母膏、酪蛋白水解物和椰子水组成的添加剂对培养番茄花药生长的促进作用很小或根本没有，而当培养基中蔗糖浓度在 34 g/L 时对细胞的分裂有抑制作用，浓度为 40 g/L 和 68 g/L 时分别对根和胚胎的诱导有影响，蔗糖浓度为 106 g/L 时可诱导白化胚的形成，浓度为 136 g/L 时可促进愈伤组织的形成和类似于冠瘤畸胎瘤的畸形芽形成，浓度为 171 g/L 时会导致所有生长停止，因此，花药愈伤组织形成率与蔗糖浓度之间存在明显的相关性（Sharp et al., 1971）。

1972 年，Gresshoff 和 Doy 研究表明，当花粉母细胞处于减数分裂早期时，在 Defined basal medium Ⅰ（DBM Ⅰ）+NAA 0.11 mg/L 和 Defined basal medium Ⅱ（DBM Ⅱ）+ NAA 0.1 mg/L+KT 2 mg/L 两种培养基上，均能诱导愈伤组织分化成苗，超过单核花粉粒阶段的花药不能产生单倍体愈伤组织或植株。研究从 43 个番茄品系中培养出了 3 个单倍体愈伤组织，并通过愈伤组织成功诱导出番茄单倍体植株，取得了番茄花药培养的首次成功（Gresshoff et al., 1972）。

1980 年，Zamir 等对 15 个番茄非等位雄性不育突变体及其等位基因可育系的花药进行了体外培养。研究发现，番茄中的一个单基因突变对花药愈伤组织的诱导和随后的植株再生有显著影响。在 15 个番茄非等位雄性不育突变体中，有 4 个无亲缘关系的番茄雄性不育突变纯合子（Ms 1035）的花药容易生成愈伤组织，而剩余突变体和所有可育株系的花药在培养中迅速退化，并且在花药培养中不长愈伤组织的几种基因型植株中引入这种突变后，观察到会显著增加愈伤组织生长，研究用 IAA+ZEA 或用 2,4-D+NAA+BA+KT 取得了二倍体或双倍体（Zamir et al., 1980）。

高秀云等从 1975 年开始进行番茄花药离体培养的研究，经过大量的工作证明，单核花粉粒时期为番茄诱导单倍体植株最适宜时期，在培养基中添加椰乳能够增加愈伤组织诱导率，诱导产生愈伤组织的培养基为MH + KT 1 mg/L+NAA 1 mg/L+10%椰乳（高秀云 等，1980）。

1980年，周广栋等人为明确低温预处理对番茄花药离体培养过程中小孢子发育的影响，进行了番茄花药离体培养的低温预处理试验，采用KT 0.5 mg/L+2,4-D 1.0 mg/L + 0.1%酵母粉 +3%蔗糖的培养基诱导愈伤组织，试验结果表明，离体培养条件下，雄核发育存在三条途径，即B途径、A-V途径和A-G途径，雄核发育以B途径为主（周广栋 等，2005）。Gulshan等以单核早期的小孢子花药诱导愈伤组织，在愈伤组织的形成过程中，单核发育的小孢子雄核发育遵循B途径。通过研究发现，DGⅡ+NAA 2 mg/L+KT 1 mg/L有利于愈伤组织的诱导，MS+2,4-D 2 mg/L+BAP 0.1 mg/L有利于愈伤组织的增殖和生长。研究表明，在基本培养基中添加NAA和KT或2,4-D和BAP对单倍体愈伤组织培养可能起关键作用（Gulshan et al., 1981）。

Zagorska等通过2-IP 1 mg/L+IAA 2 mg/L或者ZT 0.25 mg/L+IAA 0.5 mg/L诱导番茄花药愈伤组织分化出芽，再在1/2MS+IBA 2 mg/L+GA 0.5 mg/L培养基中生根，从而得到再生植株（Zagorska et al., 1998）。Ma等则先在附加IAA 5 mg/L+ZT 2.5 mg/L的MS培养基中对番茄外植体诱导愈伤组织，然后再转入ZT 0.2 mg/L的培养基中继续培养，最终获得小植株（Ma et al., 1999）。

在诱导番茄雄核发育中，花药和小孢子培养是获得单倍体的主流技术，但未获得理想的结果。王孝宣等探索另一条获得番茄单倍体的途径诱导雌核发育，从离体胚珠获得大量愈伤组织，并获得一再生植株。该研究是选取单核期的花蕾，剥离出子房，灭菌后，在诱导培养基上接种4种外植体，完整子房、半子房、胚珠块和离体胚珠，诱导培养基以B5和MS为基本培养基，附加不同浓度IAA（1~100 μmol/L）和ZT，当愈伤组织达到2 mm大小时转移至分化培养基上，分化培养基以B5、MS、DBM Ⅱ、Nitsch和N6为基本培养基，附加不同浓度IAA（0.1~1 000.0 μmol/L）和ZT，更换10~12次培养基后，最终培养成完整植株，但该植株是来源于体细胞还是来自胚囊中的单倍体细胞还没有鉴定（王孝宣 等，2008）。

（二）通过基因编辑技术实现番茄单倍体诱导

第一节我们介绍过，中国农业大学陈绍江教授团队通过基因编辑技术建立了番茄单倍体诱导系统，该技术是利用基因编辑技术将番茄*SlDMP*基因敲除，在番茄材料产生败育种子的同时，在杂交和自交后代中形成一定比例的母本单倍体，该团队Zhong等首先建立了荧光快速鉴别方法，使FAST-Red标记在胚胎和胚乳中表达，这种方法可以在杂交中用于区分双受精产生的二倍体种子和母本单倍体种子。通过检测根尖红色荧光蛋白（red fluorescent protein, RFP）表达来确认，红色种子的胚推定为二倍体，胚乳中 RFP 表达弱且胚中不表达 RFP 的白色种子推定为母系单倍体。通过对 218 个单倍体推定苗和 2 303 个二倍体推定苗的倍性分析表明，FAST-Red 可以 100% 准确地用于番茄母系单倍体的选择。通过该技术，以番茄单倍体诱导系为父本与 36 个材料杂交，发现均能够诱导母本产生单倍体，诱导率变幅为 0.5%~3.7%，平均诱导率为 1.9%，技术体系无明显的基因型依赖性（Zhong et al., 2022）。

然而，该方法限于特定的物种和设备。它仍然缺乏一种有效的视觉标记，可以在不同的作物物种中使用。后来 Wang 等将甜菜碱生物合成系统 Ruby Report 引入番茄单倍体诱导子中，作为单倍体鉴定的新标记。*Ruby* 基因的表达可导致胚根中的深红色色素沉着，可以容易和准确地识别单倍体。结果表明，*Ruby* 报告基因是一种不依赖于背景的、高效的单倍体鉴定标记，在不同作物物种的加倍单倍体育种中具有广阔的应用前景（Wang et al., 2023）。该研究不仅为番茄单倍体诱导奠定了技术基础，也为在更多作物上创建通用的跨物种单倍体诱导技术体系，以及杂种优势利用效能的提升开辟了新的路径。

参考文献

[1] 蔡起贵，钱迎倩，周云罗，等，1978. 水稻 (*Oryza sativa* L.) 原生质体分离与培养的进一步研究 [J]. 植物学报，20(2)：97–102，108.

[2] 曹雪，戴忠良，秦文斌，等，2016. 植物原生质体融合技术的研究进展 [J]. 中国农学通报，32(25): 84–90.

[3] 陈海强，刘会云，王珂，等，2020. 植物单倍体诱导技术发展与创新 [J]. 遗传，42(5): 466–482.

[4] 陈丽萍，张丽华，程智慧，2007. 加工番茄离体再生体系的建立 [J]. 西北农业学报，16(1): 162–167.

[5] 陈英，李良材，1979. 水稻、小麦花粉单倍体的研究及利用 [J]. 遗传学报，6(1): 6.

[6] 丁亮，2003. 外源基因和棉酚对陆地棉茎尖培养和体细胞培养的影响 [D]. 杭州：浙江大学 .

[7] 冯红玉，姚碧娇，陈媚，等，2021. 单倍体育种技术的应用进展 [J]. 中国农学通报，37(30): 1–6.

[8] 高秀云，王纪方，金波，等，1980. 番茄花药离体培养获得植株 [J]. 园艺学报 (4): 37–42.

[9] 高玉蓉，刘振国，江明，等，2017. 组培固定番茄杂种优势优化体系的建立 [J]. 安徽农业科学，45(30): 46–48，50.

[10] 郭奕明，杨映根，郭仲琛，2001. 玉米花药培养和单倍体育种的研究新进展 [J]. 植物学通报，18(1): 23–30.

[11] 韩丽华，王建设，陈贵，2005. $AgNO_3$ 对甜瓜离体胚囊发育的影响 [J]. 河北农业大学学报，28(2): 48–50.

[12] 何道一，孙山，崔德才，等，2001. 应用高剂量辐射花粉授粉及幼胚培养诱导苹果单倍体 [J]. 园艺学报，28(3): 194–199.

[13] 黄刚，孙光英，郑晓峰，等，2011. 番茄离体培养及快繁殖技术研究 [J]. 北方园艺，24: 149–151.

[14] 黄国文，2011. 植物原生质体融合技术的研究进展 [J]. 湖南科技学院学报，32(12): 30–34.

[15] 蒋青青，刘杨，陈火英，2012. 激素组合与水解蛋白对番茄花药愈伤增殖的影响 [J]. 上海交通大学学报 (农业科学版)，30(2): 8–11.

[16] 蒋艳萍，2003. 建立番茄转基因离体培养体系的研究 [D]. 南宁：广西大学 .

[17] 赖呈纯，潘红，范丽华，等，2016. “夏日阳光”番茄侧芽离体培养快繁技术 [J]. 中国农学通报，32(34): 49–54.

[18] 雷泽勇，周凤艳，周莉，2001. 关于离体胚组织培养在植物育种中的应用进展 [J]. 防护林科技，3: 57–59.

[19] 李婧瑶，刘龙飚，丁兵，等，2023. 植物原生质体分离及培养研究进展 [J]. 分子植物育种，21(2): 620–632.

[20] 李浚明，2002. 植物组织培养教程 [M]. 北京：中国农业大学出版社：104–110.

[21] 李利利，2019. 番茄高效再生体系的优化 [D]. 太原：山西农业大学 .

[22] 李琦，2018. 植物原生质体融合方法的研究进展 [J]. 种子科技，36(6): 38–40.

[23] 李倩，王滨，李培环，等，2015. 番茄子叶和下胚轴离体再生体系的建立 [J]. 北方园艺 (1): 106–110.

[24] 李润，钟林，2011. 浅谈单倍体育种在玉米中的应用 [J]. 西昌农业科技，1: 4–7.

[25] 李永灿，2012. 利用病原真菌毒素离体筛选番茄抗灰霉病突变体 [D]. 南京：南京农业大学 .

[26] 刘克斌，李曙轩，余海，等，1990. 普通番茄叶肉原生质体和多毛番茄茎尖原生质体的电融合 [J]. 武汉植物学研究 (3): 273–277，309–310.

[27] 刘晓荣，陶承光，吕书文，等，2008. 番茄花药培养研究进展 [J]. 华北农学报 (S1): 31–33.

[28] 马策，赵小慧，阮芳，2021. 胚培养技术应用于月季育种研究进展 [J]. 辽宁农业科学 (2): 54–57.

[29] 马杰, 邱栋梁, 2011. 番茄组培再生体系优化研究 [J]. 中国农学通报, 27(8): 185–189.
[30] 乔亚红, 郑银英, 李诗林, 等, 2013. 红番 3 号加工番茄遗传转化再生体系的建立 [J]. 核农学报, 27(11): 1636–1643.
[31] 单淑玲, 庞胜群, 郭晓珊, 等, 2019. 加工番茄 (*Lycopersicon esculentum* Mill.) 花药愈伤组织诱导与增殖的初步探究 [J]. 分子植物育种, 17(19): 6418–6423.
[32] 苏南, 2019. 基于体细胞胚胎发生的甜瓜转基因体系构建 [D]. 杭州 : 浙江大学 .
[33] 隋新霞, 樊庆琦, 李根英, 等, 2005. 小麦花药培养研究进展 [J]. 麦类作物报, 24(4): 127–131.
[34] 王金杰, 王志英, 徐香玲, 2009. 影响番茄离体培养再生的主要因素探讨 [J]. 东北农业大学学报, 40(11): 28–32.
[35] 王启忠, 王忠兴, 张兴华, 1981. 刺槐未授粉子房培养单倍体植株初获成功 [J]. 林业科技通讯, 7: 5–6.
[36] 王伟光, 高亦珂, 2005. 花药培养的研究进展 [J]. 内蒙古民族大学学报 (自然科学版), 20(3): 281–284.
[37] 王孝宣, 杜永臣, 朱德蔚, 等, 2008. 番茄雌核发育诱导及胚珠植株再生研究初报 [J]. 园艺学报, 35(8): 1174.
[38] 韦鹏霄, 邓发启, 岑秀芬, 等, 2010. 番茄温敏核不育系花粉发育及其对愈伤组织诱导的效应 [J]. 安徽农业科学, 38(17): 8926–8929.
[39] 吴鹤鸣, 陆维忠, 佘建明, 等, 1988. 栽培番茄 (*Lycopersicum esculentum*) × 秘鲁番茄 (*L. peruvianum*) 杂种胚、胚乳发育的细胞学观察 [J]. 江苏农业学报 (4): 45–47.
[40] 奚元龄, 颜昌敬, 1992. 植物细胞培养手册 [M]. 北京 : 农业出版社 .
[41] 肖三元, 陈正华, 1994. 三叶橡胶树未授粉子房、胚珠培养再生植株研究初报 [J]. 云南热作科技, 17(3): 18–20.
[42] 谢冰, 2005. 西葫芦离体雌核培养和植株再生 [D]. 泰安 : 山东农业大学 .
[43] 许丁帆, 刘艳军, 陶则满, 等, 2020. 番茄胚性愈伤组织诱导与增殖研究 [J]. 天津农学院学报, 27(3): 22–25.
[44] 杨波, 于连海, 葛雁南, 等, 2014. 蒙特罗番茄腋芽组培培养基的筛选 [J]. 湖北农业科学, 53(20): 4996–4998.
[45] 杨景安, 2014. 原生质体融合育成番茄多倍体体细胞杂交株初探 [D]. 台南 : “国立”成功大学 .
[46] 叶志彪, 李汉霞, 刘勋甲, 等, 1999. 利用转基因技术育成耐贮藏番茄——“华番 1 号” [J]. 中国蔬菜 (1): 6–10.
[47] 袁亦楠, 朱德蔚, 连勇, 等, 1999. 番茄游离小孢子培养形成胚状态体的初步研究 [J]. 农业生物技术学报, 7(1): 85–88.

[48] 张宏宇，朱心慰，侯鹏奇，等，2019. 果树单倍体和多倍体研究进展 [J]. 分子植物育种，17(2): 606–611.

[49] 张菊平，2007. 辣椒花药小孢子培养及其胚状体发生机理研究 [D]. 咸阳：西北农林科技大学 .

[50] 张园，张婉荣，林春，等，2018. 富花青素紫色番茄组织培养再生体系的建立 [J]. 北方园艺，18: 47–51.

[51] 周传恩，夏光敏，2005. 小麦远缘杂交胚拯救技术 [J]. 麦类作物学报，25(3): 88–92.

[52] 周广栋，王秀峰，谢冰，等，2005. 番茄花药离体培养中低温预处理对小孢子发育的影响 [J]. 中国农学通报，21(2): 192–195.

[53] 周尧，2018. 番茄下胚轴和子叶组织培养及植株再生试验研究 [J]. 种子科技，36(2): 100，102.

[54] 周毓君，朱宝成，1996. 草莓花药愈伤组织的形成及形态发生 [J]. 园艺学报，23(2): 119–122.

[55] 朱丽萍，陈火英，庄天明，等，2005. 番茄不同花药长短及花粉发育时期其愈伤组织诱导率的相关性 [J]. 上海交通大学学报（农业科学版），23(3): 5.

[56]AAZAMI M A, TORABI M, JALILI E, 2010. *In vitro* response of promising tomato genotypes for tolerance to osmotic stress [J]. African journal of biotechnology, 9(26): 4014–4017.

[57]AL-ABDALLAT A M, SHIBLI R A, AKASH M W, et al., 2017. *In vitro* preservation of transgenic tomato(*Solanum lycopersicum* L.) plants overexpressing the stress-related *SlAREB1* transcription factor [J]. Journal of turbulence, 18(7): 1477.

[58]BHATTARAI S P, DE LA PENA R C, MIDMORE D J, et al., 2009. *In vitro* culture of immature seed for rapid generation advancement in tomato [J]. Euphytica, 167(1): 23–30.

[59]BHOJWANI S S, RAZDAN M K, 1996. Plant tissue culture: theory and practice, a revised edition [J]. Studies in plant science, 5(27): 167–214.

[60]BUCHHOLZ J T, BLAKESLEE A F, 1922. Studies of the pollen tubes and abortive ovules of the globe mutant of datura [J]. Science, 55(1431): 597–599.

[61]CANO E A, PEREZ-ALFOCEA F, MORENO V, et al., 1996. Responses to NaCl stress of cultivated and wild tomato species and their hybrids in callus cultures [J]. Plant cell reports, 15(10): 791–794.

[62]CARLSON P S, SMITH H H, DEARING R D, 1972. Parasexual interspecific plant hybridization [J]. Proceedings of the national academy of sciences of the United States of America, 69(8): 2292–2294.

[63]CHAIKAM V, GOWDA M, MARTINEZ L, et al., 2020. Improving the efficiency of colchicine-based chromosomal doubling of maize haploids [J]. Plants, 9(4): 459–471.

[64]CHATURVEDI R, RAZDAN M K, BHOJWANI S S, 2003. Production of haploids of neem(*Azadirachta indica* A. Juss.) by anther culture [J]. Plant cell reports, 21(6): 531–537.

[65]CHAUDHRZ Z, ABBAS S, YASMIN A, et al., 2010. Tissue culture studies in tomato (*Lycopersicon esculentum*)var. Moneymaker [J]. Pakistan journal of botany, 42(1): 155–163.

[66]COCKING E C, 1960. A method for the isolation of plant protoplasts and vacuoles [J]. Nature,187: 962–963.

[67]DÜZYAMAN E, TANRISEVER A, GÜNVER G, 1994. Comparative studies on regeneration of different tissues of tomato *in vitro* [J]. Acta horticulturae, 366: 235–242.

[68]GERMANA M A, 2011. Anther culture for haploid and doubled haploid production [J]. Plant cell tissue and organ culture, 104(3): 283–300.

[69]GRESSHOFF P M, DOY C H, 1972. Development and differentiation of haploid *Lycopersicon esculentum* (tomato) [J]. Planta, 107: 161–170.

[70]GUBIS J, LAJCHOVA Z, FARAGO J, et al., 2004. Effect of growth regulators on shoot induction and plant regeneration in tomato (*Lycopersicon esculentum* Mill.) [J]. Biologia, 59(3): 405–408.

[71]GUHA S, MAHESHWARI S C, 1964. *In vitro* production of embryos from anthers of *Datura* [J]. Nature, 204: 497.

[72]GULSHAN T M V, SHARMA D R, 1981. Studies on anther cultures of tomato–*Lycopersicon esculentum* Mill [J]. Biologia plantarum, 23: 414–420.

[73]HAZARIKA R R, MISHRA V K, HATURVEDI R, et al., 2013. *In vitro* haploid production: a fast and reliable approach for crop improvement [M]//TUTEJA N.Crop improvement under adverse conditions. New York: Springer: 171–212.

[74]JEDIDI E, KAMIRI M, POULLET T, et al., 2015. Efficient haploid production on 'Wilking' mandarin by induced gynogenesis [J]. Acta horticulturae, 1065: 495–500.

[75]KAMEYA T, HINATA K, 1970. Induction of haploid plants from pollen grains of *Brassica* [J]. Japanese journal of breeding, 20(2): 82–87.

[76]KAO K N, MICHAYLUK M R, 1974. A method for high–frequency intergeneric fusion of plant protoplasts [J]. Planta, 115: 355–367.

[77]KAYA Z, 2000. Doubled haploid plant production from unpollinated ovules of sugar beet (*Beta vulgaris* L.) [J]. Plant cell reports, 19: 1155–1159.

[78]KELLER W A, MELCHERS G, 1973. The effect of high pH and calcium on tobacco leaf protoplast fusion [J]. Zeitschrift für naturforschung. Teil C: Biochemie, biophysik, biologie, virologie, 28: 737–741.

[79]KHALILUEV M R, BOGOUTDINOVA L R, BARANOVA G B, et al., 2014. Influence of

genotype, explant type, and component of culture medium on *in vitro* callus induction and shoot organogenesis of tomato (*Solanum lycopersicum* L.) [J]. Biology bulletin, 41(6): 512–521.

[80]KLERCKER J A F, 1892. Eine method zur isolierung lebender protoplasten [J]. Ofveers vetensk–akad förh stokh, 9: 463–475.

[81]KOEDA S, TAKISAWA R, NABESHIMA T, et al., 2015. Production of tomato yellow leaf curl virus–free parthenocarpic tomato plants by leaf primordia–free shoot apical meristem culture combined with *in vitro* grafting [J]. The horticulture journal, 84(4): 327–333.

[82]KRIEGER E K, ALLEN E, GILBERTSON L A, et al., 2008. The flavr savr tomato, an early example of RNAi technology [J]. HortScience, 43: 962–964.

[83]KULUS D, 2019. Managing plant genetic resources using low and ultra–low temperature storage: a case study of tomato [J]. Biodiversity and conservation, 28: 1003–1027.

[84]LEVENKO B A, KUNAKH V A, YURKOVA G N, 1977. Studies on callus tissue from anthers in tomato [J]. Phytomorphology, 27: 377–383.

[85]LÜ Z, JIANG R, CHEN J, et al., 2020. Nanoparticle–mediated gene transformation strategies for plant genetic engineering [J]. The plant journal, 104: 880–891.

[86]MA Y H, KATO K, MASUDA M, 1999. Efficient callus induction and shoot regeneration by anther culture in male sterile mutants of tomato(*Lycopersicon esculentum* Mill.cv.First) [J]. Journal of the Japanese society for horticultural science, 68(4): 768–773.

[87]MAHER M F, NASTI R A, VOLLBRECHT M, et al., 2020. Plant gene editing through de novo induction of meristems [J]. Nature biotechnology, 38: 84–89.

[88]MALUSZYNSKI M, KASHA K J, FORSTER B P, et al., 2003. Doubled haploid production in crop plants[M]. Dordrecht: Kluwer Academic Publishers: 309–336.

[89]MATIBIRI E A, MANTELL S H, 1994. Cybridization in *Nicotiana tabacum* L. using double inactivation of parental protoplasts and post–fusion selection based on nuclear–encoded and chloroplast–encoded marker genes [J]. Theoretical and applied genetics, 88: 1017–1022.

[90]MELCHERS G, MOHR Y, WATANABE K, et al., 1992. One–step generation of cytoplasmic male sterility by fusion of mitochondrial–inactivated tomato protoplasts with nuclear–inactivated *Solanum* protoplasts [J]. Proceedings of the national academy of sciences of the United States of America, 89(15): 6832–6836.

[91]MELCHERS G, SACRISTÁN M D, HOLDER A A, 1978. Somatic hybrid plants of potato and tomato regenerated from fused protoplasts [J]. Carlsberg research communications, 43: 203–218.

[92]MOGHAIEB R E A, SANEOKA H, FUJITA K, 1999. Plant regeneration from hypocotyl

and cotyledon explant of tomato (*Lycopersicon esculentum* Mill.) [J]. Soil science and plant nutrition, 45(3): 639–646.

[93]MURASHIGE T, SKOOG F, 1962. A revised medium for rapid growth and bio assays with tobacco tissue cultures [J]. Physiologia plantarum, 15: 473–497.

[94]NARAYANASWAMI S, NORSTOG K, 1964. Plant embryo culture [J]. The botanical review, 24: 7–12.

[95]NEAL C A, TOPOLESKI L D, 1983. Effects of the basal medium on growth of immature tomato embryos *in vitro* [J]. Journal of the American society for horticultural science, 108(3): 434–438.

[96]NORTON J P, BOLL W G, 1954. Callus and shoot formation from tomato roots *in vitro* [J]. Science, 119(3085): 220–221.

[97]OLIVARES–FUSTER O, DURAN–VILA N, NAVARRO L, 2005. Electrochemical protoplast fusion in *citrus* [J]. Plant cell reports, 24(2): 112–119.

[98]OTROSHY M, KHALILI Z, EBRAHIMI M A, et al., 2013. Effect of growth regulators and explant on plant regeneration of *Solanum lycopersicum* L.var. *cerasiforme* [J]. Russian agricultural sciences, 39 (3): 226–235.

[99]PIOSIK L, RUTA–PIOSIK M, ZENKTELER M, et al., 2019. Development of interspecific hybrids between *Solanum lycopersicum* L.and *S. sisymbriifolium* Lam.via embryo calli [J]. Euphytica, 215(2): 31.

[100]POWER J B, CUMMINS S E, COCKING E C, 1970. Fusion of isolated plant protoplasts [J]. Nature, 225: 1016–1018.

[101]RAMULU K S, DIJHUIS P, RUTGERS E, et al., 1996. Microprotoplast–mediated transfer of single specific chromosomes between sexually in compatibleplants [J]. Genome, 39(5): 921–933.

[102]RUS A M, RIOS S, OLMOS E, et al., 2000. Long–term culture modifies the salt responses of callus lines of salt–tolerant and salt–sensitive tomato species [J]. Journal of plant physiology, 157(4): 413–420.

[103]SAKAMOTO K, TAGUCHI T, 1994. Somatic hybridization between tomato(*Lycopersicon esculentum*)and pepino(*Solanum muricatum*) [M]//BAJA Y P S. Somatic hybridization in crop improvement Ⅰ.Herdelberg: Springer: 244–254.

[104]SAUTON A, DUMAS D U, VAULX R, 1987. Obtention de plantes haploïdes chez le melon (*Cucumis melo* L.) par gynogenèse induite par du pollen irradié [J]. Agronomie, 7(2): 141–148.

[105]SENDA N, SHIBATA N, TAMURA H, et al., 1979. Leucocytic movement and contractile protein [J]. Methods and achievements in experimental pathology, 9: 169–186.

[106]SHAH S H, ALI S, JAN S A, et al., 2015. Callus induction, *in vitro* shoot regeneration and hairy root formation by the assessment of various plant growth regulators in tomato (*Solanum lycopersicum* Mill.) [J]. Journal of animal and plant sciences, 25(2): 528–538.

[107]SHARP W R, DOUGALL D K, PADDOCK E F, 1971. Haploid plantlets and callus from immature pollen grains of *Nicotiana* and *Lycopersicon* [J]. Bulletin of the torrey botanical club,98: 219–222.

[108]SHARP W R, RASKIN R S, SOMMER H E, 1972. The use of nurse culture in the development of haploid clones in tomato [J]. Planta, 104(4): 357–361.

[109]SINGH A, SINGH M, SINGH B D, 2010. Comparative *in vitro* shoot organogenesis and plantlet regeneration in tomato genotypes [J]. Indian journal of horticulture, 67(1): 37–42.

[110]SMITH P G, 1944. Embryo culture of tomato species hybrid [J]. Journal of the American society for horticultural science, 44: 413–416.

[111]SOUNDARARAJAN M, SWAMY G S, GAONKAR S K, et al., 2018. Influence of triacontanol and jasmonic acid on metabolomics during early stages of root induction in cultured tissue of tomato(*Lycopersicon esculentum*) [J]. Plant cell tissue and organ culture(PCTOC), 133: 147–157.

[112]TAKEBE N T, 1970. Cell wall regeneration and cell division in isolated tobacco mesophyll protoplasts [J]. Planta, 92(4): 301–308.

[113]TERADA R, YAMASHITA Y, NISHIBAYASHI S, et al., 1987. Somatic hybrids between *Brassica oleracea* and *B.campestris*: selection by the use of iodoacetamide inactivation and regeneration ability [J]. Theoretical and applied genetics, 73: 379–384.

[114]TOURAEV A, ILHAM A, VICENTE O, et al.,1996. Stress–induced microspore embryogenesis in tobacco: an optimized system for molecular studies[J]. Plant cell reports, 15: 561–565.

[115]TOURAEV A, INDRIANTO A, WRATSCHKO I, et al., 1996. Efficient microspore embryogenesis in wheat(*Triticum aestivum* L.)induced by starvation at high temperature [J]. Sexual plant reproduction, 9(4): 209–215.

[116]TOURAEV A, PFOSSER M, HEBERLE B E, 2011. The microspore: a haploid multipurpose cell [J]. Advances in botanical research, 35(1): 53–109.

[117]WANG D, ZHONG Y, FENG B, et al., 2023. The *RUBY* reporter enables efficient haploid identification in maize and tomato [J]. Plant biotechnology journal, 21(8): 1707–1715.

[118]WHITE P R, 1934. Potentially unlimited growth of excised tomato root tips in a liquid medium [J]. Plant physiology, 9: 585–600.

[119]WHITE P R, 1943. A handbook of plant tissue culture[M]. Lancaster: The Jaques Cattell Press.

[120]ZAGORSKA N A, SHTEREVA A, DIMITROV B D, et al., 1998. Induced and rogenesis in tomato (*Lycopersicon esculentum* Mill.) I. Influence of genotype on androgenetic ability [J]. Plant cell reports, 17(12): 968–973.

[121]ZAKI H E M, YOKOI S, 2016. A comparative *in vitro* study of salt tolerance in cultivated tomato and related wild species [J]. Plant biotechnology, 33(5): 361–372.

[122]ZAMIR D, JONES R A, KEDAR N, 1980. Anther culture of male–sterile tomato (*Lycopersicon esculentum* Mill.) mutants [J]. Plant science letters, 17(3): 353–361.

[123]ZELCER A, AVIV D, GALUN E, et al., 1978. Interspecific transfer of cytoplasmic male sterility by fusion between protoplasts of normal *Nicotiana sylvestris* and X–ray irradiated protoplasts of male–sterile *N. tabacum* [J]. Zeitschrift für pflanzenphysiologie, 90(5): 397–407.

[124]ZHONG Y, CHEN B J, WANG D, et al., 2022. *In vivo* maternal haploid induction in tomato [J]. Plant biotechnology journal, 20(2): 250–252.

[125]ZIAUDDIN A, SIMION E, KASHA K J, 1990. Improved plant regeneration from shed microspore culture in barley (*Hordeum vulgare* L.) cv. Igri [J]. Plant cell reports, 9(2): 69–72.

[126]ZIMMERMANN U, VIENKEN J, HALFMANN J, et al., 1985. Electrofusion: a novel hybridization technique [J]. Advances in biotechnological processes, 4: 79–150.

第三章

番茄分子标记辅助选择育种

第一节　分子标记的类型与原理

优良种质资源或品种选择是作物遗传育种中的关键环节。然而，通过简单的表型观察进行选择在实际应用中具有一定的局限性，一是对于一些复杂的农艺性状如抗病抗逆等很难实现快速检测，例如番茄果实性状必须在番茄结果后才能检测，抗病性状必须在接种病害后才能进行检测；二是大部分育种性状是由多基因控制的数量性状，其表型易受环境影响，环境控制成本高而较难实现；三是表型检测和测量大多数情况下费时费力（Li et al., 2010）。孟德尔和摩尔根建立基因学说之后，人们意识到对性状表型的选择本质上是对控制相应性状的基因型的选择。因此，育种家们就希望能利用遗传标记的手段变表型选择为基因型选择，通过对控制目标性状的基因位点或与其紧密连锁的遗传标记进行选择来提高选育效率。

一、遗传标记概念

遗传标记（genetic marker）是指可以稳定遗传的、易于识别的特殊遗传多态性形式。在经典遗传学中，遗传多态性是指等位基因的变异（差异）。在现代遗传学中，遗传多态性一般指基因组中任何位点上的DNA序列的差异。通过一定的检测手段识别和研究这种遗传多态性，可帮助人们更好地研究生物的遗传与变异规律。

根据其发展的时期以及检测类型的不同，遗传标记包括形态标记（morphological marker）、细胞学标记（cytological marker）、生化标记（biochemical marker）和分子标记（molecular marker）四种类型（Comai et al., 2004）。形态标记是指那些能够明确显示遗传多态性的外观性状，如番茄叶色、紫茎或黄苗等的相对差异。典型的形态标记用肉眼即可识别和观察，广义的形态标记还包括那些借助简单测试即可识别的性状如生理特性、生殖特性、抗病虫性等。但是，由于形态标记数量少、可鉴别标记基因有限，因而难以建立饱和的遗传图谱，另外，许多形态标记还受环境、生育期等因素的影响，使形态标记在植物育种中的应用受到很大的限制。细胞学标记是指能明确显示遗传多态性的细胞学特征。染色体的结构和数量特征是常见的细胞学标记，它们反映的是染色体结构和数量上的遗传多态性。染色体结构特征包括染色体的核型（染色体数目、结构、随体有无、着丝粒位置等）和带型（C带、N带、G带等）。生化标记也称为蛋白质标记，是以检测基因表达的蛋白质产物为主的一类遗传标记系统。用作遗传标记的蛋白质通常可分为酶蛋白和非酶蛋白两种。在非酶蛋白中，种子贮藏蛋白应用最多，这类蛋白质可以通过一维或二维聚丙烯酰胺凝胶电泳技术进行分析，根据电泳显示的蛋白质谱带特点，确定其分子结构和组成的差异。酶蛋白质通常利用非变性淀粉凝胶或聚丙烯酰胺凝胶电泳及特异性染色来检测，通过电泳谱带的不同来显示酶蛋白在遗传上的多态性。蛋白质的多态性，或是由于基因编码的氨基酸序列的差异引起的，或是由于蛋白质翻译后加工的不同引起的，如糖基化能导致蛋白质分子量的变化。蛋白质标记的不足之处是其标记的数量还比较有限，不能满足标记辅助育种的需要。广义上的分子标记指可遗传并可检测的 DNA 序列或蛋白质，包括蛋白质标记和 DNA 标记。狭义上的分子标记仅指 DNA 标记，是用于展现基因组中任何位点上的 DNA 序列差异的标记系统。DNA 分子标记是 DNA 遗传多态性的直接反映，DNA 遗传多态性表现为核苷酸序列的任何差异，哪怕是单个核苷酸的变异。因此，DNA 标记在数量上几乎是无限的。从 1980 年人类遗传学家 Botstein 等首次提出以 DNA 限制性片段长度多态性（restriction fragment length polymorphism, RFLP）作为遗传标记的设想开始，特别是 1985 年聚合酶链式反应（polymerase chain reaction, PCR）技术诞生以后，目前已经发展了 20 多种基于 DNA 遗传多态性的分子标记技术。

由形态标记向分子标记逐步发展的过程，体现了人类对于基因由现象到本质的认识发展过程。新近发展的 DNA 测序技术和高通量基因型检测技术为 DNA 标记技术的发展展示了美好的前景（Lusser et al., 2012）。本节将介绍 DNA 分子标记的类型及原理。理论上，任何 DNA 水平的遗传多态性，包括 DNA 片段的插入 / 缺失以及单个核苷酸的变异，都可以通过特定的检测手段检测出来。依据对 DNA 多态性的检测手段，DNA 标记可分为四大类：基于 DNA–DNA 分子杂交的 DNA 标记，基于 PCR 技术的 DNA 标记，基于 PCR 与限制性酶切技术结合的 DNA 标记以及基于 DNA 芯片或 DNA 测序的 DNA 标记。

二、分子标记的类型及原理

（一）基于 DNA–DNA 分子杂交的 DNA 标记

DNA–DNA 分子杂交的基础是具有互补碱基序列的 DNA 分子可以通过碱基对之间形成氢键等形成稳定的双链区。在进行 DNA 分子杂交前，先合成或提取两种 DNA 分子，再通过变性将双链 DNA 分子分离成单链。然后将两种生物的 DNA 单链放在一起杂交，其中一种 DNA 单链事先用同位素或其他标记物进行标记。如果两种 DNA 分子之间存在互补的部分，就能形成双链区，并能通过同位素或其他检测手段检出。由于杂交过程具有高度的特异性，因此可以根据所使用的探针对已知序列进行特异性的靶序列检测。最具代表性的基于 DNA–DNA 分子杂交的 DNA 标记是发现最早和应用广泛的 RFLP 标记，该标记技术是利用限制性内切酶酶解及凝胶电泳分离不同生物体的 DNA 分子，然后用经标记的特异 DNA 探针与之进行杂交，通过放射自显影或非同位素显色技术来揭示 DNA 的多态性。

1. 限制性片段长度多态性（RFLP）标记

1）基本原理

RFLP 标记技术的原理是检测 DNA 在限制性内切酶酶切后产生的特定 DNA 片段的大小。通常基因组 DNA 上存在大量的限制性内切酶酶切位点，限制性内切酶能将基因组 DNA 酶解成许多长短不一的小片段，因此酶解后片段的数目和长度能够反映 DNA 水平上限制性内切酶酶切位点的分布。因此，凡是可以引起酶切位点变异的突变如点突变（新产生和去除酶切位点）或插入 / 缺失一段 DNA（造成酶切位点间的 DNA 长度发生变化）等均可导致 RFLP 标记的产生。特定的 DNA/ 限制性内切酶组合所产生的片段是特异的，它能作为某一 DNA（或含有该 DNA 的生物）的特有“指纹”，这种“指纹”在 DNA 分子水平上直接反映了生物的遗传多态性（图 3-1）。

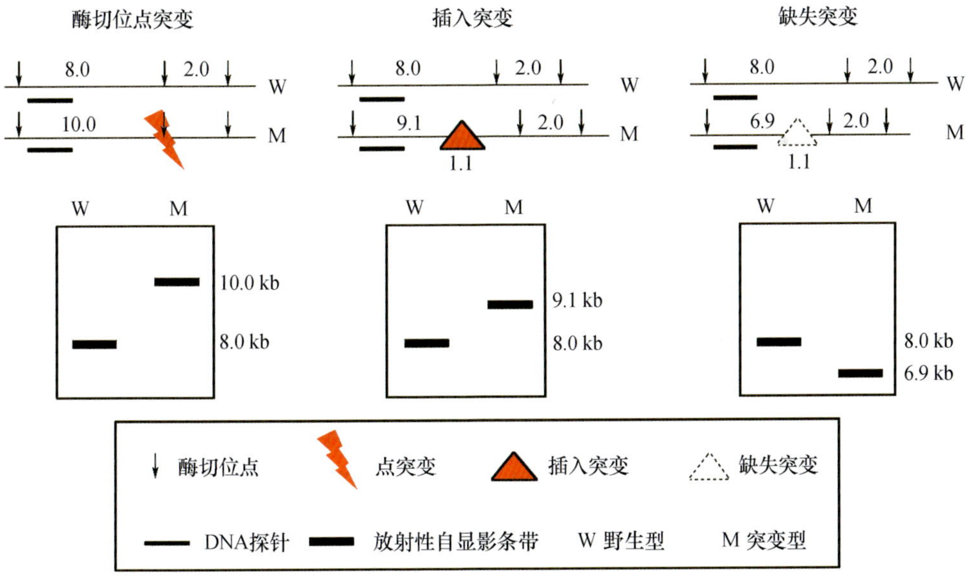

图3-1　RFLP标记多态性的分子基础

RFLP 技术的操作流程包括以下基本步骤：植物基因组 DNA 的提取和纯化，利用不同的限制性内切酶酶解基因组 DNA，凝胶电泳分离 DNA 片段，将 DNA 片段转移到滤膜上，利用同位素或其他标记物标记特异探针并与滤膜上的 DNA 片段进行分子杂交，通过放射自显影或非同位素显色技术来揭示 DNA 的多态性。

2）主要特点

RFLP 标记的优点在于：①稳定可靠；②呈简单的孟德尔式共显性遗传；③标记的数量多。通常基因组 DNA 上存在大量的限制性内切酶酶切位点，又有大量的酶和探针组合可供选配，理论上任何一种作物都具有大量的 RFLP 标记可供开发使用。

RFLP 标记的缺点在于：①对 DNA 的需求量大，纯度要求高；②实验操作复杂，需要放射性同位素或非放射性物质标记探针；③大多数 RFLP 多态位点信息量低，其多态性过分依赖限制性内切酶的选用。因此，RFLP 难以大规模应用于育种实践。尽管如此，RFLP 因为开发较早且稳定性好，在早期作物分子遗传连锁图谱的构建中发挥了重要的作用。

2. 染色体原位杂交

染色体原位杂交技术用来确定目的 DNA 序列在细胞内完整染色体上的位置。操作时，将染色体固定在载玻片上，经过处理除去 RNA 和蛋白质后，使染色体 DNA 变性，在原来的位置上与预先标记的核酸探针进行分子杂交。这一技术首次应用在确定 rDNA 在核仁组织中心的位置（何康，1991），现已应用于基因的定位。

染色体原位杂交最典型的例子是荧光原位杂交技术（fluorescence in situ hybridization，FISH）。FISH 是一种重要的非放射性原位杂交技术，原理是利用报告分子（如地高辛、生物素等）标记核酸探针，而后将探针与染色体或 DNA 纤维切片上的靶 DNA 杂交，若两者同源互补，即可形成靶 DNA 与核酸探针的杂交体。此时可利用该报告分子与荧光素标记的特异亲和素之间的免疫化学反应，经荧光检测体系对该 DNA 进行定性、定量或相对定位分析。原位杂交技术的基本步骤为：制备探针，染色体制片，染色体处理与变性，染色体与探针杂交，显微检测。染色体原位杂交技术比较简便，结果直观。荧光原位杂交技术在遗传育种中的主要应用是定位目的基因在染色体上的相对位置。

（二）基于 PCR 技术的 DNA 标记

聚合酶链式反应（PCR）是一种用于放大扩增特定DNA片段的分子生物学技术，它可看作是生物体外的特殊 DNA 复制，PCR 最大的特点是能将微量的 DNA 大幅增加。因具有简便、快速和高效等特点，PCR 问世不久便成为分子生物学研究的最主要的工具，尤其是在 DNA 标记技术的发展上更是起到了巨大作用。根据所使用引物的类型不同，基于 PCR 技术的 DNA 标记可分为随机引物 PCR 标记和特异引物 PCR 标记。

1. 随机引物 PCR 标记

随机引物 PCR 标记的特点是其所使用的引物的核苷酸序列是随机的，其扩增的 DNA 区段和位置也是事先未知的，因此具有随机性。随机引物 PCR 扩增的 DNA 区段产生标记多态性的分子基础是模板 DNA 扩增区段上引物结合位点的碱基序列发生了突变，或引物结合位点间的 DNA 扩增区段上发生了插入 / 缺失突变。因而，不同来源的基因组 DNA 间的多态性表现为 PCR 扩增产物有无或扩增片段大小的差异，以前一种情况较为常见（图 3–2）。因此，随机引物 PCR 标记通常是显性的。随机扩增 DNA 多态性（random amplified polymorphic DNA，RAPD）标记是较为广泛使用的一种基于随机引物的 PCR 标记。

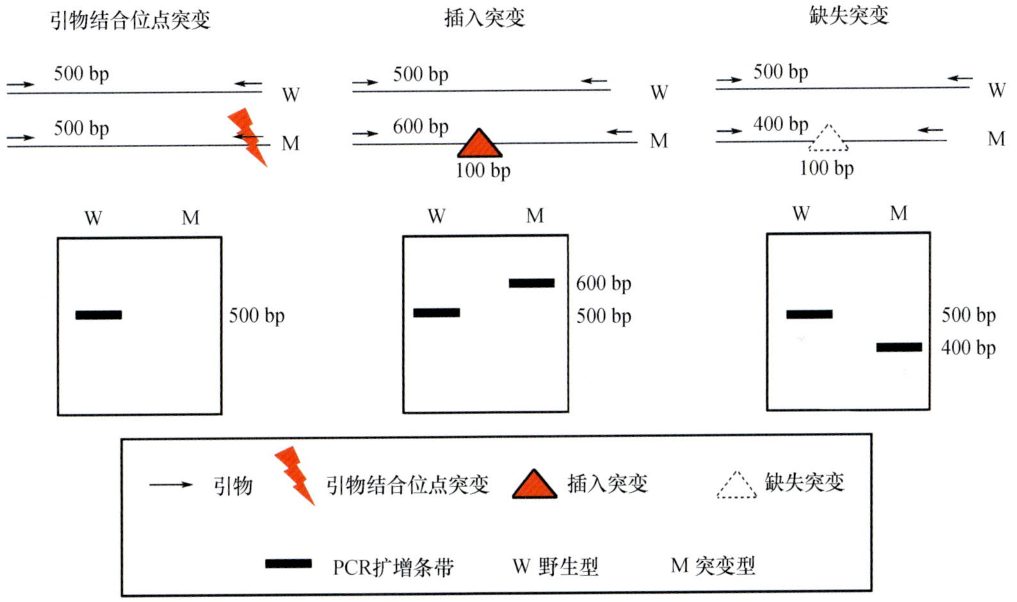

图3–2　随机引物PCR产物多态性的分子基础

1）RAPD 技术的基本原理

RAPD 标记是由美国人 Williams 和 Welsh 等于 1990 年基于 PCR 技术发展起来的一种 DNA 多态性标记。它是利用 8~10 个碱基的随机引物对目的基因组 DNA 进行 PCR 扩增，产物经电泳分离后显色，分析扩增产物 DNA 片段的有无、大小等形式多态性，此即反映了基因组相应片段由于碱基发生缺失、插入、突变、重排等所引发的 DNA 多态性。RAPD 标记分析中，通常每次 PCR 反应只使用一种引物，因此只有两端同时具有某种 PCR 引物结合位点的 DNA 区段才能被扩增出来。RAPD 标记所用的引物长度大约只有常规 PCR 引物长度的一半，主要目的是增加引物在基因组 DNA 中的结合位点并提高其通过 PCR 扩增揭示 DNA 多态性的能力。由于引物较短，所以在 PCR 反应中必须使用较低的退火温度，以保证引物能与模板 DNA 结合。

2）RAPD 标记的主要特点

与 RFLP 标记相比，RAPD 标记具有很多优点：①不需要了解研究对象基因组的任何序列信息，只需很少量的 DNA 样本（15~25 ng）且对 DNA 质量要求不高；②无需专门设计 PCR 反应引物，合成一套 8~10 个碱基的随机引物，可用于不同作物基因组的分析；③操作简便，不涉及克隆制备、同位素标记、分子杂交、放射自显影等技术；④退火温度较低，一般为 36 ℃，这能保证短核苷酸引物与模板的稳定配对，同时也允许了适当的错误配对，以扩大引物在基因组 DNA 中配对的随机性。当然 RAPD 技术有一定的局限性，它呈显性遗传标记（极少数共显性），不能有效区分杂合子和纯合子；易受反应条件的影响，重复性较差，可靠性较低，对 PCR 反应的微小变化十分 敏感。

2. 特异引物 PCR 标记

特异引物 PCR 标记所使用的引物是针对已知序列的 DNA 区段而设计的，具有特定核苷酸序列，引物长度通常为 18~24 个核苷酸。由于这类 PCR 标记的引物序列要求具有特异性，即结合基因组 DNA 中的特定位置，因此严格依赖于对各个作物基因组 DNA 信息的了解。过去几十年，随着作物基因组学和测序技术的发展，人们已经开发出几十种基于特异引物的 PCR 标记。此处重点介绍使用较为广泛的简单重复序列（simple sequence repeat，SSR）标记和竞争性等位基因特异性 PCR（kompetitive allele specific PCR，KASP）标记。

1）SSR 标记技术

（1）基本原理。动植物基因组中存在着大量的重复序列，根据其重复单元的大小和程度可分为简单重复序列、中度重复序列和高度重复序列。简单重复序列 SSR 指的是基因组中由 1~6 个核苷酸组成的基本单位重复多次（重复次数一般为 10~50）构成的一段 DNA，广泛分布于基因组的不同位置，长度一般在 200 bp 以下。SSR 标记是 Zietkiewica 等于 1994 年发明的，也称为微卫星 DNA（microsatellite DNA）。每个 SSR 两侧的重复序列一般是相对保守的单拷贝序列，但不同品种或个体核心序列的重复次数不同，从而形成 SSR 座位的多态性。因此可根据两侧序列设计一对特异引物来扩增 SSR 序列，经聚丙烯酰胺凝胶或高浓度琼脂糖凝胶（3% 左右）电泳，比较扩增带的迁移距离，就可知不同个体在某个 SSR 座位上的多态性（图 3–3）。

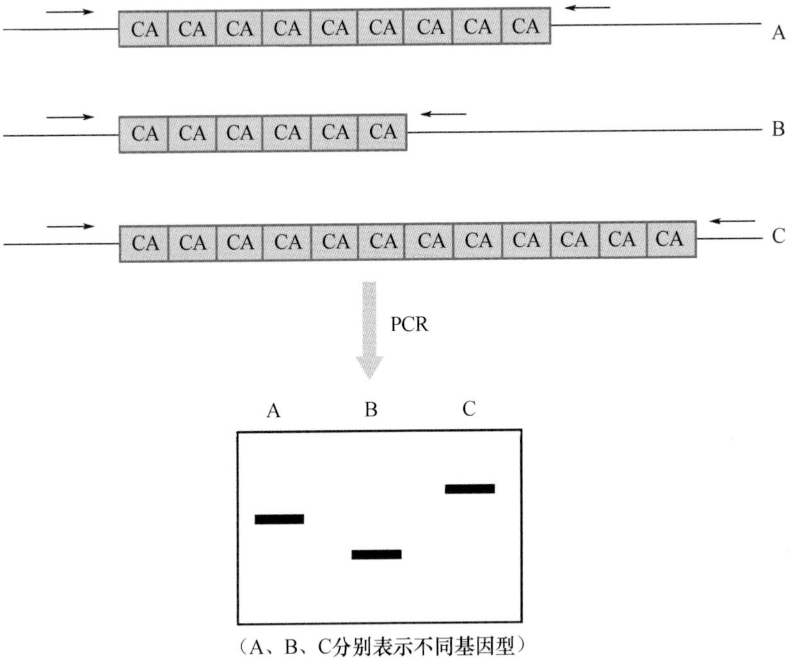

图3-3　SSR标记多态性的分子基础

（2）主要特点。SSR 标记的多态性主要依赖于基本单元重复次数的变异，而这种变异在生物群体中是大量存在的。因此，SSR 标记的主要优点有：①具有大量的等位差异，多态性十分丰富，广泛分布于整个基因组；② SSR 标记表现为共显性，可鉴别出杂合基因型和纯合基因型；③具有多等位基因的特性，提供的信息量大；④ SSR 标记操作简便，结果稳定可靠。基于这些优点，SSR 标记被广泛应用于分子遗传连锁图谱的构建、目标基因定位和构建品种的指纹图谱等方面。长期以来，特异性引物设计是 SSR 标记应用的一个限制因素，为此，必须事先了解 SSR 座位两侧的核苷酸序列，寻找其中的特异保守区。因此，特异 PCR 引物的设计依赖于对各个物种基因组信息的了解，目前有设计 SSR 引物的软件可供选用。随着绝大多数作物的基因组测序已经完成以及相关 DNA 序列数据库的建设，SSR 标记也可以通过分析现有的 DNA 序列来获得，使用有关软件（如 SSR Finder）来分析数据库里的 DNA 或 cDNA 序列里的 SSR，根据 SSR 两侧序列在同一物种内高度保守的特性设计引物，通过 PCR 从基因组 DNA 中进行扩增，如果得到的产物跟预计的产物一致，那么所获得的标记就是 SSR 标记。

2）KASP 标记技术

KASP 标记是英国 LGC （Laboratory of the Government Chemist）公司开发的一种基于 PCR 的用于检测单核苷酸多态性（SNP）的分子标记技术（图 3–4）。该技术可在广泛的基因组 DNA 样品中对 SNP 和特定位点上的插入 / 缺失（InDels）进行精准的双等位基因判断。如图 3–4 所示，这项技术是基于引物末端碱基的特异匹配来对 SNP 进行分型以及检测 InDels 的。KASP 反应包括 Primer Mix 和 Master Mix 两种主要成分。Primer Mix 由两条末端碱基不同的等位基因正向引物与一条反向引物构成，两条正向引物 5′ 端分别连有不同序列的检测引物序列。Master Mix 包含两条带有不同荧光标记的检测引物以及 Taq 酶、dNTPs（脱氧核糖核苷三磷酸）等。其流程主要包括：① PCR 反应Ⅰ：变性模板与 Primer Mix 中相匹配的引物结合并退火，延伸后序列被加上了检测引物的序列。② PCR 反应Ⅱ：等位基因特异性的末端序列（包含检测引物序列）的互补链合成。③ PCR 反应Ⅲ：带有不同荧光标记的两条检测引物与新合成的互补链结合，特异序列对应的检测引物随 PCR 反应呈指数性扩增，相应荧光信号被检测。④数据分析。

基于 KASP 技术，LGC 公司整合了一套高通量、低成本、灵活、快速的仪器 SNPline 系统及实验方案，每天可检测 SNP 数量从 20 个到 500 000 个以上，样本数可从单个到数万个，有很强的灵活性。该实验方案包括：①高通量自动核酸抽提；②自动化基因组 DNA 分液及 PCR 体系构建；③全自动封膜仪；④可用于 96、384、1 536 孔板高通量 PCR 的水浴 PCR 仪；⑤微孔板荧光分析仪；⑥实验设计，流程管理及数据分析软件。

由于 SNPline 系统具有高度灵活性，其应用也十分广泛，适合于各种基因分型研究，无论是中低通量 SNP 研发项目，还是 NGS 之后的 SNP 验证，农业种群研究，或者大量种子的生产质量控制和生物样品库 DNA Biobanking 等都是其适用的范围。国内一线的农业研究单位及种子企业如中国农业科学院、北京市农林科学院、中国农业大学、南京农业大学、华中农业大学、中国种子集团有限公司、华智水稻生物技术有限公司、中玉金标记生物技术股份有限公司等，都已经购置 SNPline 系统或采购 KASP 试剂，进行 SNP 分析，为分子辅助育种和品种鉴定提供技术平台和数据。

（三）基于 PCR 与限制性酶切技术结合的 DNA 标记

基于限制性酶切与 PCR 技术结合的 DNA 标记主要有两种：一种是先使用限制性内切酶对样品 DNA 进行酶解，再对酶切片段进行 PCR 扩增进而检测其片段长度的多态性，这种标记称为扩增片段长度多态性（amplified fragment length polymorphism，AFLP）标记；另一种是先对样品 DNA 进行专一性 PCR 扩增，再用限制性内切酶对扩增产物进行酶切进而检测其多态性，称为酶切扩增多态性序列（cleaved amplified polymorphic sequence，CAPS）标记。

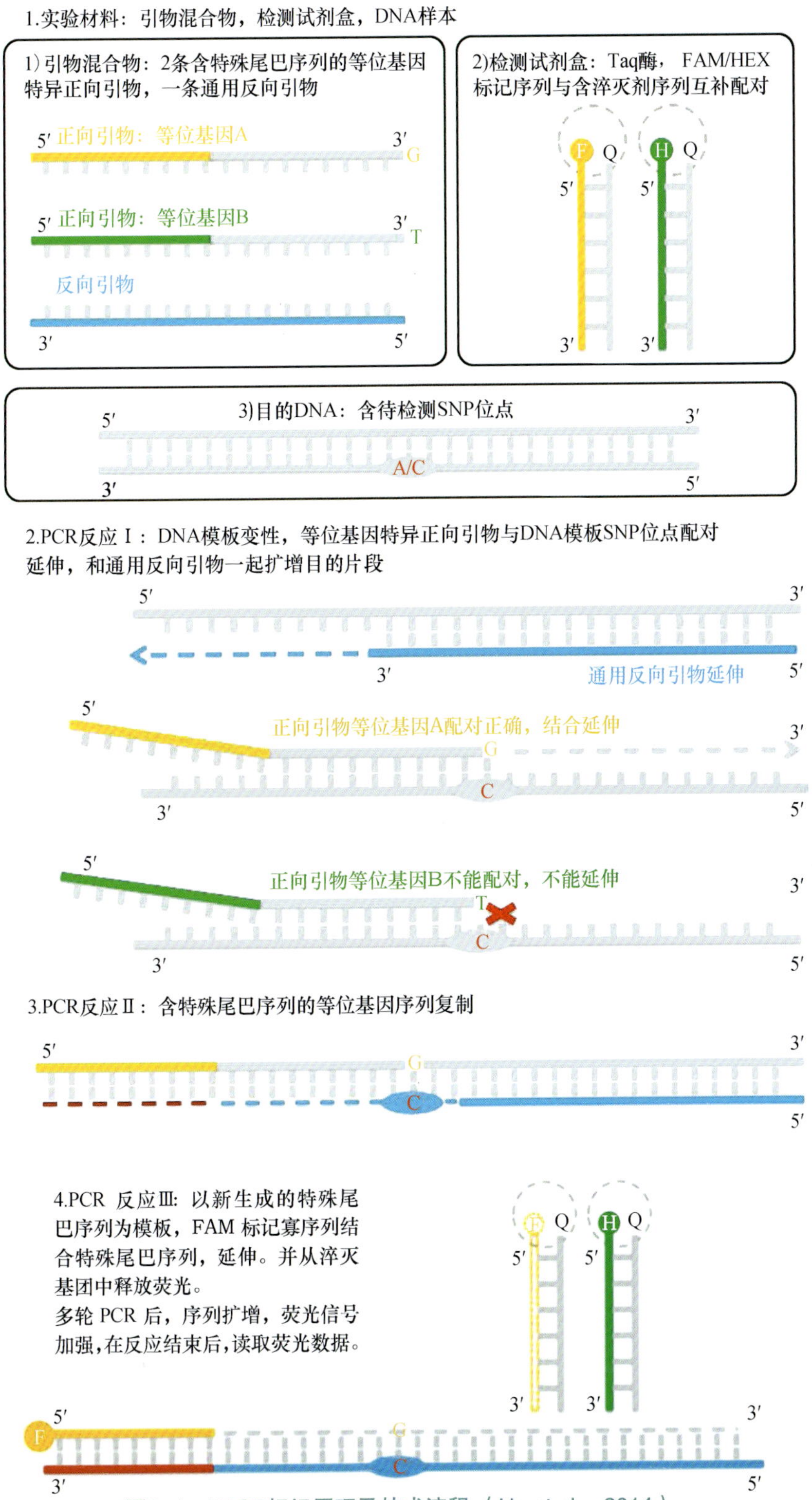
1.实验材料：引物混合物，检测试剂盒，DNA样本
1)引物混合物：2条含特殊尾巴序列的等位基因特异正向引物，一条通用反向引物
5′ 正向引物：等位基因A 3′ G
5′ 正向引物：等位基因B 3′ T
反向引物
3′ 5′
2)检测试剂盒：Taq酶，FAM/HEX标记序列与含淬灭剂序列互补配对
F Q H Q
5′ 5′
3′ 3′
3)目的DNA：含待检测SNP位点
5′ 3′
A/C
3′ 5′
2.PCR反应Ⅰ：DNA模板变性，等位基因特异正向引物与DNA模板SNP位点配对延伸，和通用反向引物一起扩增目的片段
5′ 3′
3′ 通用反向引物延伸 5′
5′ 正向引物等位基因A配对正确，结合延伸 3′
G
C
3′ 5′
5′ 正向引物等位基因B不能配对，不能延伸 3′
T
C
3′ 5′
3.PCR反应Ⅱ：含特殊尾巴序列的等位基因序列复制
5′ 3′
G
C
5′
4.PCR 反应Ⅲ：以新生成的特殊尾巴序列为模板，FAM 标记寡序列结合特殊尾巴序列，延伸。并从淬灭基团中释放荧光。
多轮 PCR 后，序列扩增，荧光信号加强，在反应结束后，读取荧光数据。
F Q H Q
5′ 5′
3′ 3′
5′ 3′
F G
C
3′ 5′

图3-4　KASP标记原理及技术流程（He et al.，2014）

（图片引自KASP 2x PCR Mix 说明书——固德生物）

1. 扩增片段长度多态性（AFLP）标记技术

AFLP 是 1993 年由荷兰科学家 Zabeau 和 Vos 在 PCR 和 RFLP 的基础上发展起来的一种检测 DNA 多态性的方法。由于 AFLP 是限制性酶切与 PCR 结合的一种技术，因此其不仅具有 RFLP 技术的可靠性，还具有 PCR 技术的高效性，可以在一个反应内检测大量限制性片段，仅一次便可获得 50~100 条谱带的信息，提高了检测效率。

AFLP 技术的基本流程：①利用限制性内切酶酶解基因组 DNA 产生不同大小的酶切片段，一般组合采用两个限制性内切酶，一个是在基因组中包含多切点的常用内切酶，另一个是切点数稀少的罕见内切酶；②酶切片段 5′ 端与含有相同黏性末端的人工接头连接，连接后的黏性末端序列和接头序列就作为后续 PCR 反应的引物结合位点；③实验中，根据需要还要在引物 3′ 端（酶切位点后）增加 1~3 个选择性碱基，使得只有一定比例的限制性片段被选择性地扩增。这些选择性核苷酸使得引物能选择性地结合具有特异配对序列的内切酶片段，从而实现特异性扩增；④通过聚丙烯酰胺凝胶电泳分离检测获得 DNA 扩增片段，根据扩增片段长度的不同检测出多态性。AFLP 揭示的 DNA 多态性来源于酶切位点和其后的选择性碱基的变异。AFLP 扩增片段的谱带数取决于采用的内切酶及引物 3′ 端选择碱基的种类、数目和所研究基因组的复杂性（图 3–5）。

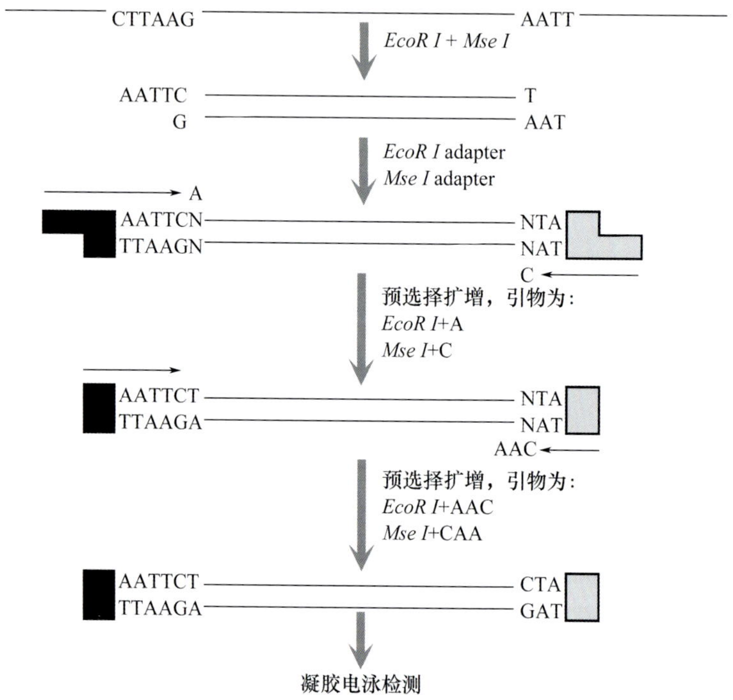

图3–5　AFLP标记技术的原理示意图

AFLP 技术的主要特点包括：①多态性检测能力高，AFLP 既能检测酶切位点不同造成的多态性，又能检测随机选择碱基造成的多态性；②所需 DNA 量少（仅需 0.5 μg），但要求较高的纯度；③兼具 RFLP 技术的可靠性和 PCR 技术的高效性优点，技术流程高效，一次选择扩增就能比较几十甚至上百个位点；④分辨率高，由于 AFLP 扩增片段短，因此片段多态性检出率高，而 RFLP 片段由于相对较大，内部多态性不能很好地表现出来；⑤ PCR 反应使用特定引物扩增，退火温度高，因而假阳性率低，重复性好。AFLP 技术的主要不足是，对 DNA 的纯度和内切酶的质量要求较高，技术费用较高。

2. 酶切扩增多态性序列（CAPS）标记技术

CAPS 标记技术又称为 PCR-RFLP，它也是 PCR 技术与 RFLP 技术相结合的一种检测 DNA 多态性的方法，其标记类型一般是共显性。CAPS 标记的基本原理是先根据已知位点的 DNA 序列设计一对特异性的 PCR 引物（19~27 bp）并对目的片段进行特异性扩增，接着用一种专一性的限制性核酸内切酶切割所得扩增产物，通过凝胶电泳分离酶切片段来检测差异（图 3-6）。

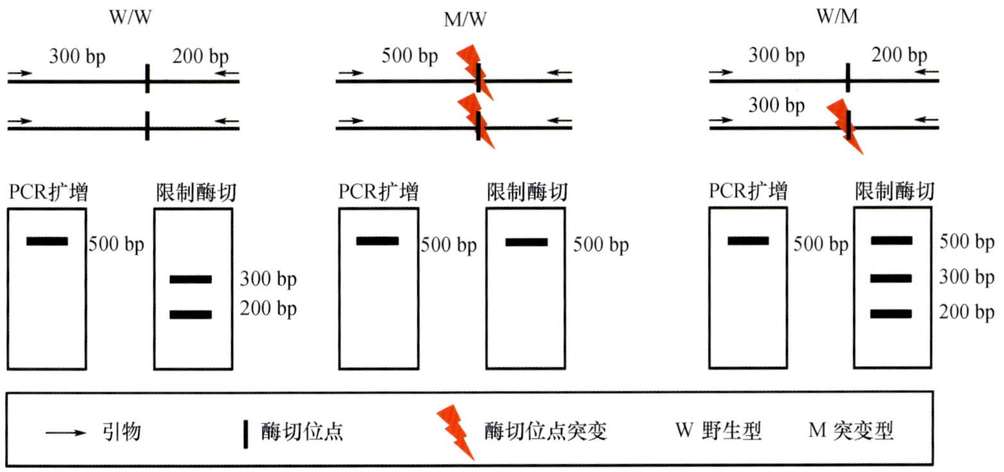

图3-6　CAPS标记基本原理

CAPS 标记是特异引物 PCR 与限制性酶切相结合而产生的一种 DNA 标记，它实际上是一些特异引物 PCR 标记的一种延伸。当特异扩增产物的电泳谱带不表现大小多态性时，其中一种常用补救办法就是用限制性内切酶对扩增产物进行酶切，然后再通过琼脂糖或聚丙烯酰胺凝胶电泳检测酶切后其多态性。因此，该方法揭示的是特异 PCR 产物 DNA 序列内限制性酶切位点变异的信息，也表现为限制性片段长度的多态性。

CAPS 标记的主要优点是限制酶与 PCR 引物的组合具有多样性，能够有效增加揭示遗传多态性的机会；CAPS 标记呈共显性，能够帮助区分杂合基因型和纯合基因型；实验所用 DNA 量极少；结果稳定可靠；操作简单、快捷，成本低。而 CAPS 标记最大的缺点是需要已知基因组序列信息，不过随着绝大多数蔬菜作物基因组测序的完成，这一缺点已不再是限制其广泛应用的主要因素。

（四）基于 DNA 芯片或 DNA 测序的 DNA 标记

基因芯片（gene chip）的原型是 20 世纪 80 年代中期提出的，它是在基因探针的基础上研制出来的，所谓基因探针只是一段人工合成的碱基序列，在探针上连接一些可检测的标记物质，按照碱基互补的原理，利用基因探针到基因混合物中识别特定基因。DNA 芯片技术就是指在固相支持物上原位合成寡核苷酸或者直接将大量的 DNA 探针以显微打印的方式有序地固化于硅片、玻片等支持物表面，构成一个二维的 DNA 探针阵列，然后与标记的样品杂交，通过对杂交信号的检测分析，即可获得样品的遗传信息。该技术原理和基本步骤为：首先，提取高质量的基因组 DNA，然后将基因组 DNA 通过限制性内切酶酶切，产生不同大小的酶切片段；然后，将酶切片段通过添加选择性碱基引物扩增，降低酶切片段总数量；最后，将这些选择性扩增后的酶切片段克隆到特定载体，这些克隆点构成一个芯片文库。芯片文库通过培养，PCR 扩增，扩增后的 DNA 再经过纯化，最后将该纯化的克隆 DNA 点样在生物芯片上，制成一张用于遗传标记检测的基因组 DNA 芯片。当要利用该芯片对待测样品进行检测时，先将被检材料酶切，酶切后的 PCR 扩增物采用荧光标记，然后将标记物和芯片杂交，最后通过杂交信号检测判断检测样品与标记点的同源性差异，杂交信号强，则同源性高，否则就低。

目前，主要蔬菜作物的基因组测序工作基本完成，利用基因组学开展蔬菜作物分子生物学研究已迈入新的阶段。作为高通量筛选代表技术的基因芯片也逐步应用于蔬菜作物研究。基因芯片在蔬菜作物育种研究中具有广阔的应用前景，可用于遗传材料前景选择、背景鉴定、基因定位、基因聚合鉴定筛选、核酸指纹分析、种子真实度鉴定等多个方面。

随着测序技术的高速发展，测序成本的急剧下降，众多蔬菜作物的基因组信息被报道，对育种材料进行低覆盖率全基因组重测序或目标区段深度测序成为可能。从得到的测序信息中进行基因型分析或进一步开发分子标记变得更便捷简单，同时工作量和时间都大大减少。例如，特异性位点扩增片段测序技术（specific-locus amplified fragment sequencing，SLAF-seq）就是基于高通量测序技术发展起来的一种简化基因组深度测序技术。简要地说，SLAF-seq 先利用生物信息学方法对目标物种的参考基因组（例如目标物种已知的 BAC 序列或近缘物种的基因组）进行系统分析；再根据参考基因组的 GC 含量、重复序列情况和基因特点等信息设计酶切方案，构建 SLAF-seq 文库，筛选特异性长度片段，应用高通量测序技术获得高通量标签序列；然后进行数据分析，获取测序深度和质量均满足要求的 SLAF 片段，这些片段可以充分代表全基因组的序列特征信息，依据这些片段序列可以开发出大量的分子标记，特别是 SNP（图 3-7）。该技术可以且已经运用于大规模种质资源研究、高密度遗传连锁图谱构建、不同个体间的多态性分析和目标性状相关的基因组区段或候选功能基因快速定位。它具有高准确性、高通量、低成本、获得的分子标记能作为序列信息直接进行后续工作、实验周期短、可多性状并行研究等优点。

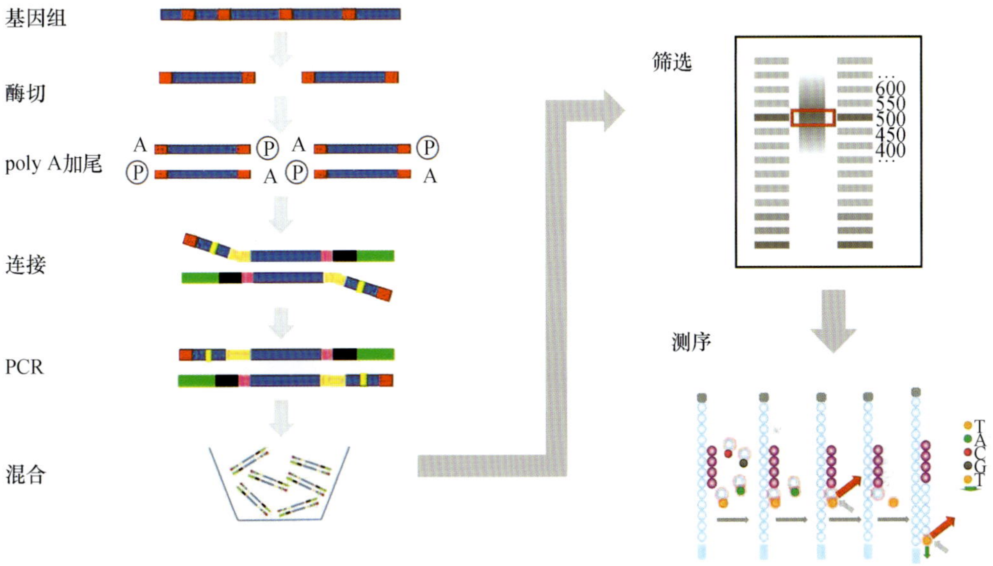

图3-7　SLAF-seq技术原理

各类 DNA 分子标记技术的原理和检测方法存在许多差异，各种标记有各自的特点。各种标记技术间同样存在一定的互补性，且有些可以相互转换。由于基因组上的 DNA 变异十分丰富且检测技术也多种多样，因此针对特定基因组区段可以设计开发多种类型的分子标记。实际应用时，应综合基因组序列信息、实验室条件、对各技术的熟悉程度等，决定所采用的标记类型。理想的针对特定 DNA 序列变异的分子标记应具有以下特点：①遗传多态性高，自然界存在多个等位变异；②共显性遗传，可鉴别二倍体中的纯合和杂合基因型；③选择中性，最好不影响农艺性状的表达；④稳定性高、重现性好；⑤检测手段简单快捷，易于实现自动化；⑥开发成本和使用成本低。

第二节 分子标记在蔬菜育种上的应用

自 DNA 分子标记技术问世以来，其在作物遗传育种中显现出重要而广泛的应用价值，具体应用范围包括：分子遗传连锁图谱的构建，绘制品种的指纹图谱及种子纯度鉴定，种质资源的遗传多样性分析及杂种优势预测，目的基因定位，以及分子标记辅助选择等。本节简述这些应用类型的基本概念和原理，重点介绍在目的基因定位和分子标记辅助选择中的应用。

一、分子遗传连锁图谱的构建

遗传连锁图谱是指以染色体重组交换率为相对长度单位，以遗传标记为主体，通过遗传重组分析得到的基因或标记位点在染色体上的线性排列图。遗传图谱是遗传研究的重要内容，又是种质资源、育种及基因克隆等许多应用研究的理论依据和基础。诸多遗传学家研究的目标之一便是能够建立详尽的植物遗传连锁图谱，其同样是基因组研究中不可缺少的重要组成部分。借助饱和分子标记的遗传连锁图谱进行分析，能够快速定位、分离重要经济性状基因，并且当分子标记结果显示与目标基因紧密连锁时，就需要建立基因和基因附近区域之间的物理距离关系，以便为基因克隆和对其进行功能分析打下良好的基础。遗传图谱的构建包括下列基本步骤：①选择适合作图的分子遗传标记；②根据遗传材料之间的多态性确定用于建立作图群体的亲本组合；③建立作图群体，即具有大量遗传标记处于分离状态的分离群体或衍生系；④群体中不同个体或株系的标记基因型分析；⑤借助计算机程序建立标记之间的连锁分析，构建标记连锁图。由于绝大多数蔬菜作物的物理图谱和基因组测序工作已经完成，利用分子标记构建遗传连锁图谱已无很大的现实意义，在此不做赘述，相关内容将在基因定位部分重点介绍。

二、绘制品种的指纹图谱及种子纯度鉴定

种质资源是遗传研究的材料，而分子标记可以用来绘制蔬菜品种、品系的指纹图谱，用来检测品种的差异。1984 年英国莱斯特大学的遗传学家 Jefferys 及其合作者首次将分离的人源小卫星 DNA 用作基因探针，与人体核 DNA 的酶切片段杂交，获得了由多个位点上的等位基因组成的长度不等的杂交带图纹，这种图纹极少有两个人完全相同，故称为“DNA 指纹”，意思是它同人的指纹一样是每个人所特有的。众多“DNA 指纹”组成“DNA 指纹图谱”。因此，DNA 指纹图谱是指一个个体特有的 DNA 结构或

序列所产生的图谱。通过组合基因组上多个分子标记的基因型或带型，可以绘制某个品种或品系特有的 DNA 指纹图谱。它是鉴别品种和品系的有效工具，可用于种子纯度检测，对防止伪劣种子进入市场，保护种质及育成品种的知识产权和育种家的利益等具有重要意义，也有助于解决种质资源收集中存在的同物异名、同名异物问题。

种子纯度是保证优良品种丰产增收潜力得以发挥的关键性因素，因而，检验品种纯度对保证种子质量具有重要意义。常规的根据田间表型性状鉴定品种纯度的方法，既费时又费力，还影响种子销售，积压资金。而利用分子标记技术进行蔬菜品种鉴定，却可以做到不受环境、取材部位、时间等外部因素影响，并且在种子或幼苗阶段就可鉴定，而且信息量大，能够区分出传统形态标记难以鉴别出的细微差异，并具备准确、快速（数小时至数天）的特点。品种鉴定需要首先构建品种的标准 DNA 指纹图谱，将需要鉴定的品种的指纹与之相比，便可知道鉴定品种的纯度和真伪。对于常规品种，在种子纯度检验时，要求该品种特有的指纹图谱出现，而不应该出现其他品种特有的指纹图谱。对于杂交种（指单交种），必须具有双亲特有的指纹图谱。

三、种质资源的遗传多样性分析及杂种优势预测

分子标记广泛存在于基因组 DNA 的各个区域，数量巨大，它通过对随机分布于整个基因组的分子标记的多态性进行比较就能够全面评估研究对象的遗传多样性，并揭示其遗传本质。目前分子标记已被用于多种蔬菜的遗传多样性分析，利用遗传多样性的分析结果可以对物种的种质进行聚类分析，进而了解其系统发育与亲缘关系。例如，Lin 等（2014）利用基因组重测序和高通量分子标记技术对来自世界各地的 360 份番茄种质资源进行分析，解析了番茄驯化和育种的基因组历史，结果支持樱桃番茄驯化自醋栗番茄，而普通大果番茄则是由樱桃番茄进一步改良而来的。此外，以分子标记为基础的比较基因组研究则有利于探明近缘物种间的遗传同源性以及物种起源等生命科学领域中的重要问题。在利用分子标记对种质亲缘关系进行分析和检测种质多样性的基础上，可以确定亲本之间的遗传差异和亲缘关系，从而确定亲本间的遗传距离进而划分杂交优势群，预测可能产生优势的组合，提高杂种优势潜力。

四、目的基因定位

基因定位是指确定控制目的农艺性状的基因在染色体上的位置及与之相连锁的分子标记。确定与目的性状基因紧密连锁的 DNA 标记，一方面有利于在育种中对相关性状进行分子标记辅助选择，另一方面将为后续利用图位克隆技术克隆该目的性状基因奠定基础。随着绝大多数蔬菜作物基因组测序工作的完成以及新一代测序技术和高通量分子标记技术的发展，目的基因定位工作变得相对容易。

一般来说，作物农艺性状根据其性状在分离群体中变异的程度和类型，可划分为质量性状和数量性状两类。在分离群体中表现为不连续性变异且能够明确分组的性状称为质量性状。质量性状通常受一个或少数几个主基因控制，不易受环境的影响，这类性状在表面上都显示质的差别，遗传分析相对简单，如作物的抗病性、抗虫性、育性、果实颜色等农艺性状常常表现为质量性状的特点。数量性状是另一类性状差异，这些性状的差异呈连续状态，界限不清楚，不易分类。作物的许多重要经济性状都是数量性状，如作物的产量、成熟期、果实大小和品质等等。与质量性状不同，数量性状受多基因控制，遗传基础复杂，且易受环境影响，因此对数量性状的遗传研究十分困难。多年来，众多育种家只能借助于数理统计的方法将控制数量性状的多基因系统作为一个整体进行研究，而其遗传特征则用平均值和方差来反映，但是此方法却无法了解单个基因的位置和效应。这种状况极大制约了人们在育种中操纵数量性状遗传的能力。分子标记技术的出现，为深入研究数量性状的遗传基础提供了诸多可能。控制数量性状的基因在基因组中的位置称为数量性状基因座（quantitative trait locus，QTL）。需要指出的是，数量性状与质量性状的区分并不是绝对的。由于划分的标准不同，往往也可以把数量性状看作质量性状。决定数量性状的基因也不一定都是为数众多的微效基因。例如，孟德尔的实验中所采用的豌豆的高秆品系和矮秆品系同是一对主效基因的差别。此外，在特定条件下多对微效基因中的某一对的分离也可以使杂交子代中出现可以明显区分的表型。例如在水稻株高方面，当两个品系的其他有关植株高矮的微效基因都相同而只有一对基因不同，其杂交子代中的植株高度便可以明显地划分为不重叠的高矮两组。因此，通过严格的环境控制和科学的遗传实验设计，可以将复杂的数量性状分解成多个简单性状来研究。事实上，近年来的研究实践也证明，质量性状和数量性状基因的定位策略和方法已经大同小异。目前常用的定位农艺性状基因的方法主要有基于分离群体的连锁分析（linkage analysis）和基于自然群体的关联分析（association analysis），下面就对这两种方法做一介绍。

（一）连锁分析

基于连锁分析的基因或 QTL 定位是以遗传连锁图谱为基础，通过农艺性状的表型值与分子标记间的连锁分析确定基因或 QTL 的相对位置。当标记与特定性状的目的基因连锁时，不同标记基因型个体的表型值间存在显著性差异，以此来确定各个农艺性状基因座位在染色体上的位置和效应，以及各个 QTL 间、QTL 与环境之间的互作效应。常用的基于连锁分析定位方法是利用双亲本杂交（回交）材料所构建的遗传分离群体进行的，包括 F_2、BC、DH、RIL 等。定位及效应估计的精确性和完整性在很大程度上依赖于定位的统计模型和方法。QTL 定位方法主要有单标记分析法、区间作图法、复合区间作图法、混合线性模型等等。

利用连锁分析定位农艺性状主基因的步骤包括：①利用集群分离分析法（bulk-segregant analysis，BSA）寻找与目的基因连锁的分子标记进行初定位；②进一步发展分子标记进行精细定位和图位克隆。此方法也可用于主效 QTL 的定位。初定位使用的 BSA 法是根据目标性状的表型对分离群体进行分组混合，其基本思想是，在分离群体中，依据目标性状表型的相对差异（如抗病与感病），将个体或株系分成两组，然后分别将两组中的个体或株系（一般为 50 个左右）的 DNA 混合，形成相对的 DNA 池。因为只对性状做了选择，根据以上结果可以推测，这两个不同表型的 DNA 池之间除了在目标基因座所在的染色体区域的 DNA 组成上存在一定的差异之外，来自基因组其他部分的 DNA 组成应该是相同的。换句话说，两个不同表型的 DNA 池间差异相当于两个近等基因系基因组之间的差异，其不同仅表现在目标区域上，而整个遗传背景应该是相同的，也就是可以理解为这是一对近等基因 DNA 池。因而，在这两个 DNA 池间表现出多态性的 DNA 标记，就有可能是与目标基因连锁的区段。在对两个 DNA 池进行多态性检测时，通常应以其亲本的 DNA 为对照，以利于对试验结果的正确分析和判断。通过在更大群体（几百个单株或株系）中进一步验证，就可确定该差异片段是否与目标基因连锁以及连锁程度。精细定位时，在初定位得到的区间内发展合适的分子标记并进一步扩大作图群体（大于 500 单株），统计分离后代的基因型和表型，进行连锁分析（通过分析目的基因和邻近分子标记间发生交换的频率），进一步缩小定位区间。当定位区间足够小时，分析区间内的序列差异和候选基因功能注释，选择合适的候选基因进行功能验证，以确定控制该农艺性状的目的基因。

近年来，随着测序技术和高通量分子标记技术的快速发展，测序成本越来越低。利用 BSA 的原理，结合高通量全基因组重测序技术，以基因组中的 SNP 和 InDel 为 marker，通过比对和计算 SNP 的频率，可以寻找和突变表型紧密连锁的染色体区域，并最终确认突变位点。其中，在植物中应用最经典的一个例子就是 MutMap，并在此基础上发展出了 MutMap+，MutMap-gap 和 QTL-seq，以应对不同分离群体的基因定位需求（图 3-8）。

目前通过正向遗传克隆的大多数基因均采用连锁分析进行初定位，然后进行精细定位，所获得的定位基因准确性较高。但是连锁以检测群体内的遗传重组为基础，在构建遗传分离群体时，由于杂交 / 自交次数的限制，发生重组的次数有限，所以定位的精度也有限。此外，分离群体一般由两个特定的材料构建，因此连锁分析只涉及同一座位的两个等位基因，而且这两个亲本材料也许仅能代表该物种一小部分的相关表型变异，这就导致了在不同的遗传群体中发生分离的可能是不同的。

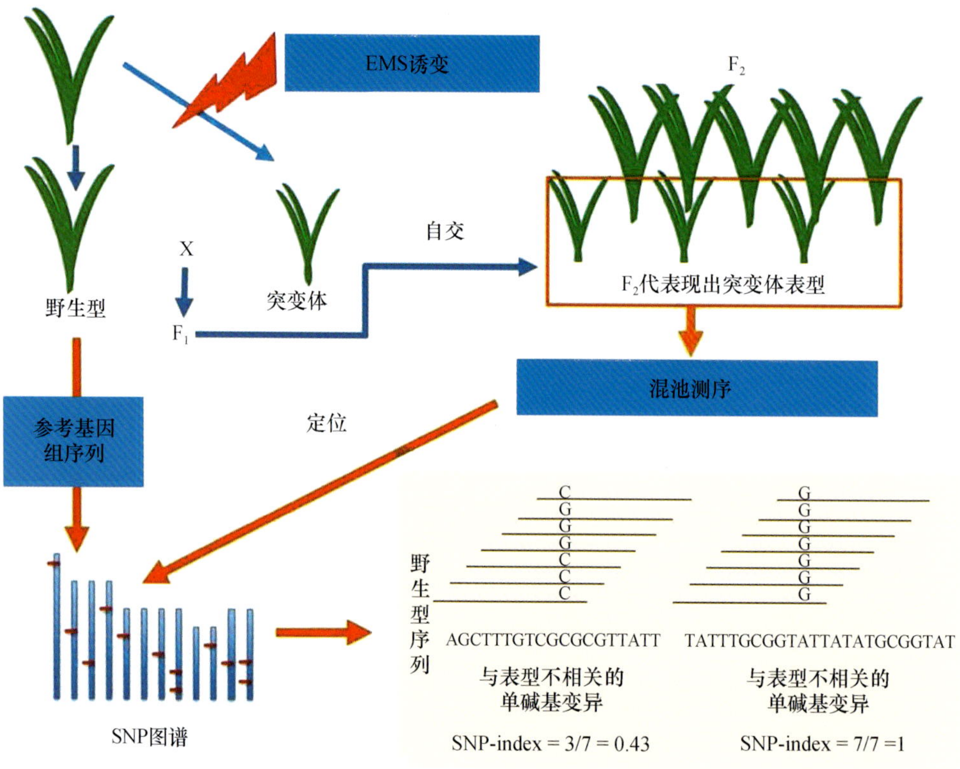

EMS诱变
F2
自交
X
F1
野生型
突变体
F2代表现出突变体表型
混池测序
参考基因组序列
定位
SNP图谱
野生型序列
AGCTTTGTCGCGCGTTATT
TATTTGCGGTATTATATGCGGTAT
与表型不相关的单碱基变异
SNP-index = 3/7 = 0.43
SNP-index = 7/7 =1

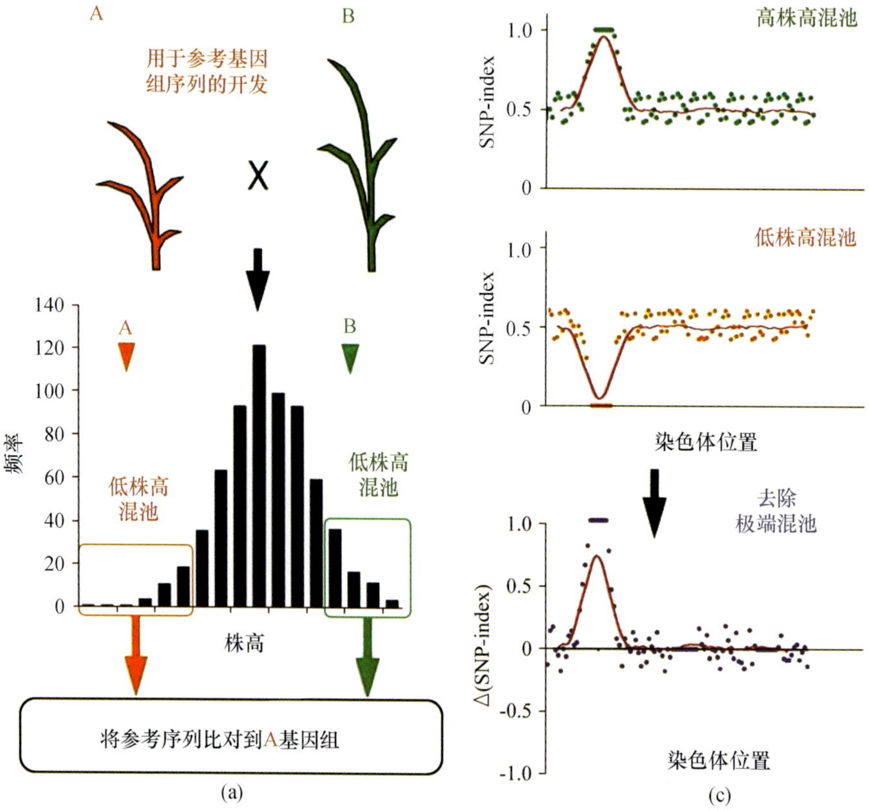

A
B
用于参考基因组序列的开发
X
频率
低株高混池
株高
将参考序列比对到A基因组
(a)
高株高混池
SNP-index
低株高混池
染色体位置
去除极端混池
Δ(SNP-index)
染色体位置
(c)

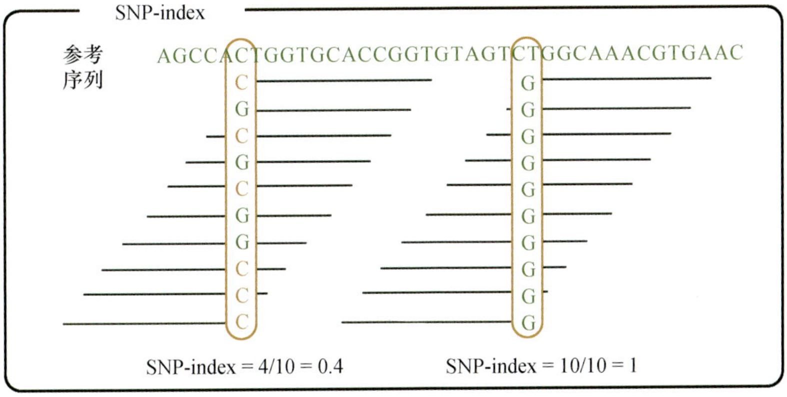

(b)

图3-8　MutMap（Abe et al.，2011）和QTL-seq（Takagi et al.，2013）的技术流程

（二）关联分析

全基因组关联分析（genome-wide association study，GWAS），简称关联分析，是动植物复杂性状相关基因定位的常用手段，我们在第七章会详细介绍。高通量基因分型技术的应用极大地推动了关联分析的发展。关联分析通过检验全基因组遗传标记与表型变异关联的显著性来定位与性状相关的遗传位点，在群体水平上解析性状遗传基础（图 3-9）。关联分析是以连锁不平衡（linkage disequilibrium，LD）为基础的，连锁不平衡是生物群体在自然选择过程中出现的一种现象，是处在不同基因座上的等位基因的非随机组合。当位于某一座位的特定等位基因与同一条染色体另一座位的某一等位基因同时出现的概率大于群体中因随机分布而使两个等位基因同时出现的概率时，就称这两个座位处于 LD 状态。重组是打断 LD 的主要因素（Visscher et al.，2012；Xiao et al.，2017）。LD 的大小主要受群体遗传多样性的影响，在不同物种和群体中差异很大。例如，玉米群体的 LD 通常比水稻群体的 LD 小很多，而相近的现代栽培品种群体的 LD 往往都比较大（Zhang et al.，2016；Li et al.，2020）。传统的 QTL 定位研究通常以 2 个亲本杂交群体为研究对象，通过连锁作图定位目标性状位点。这种方法的局限性在于人为杂交构建群体过程中产生的重组事件少（LD 大），为实现精细定位，往往需要投入大量资源构建数量庞大的重组群体。而关联分析则可以利用研究对象自然群体的历史重组（Yu et al.，2006），有机会获得更高分辨率的定位结果，同时遗传变异来源也更为广泛，往往能定位到比双亲本作图群体中更多的性状关联位点。由于 LD 的存在，当基因组中存在造成表型差异的变异时，该变异附近的遗传标记也倾向于与表型产生关联，从而检测出含有控制表型变异基因的染色体区域。

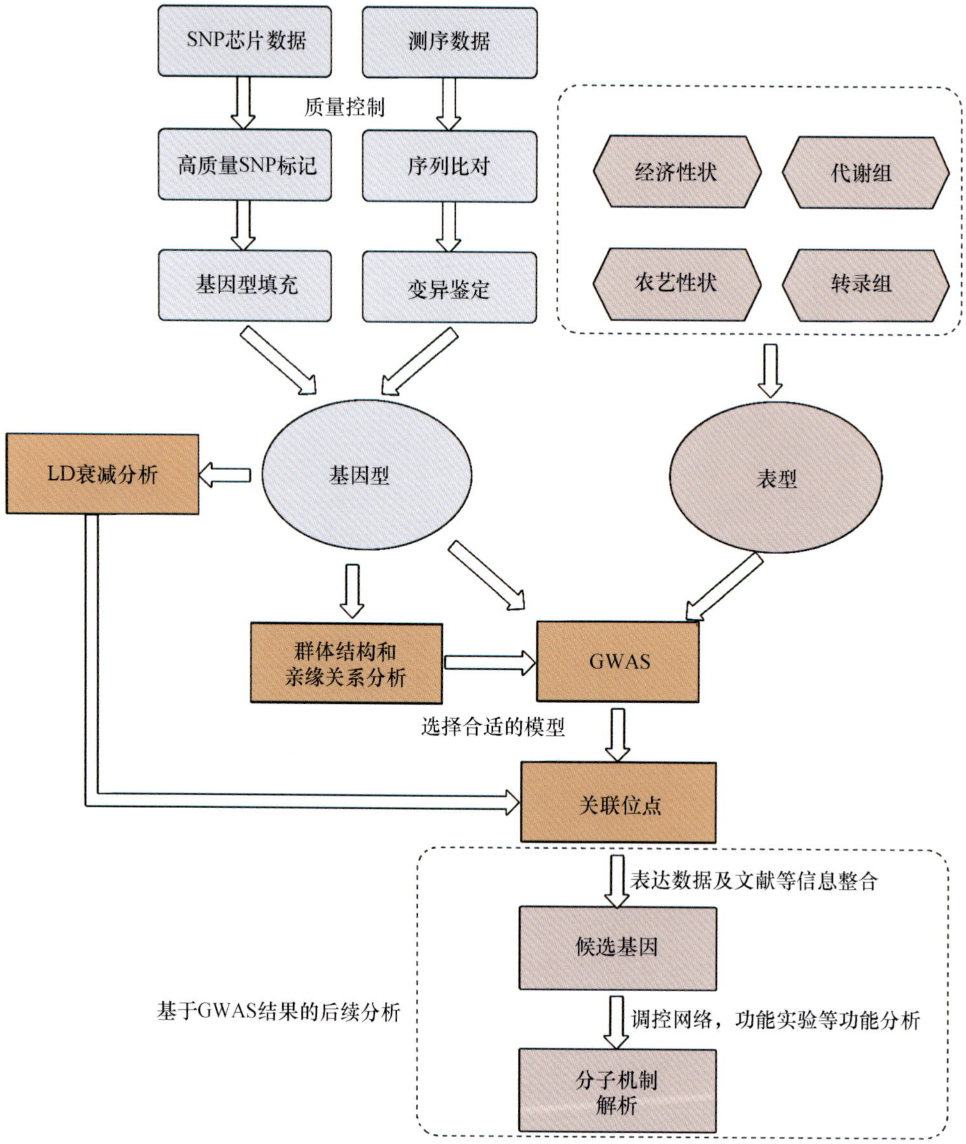

图3-9　全基因组关联分析（GWAS）流程（赵宇慧 等，2020）

关联分析的一般流程包括群体的选取、群体结构分析、表型鉴定、数据获取方式和全基因组关联分析方法选择及结果校正。关联分析具有以下优点：①花费时间少，一般采用自然群体为材料，无需构建遗传分离群体；②广度大，关联分析群体具有广泛的变异，并且关联分析可以同时检测相同位点的多个等位基因，并将优良等位变异直接用于育种实践；③精度高，关联群体中发生的重组为历史重组，其定位精度可以大大提高，某些自然群体甚至可以精确到单个 SNP 的水平。关联分析已广泛应用于解析表型变异的遗传构造，发现与表型变异相关的位点，可为功能基因研究提供候选基因 /

位点，并为育种应用提供分子标记。但关联分析也存在一定的缺点，如群体结构造成的假阳性、遗传异质性造成位点效应相互掩盖等。为了解决这些问题，研究者主要采用两方面的策略：其一是在算法上，通过在关联分析模型中考虑亲缘关系和群体结构的影响，对关联分析结果进行校正；其二是在关联群体上，选取亲缘关系和群体结构不显著但表型变异丰富的群体（Yano et al., 2016），或构建人工关联群体。

不论是连锁分析还是关联分析，单独使用都具有一定的局限。鉴于关联分析与连锁分析存在优势互补，结合连锁分析和关联分析两种方法进行性状定位已经成了必然选择。具体到项目设计来说，可以对200个左右的自然群体材料进行多个表型的全基因组关联分析，然后从这200个材料中选择感兴趣的具有极端表型的双亲构建遗传分离群体，通过高密度遗传图谱QTL定位或者BSA分析，相同性状的共定位位点即是下一步需要克隆基因的位点。

五、分子标记辅助选择

分子标记辅助选择（marker-assisted selection，MAS）是分子标记在作物育种应用中最重要的体现。选择是育种的重要环节，传统育种对目标性状多采用表型观测选择的方法，但作物的许多农艺性状不容易观测或易受环境影响而表现不稳定，直接选择比较困难。而在完成目的基因的分子标记定位后，就可以通过紧密连锁的标记对这些性状的基因型进行选择，从而提高它们的选择效率。根据所选择的基因组的位置，MAS分为前景选择（对目标性状基因所在的基因组区段进行选择）和背景选择（对目标性状基因之外的基因组区域进行选择）两种。

利用MAS育种可显著提高育种效率。但是在实际中要开展MAS育种必须具备以下条件：①对于前景选择来说，要求分子标记与目标基因共分离或紧密连锁，一般要求两者间的遗传距离小于5 cM，最好1 cM或更小；②对于背景选择来说，需要有覆盖全基因组的分子标记图谱；③具有在大群体中利用分子标记进行筛选的有效手段，目前主要应用自动化程度高、相对易于分析且成本较小的PCR技术；④筛选技术在不同实验室间重复性好，且具有经济、易操作的特点；⑤应有实用化程度高并能协助育种家做出抉择的计算机数据处理软件。

MAS为育种家提供了一套有效的工具，缩短了育种年限，减少了田间工作量。具体来说，MAS在育种中的应用主要有以下几种情况：

（一）基因或基因组选择

杂交育种过程中，育种家最重要的工作之一就是在不同育种材料的杂交后代中对含有目标性状基因（如抗病性、熟性或株型）的单株或株系进行早代或高代选择。利用与目标性状基因紧密连锁的分子标记可以使得育种家在苗期甚至种子时期就对杂交后代或株系进行筛查，在定植前就把目标单株或株系筛选出来，极大减少田间工作量。此外，育种群体中控制目标性状的基因通常有多个等位基因，利用分子标记手段可以帮助育种家高效地选择最优的等位基因。而对于如果实品质等较难精确观测的性状，MAS 则具有比传统方法更大的优越性。

除了针对单个或少数几个目标性状进行选择以外，分子标记还可以在全基因组范围内辅助选择加速育种进程。植物育种的进程一般用单位时间内遗传改良的速度，即遗传增益来评价。研究表明，动植物体内大部分重要的经济性状是由多基因控制的数量性状。在此情况下，适用于对主效基因进行遗传改良的常用策略（如基因克隆和基因转移），在大多数情况下并不能直接应用于对微效多基因所控制的性状的改良。然而，基因组选择（genomic selection，GS）却是能够有效地聚合优良基因及其单倍型的分子育种策略之一。它是通过对训练群体的基因型和表型分别进行鉴定，分析基因型与表型之间的关系，从而对每个标记的效应进行估计，建立通过所标记的基因型来预测表型的该群体遗传模型。然后利用其建立的遗传模型，包括其中的标记效应，来预测育种群体的表型，也就是根据育种群体的基因型，结合训练群体的标记及其单倍型效应，对育种群体的每个个体进行表型预测，获得所有标记和单倍型效应的综合值——基因组育种值（genomic estimted breeding value, GEBV）。相比 MAS，GS 的优点在于，其不仅是利用统计学上对表型有显著效应的标记，而且是利用所有测试的标记来进行表型预测，因此可以捕获全基因组范围的相关遗传变异，进而大幅度提高育种中的选择效率。由于 GS 不受环境的影响而且可以在植株生长发育的任何阶段（包括利用播种前的种子 DNA）获得 GEBV，因而比表型选择具有更多优势，GS 已经成为国际跨国种业公司与常规育种完全整合的一项基本育种技术。随着靶向测序液相芯片技术的发展，高密度分子标记的检测成本已经大幅度降到表型鉴定的成本范围（Guo et al., 2021），完全可以在中小种业公司和公共育种机构建立 GS 技术体系，以最大限度地替代需要严格环境控制的表型选择技术体系。

（二）基因聚合

基因聚合（gene pyramiding）就是将分散在不同品种、品系中的优良性状基因通过杂交、回交、复合杂交等手段聚合到同一个品种中，培育成一个兼具多种有利性状的品种，如培育兼具多种抗病性的品种。传统的聚合育种方法需要多次回交，因此选育目标植株的时间久、成本高，需要大量的人力物力，同时由于杂交带来的连锁累赘，回交几代后往往难以突破（Tanksley et al., 1989）；传统的表型选择还易受环境、评价标准等因素的影响。此外，农作物有许多基因的表型是相同或类似的，通过传统遗传育种无法区分不同基因的效应，基因聚合更无从谈起。MAS 技术在快速累积基因方面表现出巨大的优越性。首先，借助分子标记可先在不同亲本中将基因定位，然后通过杂交或回交将不同的基因转移到一个品种中，通过检测与不同基因连锁的分子标记有无来推断该个体是否含有相应的基因，以达到快速、准确地进行聚合选择的目的。另外，MAS 在基因聚合中的另一大优势就是可以极大加快隐性基因的聚合速度，传统方法聚合隐性基因时需要通过自交或回交将隐性等位基因的表型效应展现出来再进行下一步的选择和纯化，利用这种方法聚合多个隐性基因是极其困难的，但是使用共显性分子标记可以不需自交纯化，在杂合状态就对隐性等位基因进行选择，待所有目的基因都聚合在同一个单株或品系后，再次利用分子标记选择隐性纯合的单株，提高了基因聚合效率。

（三）基因转移

基因转移（gene transfer）或称基因渗入（gene transgression）是指将供体亲本中有用基因（即目标基因）转移或渗入到受体亲本遗传背景中，从而达到改良受体亲本个别性状的目的。回交育种是实现基因转移的最有效手段，用回交的方法选育新品种或新类型称为回交育种。回交育种法是育种家改良品种个别性状的一种有效的方法。尤其是对一些综合性状优良但个别性状存在缺陷的品种，可以通过回交育种把优良的目标性状从供体导入轮回亲本。回交育种还广泛应用于：远缘杂交，从野生资源中引入抗病基因等优良性状；选育近等位基因系，合成多系品种；细胞质雄性不育系及核不育系的转育以及单缺体等非整倍体材料的转育等方面。利用传统回交育种手段转移有利基因的过程中通常遇到三大难题：①一般来说，回交育种至少需要 5 或 6 个回交世代才能将感兴趣的基因从供体亲本转移到受体亲本，历时较长。②在转移隐性等位基因的过程中，每回交一次需要额外自交一次使得隐性纯合的有利性状表现出来再进行下一轮的回交，极大增加了工作量并延长了转育的时间。③回交过程中，目的基因及其连锁的非目的基因一起被导入受体，这种现象称为连锁累赘（linkage drag）。在某些情况下，连锁累赘会引入不良性状，影响回交育种的预期效果，这种现象在野生材料基因渗入的过程中尤为明显。例如，来源于秘鲁番茄的抗番茄花叶病毒病基因 *Tm-2*^{a} 的转移将超过 50 Mb 的染色体片段一同渗入到栽培品种中，严重限制了该区段的遗传改良。育种过程中将分子标记技术与回交育种相结合，可以快速地将与分子标记连锁的基因转移到另一个品种中，在这一过程中可同时进行前景和背景选择。分子标记辅助回交背景选择是利用全基因组标记在回交后代中选择与轮回亲本最相似的植株，一般减少 3 个回交世代，这种方法是目前单个或多个由主效基因控制的植物性状定向改良的最快速、最优良育种方案。对比常规回交育种定向改良，分子标记辅助回交背景选择使得改良的品种提前 2 年左右进入种子市场。此外，在目标基因附近两侧设计多个分子标记可以精确监测连锁累赘染色体片段的大小，确保在回交过程中尽可能地将连锁累赘剔除或控制在最小范围内。

与传统选择相比，MAS 有许多显著的优点，主要体现在：①可以清除同一座位不同等位基因间或不同座位间互作的干扰，消除环境的影响；②在幼苗阶段就可以对在成熟期表达的性状进行鉴定，如果实性状、雄性不育等；③可有效地对表型鉴定十分困难的性状进行鉴定，如抗病性、根部性状等；④共显性标记可区分纯合体和杂合体，不需下代再鉴定；⑤可同时对多个性状进行选择，开展聚合育种，快速完成对多个目标性状的同时改良；⑥加速回交育种进程，克服不良性状连锁，有利于导入远缘优良基因。将 MAS 应用于作物改良的实践中，特别是大田作物如水稻，已取得一些实质性进展。蔬菜领域内的育种家也已开始利用 MAS 进行抗病性相关的育种实践，但其他性状相关研究还停留在辅助选择的技术策略方面，成功的案例很少，育成品系或品种的报道还相对较少。虽然 MAS 在蔬菜育种中的成功应用还存在诸多方面的困难，但相信在不久的将来，MAS 会发挥它应有的作用。

第三节　分子标记在番茄中的应用

一、番茄分子标记育种

分子标记辅助育种实现了由表型选择到基因型选择的过渡，相比传统的育种技术，无论在选择效率还是选择精度上都有很大的优势。近年来，高通量分子标记检测技术、基因组重测序和生物统计分析方法的飞速发展，使得人们可以同时对大量的样本材料进行前景选择（目标性状）和背景选择（遗传背景），进而选择的精度和效率得到了提高，使得 MAS 在番茄遗传育种中得到了广泛应用（Peleman et al., 2003）。

作为最早构建遗传连锁图谱的作物之一，番茄也是最早进行图位克隆和 QTL 定位的作物之一。早在 1992 年，Tanksley 等就构建了番茄第一张高密度遗传连锁图谱（Tanksley et al., 1992）。此后，人们利用栽培番茄和不同野生番茄的分离群体构建了多张分子遗传图谱，加快了在番茄遗传改良中番茄 QTL 的定位、克隆以及分子标记应用的进程。MAS 技术已经广泛应用于番茄优良品种的选育过程，主要涉及抗病虫相关基因，例如，抗细菌性斑点病基因 *Pto*，抗青枯病基因 *Bwr-12*，抗疮痂病基因 *Rx-3*，抗枯萎病基因 *I*、*I-2* 和 *I-3*，抗叶霉病基因 *Cf-2*、*Cf-4*、*Cf-5*、*Cf-9*，抗灰叶斑病基因 *Sm*，抗晚疫病基因 *Ph-2* 和 *Ph-3*，抗黄萎病基因 *Ve*，抗烟草花叶病毒病基因 $Tm\text{-}2^2$，抗黄化曲叶病毒病基因 *Ty-1*、*Ty-2* 和 *Ty-3*，抗斑萎病基因 *Sw-5*，抗根结线虫病基因 *Mi-1*、*Mi-2* 等。分子标记技术不仅可以进行辅助选择育种，还可以进行番茄基因聚合育种。Gur 和 Zamir 将来自 *S. pennellii* 的 3 个染色体片段聚合到加工番茄品种 M82 中，育成了 IL789 品系。在湿润和干旱条件下，IL789 杂合体均可显著地提高产量（Gur et al., 2004）。Hanson 等综合利用分子标记辅助选择和表型鉴定等方法对番茄抗晚疫病基因 *Ph-2* 和 *Ph-3*、抗黄化曲叶病毒病基因 *Ty-1*、抗青枯病基因 *Bwr-12*、抗枯萎病基因 *I-2*、抗烟草花叶病毒病基因 $Tm\text{-}2^2$ 以及抗灰叶斑病基因 *Sm* 进行聚合，获得了 5 份兼抗 6 种病害的育种材料（Hanson et al., 2016）。番茄基因组测序完成后，科学家们利用基因组重测序和高通量分子标记技术对番茄驯化和改良的进化历史进行了研究。Lin 等（2014）对来自世界各地的 360 份番茄种质资源进行重测序分析，构建了单核苷酸分辨率的番茄变异组图谱，解析了番茄驯化和育种的基因组历史，结果支持樱桃番茄是由醋栗番茄驯化而来，樱桃番茄可进一步育成普通大果番茄。此外，Lin 等（2014）还发现番茄的驯化、改良以及野生资源的利用共导致了约 25%（200 Mb）的基因组区域被固定，利用常规手段很难再对这些区域进行改良（Lin et al., 2014）。

野生资源的利用对于番茄的品种改良至关重要，现代栽培番茄中许多优良性状均源于野生番茄染色体片段的渗入。野生资源优良性状的转育存在着诸多障碍，如野生种与栽培种之间杂交不亲和、F_1 杂种不育、分离世代不育、种间重组率降低导致的连锁累赘等，这些障碍使得野生资源利用主要集中在单基因控制的抗病、抗虫性状上。利用野生资源改良产量、品质、抗逆性的难度较大，因为这些性状的遗传方式复杂，受 QTL 互作、QTL 与环境互作等因素影响，从表型推断基因型的难度较大，选择效率也必然会降低。Eshed 和 Zamir 提出用分子标记辅助选择手段构建的渐渗系（introgression lines，ILs）群体覆盖整个野生种基因组来克服上述限制。渐渗系群体是由供体（野生种）和受体（栽培种）杂交后进行多次回交并辅之于分子标记选择，最后再自交产生的。理想的渐渗系群体应该覆盖供体的全部基因组，而且每个个体只含有供体的单一染色体片段。番茄是最早用分子标记辅助选择构建单片段渐渗系的作物，也是目前应用渐渗系进行 QTL 研究和野生资源利用最深入的作物。Eshed 和 Zamir（1994）以野生番茄（*S. pennellii*）LA716 为供体，以栽培番茄 M82 为受体构建了番茄的第一套 IL 群体，这套 IL 群体最初由 50 个渐渗系组成，每个渐渗系含有由 RFLP 标记界定的来自 *S. pennellii* LA716 的染色体片段（Eshed et al., 1994）。Liu 等（1999）从这 50 个渐渗系中又再次分解了 26 个新的渐渗系。这套包含 76 个渐渗系的 *S. pennellii* IL 群体已经被广泛应用于番茄产量、果实品质、耐生物和非生物胁迫等性状的 QTL 定位与分析。最近，Alseekh 等（2013）利用 COS Ⅱ 和 SSR 等标记将其中 37 个包含较大 *S. pennellii* 染色体片段的渐渗系进一步分解，获得了 285 个新的渐渗系，可以覆盖 *S. pennellii* 基因组的 75%，这套高分辨率的 IL 群体为微效 QTL 的定位以及 QTL 的互作分析提供了新的遗传工具（Alseekh et al., 2013）。此外，近年来人们借助分子标记辅助选择手段构建了多套栽培番茄和野生番茄（如 *S. habrochaites*, *S. chmielewskii*, *S. lycopersicoides*, *S. pimpinellifolium* 等）杂交产生的渐渗系或回交自交系群体，这些群体被广泛应用于基因的精细定位、QTL 的遗传效应分析以及野生番茄优良性状的筛选与利用。

二、番茄主要性状形成的关键基因

如前所述，分子标记应用的前提是找到与目标性状基因紧密连锁的多态性的分子标记，相关目标性状基因的克隆和鉴定将极大推进相关分子标记的开发和应用。过去三十年，人们在番茄主要农艺性状形成的分子机制研究方面取得了重要进展，克隆了上百个决定主要农艺性状的关键基因并开发了相应的分子标记。本部分将简述控制番茄主要农艺性状的关键基因和 QTL（表 3-1 至表 3-4）。

表3-1　已克隆的番茄果实性状相关基因

基因 / 位点	基因编号	农艺性状	参考文献
fw2.2	*Solyc02g090730*	果实大小	Frary et al., 2000
fw3.2	*Solyc03g114940*	果实大小	Chakrabarti et al., 2013
fw11.3	*Solyc11g071940*	果实大小	Mu et al., 2017
ENO	*Solyc03g117230*	心室数目	Yuste-Lisbona et al., 2020
Locule number（*LC*）	*Solyc02g083950*	心室数目	Muños et al., 2011
Fasciated（*CLV3*）	*Solyc11g071380*	心室数目	Xu et al., 2015
Fasciated and branched（*FAB*）	*Solyc04g081590*	心室数目	Xu et al., 2015
Fasciated inflorescence（*FIN*）	*Solyc11g064850*	心室数目	Xu et al., 2015
p3d3	*Solyc10g008950*	果皮厚度	Musseau et al., 2020
Kix8	*Solyc07g008100*	果皮厚度	Swinnen et al., 2022
qFIRM SKIN 1	*Solyc10g007570*	果实硬度	Li et al., 2020
Exp1	*Solyc06g051800*	果实硬度	Brummell et al., 1999
PG	*Solyc10g080210*	果实硬度	Bird et al., 1988
PL	*Solyc03g111690*	果实硬度	Uluisik et al., 2016

续表

基因 / 位点	基因编号	农艺性状	参考文献
GLOBE	*Solyc12g006860*	果实形状	Sierra-Orozco et al.， 2021
OVATE	*Solyc02g085500*	果实形状	Liu et al., 2002
SUN	*Solyc10g079240*	果实形状	Xiao et al.， 2008
Green flesh（*GF*）	*Solyc08g080090*	果实颜色	Barry et al.， 2008
lutescent1（*l1*）	*Solyc08g005010*	果实颜色	Liu et al.， 2021
lutescent2（*l2*）	*Solyc10g081470*	果实颜色	Barry et al.， 2012
Yellow flesh（*R*）	*Solyc03g031860*	果实颜色	Fray et al.， 1993
high pigment 1（*hp1*）	*Solyc02g021650*	果实颜色	Lieberman et al.， 2004
high pigment 2（*hp2*）	*Solyc01g056340*	果实颜色	Mustilli et al.， 1999
high pigment 3（*hp3*）	*Solyc02g090890*	果实颜色	Galpaz et al.， 2008
Uniform ripening（*U*）	*Solyc10g008160*	果实颜色	Powell et al.， 2012
Uniform gray-green（*UG*）	*Solyc01g100510*	果实颜色	Nadakuduti et al.， 2014
Beta/old-gold（*B/OG*）	*Solyc06g074240*	果实颜色	Ronen et al.， 2000
Delta	*Solyc12g008980*	果实颜色	Ronen et al.， 1999
Oft3	*Solyc04g056390*	果实颜色	Zhou et al.， 2022
Tangerine（*T*）	*Solyc10g081650*	果实颜色	Isaacson et al.， 2002
Yellow（*Y*）	*Solyc01g079620*	果实颜色	Ballester et al.， 2010
GREEN STRIPE	*Solyc07g055920*	果实颜色	Liu et al.， 2020
Aft	*Solyc10g086290*	果实颜色	Sun et al.， 2020；Yan et al.， 2020
Atv	*Solyc07g052490*	果实颜色	Sun et al.， 2020；Yan et al.， 2020
SlARF7	*Solyc07g042260*	单性结实	de Jong et al.， 2009
SlARF8	*Solyc03g031970*	单性结实	Goetz et al.， 2007
Entire（*E*）	*Solyc04g076850*	单性结实	Wang et al.， 2005；Mazzucato et al.， 2015

续表

基因 / 位点	基因编号	农艺性状	参考文献
Procera（*PRO*）	*Solyc11g011260*	单性结实	Carrera et al., 2012
parthenocarpic fruit 1（*pf1*）	*Solyc03g120910*	单性结实	Clepet et al., 2021
pat /pat-1	*Solyc03g120910*	单性结实	Clepet et al., 2021
pat-2	*Solyc04g080490*	单性结实	Takisawa et al., 2017
pat-k/AGL6	*Solyc01g093960*	单性结实	Klap et al., 2016; Takisawa et al., 2017
All-flesh fruit（*AFF*）	*Solyc06g064840*	全果肉	Liu et al., 2022
Cwp1	*Solyc04g082520*	果实脱水	Hovav et al., 2007
Non-ripening（*NOR*）	*Solyc10g006880*	果实成熟	Klee et al., 2011
Green ripe（*GR*）	*Solyc01g104340*	果实成熟	Barry et al., 2006
Yellow-fruited tomato 1	*Solyc09g007870*	果实成熟	Gao et al., 2016
TAGL1	*Solyc07g055920*	果实成熟	Vrebalov et al., 2009
Never ripe（*NR*）	*Solyc09g075440*	果实成熟	Wilkinson et al., 1995
LeHB-1	*Solyc02g086930*	果实成熟	Lin et al., 2008
Colorless non-ripening（*CNR*）	*Solyc02g077920*	果实成熟	Manning et al., 2006
Ripening inhibitor（*RIN*）	*Solyc05g012020*	果实成熟	Vrebalov et al., 2002
AP2a	*Solyc03g044300*	果实成熟	Chung et al., 2010

分子标记的开发和适用性严格依赖于遗传背景，由于相当一部分已克隆的质量性状基因和 QTL 是利用野生番茄和栽培番茄的杂交分离群体克隆的，相关分子标记的多态性只在野生种和栽培种间适用。如果采用不同群体，现有已发表的分子标记的育种应用意义并不大（抗病基因连锁的分子标记除外）。因此，本部分只提供目标性状基因的信息而不再罗列分子标记信息（感兴趣的读者可自行查阅文后相关的文献资料获取分子标记信息），从基因作为分子标记的角度更为准确和有意义。而且，读者还可以根据目标性状基因的信息和育种材料的基因型，自行开发高效适用的分子标记。

（一）果实大小、形状与质地

番茄果实为浆果，由表皮、果皮、中隔、中柱以及附着种子的胎座组成，其中中隔将番茄果实分隔成数目不等的心室。番茄果实从开始发育至完全成熟需要5~8周时间，可大体划分为4个阶段：①花器官发育、受精及果实坐果阶段（1~2周）；②细胞分裂阶段（1~2周），此阶段果实细胞数目增加迅速，但果实体积增长缓慢，只能达到果实最终重量的10%；③细胞膨大阶段（3~5周），伴随着细胞体积的快速膨大，番茄果实在此阶段发育至最终大小；④果实成熟阶段，此阶段涉及一系列化学、结构和代谢组分的变化，导致番茄果实风味、颜色、质地等性状的最终形成。果实发育成熟与番茄的商品品质密切相关，因此果实相关的性状在长期的驯化和改良过程中受到了严格的选择。

果实重量是番茄育种中重要的目标性状，也是人工驯化过程中变化最大的性状之一。野生醋栗番茄的果重只有几克，而现代鲜食番茄品种单个果实重量最高能达到1 kg。果重是一个典型的数量性状，由多个基因共同控制，已知的控制番茄果重的主效QTL大约有10个。*fw2.2*是番茄中第一个被克隆的位于第2号染色体上的控制果重的QTL，也是作物中被克隆的第一个QTL，该位点编码一个抑制细胞分裂的膜蛋白，可以解释野生番茄和普通大果番茄果重差异原因的30%。与野生番茄相比，普通大果番茄中*fw2.2*的表达量更低，使得细胞分裂更活跃，胎座和中柱更大（Frary et al., 2000）。关于*fw2.2*调控细胞分裂活性的具体机制还不清楚。*fw3.2*是位于番茄第3号染色体上控制果重的QTL，该位点编码一个CYP78A亚家族的P450蛋白SlKLUH，通过增加果皮和中隔组织的细胞数目而使果实变大。Chakrabarti等（2013）发现位于基因启动子中的1个SNP与果重高度相关，这个SNP可能导致*SlKLUH*表达调控元件的突变，进而使得*SlKLUH*的表达量上升，最终导致果重增加（Chakrabarti et al., 2013）。*fw11.3*是近年来刚被克隆的控制果重的QTL，主要通过增加果皮中细胞的大小来增加果实重量。这种效应主要是由于*Solyc11g071940*基因3′端1 406 bp的缺失和22 bp插入导致194个氨基酸的缺失造成，该突变以一种显性的作用方式影响果实重量（Mu et al., 2017）。此外，Musseau等人（2020）通过图位克隆手段克隆了一个果皮变薄的突变体*p3d3*，该基因编码一个细胞分裂的抑制子SlGBP1。Swinnen等人（2022）利用CRISPR/Cas9技术敲除*SlKIX8*和*SlKIX9*基因发现，*kix8*单突变体和*kix8/kix9*双突变体显著增加了果皮的厚度和果实大小。这些基因在育种中有潜在的应用价值。

与*fw2.2*、*fw3.2*和*fw11.3*不同，*locule number*（*lc*）和*fasciated*（*fas*）主要通过增加番茄果实的心室数目而使果实变大。相比可将心室数目提升至6个的*fas*，*lc*对心室数目的影响相对较小，只能把心室数目由2个提升到3~4个。这两个遗传位点的加性效应可使番茄果实心室数目达到8个以上，果实重量也增加1倍。*lc*位于番茄的第2号染色体上，Muños等（2011）通过图位克隆方法在*WUSCHEL*基因下游鉴定到两个与心室数目高度相关的SNP位点，暗示 *lc* 的表型可能与 *WUSCHEL* 有关（Muños et al., 2011）。*fas* 突变是由于11号染色体上1个294 kb染色体片段的反转所致，一直以来人们把 *fas* 多心室的表型归因于染色体片段反转位点附近一个 *YABBY* 转录因子基因的失活（Cong et al., 2008），最近Xu等（2015）认为 *fas* 的表型更可能是由反转位点附近另一个基因 *CLAVATA3*（*CLV3*）表达量减少所致。此外，Xu等（2015）还鉴定到另外两个控制番茄果实心室数目的位点 *Fasciated and branched*（*FAB*）和 *Fasciated inflorescence*（*FIN*），*FAB* 编码CLV3的受体激酶CLV1，而 *FIN* 编码的是一个可以翻译CLV3后修饰的阿拉伯糖基转移酶（Xu et al., 2015）。*ENO* 是最近刚被克隆的另一个控制心室数目的基因，该基因对一个AP2/ERF转录因子进行编码，通过调控 *WUSCHEL* 的表达影响心室数目。研究发现，自然群体中 *ENO* 启动子中一个85 bp的缺失与心室数目的增加显著相关（Yuste-Lisbona et al., 2020）。上述结果表明，CLAVATA-WUSCHEL信号途径对于番茄心室数目的调控至关重要。

番茄的驯化改良除了使果实变得更大，还大大增加了果实形状的多样性。野生番茄果实一般为圆形，而现代栽培番茄的果实形状各不相同，可以分为圆形、椭圆形、扁圆形、矩形、长形、梨形、心形等7个类型。目前已克隆或精细定位的5个控制果形的基因 *LC*、*FAS*、*OVATE*、*SUN* 和 *FS8.1* 可以解释绝大多数栽培番茄果形的变异情况。*lc* 和 *fas* 通过增加果实的心室数目使果实变扁，而 *OVATE*、*SUN* 和 *FS8.1* 主要控制果实的伸长。*OVATE* 编码一个果实伸长的负调控因子，该基因的突变导致番茄果实呈梨形（Liu et al., 2002）。值得注意的是，并非所有 *ovate* 突变的遗传背景都呈梨形，说明 *ovate* 可以和基因组中其他位点互作导致梨形果实的形成。*SUN* 在促进果实伸长方面比 *ovate* 效应更强，*SUN* 位点突变是由于逆转录转座子Rider介导的一个24.7 kb片段的重复使得 *IDQ12* 基因表达上升所致（Xiao et al., 2008）。*FS8.1* 是另一个控制果实伸长的QTL，该位点主要控制矩形番茄（常见于加工番茄品种）的形成，Sun等（2015）已将 *FS8.1* 定位到8号染色体一个3.03 Mb的区段内，预计很快会被克隆（Sun et al., 2015）。就驯化过程而言，Rodriguez等（2011）通过分析368份番茄种质资源中 *LC*、*FAS*、*OVATE* 和 *SUN* 突变等位基因的分布和频率研究了番茄果形的驯化历史，发现 *lc*、*ovate* 和 *fas* 突变发生在番茄驯化的早期，而 *sun* 突变很可能是在番茄传入欧洲以后才产生的。相比而言，*lc* 突变的产生比 *ovate* 和 *fas* 更早（Rodriguez et al., 2011）。最近，控制圆形/扁圆形的基因 *GLOBE* 也被克隆，该基因编码油菜素内酯羟化酶。该基因最后一个外显子的单碱基插入导致番茄果形由扁圆变为圆形（Sierra-Orozco et al., 2021）。

硬度也是影响果实商品品质的重要性状。中国农业科学院蔬菜花卉研究所崔霞课题组克隆了一个控制果实硬度的QTL *qFIRM SKIN 1*（*qFIS1*）。*FIS1* 编码一个GA2

氧化酶，该基因的突变通过影响赤霉素的代谢进而影响果皮蜡质和角质的含量，最终影响果实硬度和货架期（Li et al.，2020）。此外，已知的控制果实硬度的基因还包括*Exp1*、*PG2a*、*PL*等（Brummell et al.，1999；Uluisik et al.，2016；Minoia et al.，2016）。番茄果实的风味主要源于心室内富含大量的汁液（心室组织），中国农业科学院蔬菜花卉研究所李君明课题组通过研究一个不能产生汁液状心室组织的突变体*aff*，发现*SlMBP3*基因启动子中一个416 bp的缺失突变导致这种独特果实质地类型的形成（Liu et al.，2022）。

（二）单性结实

单性结实是指子房不经过受精作用而形成无种子果实的现象。单性结实番茄可在高低温等不利于受精的逆境下正常坐果，保障番茄产量的稳定性。此外，由于无籽番茄果实具有品质优、口感好、利于加工番茄酱等优点，单性结实育种成为现代番茄育种的密切关注点之一（Gorguet et al.，2005）。已报道的控制番茄单性结实的基因位点有：*parthenocarpic fruit 1*（*pf1*）、*pat*、*pat-k*、*pat2*、*pat3/pat4*、*pat4.1/pat5.1* 和 *pat*4.2/*pat9.1*（Gorguet et al.，2008；Pascual et al.，2009）。研究发现，*pf1*与*pat*互为等位基因，二者的单性结实表型都是由于HD–Zip Ⅲ转录因子突变所致，*pf1*在高温条件下表现出很高的结实率，具有较大的应用价值（Clepet et al.，2021）。*pat2*单性结实的表型是由于*Solyc04g080490*基因上一个1 034 bp的缺失导致（Takisawa et al.，2017），而*pat–k*则是由于*AGL6*基因*Solyc01g093960*第一个内含子插入了一个4 866 bp的逆转座子CopiaSL_37所致。*pat–k*和*agl6*突变体也具有较大的应用潜力（Klap et al.，2016；Takisawa et al.，2017）。生长素和赤霉素对调控番茄单性结实有重要作用。生产上人们通常利用生长素类似物2,4–D蘸花提高番茄的坐果率（人工单性结实），研究表明，生长素和赤霉素信号途径中某些基因的突变或沉默也可诱发番茄的单性结实，如*ARF7*、*ARF8*、*IAA9*和*DELLA*等（de Jong et al.，2009；Goetz et al.，2007；Wang et al.，2005；Carrera et al.，2012）。

（三）果实成熟

番茄果实成熟是在果实生长发育停止后发生的一系列生理生化反应的综合，也是一个高度协调的遗传调控过程。番茄果实的成熟过程伴随着类胡萝卜素的积累，糖酸等风味物质的合成，番茄碱等苦味物质的降解以及果实的软化，影响果实颜色、风味、硬度、货架期等商品性状的最终形成。近20年来，人们在番茄中鉴定、克隆了一系列果实成熟相关的基因，并对番茄果实成熟的遗传调控机制进行了深入的研究（Klee et al.，2011）。

番茄是呼吸跃变型果实，果实成熟和激素乙烯信号传导途径直接相关，乙烯信号传导通路受阻会直接影响果实成熟，例如果实成熟突变体 *Never ripe*（*Nr*）、*Green ripe*（*Gr*）和 *yellow fruited tomato 1*（*yft1*）（Wilkinson et al., 1995；Barry et al., 2006；Gao et al., 2016）无法正常成熟，其中，*NR* 编码乙烯受体之一 LeETR3（Wilkinson et al., 1995）；*GR* 编码拟南芥 RTE1 的同源蛋白，在拟南芥中该蛋白可与乙烯受体 AtETR1 互作并修饰 AtETR1 的活性（Barry et al., 2006）；*YFT1* 则编码乙烯信号途径重要调控因子 EIN2（Gao et al., 2016）。其他一些参与乙烯合成和信号传导的基因如 *ACS2*、*ACS4*、*ACO*、*EIL1* 等，也在番茄果实成熟过程中发挥重要作用（Klee et al., 2011）。而另外 3 个番茄突变体 *ripening inhibitor*（*rin*）、*non-ripening*（*nor*）和 *Colorless non-ripening*（*CNR*）由于无法合成乙烯而不能正常成熟，即使外源施加乙烯这些突变体也不能成熟，同时这 3 个突变体在果实软化、类胡萝卜素积累、风味物质合成等方面也受到明显的抑制。其中，*RIN* 编码一个 MADS-box 转录因子，*Nor* 编码一个 NAC 转录因子，而 *Cnr* 则是表观遗传突变，该突变是由于一个 SBP 类型的转录因子基因启动子区域 DNA 甲基化升高所致（Vrebalov et al., 2002；Manning et al., 2006；Klee et al., 2011）。*RIN* 可以直接调控一系列成熟相关基因的表达，包括乙烯合成相关基因（*ACS2*、*ACS4* 和 *ACO1*）、细胞壁代谢相关基因（*PG2a* 和 *Exp1*）、类胡萝卜素合成基因（*PSY1* 和 *PDS*）、风味物质合成相关基因（*TomLoxC*、*ADH2* 和 *HPL*），以及一些果实成熟相关的转录因子基因等（Martel et al., 2011；Qin et al., 2012）。*rin* 和 *nor* 突变体已被广泛用于提高果实硬度进而延长番茄货架期育种中，其中 *rin* 主要用于大果番茄，而 *nor* 主要用于樱桃番茄。

除了 RIN、NOR 和 CNR，人们在番茄中还鉴定到另外一些调控果实成熟的转录因子，如 TOMATO AGAMOUS-LIKE1（TAGL1）、FRUITFULL（FUL1 and FUL2）、HD-Zip homeobox protein（LeHB-1）和 APETALA2a（AP2a）（Lin et al., 2008；Vrebalov et al., 2009；Chung et al., 2010；Karlova et al., 2011；Bemer et al., 2012；Karlova et al., 2014）。

（四）颜色形成

番茄果实颜色由果肉中的叶绿素、类胡萝卜素以及果皮中的黄酮类物质共同决定。果实成熟过程中，随着叶绿体向有色体转换，叶绿素不断降解，类胡萝卜素不断积累，导致番茄果肉的颜色由绿色逐渐变为红色（成熟番茄果实中类胡萝卜素主要为番茄红素和 β-胡萝卜素，其中番茄红素约占 90%，而 β-胡萝卜素占 5%~10%）（Butelli et al., 2008）。目前已获得多个使果肉颜色发生变化的番茄突变体，并克隆出相关基因，其中 6 个是因为类胡萝卜素合成途径的酶突变引起的。*yellow flesh* 为黄色果肉，由八氢番茄红素合成酶基因 *PSY1* 突变导致（Fray et al.，1993）；*tangerine* 和 *fruit carotenoid-defcient* 为橘黄色果肉，分别由类胡萝卜素异构酶基因 *CRTISO* 和异戊烯基焦磷酸异构酶基因 *IDI1* 突变导致（Fray et al.，1993；Pankratov et al.，2016）；两个来源于野生番茄的显性突变位点 *Beta* 和 *Delta* 也可使果肉呈橘黄色，其中 *Beta* 编码番茄红素 β-环化酶而 *Delta* 编码番茄红素 ε-环化酶；*old gold* 与 *Beta* 互为等位基因，*old gold* 功能缺失突变体因无法合成 β-胡萝卜素而使果肉呈深红色（Ronen et al.，1999；Ronen et al.，2000）。最近北京市农林科学院蔬菜研究中心李常保课题组通过对一个橙果突变体材料 *oft3* 的遗传分析，克隆到调控番茄果肉组织中类胡萝卜素合成的关键基因 *SlIDI1*。该基因对异戊烯基焦磷酸异构酶进行编码，控制类胡萝卜素合成前体物质的形成。*oft3* 突变体中 *SlIDI1* 外显子区有 55 bp 碱基缺失，可能导致其蛋白功能丧失（Zhou et al.，2022）。果实的颜色也受到果实中叶绿素含量的影响。番茄白色果实突变体 *lutescent1* 和 *lutescent2* 是由于叶绿素缺陷导致的，华中农业大学张余洋/叶志彪研究团队证明 *lutescent1* 的白果表型是由于 *SlRCM1* 的第二个外显子中的单核苷酸碱基替换导致的。*SlRCM1* 编码一种叶绿体靶向金属内肽酶，与拟南芥的 BCM1 蛋白和大豆的常绿 G 蛋白均为直系同源（Liu et al.，2021）。Barry 等证明 *lutescent2* 编码一个叶绿体定位的锌离子金属蛋白酶（Barry et al.，2012）。番茄绿果肉突变体 *green flesh* 是由于 *STAY GREEN*（*SGR*）基因突变导致的，*green flesh* 果实在成熟过程中叶绿素降解不完全，与番茄红素同时存在于果实中，使得果实颜色呈现锈红色到棕色甚至紫/黑色（Barry et al.，2008；Barry et al.，2009）。张余洋课题组通过分析番茄果实的绿条斑性状 GREEN STRIPE（GS）发现，*TAGL1* 的第二个内含子中一个 SNP 与该性状紧密连锁。该 SNP 通过影响 TAGL1 的甲基化进而影响叶绿素合成及叶绿体发育相关基因的表达导致绿条斑的形成（Liu et al.，2020）。

在合成叶绿素和类胡萝卜素时，质体（包括叶绿体和有色体）是主要场所，果实中质体大小和数目的变化对番茄果实的颜色有很大影响。番茄高色素突变体 *high pigment 1*（*hp1*）、*high pigment 2*（*hp2*）和 *high pigment 3*（*hp3*）中类胡萝卜素含量的增加都归功于质体数目的增多和体积的增大。*HP1* 和 *HP2* 分别编码光信号负调控因子 UV-damaged DNA-binding protein 1（DDB1）和 DE-ETIOLATED1（DET1），而 *HP3* 编码玉米黄质环氧化酶 Zeaxanthin epoxidase（ZEP）（Mustilli et al.，1999；Liu et al.，2004；Galpaz et al.，2008）。番茄果实中叶绿体的发育和叶绿素的分布主要受 *Uniform ripening*（*U*）位点的控制。*U* 编码一个 MYB 转录因子 Golden 2-like 2（GLK2），*GLK2* 在果实中的梯度表达使番茄果肩呈深绿色。*GLK2* 基因的功能缺失（*u*）使果实整体颜色均匀呈淡绿色（无深绿色果肩），叶绿体发育受损，成熟果实中色素和糖的积累降低（Powell et al.，2012）。长期以来，在人们追求番茄果实均匀着色的育种实践中，

U 位点受到了强烈的选择，现代栽培番茄中很多品种因不含有功能性 GLK2 而无法形成绿色果肩。尽管这种选择使得番茄果实着色更加均匀，但选择的代价就是番茄的品质受到很大影响。与 *u* 类似，另一个番茄果色突变体 *uniform gray-green*（*ug*）的未成熟果实也无绿肩，近期的研究表明 *UG* 编码一个 KNOX 转录因子 TKN4，TKN4 作用于 GLK2 的上游调控番茄果实中叶绿素的梯度分布（Nadakuduti et al., 2014）。

番茄果皮中的类黄酮物质也影响果实颜色的最终形成。普通红果番茄果皮为橙色，主要是由于柚皮素查耳酮等物质的积累所致。在亚洲市场备受人们偏爱的粉果番茄，因果皮无法积累柚皮素查耳酮等物质而使得果实整体呈现粉嫩的色泽。*Yellow* 决定着果皮中柚皮素查耳酮等物质的积累与否，虽然前期研究表明 *Yellow* 编码一个 MYB 转录因子 SlMYB12，但这一基因在粉果番茄中失活的变异位点一直不清楚（Adato et al., 2009；Ballester et al., 2010）。最近，我国科学家通过 GWAS 发现 *SlMYB12* 启动子区域一个 603 bp 缺失导致该基因表达下降是粉果番茄形成的主要原因（Lin et al., 2014）。中国科学院遗传与发育生物学研究所李传友团队发现利用基因编辑技术（Brooks et al., 2014）对 *SlMYB12* 敲除可以快速创制粉果番茄（Deng et al., 2018）。大多数栽培番茄果皮中并不积累花青素，但野生番茄 *Aubergine*（*Abg*）、*Anthocyanin fruit*（*Aft*）和 *atroviolaceum*（*atv*）等位点的渗入，重新赋予栽培番茄合成花青素的能力（Mes et al., 2008），使其果皮中积累花青素，形成紫色番茄。最近，中国科学院遗传与发育生物学研究所李传友团队和华南农业大学邱正坤团队，分别证明 *AFT* 编码一个 R2R3-MYB 转录因子 SlAN2-like，而 *ATV* 编码一个 R3-MYB 转录因子，在花青素积累过程中起负向调控作用（Kiferle et al., 2015；Sun et al., 2020；Yan et al., 2020）。

（五）风味品质

番茄果实因富含葡萄糖、果糖、柠檬酸、苹果酸以及大量的挥发性风味物质而酸甜可口，风味浓郁。现代栽培番茄的风味品质下降主要是野生抗病位点渗入造成的连锁累赘、货架期延长带来的负面影响，以及 *uniform ripening* 的广泛应用等引起的（Klee et al., 2013）。番茄果实的风味品质是复杂的数量性状，受到糖酸含量、糖酸比、挥发性化合物以及果实质地等因素的影响（Liu et al., 2004）（表 3-2）。*Brix9-2-5* 是一个控制番茄果实可溶性固形物含量的重要 QTL 位点，该位点最初发现于潘那利番茄 LA0716 和番茄栽培种 M82 组配的渐渗系群体中。*Brix9-2-5* 能使葡萄糖含量提高 28%、果糖含量提高 18%，该位点编码一个质外体蔗糖转化酶 Lin5，主要负责将蔗糖水解为果糖和葡萄糖（Fridman et al., 2004）。*Fgr*（*fructose to glucose ratio*）是一个控制果糖 / 葡萄糖比例的 QTL，高果糖比例的等位基因 *FgrH* 来源于多毛番茄 LA1777，高果糖 / 葡萄糖比可能由于蔗糖转运蛋白 SWEET 高表达所致（Shammai et al., 2018）。

普通栽培番茄果实主要含果糖和葡萄糖，基本不含蔗糖；而绿果野生种番茄果实则含有蔗糖。Chetelat 等（1995）从野生番茄种克梅留斯基（*S. chmielewskii*）LA1028 中鉴定到一个调节番茄成熟果实中蔗糖含量的主效 QTL 位点 *Sucr*（*Sucrose accumulator*）。*SUCR* 编码一个液泡型蔗糖转化酶，来自克梅留斯基番茄的 *Sucr* 位点可以提高成熟果实中的蔗糖含量、总含糖量和可溶性固形物含量（Chetelat et al., 1995）。此外，人们在多毛番茄 LA1777 中发现了一个可以增加未成熟果实中的淀粉含量和成熟果实中的可溶性固形物含量的基因 *AgpL1*（*H*），*AgpL1* 编码腺苷二磷酸葡萄糖焦磷酸化酶的大亚基（Petreikov et al., 2006）。

影响风味的主要因素还有番茄果实中的有机酸，有机酸的贡献者主要是苹果酸和柠檬酸。华中农业大学张余洋 / 叶志彪研究团队通过关联分析、连锁作图和基因功能分析等手段，定位到了调控番茄苹果酸积累的主效位点 *TFM6*（*tomato fruit malate 6*），该位点编码一个铝激活苹果酸转运蛋白（ALMT9），该蛋白定位于液泡膜上。研究分析发现，*ALMT9* 的启动子中的一个 3 bp 插入 / 缺失（InDel_3）与果实苹果酸含量完全连锁。进化分析显示 ALMT9 InDel_3 在番茄由醋栗番茄驯化到樱桃番茄，再由樱桃番茄到现代大果番茄的改良过程中受到人工选择（Ye et al., 2017）。最近，该团队还克隆了影响番茄果实中维生素 C 含量的基因 *TFA9*，该位点编码一个 bHLH 转录因子 SlbHLH59，该蛋白定位于细胞核。酵母单杂交和瞬时表达分析结果显示 SlbHLH59 直接结合于维生素 C 生物合成途径之一的 D- 甘露糖 / L- 半乳糖合成途径中的 *PMM*、*GMP2* 和 *GMP3* 基因启动子，促进维生素 C 积累。研究分析发现，*SlbHLH59* 的启动子中的一个 8 bp 插入 / 缺失（InDel_8）与果实维生素 C 含量完全连锁。InDel_8 位于一个影响基因表达的 5'UTR Py-rich stretch motif 中，其通过影响 *SlbHLH59* 基因的表达来影响维生素 C 积累（Ye et al., 2019）。此外，影响番茄果实中维生素 E 含量的 *VTE3* 也已被克隆（Quadrana et al., 2014）。目前已克隆的与番茄风味和品质相关的基因还包括控制果实苯丙烷挥发性物质的 *NSGT1*，控制醋酸酯类物质的 *AAT1* 和 *CXE1*，控制脂质挥发物的 *TomLoxC*、*HPL*、*ADH2*、*LIP1* 和 *LIP8*，控制苯丙氨酸挥发物的 *PAR1*、*PAR2*、*AADC2*、*PPEAT*、*FLORAL4* 以及控制含氮挥发物合成的 *SlTNH1* 等。

番茄碱是番茄果实中一种重要的负营养因子，其对番茄品质形成具有重要的影响。番茄碱能够保护番茄植株在生长过程中免受细菌、真菌、病毒和某些昆虫的侵害。这类物质一般存在于茄子、马铃薯和番茄等茄科植物的茎叶和青果中，在其果实中番茄碱的含量随着果实成熟度增加而降低很多。成熟果实中番茄碱的过量积累会导致苦味增加。目前已克隆的与果实中番茄碱含量相关的基因有 *GORKY*、*E8* 和 *GAME9*（Yu et al., 2020；Kazachkova et al., 2021；Akiyama et al., 2021）（表 3-2）。

表3-2 已克隆的番茄果实品质相关基因

基因 / 位点	基因编号	品质性状	参考文献
Fgr（*fructose to glucose ratio*）	*Solyc04g0646410*	果糖 / 葡萄糖比例	Shammai et al.，2018
Brix9-2-5（*Lin5*）	*Solyc09g010080*	糖含量	Fridman et al.，2004
TFA9	*Solyc09g065820*	维生素 C	Ye et al.，2019
VTE3	*Solyc09g065730*	维生素 E	Quadrana et al.，2014
Sucrose accumulator（*Sucr*）	*Solyc03g083910*	蔗糖含量	Chetelat et al.，1995
AgpL1	*Solyc01g109790*	淀粉含量	Petreikov et al.，2006
tomato fruit malate 6/ALMT9	*Solyc06g072910* *Solyc06g072920*	苹果酸	Ye et al.，2017
NSGT1	*KC696865/6*	苯丙烷挥发物	Tikunov et al.，2013
AAT1	*Solyc08g005770*	醋酸酯类物质	Goulet et al.，2015
CXE1	*Solyc01g108585*	醋酸酯类物质	Goulet et al.，2012
LoxC	*Solyc01g006540*	脂质衍生挥发物	Shen et al.，2014
HPL	*Solyc07g049690*	脂质衍生挥发物	Shen et al.，2014
ADH2	*Solyc06g059740*	脂质衍生挥发物	Speirs et al.，1998
LIP1	*Solyc12g055730*	脂质衍生挥发物	Garbowicz et al.，2018
LIP8	*Solyc09g091050*	脂质衍生挥发物	Li et al.，2020
PAR1	*Solyc01g008530*	苯丙氨酸衍生挥发物	Tieman et al.，2007
PAR2	*Solyc01g008550*	苯丙氨酸衍生挥发物	Tieman et al.，2007
AADC2	*Solyc08g006740* *Solyc08g006750*	苯丙氨酸衍生挥发物	Tieman et al.，2006
AADC1C	*Solyc08g068600*	苯丙氨酸衍生挥发物	Tieman et al.，2006
AADC1B	*Solyc08g068610*	苯丙氨酸衍生挥发物	Tieman et al.，2006
AADC1D	*Solyc08g068630*	苯丙氨酸衍生挥发物	Tieman et al.，2006

续表

基因 / 位点	基因编号	品质性状	参考文献
AADC1A	*Solyc08g068680*	苯丙氨酸衍生挥发物	Tieman et al., 2006
PPEAT	*Solyc02g079490*	苯丙氨酸衍生挥发物	Domínguez et al., 2020
FLORAL4	*Solyc04g063350*	苯丙氨酸衍生挥发物	Tikunov et al., 2020
SAMT	*Solyc09g091550*	愈创木酚和水杨酸甲酯	Tieman et al., 2010
COMT	*Solyc10g005060*	愈创木酚和水杨酸甲酯	Mageroy et al., 2012
SlTNH1	*Solyc12g013690*	含氮挥发物	Liscombe et al., 2022
E8	*Solyc09g089580*	番茄碱	Akiyama et al., 2021
GORKY	*Solyc03g120570*	番茄碱	Kazachkova et al., 2021
GAME9	*Solyc01g090340*	番茄碱	Yu et al., 2020
high pigment-1（*hp1*）	*Solyc02g021650*	果实高色素含量	Lieberman et al., 2004
high pigment-2（*hp2*）	*Solyc01g056340*	果实高色素含量	Mustilli et al., 1999
high pigment-3（*hp3*）	*Solyc02g090890*	果实高色素含量	Galpaz et al., 2008
SlMYB12	*Solyc10g085230*	果实风味	Wang et al., 2018
Beta/old-gold（*B/OG*）	*Solyc06g074240*	果实营养物质	Ronen et al., 2000
Delta	*Solyc12g008980*	果实营养物质	Ronen et al., 1999
Tangerine（*T*）	*Solyc10g081650*	果实营养物质	Isaacson et al., 2002
Yellow flesh（*R*）	*Solyc03g031860*	果实营养物质	Fray et al., 1993
Exp1	*Solyc06g051800*	果实硬度	Brummell et al., 1999
PG	*Solyc10g080210*	果实硬度	Bird et al., 1988
PL	*Solyc03g111690*	果实硬度	Uluisik et al., 2016

续表

基因 / 位点	基因编号	农艺性状	参考文献
qtph1.1	*Solyc01g098390*	节间长短	Liu et al., 2020
short internodes（*si*）	*Solyc08g061560*	节间长短	Kwon et al., 2020
BLIND（*BL*）	*Solyc11g069030*	侧枝形成	Schmitz et al., 2002
LATERAL SUPPRESSER（*LS*）	*Solyc07g066250*	侧枝形成	Schumacher et al., 1999
BRC1a	*Solyc03g119770*	侧枝形成	Martin–Trillo et al., 2011
BRC1b	*Solyc06g069240*	侧枝形成	Martin–Trillo et al., 2011
Potato leaf（*C*）	*Solyc06g074910*	复叶发育	Busch et al., 2011
Mouse ear/Curl	*Solyc02g081120*	复叶发育	Parnis et al., 1997
Lyrate（*Lyr*）	*Solyc05g009380*	复叶发育	David–Schwartz et al., 2009
Goblet（*Gob*）	*Solyc07g062840*	复叶发育	Berger et al., 2009
Peteroselinum leaf（*Pts*）	*Solyc06g072480*	复叶发育	Kimura et al., 2008
Bipinnata（*Bip*）	*Solyc02g089940*	复叶发育	Kimura et al., 2008
Lanceolate（*La*）	*Solyc07g062680*	复叶发育	Ori et al., 2007
Trifoliate（*Tf*）	*Solyc05g007870*	复叶发育	Naz et al., 2013
Clausa（*Clau*）	*Solyc04g008480*	复叶发育	Bar et al., 2016
Curly leaf	*Solyc09g014380*	卷叶	Pulungan, 2018
OBV	*Solyc05g054030*	透明叶脉	Lu et al., 2021
Helical	*Solyc04g054480*	螺旋生长	Yang et al., 2020
Woolly（*Wo*）	*Solyc02g080260*	表皮毛形成	Yang et al., 2011
Hair（*H*）	*Solyc10g078970*	表皮毛形成	Chang et al., 2018
Hairless-2	*Solyc02g068720*	表皮毛形成	Xie et al., 2020
Falsiflora（*FA*）	*Solyc03g118160*	花序结构	Molinero–Rosales et al., 1999
Anantha（*AN*）	*Solyc02g081670*	花序结构	Lippman et al., 2008
Compound inflorescence（*S*）	*Solyc02g077390*	花序结构	Lippman et al., 2008
Terminating flower（*Tmf*）	*Solyc09g090180*	花序结构	MacAlister et al., 2012

续表

基因 / 位点	基因编号	农艺性状	参考文献
Jointless（*J*）	*Solyc11g010570*	花序结构	Mao et al.，2000
Jointless-2（*J2*）	*Solyc12g038510*	花序结构	Soyk et al.，2017
Enhancer-of-jointless2（*EJ2*）	*Solyc03g114840*	花序结构	Soyk et al.，2017
Long inflorescence	*Solyc04g005320*	花序结构	Soyk et al.，2017
STM3	*Solyc01g092950*	花序结构	Wang et al.，2021
FRUITFULL1	*Solyc06g069430*	花序结构	Wang et al.，2021
MACROCALYX（*MC*）	*Solyc05g056620*	花萼大小	Vrebalov et al.，2002
Stamenless	*Solyc04g081000*	雄蕊发育	Quinet et al.，2014
Positional sterility-2（*Ps-2*）	*Solyc04g015530*	花药开裂	Gorguet et al.，2009
$Ms10^{35}$	*Solyc02g079810*	花粉发育	Jeong et al.，2014
$Ms15^{26}$/47	*Solyc02g084630*	花粉发育	Cao et al.，2019
Ms32	*Solyc01g081100*	花粉发育	Liu et al.，2019
STR1	*Solyc03g053130*	花粉发育	Du et al.，2020
Style 2.1	*Solyc02g087860*	柱头外露	Chen et al.，2007
SE3.1	*Solyc03g098070*	柱头外露	Shang et al.，2021
Ui6.1	*Solyc06g084520*	花粉不亲和	Li et al.，2010
Sw4.1	*Solyc04g055120*	种子大小	Orsi et al.，2009

（九）花器官发育与雄性不育

番茄花器官发育与其他双子叶植物相似，由同心圆的四轮结构组成，由外到内依次为：第一轮萼片、第二轮花瓣、第三轮雄蕊和第四轮心皮。通过对拟南芥和金鱼草中一些影响花器官发育的同源异型基因突变体的研究，Coen 和 Meyerowitz（1991）提出了控制花器官发育的 ABC 模型（Coen et al., 1991）。ABC 模型认为：花器官的形成是由 A、B 和 C 三类同源异型基因的表达决定的。A 类基因在第一、二轮花器官中表达，B 类基因在第二、三轮花器官中表达，而 C 类基因则在第三、四轮花器官中表达。A 类基因单独决定萼片的形成，A 类基因和 B 类基因联合控制花瓣的形成，B 类基因和 C

类基因共同决定雄蕊的形成，C 类基因单独调控心皮的形成，A 类基因与 C 类基因相互抑制。由于经典的 ABC 模型能较好地解释花同源异型基因的表达模式和花器官形成的分子机制，所以被广泛接受。之后，人们将 D 类基因和 E 类基因加入 ABC 模型，扩展为 ABCDE 模型。

人们已在番茄中鉴定到多个控制花器官形成的同源异型基因。*MACROCALYX* 是拟南芥 A 类基因 *AP1* 的同源基因，该基因突变导致叶状萼片的形成（Vrebalov et al., 2002）。番茄 B 类基因有 *Tomato MADS box gene 6*（*TM 6*）、*Tomato APETALA 3*（*TAP3*）、*Tomato PISTILLATA*（*TPI*）以及 *TPIB*（Geuten et al., 2010）。其中番茄无雄蕊突变体 *stamenless* 是由于 *TAP3* 突变导致的（Quinet et al., 2014）。番茄中尚未发现 C 类基因发生突变的突变体，但人们通过反向遗传学手段证明 C 类基因 *TOMATO AGAMOUS1*（*TAG1*）在雄蕊和心皮的发育过程中发挥了重要作用。此外，番茄中鉴定到的影响花器官形成的同源异型基因还有 *TM5*、*TM4*、*TAGL1*、*TAGL2*、*TAGL11* 和 *TAGL12* 等（Quinet et al., 2014）。

番茄作为一种严格的自花授粉作物，其杂种优势明显，具有整齐度高、抗逆性强、产量高等优势，因此在生产上以杂交种为主。利用雄性不育系做母本进行杂交种子生产，可省去人工去雄的过程，降低成本，提高杂种种子纯度以及避免亲本流失。理想的番茄雄性不育系应具有以下特征：①雄性完全不育（花粉退化、花药退化或花药不开裂等）而雌性育性正常；②柱头外露；③不影响其他农艺性状的正常表现；④雄性不育性状易于保持和恢复。目前番茄中已发现的雄性不育材料主要分为结构不育（如无雄蕊突变体）、功能不育（如花药不开裂和长花柱突变体）和小孢子不育（包括 40 余份花粉败育的突变体材料）等三类（Li et al., 2010；Li et al., 2015）。这其中已克隆的雄性不育基因除了前面提及的 *Stamenless*，还有 *Positional sterility-2*（*Ps-2*）、*Male sterile10^{35}*（*Ms10^{35}*）、*Ms15*、*Ms32*、*STR1* 等。其中，*Ps-2* 编码一个多聚半乳糖醛酸酶，控制花药开裂（Gorguet et al., 2009）；*Ms10^{35}* 编码一个与拟南芥 DYSFUNCTIONAL TAPETUM1（DYT1）和水稻 UNDEVELOPED TAPETUM1（UDT1）同源的 bHLH 转录因子，控制雄蕊的减数分裂和绒毡层发育（Jeong et al., 2014）；*Ms15* 和 *Ms32* 分别编码 B 类 MADS-box 基因 *TM6* 和一个 bHLH 转录因子 *Solyc01g081100*（Cao et al., 2019；Liu et al., 2019）。由于这些雄性不育材料各有优缺点，限制了其广泛应用。对现有其他雄性不育材料的基因克隆以及利用转基因、基因编辑等技术创制新型雄性不育材料将会大大推动雄性不育系在番茄杂交制种中的应用。最近，研究人员提出了一种利用生物技术对番茄骨干自交系快速创制相应的番茄雄性不育系和保持系，并有效应用于杂交种子生产的策略。Du 等（2020）利用 CRISPR/Cas9 基因编辑技术对番茄骨干自交系 TB0993 的 *SlSTR1* 基因进行定向敲除，一年内快速创制出 TB0993 背景的雄性不育系，进而将正常功能的 *SlSTR1* 基因和控制花青素合成的 *SlANT1* 基因连锁在一起，共同转回到雄性不育系中，从而获得了紫色的育性恢复的保持系。以不育系为母本，杂合保持系为父本进行杂交，其子代将按 1∶1 比例分离出转基因的保持系（紫色）和非转基因的不育系（绿色）。非转基因的不育单株很容易通过幼苗颜色挑选出来并用于杂交种子生产，该技术在番茄杂交制种中具有潜在的应用价值（Du et al., 2020）。

在番茄杂交制种过程中，柱头外露性状可以减少人工去雄的工作量，具有潜在的应用价值。目前已克隆的控制柱头外露性状的基因有两个：*Style2.1* 和 *SE3.1*。*Style2.1* 编码一个包含螺旋－环－螺旋结构（HLH）的转录因子，而 *SE3.1* 编码 C2H2 型锌指转录因子，这两个基因都参与了番茄驯化和改良过程中从外露柱头到内陷柱头的转变（Chen et al., 2007；Shang et al., 2021）。

（十）复叶发育

叶形态是植物株型的重要组成部分，对于大多数栽培作物而言，叶的形态和空间分布影响光能利用效率，在很大程度上决定着作物的产量和品质。番茄的叶为单数羽状复叶，其叶柄或叶轴上通常着生 3~4 对初级小叶、1 片顶端小叶以及一些居间小叶，初级小叶通常具有叶柄并可着生二级小叶。这种复叶与同等大小的单叶比较，虽然叶片的总面积减少了，但可使充足的光照射到下部叶片，提高整个植株的光合效率。此外，风、雨、水施加到叶片上的压力或阻力也小得多，因此是对环境的一种适应。由于野生番茄和栽培番茄在叶型上遗传变异较大而且栽培番茄中具有大量的叶发育相关的突变体，番茄已成为研究复叶发育的模式植物（Burko et al., 2013）。

目前已发现并克隆的有关叶型的突变体可大体分为两类：一类使叶的复杂度降低，另一类使叶的复杂度提高。第一类突变体包括 *potato leaf*（*c*）、*trifoliate*（*tf*）、*Lanceolate*（*La*）、*goblet*（*gob*）、*entire*（*e*）及 *procera*（*pro*）。*C* 编码一个 R2R3 MYB 转录因子，与侧枝形成调控因子 *BLIND*（*BL*）高度同源，该基因的突变导致番茄叶片复杂度降低，与马铃薯叶型类似（Busch et al., 2011）。*TF* 同样编码一个 R2R3 MYB 类型的转录因子，该基因的突变除了影响番茄复叶中形成小叶外，还抑制叶腋处侧芽的形成（Naz et al., 2013）。*C* 与 *TF* 的克隆暗示番茄叶型与侧枝形成的调控机制具有一定的保守性。*LA* 编码 TCP 转录因子家族的一员，该基因的编码区含有一个 *microRNA319* 的结合位点，该结合位点的碱基变化导致 *LA* 转录本更稳定（表达量更高），使得叶片呈披针形（Ori et al., 2007）；最近的研究表明 *LA* 通过直接调控 MADS-box 基因 *MBP20* 和 *TM4* 的表达调控复叶发育（Burko et al., 2013）。NAC 转录因子基因 *GOBLET* 突变导致番茄子叶融合在一起呈高脚杯状，真叶的复杂程度也大大降低，表现为初级小叶叶缘更加平滑、不能形成二级小叶等特点。*goblet* 突变体中叶复杂度的降低主要是由小叶的融合引起的（Berger et al., 2009）。研究表明，生长素途径负调控因子 IAA9 突变导致 *entire* 突变体的叶型几近简单叶（Zhang et al., 2007），尽管 IAA9 调控复叶发育的分子机制还不清楚，但从侧面反映出生长素在复叶发育过程中的重要性。赤霉素（GA）负向调控番茄叶的复杂度，外源施加 GA 或赤霉素途径抑制子 DELLA 蛋白的突变（*procera*）都使得番茄仅能形成叶缘平滑的初级小叶（Jasinski et al., 2008）。

另一类突变体，如 *Mouse ear*（*Me*）、*Curl*（*Cu*）、*bipinnata*（*bip*）、*Peteroselinum*（*Pts*）等使番茄叶的复杂度增加。*Me* 是在栽培番茄品种 Rutgers 中发现的一个叶复杂度增加的显性突变体，可以形成三至四级的小叶，与过量表达 *KNOXI* 基因 *TKN2/LeT6* 的转基因番茄类似。分子检测显示该突变体的表型是由 *PFP*（编码焦磷酸依赖性磷酸果糖激酶的 β 亚基）与 *TKN2* 基因融合引起的 *TKN2* 表达量升高所致 （Chen et al., 1997）。另一个显性突变体 *Cu* 也是由 *TKN2* 异常表达所致（Parnis et al., 1997）。KNOXI 蛋白的活性会受到 BELL 家族蛋白的调控，番茄 BELL 家族成员 BIPINNATA （BIP）可以与 TKN2 互作，并影响 TKN2 的亚细胞定位。*bip* 突变体叶的复杂度增加，并伴随另一个 *KNOXI* 基因 *TKN1* 的表达上调（Kimura et al., 2008），表明 KNOXI-BIP 互作抑制 KNOXI 的活性，使叶复杂度降低。*S. galapagense* 来源的显性突变体 *Pts* 同样导致 *TKN1* 的表达上调和叶复杂度增加。*PTS* 编码一个缺少同源异型结构域的新型 KNOX 蛋白，PTS 可以干扰 TKN2 与 BIP 的互作。Kimura 等认为 *Pts* 突变体中 *PTS* 的过量表达抑制 TKN2-BIP 互作，使得 TKN2 的活性得以释放，导致叶复杂度增加（Kimura et al., 2008）。上述结果说明 *KNOXI* 基因表达及活性的精细调控对复叶的发育至关重要。另外两个已克隆的叶复杂度增加的突变体是 *clausa*（*clau*）和 *lyrate*（*lyr*）。研究表明，*CLAU* 编码一个 MYB 转录因子，通过影响细胞分裂素信号途径促使复叶分化（Bar et al., 2016）；而 *LYR* 编码一个锌指蛋白，通过正调生长素信号及负调 *KNOXI* 基因表达发挥作用。David-Schwartz 等认为复叶与单叶的形态差异可能与进化导致的 *LYRATE* 表达差异有关（David-Schwartz et al., 2009）。近年来，控制番茄卷叶和透明叶脉的基因 *Curly leaf* 和 *OBV* 也分别被克隆（Pulungan, 2018；Lu et al., 2021）。

（十一）病虫害抗性及其他

番茄的病虫害种类繁多，迄今为止已发现 200 余种病原菌，较严重地危害番茄的病害有 30 余种，包括细菌性斑点病、青枯病、疮痂病、颈腐根腐病、枯萎病、茎枯病、黄萎病、灰叶斑病、早疫病、晚疫病、叶霉病、灰霉病、黄化曲叶病毒病、番茄花叶病毒病、斑萎病毒病、根结线虫病等。培育抗病虫品种是防治病虫危害、保障番茄高产稳产最有效的途径。现代栽培番茄品种一般可兼抗 5~10 种病害，这些抗病基因或位点大多来源于野生番茄。早在 20 世纪 30 年代，人们就尝试将醋栗番茄抗叶霉病基因转入栽培番茄，之后随着现代分子生物学的发展，DNA 分子标记被广泛应用于抗病基因的定位和转育，极大推动了番茄抗病育种的发展。迄今为止，大约有 30 个主要病虫害的抗性基因或 QTL 被克隆或被精细定位。已克隆的有细菌性斑点病抗病基因 *Pto* 和 *Prf*（Martin et al., 1993；Salmeron et al., 1996），疮痂病抗病基因 *Bs-4*、*Rx3*、*QTL-11B* 和 *Rx4*（Schornack et al., 2004；Zhang et al., 2021；Liu et al., 2021；Meng et al., 2022），枯萎病抗病基因 *I-2* 和 *I-3*（Ori et al., 1997；Catanzariti et al., 2015），茎枯病抗病基因 *Asc*（Brandwagt et al., 2000），黄萎病抗病基因 *Ve1*（Kawchuk et al., 2001），晚疫病抗病基因 *Ph-3*（Zhang et al., 2014），灰叶斑病抗病基因 *Sm*（Yang et al., 2022），白粉病抗病基因 *Ol-2*（Bai et al., 2008），叶霉病抗病基因 *Cf-2/4/5/9*（Jones et al., 1994；Dixon et al., 1996；Thomas et al., 1997；Dixon et al., 1998），抗黄化曲叶病毒病基因 *Ty-1*、*Ty-2* 和 *Ty-5*（Verlaan et al., 2013；Yamaguchi et al., 2018；Lapidot et al., 2015），抗番茄花叶病毒病基因 $Tm2^2$（Lanfermeijer et al., 2003），抗斑萎病毒病基因 *Sw-5*（Brommonschenkel et al., 2000）和 *Sl5R-1*（Qi et al., 2022），抗根结线虫病基因 *Mi-1.2*（Milligan et al., 1998）以及抗马铃薯金线虫病基因 *Hero*（Ernst et al., 2002）等。此外，还鉴定了感病基因 *DMR6-1*，该基因突变具有广谱抗性（Thomazella et al., 2021）（表 3-4）。

表3-4　已克隆的番茄抗病虫相关基因

基因 / 位点	基因编号	抗病性	参考文献
I-2	*Solyc11g071430*	抗枯萎病	Ori et al.， 1997
I-3	*Solyc07g055640*	抗枯萎病	Catanzariti et al.， 2015
Pto	*Solyc05g013300*	抗细菌性斑点病	Martin et al.， 1993
Prf	*Solyc05g013280*	抗细菌性斑点病	Salmeron et al.， 1996
Asc	*Solyc03g114600*	抗茎枯病	Brandwagt et al.， 2000
Ve1	*Solyc09g005090*	抗黄萎病	Kawchuk et al.， 2001
Ph-3	*Solyc09g092310*	抗晚疫病	Zhang et al.， 2014
Cf2	*Solyc06g008300*	抗叶霉病	Dixon et al.， 1996
Cf4	*Solyc01g009690*	抗叶霉病	Thomas et al.， 1997
Cf5	*AF053993*	抗叶霉病	Dixon et al.， 1998

续表

基因 / 位点	基因编号	抗病性	参考文献
Cf9	*AJ002236*	抗叶霉病	Jones et al.,1994
Pot-1	*Solyc03g005870*	抗马铃薯 Y 病毒 抗烟草蚀纹病毒	Piron et al.，2010
Sm	*Solyc11g020100*	抗灰叶斑病	Yang et al.，2022
Bs-4	*Solyc05g007850*	抗疮痂病	Schornack et al.，2004
Rx4	*Solyc11g069020*	抗疮痂病	Zhang et al.，2021
QTL-11B	*Solyc11g068940*	抗疮痂病	Liu et al.，2021
Rx3	*Solyc05g053980*	抗疮痂病	Meng et al.，2022
DMR6-1	*Solyc03g080190*	广谱抗病	Thomazella et al.，2021
Mlo1/Ol-2	*Solyc04g049090*	抗白粉病	Bai et al.，2008
Ty-1	*Solyc06g051170*	抗黄化曲叶病毒	Verlaan et al.，2013
Ty-2	*Solyc11g069660* *Solyc11g069670*	抗黄化曲叶病毒	Yamaguchi et al.，2018
Ty-5	*Solyc04g009810*	抗黄化曲叶病毒	Lapidot et al.，2015
$Tm2^2$	*Solyc09g018220*	抗番茄花叶病毒病	Lanfermeijer et al.，2003
Sw-5	*Solyc09g098130*	抗斑萎病毒	Brommonschenkel et al.，2000
Sl5R-1	*Solyc05g009740*	抗斑萎病毒	Qi et al.，2022
Mi-1.2	*Solyc06g008450*	抗根结线虫病	Milligan et al.，1998
Hero	*Solyc04g008120*	抗根结线虫	Ernst et al.，2002
CAB-13	*Solyc07g063600*	耐受持续光照	Velez-Ramirez et al.，2014
CuRe1	*Solyc08g016270*	抵抗寄生植物	Hegenauer et al.，2016

除了抗性基因，目前已克隆的番茄农艺性状相关的基因或 QTL 还包括耐受持续光照的 *chlorophyll a/b binding protein 13* （*CAB-13*）以及抑制寄生植物大花菟丝子生长的 *CUSCUTA RECEPTOR 1*（*CuRe1*）等（Velez-Ramirez et al.，2014；Hegenauer et al.，2016）。可以预见，随着现代生物技术手段的飞速发展以及一些复杂农艺性状（如风味品质和非生物胁迫抗性等）形成机制的解析，分子育种将成为现代番茄育种的重要技术手段和内涵。

参考文献

[1] 何康，1991. 中国农业百科全书 [M]. 北京：农业出版社 .

[2] 赵宇慧，李秀秀，陈倬，等，2020. 生物信息学分析方法 I ：全基因组关联分析概述 [J]. 植物学报，55(6)：715–732.

[3]ABE A, KOSUGI S, YOSHIDA K, et al., 2011. Genome sequencing reveals agronomically important loci in rice using MutMap [J]. Nature biotechnology, 30(2): 174–178.

[4]ADATO A, MANDEL T, MINTZ-ORON S, et al., 2009. Fruit-surface flavonoid accumulation in tomato is controlled by a *SlMYB12*-regulated transcriptional network [J]. PLoS genetics, 5(12): e1000777.

[5]AKIYAMA R, NAKAYASU M, UMEMOTO N, et al., 2021. Tomato *E8* encodes a C-27 hydroxylase in metabolic detoxification of α-tomatine during fruit ripening[J]. Plant and cell physiology, 62(5): 775–783.

[6]ALSEEKH S, OFNER I, PLEBAN T, et al., 2013. Resolution by recombination: breaking up *Solanum pennellii* introgressions [J]. Trends in plant science, 18(10): 536–538.

[7]BAI Y L, PAVAN S, ZHENG Z, et al., 2008. Naturally occurring broad-spectrum powdery mildew resistance in a Central American tomato accession is caused by loss of Mlo function [J]. Molecular plant-microbe interactions, 21(1): 30–39.

[8]BALLESTER A R, MOLTHOFF J, DE VOS R, et al., 2010. Biochemical and molecular analysis of pink tomatoes: deregulated expression of the gene encoding transcription factor SlMYB12 leads to pink tomato fruit color [J]. Plant physiology, 152(1): 71–84.

[9]BAR M, ISRAELI A, LEVY M, et al., 2016. CLAUSA is a MYB transcription factor that promotes leaf differentiation by attenuating cytokinin signaling [J]. The plant cell, 28(7): 1602–1615.

[10]BARRY C S, ALDRIDGE G M, HERZOG G, et al., 2012. Altered chloroplast development and delayed fruit ripening caused by mutations in a zinc metalloprotease at the *lutescent2* locus of tomato [J]. Plant physiology, 159(3): 1086–1098.

[11]BARRY C S, GIOVANNONI J J, 2006. Ripening in the tomato *Green-ripe* mutant is inhibited by ectopic expression of a protein that disrupts ethylene signaling [J]. Proceedings of the national academy of sciences of the United States of America, 103(20): 7923–7928.

[12]BARRY C S, MCQUINN R P, CHUNG M Y, et al., 2008. Amino acid substitutions in homologs of the STAY-GREEN protein are responsible for the *green-flesh* and chlorophyll retainer mutations of tomato and pepper [J]. Plant physiology, 147(1): 179–187.

leaflet initiation and lamina outgrowth in tomato [J]. The plant cell, 21(10): 3093–3104.

[39]DE JONG M, WOLTERS-ARTS M, FERON R, et al.,2009.The *Solanum lycopersicum* auxin response factor 7 (*Sl*ARF7) regulates auxin signaling during tomato fruit set and development [J]. The plant journal, 57(1): 160–170.

[40]DENG L, WANG H, SUN C L, et al., 2018. Efficient generation of pink-fruited tomatoes using CRISPR/Cas9 system [J]. Journal of genetics and genomics, 45(1): 51–54.

[41]DIXON M S, HATZIXANTHIS K, JONES D A, et al., 1998. The tomato *Cf–5* disease resistance gene and six homologs show pronounced allelic variation in leucine-rich repeat copy number [J]. The plant cell, 10(11): 1915–1926.

[42]DIXON M S, JONES D A, KEDDIE J S, et al., 1996. The tomato *Cf–2* disease resistance locus comprises two functional genes encoding leucine-rich repeat proteins [J]. Cell, 84(3): 451–459.

[43]DOMÍNGUEZ M, DUGAS E, BENCHOUAIA M, et al., 2020. The impact of transposable elements on tomato diversity[J]. Nature communication, 11：4058.

[44]DU M M, ZHOU K, LIU Y Y, et al., 2020. A biotechnology-based male-sterility system for hybrid seed production in tomato [J]. The plant journal, 102(5): 1090–1100.

[45]ERNST K, KUMAR A, KRISELEIT D, et al., 2002. The broad-spectrum potato cyst nematode resistance gene(*Hero*)from tomato is the only member of a large gene family of NBS-LRR genes with an unusual amino acid repeat in the LRR region [J]. The plant journal, 31(2): 127–136.

[46]ESHED Y, ZAMIR D, 1994. A genomic library of *Lycopersicon pennellii* in *L. esculentum*: A tool for fine mapping of genes [J]. Euphytica, 79(3): 175–179.

[47]FRARY A, NESBITT T C, GRANDILLO S, et al., 2000. *fw2.2*: a quantitative trait locus key to the evolution of tomato fruit size [J]. Science, 289(5476): 85–88.

[48]FRAY R G, GRIERSON D, 1993. Identification and genetic analysis of normal and mutant phytoene synthase genes of tomato by sequencing, complementation and co-suppression [J]. Plant molecular biology, 22(4): 589–602.

[49]FRIDMAN E, CARRARI F, LIU Y S, et al., 2004. Zooming in on a quantitative trait for tomato yield using interspecific introgressions [J]. Science, 305(5691): 1786–1789.

[50]GALPAZ N, WANG Q, MENDA N, et al., 2008. Abscisic acid deficiency in the tomato mutant *high-pigment 3* leading to increased plastid number and higher fruit lycopene content [J]. The plant journal, 53(5): 717–730.

[51]GAO L, ZHAO W H, QU H O, et al., 2016. The *yellow-fruited tomato 1*(*yft1*)mutant has altered fruit carotenoid accumulation and reduced ethylene production as a result of a genetic lesion in *ETHYLENE INSENSITIVE2* [J]. Theoretical and applied genetics, 129(4):

717–728.

[52]GARBOWICZ K, LIU Z, ALSEEKH S, et al., 2018. Quantitative trait loci analysis identifies a prominent gene involved in the production of fatty acid–derived flavor volatiles in tomato[J]. Molecular plant, 11(9): 1147–1165.

[53]GEUTEN K, IRISH V, 2010. Hidden variability of floral homeotic B genes in Solanaceae provides a molecular basis for the evolution of novel functions[J]. The plant cell, 22(8): 2562–2578.

[54]GOETZ M, HOOPER L C, JOHNSON S D, et al., 2007. Expression of aberrant forms of *AUXIN RESPONSE FACTOR8* stimulates parthenocarpy in Arabidopsis and tomato [J]. Plant physiology, 145(2): 351–366.

[55]GOLDSBROUGH A, BRLZILE F, YODER J I, 1994. Complementation of the tomato anthocyanin without (aw) mutant using the dihydroflavonol 4–reductase gene[J]. Plant physiology, 105(2): 491–496.

[56]GORGUET B, EGGINK P M, QCAÑA J, et al., 2008. Mapping and characterization of novel parthenocarpy QTLs in tomato [J]. Theoretical and applied genetics, 116(6): 755–767.

[57]GORGUET B, SCHIPPER D, VAN LAMMEREN A, et al., 2009. *ps–2*, the gene responsible for functional sterility in tomato, due to non–dehiscent anthers, is the result of a mutation in a novel polygalacturonase gene [J]. Theoretical and applied genetics, 118(6): 1199–1209.

[58]GORGUET B, VAN HEUSDEN A W, LINDHOUT P, 2005. Parthenocarpic fruit development in tomato [J]. Plant biology, 7(2): 131–139.

[59]GOULET C, KAMIYOSHIHARA Y, LAM N B, et al., 2015. Divergence in the enzymatic activities of a tomato and *Solanum pennellii* alcohol acyltransferase impacts fruit volatile ester composition[J]. Molecular plant, 8(1): 153–162.

[60]GOULET C, MAGEROY M H, LAM N B, et al., 2012. Role of an esterase in flavor volatile variation within the tomato clade [J]. Proceedings of the national academy of sciences of the United States of America, 109(46):19009–19014.

[61]GUO Z F, YANG Q N, HUANG F F, et al., 2021. Development of high–resolution multiple–SNP arrays for genetic analyses and molecular breeding through genotyping by target sequencing and liquid chip [J]. Plant communication, 2(6): 12–26.

[62]GUR A, ZAMIR D, 2004. Unused natural variation can lift yield barriers in plant breeding [J]. PLoS biology, 2(10): e245.

[63]HANSON P, LU S F, WANG J F, et al., 2016. Conventional and molecular marker–assisted selection and pyramiding of genes for multiple disease resistance in tomato [J]. Scientia

horticulturae, 201: 346–354.

[64]HE C L, HOLME J, ANTHONY J, 2014. SNP genotyping: the KASP assay[J]. Methods in molecular biology, 1145:75–86.

[65]HEGENAUER V, KAISER B, FELIX G, et al., 2016. Detection of the plant parasite *Cuscuta reflexa* by a tomato cell surface receptor [J]. Science, 353: 478–481.

[66]HOVAV R, CHEHANOVSKY N, MOY M, et al., 2007. The identification of a gene (*Cwp1*), silenced during *Solanum* evolution, which causes cuticle microfissuring and dehydration when expressed in tomato fruit[J]. The plant journal, 52(4)：627–639.

[67]ISAACSON T, RONEN G, ZAMIR D, et al., 2002. Cloning of tangerine from tomato reveals a carotenoid isomerase essential for the production of beta–carotene and xanthophylls in plants[J]. The plant cell, 14(2)：333–342.

[68]JASINSKI S, TATTERSALL A, PIAZZA P, et al., 2008. *PROCERA* encodes a DELLA protein that mediates control of dissected leaf form in tomato [J]. The plant journal, 56(4): 603–612.

[69]JEONG H J, KANG J H, ZHAO M A, et al., 2014. Tomato *Male sterile* 10^{35} is essential for pollen development and meiosis in anthers [J]. Journal of experimental botany, 65(22): 6693–6709.

[70]JONES D A, THOMAS C M, HAMMOND–KOSACK K E, et al., 1994. Isolation of the tomato *Cf–9* gene for resistance to *Cladosporium fulvum* by transposon tagging [J]. Science, 266(5186): 789–793.

[71]KANG J H, MCROBERTS J, SHI F, et al., 2014. The flavonoid biosynthetic enzyme chalcone isomerase modulates terpenoid production in glandular trichomes of tomato[J]. Plant physiology, 164(3)：1161–1174.

[72]KARLOVA R, CHAPMAN N, DAVID K, et al., 2014. Transcriptional control of fleshy fruit development and ripening [J]. Journal of experimental botany, 65(16): 4527–4541.

[73]KARLOVA R, ROSIN F M, BUSSCHER–LANGE J, et al., 2011. Transcriptome and metabolite profiling show that APETALA2a is a major regulator of tomato fruit ripening [J]. The plant cell, 23(3): 923–941.

[74]KAWCHUK L M, HACHEY J, LYNCH D R, et al., 2001. Tomato *Ve* disease resistance genes encode cell surface–like receptors [J]. Proceedings of the national academy of sciences of the United States of America, 98(11): 6511–6515.

[75]KAZACHKOVA Y, ZEMACH I, PANDA S, et al., 2021. The GORKY glycoalkaloid transporter is indispensable for preventing tomato bitterness [J]. Nature plants, 7(4): 468–480.

[76]KIFERLE C, FANTINI E, BASSOLINO L, et al., 2015. Tomato R2R3–MYB proteins

SlANT1 and SlAN2: same protein activity, different roles [J]. PLoS one, 10(8): e0136365.
[77]KIMURA S, KOENIG D, KANG J, et al., 2008. Natural variation in leaf morphology results from mutation of a novel *KNOX* gene [J]. Current biology, 18(9): 672–677.
[78]KLAP C, YESHAYAHOU E, BOLGER A M, et al., 2016. Tomato facultative parthenocarpy results from *SlAGAMOUS-LIKE 6* loss of function [J]. Plant biotechnology journal, 15(5): 634–647.
[79]KLEE H J, GIOVANNONI J J, 2011. Genetics and control of tomato fruit ripening and quality attributes [J]. Annual review of genetics, 45(1): 41–59.
[80]KLEE H J, TIEMAN D M, 2013. Genetic challenges of flavor improvement in tomato [J]. Trends in genetics, 29(4): 257–262.
[81]KRIEGER U, LIPPMAN Z B, ZAMIR D, 2010. The flowering gene *SINGLE FLOWER TRUSS* drives heterosis for yield in tomato [J]. Nature genetics, 42(5): 459–463.
[82]KWON C T, HEO J, LEMMON Z H, et al., 2020. Rapid customization of Solanaceae fruit crops for urban agriculture [J]. Nature biotechnology, 38(2): 182–188.
[83]LANFERMEIJER F C, DIJKHUIS J, STURRE M J, et al., 2003. Cloning and characterization of the durable tomato mosaic virus resistance gene $Tm2^2$ from *Lycopersicon esculentum* [J]. Plant molecular biology, 52(5): 1037–1049.
[84]LAPIDOT M, KARNIEL U, GELBART D, et al., 2015. A novel route controlling Begomovirus resistance by the messenger RNA surveillance factor Pelota [J]. PLoS genetics, 11(10): e1005538.
[85]LI R, SUN S, WANG H J, et al., 2020. *FIS1* encodes a GA2-oxidase that regulates fruit firmness in tomato [J]. Nature communication, 11(1): 5844.
[86]LI W T, CHETELAT R T, 2010. A pollen factor linking inter- and intraspecific pollen rejection in tomato [J]. Science, 330(6012): 1827–1830.
[87]LI W T, CHETELAT R T, 2015. Unilateral incompatibility gene *ui1.1* encodes an S-locus F-box protein expressed in pollen of *Solanum* species [J]. Proceedings of the national academy of sciences of the United States of America, 112(14): 4417–4422.
[88]LI X X, CHEN Z, ZHANG G M, et al., 2020. Analysis of genetic architecture and favorable allele usage of agronomic traits in a large collection of Chinese rice accessions [J]. Science China life sciences, 63(11): 1688–1702.
[89]LIEBERMAN M, SEGEY O, GILBOA N, et al., 2004. The tomato homolog of the gene encoding UV-damaged DNA binding protein 1 (DDB1) underlined as the gene that causes the high pigment-1 mutant phenotype[J]. Theoretical and applied genetics, 108: 1574–1581.
[90]LIFSCHITZ E, EVIATAR T, ROZMAN A, et al., 2006. The tomato *FT* ortholog triggers

systemic signals that regulate growth and flowering and substitute for diverse environmental stimuli [J]. Proceedings of the national academy of sciences of the United States of America, 103(16): 6398–6403.

[91]LIN T, ZHU G T, ZHANG J H, et al., 2014. Genomic analyses provide insights into the history of tomato breeding [J]. Nature genetics, 46(11): 1220–1226.

[92]LIN Z F, HONG Y G, YIN M A, et al., 2008. A tomato HD–Zip homeobox protein, LeHB–1, plays an important role in floral organogenesis and ripening [J]. The plant journal, 55(2): 301–310.

[93]LIPPMAN Z B, COHEN O, ALVAREZ J P, et al., 2008. The making of a compound inflorescence in tomato and related nightshades [J]. PLoS biology, 6(11): 2424–2435.

[94]LISCOMBE D K, KAMIYOSHIBARA Y, GHIRONZI J, et al., 2022. A flavin–dependent monooxygenase produces nitrogenous tomato aroma volatiles using cysteine as a nitrogen source[J]. Proceedings of the national academy of sciences of the United States of America, 119(7): e2118676119.

[95]LIU G Z, LI C X, YU H Y, et al., 2020. *GREEN STRIPE*, encoding methylated TOMATO AGAMOUS–LIKE 1, regulates chloroplast development and Chl synthesis in fruit [J]. The new phytologist, 228(1): 302–317.

[96]LIU G Z, YU H Y, YUAN L, et al., 2021. *SlRCM1*, which encodes tomato Lutescent1, is required for chlorophyll synthesis and chloroplast development in fruits [J]. Horticulture research, 8(1): 128.

[97]LIU J P, VAN ECK J, CONG B, et al., 2002. A new class of regulatory genes underlying the cause of pear–shaped tomato fruit [J]. Proceedings of the national academy of sciences of the United States of America, 99(20): 13302–13306.

[98]LIU L, ZHANG K, BAI J R, et al., 2022. All–flesh fruit in tomato is controlled by reduced expression dosage of *AFF* through a structural variant mutation in the promoter [J]. Journal of experimental botany, 73(1): 123–138.

[99]LIU X L, YANG W C, WANG J, et al., 2020. *SlGID 1a* is a putative candidate gene for *qtph1.1*, a major–effect quantitative trait locus controlling tomato plant height [J]. Frontiers in genetics, 11: 881.

[100]LIU X Y, YANG M X, LIU X L, et al., 2019. A putative bHLH transcription factor is a candidate gene for *male sterile 32*, a locus affecting pollen and tapetum development in tomato [J]. Horticulture research(1): 651–661.

[101]LIU Y, ROOF S, YE Z, et al.,2004. Manipulation of light signal transduction as a means of modifying fruit nutritional quality in tomato [J]. Proceedings of the national academy of sciences of the United States of America, 101(26): 9897–9902.

[102]LIU Y S, ZAMIR D,1999. Second generation *L. pennellii* introgression lines and the concept of bin mapping [J]. Tomato genetics and cooperative, 49: 26–30.

[103]LOZANO R, GIMENEZ E, CARA B, et al., 2009. Genetic analysis of reproductive development in tomato [J]. The international journal of developmental biology, 53(8–10): 1635–1648.

[104]LU J H, PAN C Y, Li X L, et al., 2021. *OBV* (obscure vein), a C2H2 zinc finger transcription factor, positively regulates chloroplast development and bundle sheath extension formation in tomato (*Solanum lycopersicum*) leaf veins [J]. Horticulture research, 8(1): 3228–3241.

[105LUSSER M, PARISI C, PLAN D, et al., 2012. Deployment of new biotechnologies in plant breeding [J]. Nature biotechnology, 30(3): 231–239.

[106]MACALISTER C A, PARK S J, JIANG K, et al., 2012. Synchronization of the flowering transition by the tomato *TERMINATING FLOWER* gene [J]. Nature genetics, 44(12): 1393–1398.

[107]MAGEROY M H, TIEMAN D M, FLOYSTAD A, et al., 2012. A *Solanum lycopersicum* catechol–O–methyltransferase involved in synthesis of the flavor molecule guaiacol[J]. The plant journal, 69(6)：1043–1051.

[108]MALONEY G S, DINAPOLI K T, MUDAY G K, 2014. The anthocyanin reduced tomato mutant demonstrates the role of flavonols in tomato lateral root and root hair development[J]. Plant physiology, 166(2)：614–631.

[109]MANNING K, TOR M, POOLE M, et al., 2006. A naturally occurring epigenetic mutation in a gene encoding an SBP–box transcription factor inhibits tomato fruit ripening [J]. Nature genetics, 38(8): 948–952.

[110]MAO L, BEGUM D, CHUANG H W, et al., 2000. *JOINTLESS* is a MADS–box gene controlling tomato flower abscission zone development [J]. Nature, 406(6798): 910–913.

[111]MARTEL C, VREBALOV J, TAFELMEYER P, et al., 2011. The tomato MADS–box transcription factor RIPENING INHIBITOR interacts with promoters involved in numerous ripening processes in a COLORLESS NONRIPENING–dependent manner [J]. Plant physiology, 157(3): 1568–1579.

[112]MARTIN G B, BROMMONSCHENKEL S H, CHUNWONGSE J, et al., 1993. Map–based cloning of a protein kinase gene conferring disease resistance in tomato [J]. Science, 262(5138): 1432–1436.

[113]MARTIN–TRILLO M, GRANDÍO E G, SERRA F, et al., 2011. Role of tomato *BRANCHED1–like* genes in the control of shoot branching [J]. The plant journal, 67(4): 701–714.

[114]MAZZUCATO A, CELLINI F, BOUZAYEN M, et al., 2015. A TILLING allele of the tomato *Aux/IAA9* gene offers new insights into fruit set mechanisms and perspectives for breeding seedless tomatoes[J]. Molecular breeding, 35(1)：222.

[115]MENG G, XIAO Y, LI A T, et al., 2022. Mapping and characterization of the *Rx3* gene for resistance to *Xanthomonas euvesicatoria* pv. *euvesicatoria* race T1 in tomato [J]. Theoretical and applied genetics, 135(5): 1637–1656.

[116]MES P J, BOCHES P, MYERS J R, et al., 2008. Characterization of tomatoes expressing anthocyanin in the fruit [J]. Journal of the American society for horticultural science, 133(2): 262–269.

[117]MILLIGAN S B, BODEAU J, YAGHOOBI J, et al., 1998. The root knot nematode resistance gene *Mi* from tomato is a member of the leucine zipper, nucleotide binding, leucine–rich repeat family of plant genes [J]. The plant cell, 10(8): 1307–1319.

[118]MINOIA S, BOUALEM A, MARCEl F, et al., 2016. Induced mutations in tomato *SlExp1* alter cell wall metabolism and delay fruit softening [J]. Plant science, 242: 195–202.

[119]MOLINERO–ROSALES N, JAMILENA M, ZURITA S, et al., 1999. FALSIFLORA, the tomato orthologue of FLORICAULA and LEAFY, controls flowering time and floral meristem identity [J]. The plant journal, 20(6): 685–693.

[120]MU Q, HUANG Z J, CHAKRABARTI M, et al., 2017. Fruit weight is controlled by *Cell Size Regulator* encoding a novel protein that is expressed in maturing tomato fruits [J]. PLoS genetics, 13(8): 1–26.

[121]MUÑOS S, RANC N, BOTTON E, et al., 2011. Increase in tomato locule number is controlled by two single–nucleotide polymorphisms located near *WUSCHEL* [J]. Plant physiology, 156(4): 2244–2254.

[122]MUSSEAU C, JORLY J, GADIN S, et al., 2020. The tomato guanylate–binding protein SlGBP1 enables fruit tissue differentiation by maintaining endopolyploid cells in a non–proliferative state[J]. The plant cell, 32(10)：3188–3205.

[123]MUSTILLI A C, FENZI F, CILIENTO R, et al., 1999. Phenotype of the tomato *high pigment–*2 mutant is caused by a mutation in the tomato homolog of *DEETIOLATED1* [J]. The plant cell, 11(2): 145–157.

[124]NADAKUDUTI S S, HOLDSWORTH W L, KLEIN C L, et al., 2014. *KNOX* genes influence a gradient of fruit chloroplast development through regulation of *GOLDEN2–LIKE* expression in tomato [J]. The plant journal, 78(6): 1022–1033.

[125]NAZ A A, RAMAN S, MARTINEZ C C, et al., 2013. *Trifoliate* encodes an MYB transcription factor that modulates leaf and shoot architecture in tomato [J]. Proceedings of the national academy of sciences of the United States of America, 110(6): 2401–2406.

[126]ORI N, COHEN A R, ETZIONI A, et al., 2007. Regulation of *LANCEOLATE* by *miR319* is required for compound-leaf development in tomato [J]. Nature genetics, 39(6): 787–791.

[127]ORI N, ESHED Y, PARAN I, et al., 1997. The *I2C* family from the wilt disease resistance locus I2 belongs to the nucleotide binding, leucine-rich repeat superfamily of plant resistance genes [J]. The plant cell, 9(4): 521–532.

[128]ORSI C H, TANKSLEY S D. 2009. Natural variation in an ABC transporter gene associated with seed size evolution in tomato species[J]. PLoS genetics, 5(1)：e1000347.

[129]PANKRATOV I, MCQUINN R, SCHWARTZ J, et al., 2016. Fruit carotenoid-deficient mutants in tomato reveal a function of the plastidial isopentenyl diphosphate isomerase (IDI1) in carotenoid biosynthesis [J]. The plant journal, 88(1): 82–94.

[130]PARK S J, JIANG K, TAL L, et al., 2014. Optimization of crop productivity in tomato using induced mutations in the florigen pathway [J]. Nature genetics, 46(12): 1337–1342.

[131]PARNIS A, COHEN O, GUTFINGER T, et al., 1997. The dominant developmental mutants of tomato, *Mouse-ear* and *Curl*, are associated with distinct modes of abnormal transcriptional regulation of a *Knotted* gene [J]. The plant cell, 9(12): 2143–2158.

[132]PASCUAL L, BLANCA J M, CAÑIZARES J, et al., 2009. Transcriptomic analysis of tomato carpel development reveals alterations in ethylene and gibberellin synthesis during *pat3/pat4* parthenocarpic fruit set [J]. BMC plant biology, 9: 67.

[133]PELEMAN J D, VAN DER VOORT J R, 2003. Breeding by design [J]. Trends in plant science, 8(7): 330–334.

[134]PETREIKOV M, SHEN S, YESELSON Y, et al., 2006. Temporally extended gene expression of the ADP-Glc pyrophosphorylase large subunit (*AgpL1*) leads to increased enzyme activity in developing tomato fruit [J]. Planta, 224(6): 1465–1479.

[135]PIRON F, NICOLAÏM, MINOÏA S, et al., 2010. An induced mutation in tomato eIF4E leads to immunity to two potyviruses[J]. PLoS one, 5(6)：e11313.

[136]PNUELI L, CARMEL-GOREN L, HAREVEN D, et al., 1998. The *SELF-PRUNING* gene of tomato regulates vegetative to reproductive switching of sympodial meristems and is the ortholog of *CEN* and *TFL1* [J]. Development, 125(11): 1979–1989.

[137]POWELL A L, NGUYEN C V, HILL T, et al., 2012. *Uniform ripening* encodes a *Golden 2-like* transcription factor regulating tomato fruit chloroplast development [J]. Science, 336(6089): 1711–1715.

[138]PULUNGAN S I, 2018. Genetic and phenotypic characterization of tomato mutants exhibiting upward *Curly Leaf* (*curl*), isolated from Micro-Tom mutant collections[D]. Tsukuba: University of Tsukuba.

[139]QI S M, SHEN Y B, WANG X Y, et al., 2022. A new *NLR* gene for resistance to Tomato spotted wilt virus in tomato (*Solanum lycopersicum*) [J]. Theoretical and applied genetics, 135(5): 1493–1509.

[140]QIN G Z, WANG Y Y, CAO B H, et al., 2012. Unraveling the regulatory network of the MADS box transcription factor RIN in fruit ripening [J]. The plant journal, 70(2): 243–255.

[141]QIU Z K, WANG X X, GAO J C, et al., 2016. The tomato *Hoffman's anthocyaninless* gene encodes a bHLH transcription factor involved in anthocyanin biosynthesis that is develop mentally regulated and induced by low temperatures[J]. PLoS one, 11(3)： e0151067.

[142]QUADRANA L, ALMEIDA J, ASÍS R, et al., 2014. Natural occurring epialleles determine vitamin E accumulation in tomato fruits [J]. Nature communication, 5: 4027.

[143]QUINET M, BATAILLE G, DOBREV P I, et al., 2014. Transcriptional and hormonal regulation of petal and stamen development by STAMENLESS, the tomato (*Solanum lycopersicum* L.) orthologue to the B–class APETALA3 gene[J]. Journal of experimental botany, 65(9)： 2243–2256.

[144]RODRIGUEZ G R, MUNOS S, ANDERSON C, et al., 2011. Distribution of *SUN*, *OVATE*, *LC*, and *FAS* in the tomato germplasm and the relationship to fruit shape diversity [J]. Plant physiology, 156(1): 275–285.

[145]RONEN G, CARMEL–GOREN L, ZAMIR D, et al., 2000. An alternative pathway to beta–carotene formation in plant chromoplasts discovered by map–based cloning of *Beta* and *old–gold* color mutations in tomato [J]. Proceedings of the national academy of sciences of the United States of America, 97(20): 11102–11107.

[146]RONEN G, COHEN M, ZAMIR D, et al., 1999. Regulation of carotenoid biosynthesis during tomato fruit development: expression of the gene for lycopene epsilon–cyclase is down–regulated during ripening and is elevated in the mutant *Delta* [J]. The plant journal, 17(4): 341–351.

[147]SALMERON J M, OLDROYD G E, ROMMENS C M, et al., 1996. Tomato *Prf* is a member of the leucine–rich repeat class of plant disease resistance genes and lies embedded within the *Pto* kinase gene cluster [J]. Cell, 86(1): 123–133.

[148]SCHMITZ G, TILLMANN E, CARRIERO F, et al., 2002. The tomato *Blind* gene encodes a MYB transcription factor that controls the formation of lateral meristems [J]. Proceedings of the national academy of sciences of the United States of America, 99(2): 1064–1069.

[149]SCHORNACK S, BALLVORA A, GÜRLEBECK D, et al., 2004. The tomato resistance protein Bs4 is a predicted non–nuclear TIR–NB–LRR protein that mediates defense responses to severely truncated derivatives of AvrBs4 and overexpressed AvrBs3 [J]. The

plant journal, 37(1): 46–60.

[150]SCHUMACHER K, SCHMITT T, ROSSBERG M, et al., 1999. The *Lateral suppressor* (*Ls*) gene of tomato encodes a new member of the VHIID protein family [J]. Proceedings of the national academy of sciences of the United States of America, 96(1): 290–295.

[151]SHAMMAI A, PETREIKOV M, YESELSON Y, et al., 2018. Natural genetic variation for expression of a SWEET transporter among wild species of *Solanum lycopersicum* (tomato) determines the hexose composition of ripening tomato fruit [J]. The plant journal, 96(2): 343–357.

[152]SHANG L L, SONG J W, YU H Y, et al., 2021. A mutation in a C2H2-type zinc finger transcription factor contributed to the transition towards self-pollination in cultivated tomato [J]. The plant cell, 33(10): 3293–3308.

[153]SHEN J Y, TIEMAN D M, JONES J B, et al., 2014. A 13-lipoxygenase, TomloxC, is essential for synthesis of C5 flavour volatiles in tomato[J]. Journal of experimental botany, 65(2)：419–428.

[154]SIERRA-OROZCO E, SHEKASTEBAND R, ILLA-BERENGUER E, et al., 2021. Identification and characterization of *GLOBE*, a major gene controlling fruit shape and impacting fruit size and marketability in tomato [J]. Horticulture research(1): 1913–1927.

[155]SONG J, ZHANG S B, WANG X T, et al., 2020. Variations in both *FTL1* and *SP5G*, two tomato *FT* paralogs, control day-neutral flowering [J]. Molecular plant, 13(7): 939–942.

[156]SOYK S, LEMMON Z H, OVED M, et al., 2017. Bypassing negative epistasis on yield in tomato imposed by a domestication gene [J]. Cell, 169(6): 1142–1155.

[157]SOYK S, MÜLLER N A, PARK S J, et al., 2017. Variation in the flowering gene *SELF PRUNING 5G* promotes day-neutrality and early yield in tomato [J]. Nature genetics, 49: 162–168.

[158]SPEIRS J, LEE E, HOLT K, et al., 1998. Genetic manipulation of alcohol dehydrogenase levels in ripening tomato fruit affects the balance of some flavor aldehydes and alcohols[J]. Plant physiology, 117(3)：1047–1058.

[159]SUN C L, DENG L, DU M M, et al., 2020. A transcriptional network promotes anthocyanin biosynthesis in tomato flesh [J]. Molecular plant, 13(1): 42–58.

[160]SUN L, RODRIGUEZ G R, CLEVENGER J P, et al., 2015. Candidate gene selection and detailed morphological evaluations of *fs8.1*, a quantitative trait locus controlling tomato fruit shape [J]. Journal of experimental botany, 66(20): 6471–6482.

[161]SWINNEN G, MAUXION J P, BAEKELANDT A, et al., 2022. SlKIX8 and SlKIX9 are negative regulators of leaf and fruit growth in tomato [J]. Plant physiology, 188(1): 382–396.

[162]SZYMKOWIAK E J, IRISH E E, 1999. Interactions between *jointless* and wild-type tomato tissues during development of the pedicel abscission zone and the inflorescence meristem [J]. The plant cell, 11(2): 159–175.

[163]TAKAGI H, ABE A, YOSHIDA K, et al., 2013. QTL-seq: rapid mapping of quantitative trait loci in rice by whole genome resequencing of DNA from two bulked populations [J]. The plant journal, 74(1): 174–183.

[164]TAKISAWA R T, MARUYAMA T, NAKAZAKI K, et al., 2017. Parthenocarpy in the tomato (*Solanum lycopersicum* L.) cultivar 'MPK-1' is controlled by a novel parthenocarpic gene [J]. The horticulture journal, 86(4): 487–492.

[165]TANKSLEY S D, GANAL M W, PRINCE J P, et al., 1992. High density molecular linkage maps of the tomato and potato genomes [J]. Genetics, 132(4): 1141–1160.

[166]TANKSLEY S D, YOUNG N D, PATERSON A H, et al., 1989. RFLP mapping in plant breeding: new tools for an old science [J]. Nature biotechnology, 7(3): 257–264.

[167]THOMAS C M, JONES D A, PARNISKE M, et al., 1997. Characterization of the tomato *Cf-4* gene for resistance to *Cladosporium fulvum* identifies sequences that determine recognitional specificity in Cf-4 and Cf-9 [J]. The plant cell, 9(12): 2209–2224.

[168]THOMAZELLA D P T, SEONG K, MACKELPRANG R, et al., 2021. Loss of function of a DMR6 ortholog in tomato confers broad-spectrum disease resistance [J]. Proceedings of the national academy of sciences of the United States of America, 118(27): e2026152118.

[169]TIEMAN D M, LOUCAS H M, KIM J Y, et al., 2007. Tomato phenylacetaldehyde reductases catalyze the last step in the synthesis of the aroma volatile 2-phenylethanol[J]. Phytochemistry, 68(21)：2660–2669.

[170]TIEMAN D M, TAYLOR M G, SCHAUER N, et al., 2006. Tomato aromatic amino acid decarboxylases participate in synthesis of the flavor volatiles 2-phenylethanol and 2-phenylacetaldehyde[J]. Proceedings of the national academy of sciences of the United States of America, 103(21)：8287–8292.

[171]TIEMAN D M, ZEIGLER M, SCHMELZ E, et al., 2010. Functional analysis of a tomato salicylic acid methyl transferase and its role in synthesis of the flavor volatile methyl salicylate[J]. The plant journal, 62(1)：113–123.

[172]TIKUNOV Y M, MOLTHOFF J, DE VOS R C H, et al., 2013. Non-smoky glycosyltransferase1 prevents the release of smoky aroma from tomato fruit[J]. The plant cell, 25(8)：3067–3078.

[173]TIKUNOV Y M, ROOHANITAZIANI R, MEIJER-DEKENS F, et al., 2020. The genetic and functional analysis of flavor in commercial tomato: the *FLORAL4* gene underlies a QTL for floral aroma volatiles in tomato fruit[J]. The plant journal, 103(3):1189–1204.

[174]ULUISIK S, CHAPMAN N H, SMITH R, et al., 2016. Genetic improvement of tomato by targeted control of fruit softening [J]. Nature biotechnology, 34(9): 950.

[175]VELEZ-RAMIREZ A I, VAN IEPEREN W, VREUGDENHIL D, et al., 2014. A single locus confers tolerance to continuous light and allows substantial yield increase in tomato [J]. Nature communications, 5(1)： 1-13.

[176]VERLAAN M G, HUTTON S F, IBRAHEM R M, et al., 2013. The *Tomato yellow leaf curl virus* resistance genes *Ty-1* and *Ty-3* are allelic and code for DFDGD-class RNA-dependent RNA polymerases [J]. PLoS genetics, 9(3): e1003399.

[177]VISSCHER P M, BROWN M A, MCCARTHY M I, et al., 2012. Five years of GWAS discovery [J]. The American journal of human genetics, 90(1): 7-24.

[178]VREBALOV J, PAN I L, ARROYO A J, et al., 2009. Fleshy fruit expansion and ripening are regulated by the Tomato *SHATTERPROOF* gene *TAGL1* [J]. The plant cell, 21(10): 3041-3062.

[179]VREBALOV J, RUEZINSKY D, PADMANABHAN V, et al., 2002. A MADS-box gene necessary for fruit ripening at the tomato *ripening-inhibitor* (*Rin*) locus [J]. Science, 296 (5566): 343-346.

[180]WANG H, JONES B, LI Z, et al., 2005. The tomato *Aux/IAA* transcription factor *IAA9* is involved in fruit development and leaf morphogenesis [J]. The plant cell, 17(10): 2676-2692.

[181]WANG S, CHU Z, JIA R, et al.,2018. *SlMYB12* regulates flavonol synthesis in three different cherry tomato varieties[J]. Scientific reports, 8(1): 1582.

[182]WANG X T, LIU Z Q, SUN S, et al., 2021. SISTER OF TM3 activates *FRUITFULL1* to regulate inflorescence branching in tomato [J]. Horticulture research, 8(1)： 3596-3610.

[183]WILKINSON J Q, LANAHAN M B, YEN H C, et al., 1995. An ethylene-inducible component of signal transduction encoded by *never-ripe* [J]. Science, 270(5243): 1807-1809.

[184]XIAO H, JIANG N, SCHAFFNER E, et al., 2008. A retrotransposon-mediated gene duplication underlies morphological variation of tomato fruit [J]. Science, 319(5869): 1527-1530.

[185]XIAO Y J, LIU H J, WU L J, et al., 2017. Genome-wide association studies in maize: praise and stargaze [J]. Molecular plant, 10(3): 359-374.

[186]XIE Q M, GAO Y N, LI J, et al., 2020. The HD-Zip IV transcription factor SlHDZIV8 controls multicellular trichome morphology by regulating the expression of *Hairless-2* [J]. Journal of experimental botany, 71(22): 7132-7145.

[187]XU C, LIBERATORE K L, MACALISTER C A, et al., 2015. A cascade of arabinosyl

transferases controls shoot meristem size in tomato [J]. Nature genetics, 47(7): 784–792.

[188]YAMAGUCHI H, OHNISHI J, SAITO A, et al., 2018. An NB–LRR gene, *TYNBS1*, is responsible for resistance mediated by the *Ty-2 Begomovirus* resistance locus of tomato [J]. Theoretical and applied genetics, 131(6): 1345–1362.

[189]YAN S S, CHEN N, HUANG Z J, et al., 2020. *Anthocyanin fruit* encodes an R2R3–MYB transcription factor, SlAN2–like, activating the transcription of *SlMYBATV* to fine–tune anthocyanin content in tomato fruit [J]. New phytologist, 225(5): 2048–2063.

[190]YANG C X, LI H X, ZHANG J H, et al., 2011. A regulatory gene induces trichome formation and embryo lethality in tomato [J]. Proceedings of the national academy of sciences of the United States of America, 108(29): 11836–11841.

[191]YANG H H, WANG H X, JIANG J B, et al., 2022. The *Sm* gene conferring resistance to gray leaf spot disease encodes an NBS–LRR (nucleotide–binding site–leucine–rich repeat) plant resistance protein in tomato[J]. Theoretical and applied genetics, 135(5): 1467–1476.

[192]YANG Q H, WAN X S, WANG J Y, et al., 2020. The loss of function of *HEL*, which encodes a cellulose synthase interactive protein, causes helical and vine–like growth of tomato [J]. Horticulture research(1): 493–502.

[193]YANO K, YAMAMOTO E, AYA K, et al., 2016. Genome–wide association study using whole genome sequencing rapidly identifies new genes influencing agronomic traits in rice [J]. Nature genetics, 48(8): 927–934.

[194]YE J, LI W F, AI G, et al., 2019. Genome–wide association analysis identifies a natural variation in basic helix–loop–helix transcription factor regulating ascorbate biosynthesis via D–mannose/L–galactose pathway in tomato [J]. PLoS genetics, 15(5): e1008149.

[195]YE J, TIAN R W, MENG X F, et al., 2020. Tomato *SD1*, encoding a kinase–interacting protein, is a major locus controlling stem development [J]. Journal of experimental botany, 71(12): 3575–3587.

[196]YE J, WANG X, HU T X, et al., 2017. An InDel in the promoter of *Al–ACTIVATED MALATE TRANSPORTER9* selected during tomato domestication determines fruit malate contents and aluminum tolerance [J]. The plant cell, 29(9): 2249–2268.

[197]YU G, LI C X, ZHANG L, et al., 2020. An allelic variant of *GAME9* determines its binding capacity with the *GAME17* promoter in the regulation of steroidal glycoalkaloid biosynthesis in tomato [J]. Journal of experimental botany, 71(9): 2527–2536.

[198]YU J M, BUCKLER E S, 2006. Genetic association mapping and genome organization of maize [J]. Current opinion in biotechnology, 17(2): 155–160.

[199]YUSTE–LISBONA F J, FERNÁNDEZ–LOZANO A, PINEDA B, et al., 2020. *ENO*

regulates tomato fruit size through the floral meristem development network [J]. Proceedings of the national academy of sciences of the United States of America, 117(14): 8187–8195.

[200]ZHANG C Z, LIU L, WANG X X, et al., 2014. The *Ph–3* gene from *Solanum pimpinellifolium* encodes CC–NBS–LRR protein conferring resistance to *Phytophthora infestans* [J]. Theoretical and applied genetics, 127(6): 1353–1364.

[201]ZHANG J, CHEN R, XIAO J, et al., 2007. A single–base deletion mutation *in SlIAA9* gene causes tomato (*Solanum lycopersicum*) entire mutant [J]. Journal of plant research, 120(6): 671–678.

[202]ZHANG S B, JIAO Z C, LIU L, et al., 2018. Enhancer–promoter interaction of *SELF PRUNING 5G* shapes photoperiod adaptation [J]. Plant physiology, 178(4): 1631–1642.

[203]ZHANG X, ZHANG H, LI L J, et al., 2016. Characterizing the population structure and genetic diversity of maize breeding germplasm in Southwest China using genome wide SNP markers [J]. BMC genomics, 17(1): 697.

[204]ZHANG X F, LI N, LIU X, et al., 2021. Tomato protein Rx4 mediates the hypersensitive response to *Xanthomonas euvesicatoria* pv. *perforans* race T3 [J]. The plant journal, 105(6): 1630–1644.

[205]ZHOU M, DENG L, GUO S G, et al., 2022. Alternative transcription and feedback regulation suggest that *SlIDI1* is involved in tomato carotenoid synthesis in a complex way [J]. Horticulture research, 9: uhab045.

第四章

番茄的基因工程

随着生命科学的迅猛发展，现代分子生物学的创立使得基因工程应运而生。基因工程是指从生物体（供体）中分离克隆目的基因或人工合成目的基因，将其与载体整合后，导入另一个生物体（受体）内，使之按照预先的设计持续而稳定表达并遗传给后代的操作。因此，基因工程的三大要素（供体、受体和载体）决定着基因克隆、重组和转化，构成基因工程的三大核心技术。

植物基因工程就是利用基因工程的方法对植物进行改造的技术，它同时也是基因工程研究中的一个先导领域。植物基因工程是利用基因工程理论手段，从供体中分离克隆外源基因，在体外将其与载体重新组合后，经遗传转化方法将其导入受体植物基因组中，并获得有效表达及稳定遗传的工程。因此，人们通常将那些基因组中通过基因工程手段获得外源目的基因的植物称为转基因植物。据国际农业生物技术应用服务组织（ISAAA）数据统计，目前转基因工程技术已经在包括粮食作物、蔬菜、果树以及园林植物等 32 种植物中实现成功应用（ISAAA's GM Approval Database）。

近些年来，基因工程在番茄的种质资源创新过程中取得了长足的进步。一方面是因为番茄是全世界范围内最重要的蔬菜作物之一，具有较高的关注度和应用价值；另一方面是因为番茄拥有深厚的遗传研究基础和许多天然的优势，这些都为基因工程研究的深入开展奠定了坚实的理论基础。迄今为止，利用基因工程的手段对番茄优良性状的遗传改良已经取得巨大的成功，并创制出抗逆、抗虫、抗病毒、高产、风味佳、耐储运和雄性不育等一系列种质资源，同时还在医药蛋白生产方面获得了实际应用。

第一节　基因的挖掘与分离

一、利用基因已知序列克隆基因

（一）基因同源克隆概念及分类

基因同源克隆又称基于同源序列的候选基因法，它是利用同源基因中编码蛋白质保守结构域的基因序列同源性，根据同源序列设计引物，从进化关系相近的基因中克隆目的基因的方法。依据克隆基因的方式不同，基因同源克隆分为两个主要类型：一种是基于同源物种间基因序列的相似性克隆目的基因，一般主要是以不同科属模式植物中研究比较清楚的功能基因的同源性基因为目的基因，根据基因序列在物种间的同源性，直接有效地进行克隆；另一种则是基于基因内部编码蛋白结构域的保守序列克隆目的基因，依据已知基因中决定蛋白功能的保守结构域的编码序列的相似性，设计引物对目的基因进行克隆。

（二）基因同源克隆原理

虽然同源基因之间的序列并不完全相同，但功能相似的不同基因间编码蛋白保守结构域的基因序列都具有一定程度的同源性。遵循这个生命进化规律，可以根据这些基因中编码蛋白保守结构域的核苷酸序列设计简并引物，通过 PCR 扩增目的基因的保守区域序列，与已知基因进行同源性比对。用获得的目的基因保守序列在目的物种的基因组相关数据库中进行检索比对，从而获取目的基因其他部分的序列信息。在目的物种基因组数据不完整的情况下，通过 5′ RACE 或 3′ RACE 扩增获得目的基因全长的 cDNA 序列，再以该序列为基础，扩增目的基因的全长序列。

（三）基因同源克隆的操作流程

基因同源克隆主要分为三个步骤：简并引物设计、PCR 扩增基因片段的同源比对和全长目的基因的克隆。基因同源克隆的基本操作流程如图 4–1 所示。

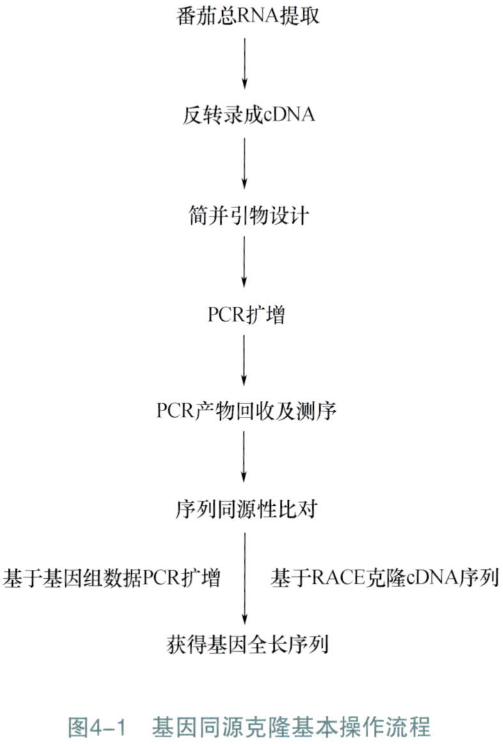

图4–1　基因同源克隆基本操作流程

（四）简并引物设计

简并引物是指编码单个氨基酸所有可能性的不同序列的混合物。为了增加简并引物 PCR 的特异性，可以参考密码子使用表设计引物序列，简并引物的使用主要用于同源克隆序列未知的目的基因。简并引物的使用得益于氨基酸密码子本身特有的简并性。其原理在于根据氨基酸序列设计一组具有简并性的引物混合物，该引物混合物由相同位置的核苷酸具有多种不同的碱基的多种引物所组成，进而保证该引物库能够尽可能多地和同源序列发生退火，完成 PCR 反应。

1. 简并引物设计方法

简并引物的设计大致可以分为以下五个步骤：

（1）同源蛋白序列检索。为了获得目的基因的全长序列，首先应该在现有的基因组数据库中检索目的基因编码蛋白中具有功能保守性的蛋白，然后在目的基因所在物种的蛋白数据库中搜索该蛋白的同源蛋白。

（2）蛋白序列比对。利用蛋白序列比对工具（如 Clustal Omega、BLOCK 或 MEGA）将上述检索到的多个同源性蛋白进行多重比对分析，以进一步了解这组蛋白保守序列的相似度。

（3）确定保守区域。简并引物的设计需要在蛋白序列中存在两个保守区域，这两个保守区域间隔 50~400 个氨基酸，且每个保守区域至少要求有 4 个氨基酸。确定蛋白质序列的两个保守区域后，即可根据这两个区域中的氨基酸序列设计两个上下游的简并引物。

（4）引物设计。当蛋白序列的保守区域确定后，可以采用专门用于简并引物设计的方法（如 CODEHOP 或 GeneFisher2）来设计引物序列。在这些方法中，CODEHOP 一般被认为是简并引物设计中最为简单有效的途径，与其他方法相比，通过这一方法设计的简并引物通常具有更低的简并性。

（5）引物优化。为了提高简并引物 PCR 的效率，简并引物的设计通常需要通过降低简并性来实现序列优化。为了更准确地评估引物简并性，人们通常用简并度这一指标进行引物简并性的度量。简并度是指简并引物中简并碱基的乘积，一般简并引物的简并度小于 1 024，简并度过高会影响 PCR 反应。为了降低引物简并度，还可以考虑使用次黄嘌呤（I）来替换 4 种碱基，简并引物中代表不同碱基的符号如表 4-1 所示。

表4-1　简并引物符号

简并引物符号	代表碱基
M	A/C
R	A/G

续表

简并引物符号	代表碱基
W	A/T
S	C/G
Y	C/T
K	G/T
V	A/C/G
H	A/C/T
D	A/G/T
B	C/G/T
N	A/T/G/C

2. 简并引物设计原则

简并引物的设计一般遵循以下五个原则：

（1）尽量在保守性较高的基因序列区段中设计简并引物。

（2）简并引物应尽量保证较低的简并性。

（3）色氨酸和甲硫氨酸的密码子序列是简并引物设计的优先选择区段。

（4）简并引物 3′ 端序列需要使用固定碱基。

（5）PCR 产物长度宜控制在 150~1 200 bp。

（五）基因片段克隆及序列同源性分析

利用简并引物进行 PCR 扩增，PCR 产物经回收纯化测序后，在 DNA 或蛋白质数据库中进行比对，获得与该片段序列相似的已知序列。同源性分析可以采用本地或在线序列比对工具，如 DNAman、ClustalW、MEGA、Clustal Omega 或 BLAST 等。

（六）全长目的基因克隆

对于模式物种而言，将简并引物克隆得到的 DNA 片段序列在数据库中进行比对后，可以直接找到对应基因的全长序列，然后根据该序列设计引物直接进行 PCR 扩增目的基因即可。然而，对于基因组信息不够完善的物种而言，则需要基于 PCR 的方法进行全长基因的克隆。常见的两种方法包括 cDNA 末端的快速克隆（RACE）和染色体步移技术。

1. RACE 技术

RACE 技术是由 Frohman 等（1988）发明的一项基于 PCR 的基因克隆技术，主要通过反转录 PCR 方法由已知 cDNA 序列片段来得到完整的 cDNA5′和 3′末端序列，包括单边 PCR 和锚定 PCR。因此，根据末端的不同，RACE 方法又分为 5′ RACE 和 3′ RACE。该方法自问世以来经过不断发展和完善，克服了早期步骤多、时间长和特异性低的缺点。随着 RACE 技术的不断完善，已有商业化 RACE 技术产品推出，如 Clontech 的 SMART™ RACE。在这里，我们以 SMART™ 产品的 RACE 技术为例进行简要说明。

1）SMART™ 3′ RACE 技术原理

利用 mRNA 的 3′末端的 poly（A）尾巴作为一个引物结合位点，以连有 SMART 寡核苷酸序列通用接头引物的 Oligo（dT）30MN 作为锁定引物反转录合成标准第一链 cDNA。然后用一个基因特异引物 GSP1（gene specific primer，GSP）作为上游引物，用一个含有部分接头序列的通用引物 UPM（universal primer）作为下游引物，以 cDNA 第一链为模板，进行 PCR 循环，把目的基因 3′ 末端的 DNA 片段扩增出来。

2）SMART™ 5′ RACE 技术原理

先利用 mRNA 的 3′末端的 poly（A）尾巴作为一个引物结合位点，以 Oligo（dT）30MN 作为锁定引物在反转录酶 MMLV 作用下，反转录合成标准第一链 cDNA。利用该反转录酶具有的末端转移酶活性，在反转录达到第一链的 5′末端时自动加上 3~5 个（dC）残基，退火后（dC）残基与含有 SMART 寡核苷酸序列的 Oligo（dG）通用接头引物配对后，转换为以 SMART 序列为模板继续延伸而连上通用接头。然后用一个含有部分接头序列的通用引物 UPM 作为上游引物，用一个基因特异引物 2（GSP2）作为下游引物，以 SMART 第一链 cDNA 为模板，进行 PCR 循环，把目的基因 5′ 末端的 cDNA 片段扩增出来。

最终，从两个有相互重叠序列的 3′ /5′ -RACE 产物中获得全长 cDNA，或者通过分析 RACE 产物的 3′ 和 5′ 端序列，合成相应引物扩增出全长 cDNA。

2. 染色体步移技术

染色体步移（chromosome walking）是指从生物基因组中的已知序列出发，逐步探知其附近的未知序列或与已知序列呈线性关系的目标序列的方法。对于已经具备完整基因组信息的物种，可以从数据库中直接检索到已知序列的侧翼序列。但是对于基因组信息不完善的物种而言，要想知道一个已知区段两侧的 DNA 序列，只能进行染色体步移。

目前，分离侧翼序列的染色体步移法主要有两种：一种是基于基因组文库的染色体步移技术，构建基因组文库进行染色体步移，虽然步骤烦琐，但适于长距离的步移，可以获得较长连续的基因组克隆群，该群组代表某一特定染色体；另一种是基于 PCR 扩增的染色体步移技术，这种方法的步移距离相对较短，但操作相对简单，特别适合已知 DNA 序列一段的染色体步移。人们在此基础上陆续发展出多种克隆侧翼序列的方法，包括反向 PCR、外源接头介导 PCR、热不对称 PCR 等。这里我们主要介绍反向 PCR 和热不对称 PCR 的原理和方法。

1）反向 PCR

反向 PCR 是 Triglia 等（1988）在常规 PCR 基础上开发出的扩增位于目的片段两侧未知序列的一种 PCR 方法，该方法中虽然引物与已知片段序列互补，但是引物扩增延伸方向却与常规 PCR 不同（图 4-2）。反向 PCR 技术的关键在于限制性片段分子内成环的效率，选择一个已知序列中没有的限制性内切酶位点对 DNA 进行酶切，用连接酶将限制性片段进行环化处理后作为 PCR 模板，根据已知序列末端设计反向引物进行扩增，即可获得两侧未知 DNA 序列。反向 PCR 方法的技术难点主要体现在两个方面：①分子间串联成大量的线状产物将会导致 PCR 扩增特异性下降；②酶切片段过长将影响 PCR 反应延伸的效率。

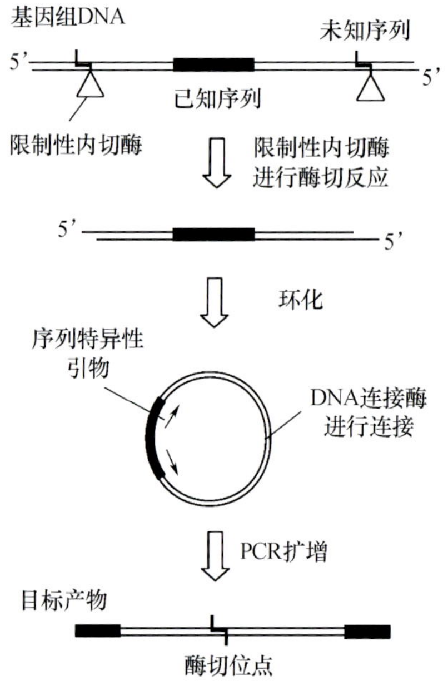

图4-2　反向PCR技术原理（Tonooka et al., 2009）

2）热不对称 PCR

热不对称 PCR（TAIL-PCR）由 Liu 和 Whitter（1995）首先开发并报道，该方法是利用目标序列旁的已知序列设计 3 个嵌套的特异引物（special primer, SP1, SP2, SP3），用它们分别和 1 个随机简并引物相结合，根据引物的长短和特异性的差异设计不对称的温度循环，通过分级反应来扩增特异性产物。TAIL-PCR 一般分为三次反应（图 4-3），能够快速地克隆目标 DNA 片段，简单高效，PCR 产物特异性较强。此外，Liu 等（1995）还在此基础上优化了随机引物，使得 TAIL-PCR 能够更好地应用在一些基因组较大物种的基因克隆上。

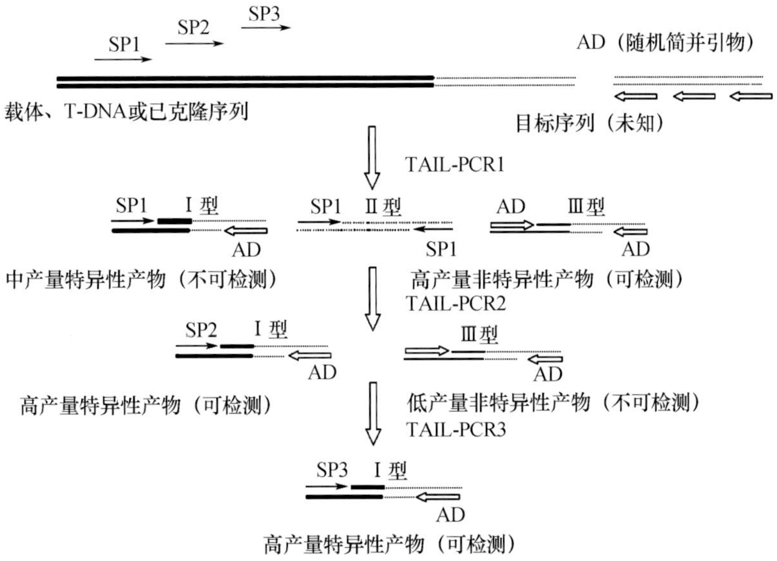

图4-3　热不对称PCR技术原理（Liu　et al., 1995）

二、基于表达差异克隆基因

生物体内基因组包含着成千上万的功能基因，但是在特定的组织器官或者发育阶段，这些基因却只有少部分能够表达，这种在生物个体不同组织器官或不同发育阶段有序表达的方式被称为基因的差异表达。对植物基因而言，这种具有组织特异性的差异表达既受到体内的调控，也受到多种外在环境因素的影响，如温度、光照、生物和非生物胁迫等。为了有效地克隆这些特异性表达的基因，研究人员开发出了各种基于差异表达的基因克隆技术，包括 mRNA 差异显示技术、实时荧光定量 PCR 技术、消减杂交和抑制性消减杂交。

（一）mRNA 差异显示技术克隆目的基因

mRNA 差异显示技术又称差异反转录 PCR（DDRT-PCR），由哈佛大学医学分校丹娜 - 法伯癌症研究院 Liang 和 Pardee 两位科学家于 1992 年首次开发并报道。该技术主要由 mRNA 反转录和 PCR 技术两部分组成，设计 5′ poly（T）引物结合真核细胞基因的 mRNA3′ 末端特有的 poly（A）结构，从而使这些基因得到反转录。通过从不同类型的细胞中分离 mRNA 并反转录，比较 PCR 产物，最终克隆目的基因。

1.mRNA 差异显示技术操作步骤

（1）从植物细胞中提取总 RNA，提取后的总 RNA 样品在 37 ℃下进行 DNA 酶消化，以防止 DNA 污染。

（2）以 Oligo（dT）12MN 为引物，在反转录酶的催化下进行反转录。

（3）以 cDNA 第一链为模板进行 PCR 反应。

（4）通过 PCR 产物的 PAGE 电泳，分离差异表达的基因片段。

（5）鉴定不同样品之间差异显示的条带，并切胶回收。

（6）以克隆的差异片段作为探针。

（7）通过 Northern 杂交方法验证差异表达目的片段。

（8）测序分析目的片段。

（9）以克隆得到的序列片段作为探针，从基因组中筛选对应的全长目的基因（图 4-4）。

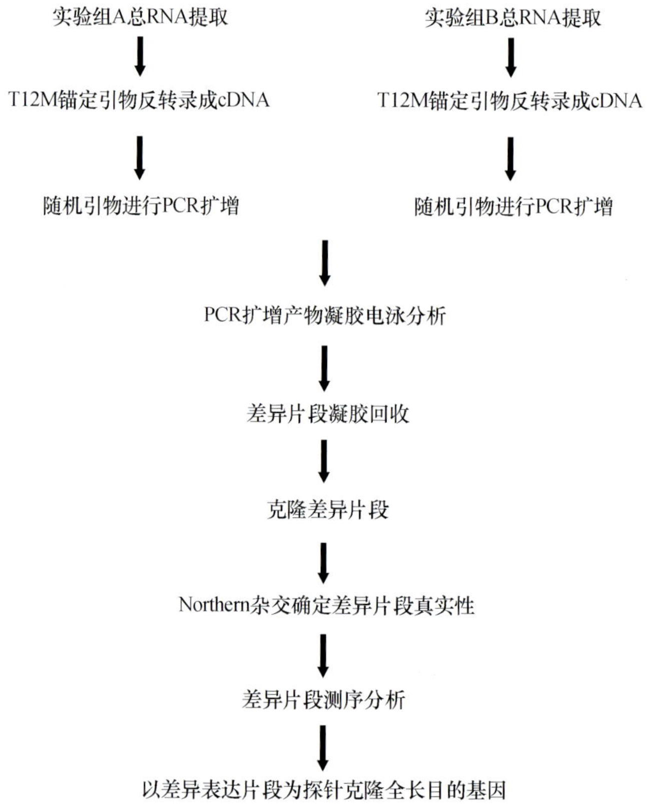

图4-4　mRNA差异显示技术操作流程（王关林 等，2014）

2.mRNA 差异显示技术的优点

（1）实验的基础材料样品 RNA 和 poly（A）引物用量较少。

（2）因为 mRNA 差异显示技术依赖于 PCR 扩增，因而可以更灵敏地用于检测细胞中表达丰度极低的 mRNA 的差异表达。

（3）mRNA 差异显示技术可以用于检测不同特定组织或细胞来源样品之间 mRNA 的定性和定量变化。

（4）mRNA 差异显示技术能够检测那些彼此密切相关的 RNA 分子之间的表达方面的差异。

3.mRNA 差异显示技术的缺点

（1）实验步骤烦琐，容易受到外源 DNA 污染，影响实验可信度，重复稳定性较差。

（2）获得的差异条带多为 3′ 端非编码区序列，长度短小，难以直接用于基因生物学功能的预测分析。

（3）实验所采用放射性同位素标记步骤导致实验周期长、成本高，且容易造成同位素污染。

（二）实时荧光定量 PCR 技术克隆目的基因

实时荧光定量 PCR（quantitative real-time PCR，qRT-PCR）是一种在 PCR 扩增反应中，借助荧光化学物质监测每次 PCR 扩增循环产物总含量的方法。通过内参或者外参法对待测样品中的特定 DNA 序列进行定量分析。根据选择的荧光化学物质种类的不同，qRT-PCR 有两种最常见的检测方法：荧光染料法和荧光探针法。

1.SYBRGreen 荧光染料法

将过量 SYBR 荧光染料掺入 PCR 反应体系后，SYBR 荧光染料将特异性地掺入 DNA 双链，并发射荧光信号，而没有与 PCR 产物结合的 SYBR 染料分子则不会产生荧光信号，从而保证荧光信号强度与 PCR 产物含量成正比关系。

2.TaqMan 荧光探针法

当探针结构完整时，淬灭基团会将报告基团发射的荧光信号吸收；而当 PCR 反应开始后，Taq 酶将降解探针，使得淬灭荧光基团与报告荧光基团解离，从而释放可被荧光监测系统接收的荧光信号。每扩增一条 DNA 双链，就将产生一个荧光分子，从而实现荧光信号累积与 PCR 产物形成完全同步。

实时荧光定量 PCR 可以对目的基因进行精准的定性和定量分析，从而更加准确地克隆目的基因，因此目前该方法在基因工程和分子生物学研究中的应用更为常见。

（三）抑制性消减杂交克隆目的基因

抑制性消减杂交（suppression subtractive hybridization，SSH）技术是 Diatchenko 等（1996）在消减杂交和抑制 PCR 的基础上开发出来的一种分离差异表达基因的新方法，该技术适用于克隆导致特殊表型的目的基因。因此，SSH 技术也成为分析表达基因和研究已知基因新功能的又一利器。

1.SSH 的操作步骤

1）提取 mRNA 经反转录合成双链 cDNA

采用随机引物将提取的 mRNA 反转录为双链 cDNA，将不含目的基因的一方作为驱动子（driver），含有目的基因的样品作为试验方（tester）。

2）用 4 个碱基识别的限制性内切酶（*Rsa* Ⅰ 或 *Hae* Ⅲ）消化 cDNA

双链 cDNA 经限制性内切酶消化后，每个片段一般小于 600 bp，可防止复杂结构的形成干扰消减杂交。

3）Tester cDNA 制备

将 Tester cDNA 分成两组（1 组和 2 组），分别在其 5′ 末端接上去磷酸化的接头 1（adaptor1）和接头 2（adaptor2）。两接头分别是一段具有反向重复序列的核苷酸序列，由一长链（约 40 bp）和一短链（约 10 bp）组成的双链 DNA，长链外侧约 20 bp 核苷酸序列与第一次 PCR 引物序列相同，而内侧序列与第二次 PCR 引物序列相同。另外，为方便后续连接克隆载体和测序，在接头上还含有启动子序列和限制性内切酶识别位点。

4）Driver cDNA 制备

将过量的 Driver cDNA 分别与含 adaptor1 和 adaptor2 的 Tester cDNA 杂交，形成四种产物 a、b、c 和 d（图 4-5）。a 是单链 Tester cDNA；b 是自身退火的 Tester cDNA 双链；c 是 Tester 和 Driver 的异源双链；d 是 Driver cDNA。在第一次杂交中，丰度高的单链 cDNA 在退火时产生同源杂交的速度要快于丰度低的单链 cDNA，同时，由于 Tester cDNA 中和 Driver cDNA 序列相似的片段大都和 Driver 形成异源双链分子，使 Tester cDNA 中的差异表达基因的目标 cDNA 得到大量富集。

5）消减杂交

将两组第一次杂交产物合并，加上新制备的变性 Driver cDNA，进行二次杂交。由于两组 Tester cDNA 大部分序列完全同源，仍然会形成 a、b、c 和 d 四种产物，但第二次杂交还会产生含有不同接头的新双链分子 e。

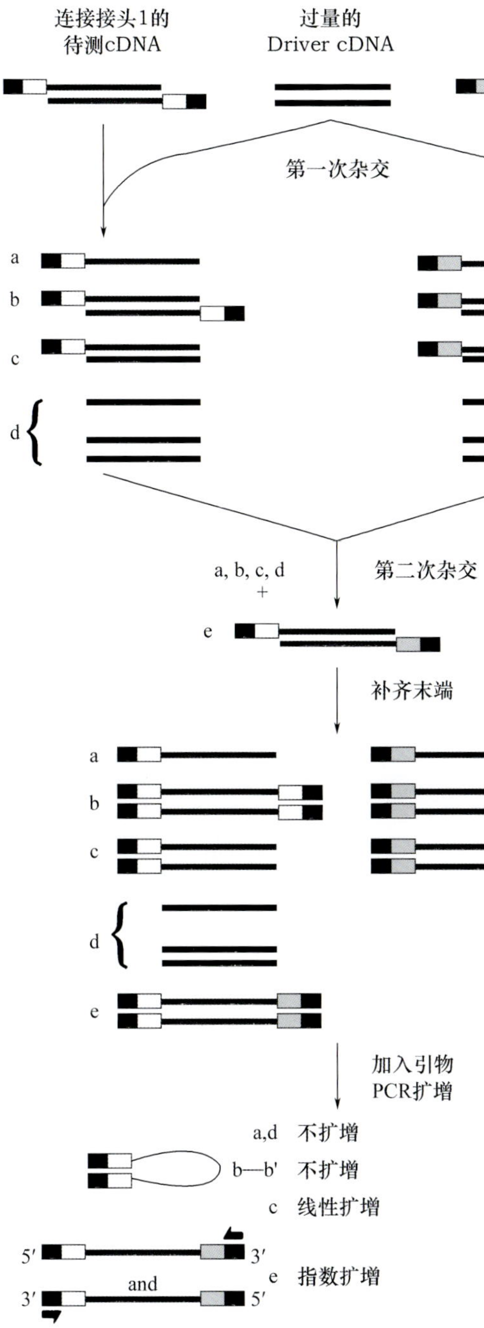

图4-5　抑制消减杂交技术流程（王关林 等，2014）

6）PCR 反应

两轮杂交后补齐黏性末端，加入一对针对两种接头外侧相同序列的引物，利用巢式 PCR（nested PCR）进行第一次 PCR 扩增。a、d 不能扩增；b 由于两端有较长序列的反向重复，单链内部在退火时易形成发夹状结构，不能做有效的扩增；c 有接缝，引物结合的位点只有一个，因此只能线性扩增；e 两端有不同的 adaptor1 和 adaptor2，有两个引物结合位点，可以通过 PCR 进行指数扩增。所以，第一次 PCR 初步丰富了表达差异的基因片段，然后在第二次 PCR 中加入一对结合两种接头内侧序列的特异引物，只有 e 能连续扩增，这样就再次富集了差异表达的基因片段，而得到由差异 cDNA 片段构成的消减文库。

7）特异性验证

消减文库的扩增与鉴定将消减文库中的差异表达的 cDNA 片段以适当方式插入载体，经细菌转化、阳性克隆鉴定、抽提质粒和酶切分析等一系列操作分析插入片段。用二次 PCR 产物制备探针，经点杂交筛选阳性克隆；以插入 cDNA 片段为探针进行 Northern 杂交分析、cDNA 序列测定、序列同源性分析；通过文库筛选或步移技术获取全长的基因序列信息。

2.SSH 的优点

（1）较低的假阳性。SSH 通过两次杂交和两次 PCR 扩增选择性地扩增差异表达的 cDNA 片段，而抑制在细胞中普遍表达的管家基因，大大降低了假阳性率。

（2）较高的灵敏度。利用丰度高与丰度低的单链 cDNA 在退火时产生同源杂交的速度不同，使原来在丰度上有差别的单链 cDNA 在相对含量上持平，从而可以有效扩增到丰度极低的差异表达基因。

（3）通量高速度快。进行一次 SSH 就可同时分离出上百个差异表达的基因，且筛选周期短。

（4）方法步骤简单。SSH 实验对仪器设备要求较低，具有一般的分子生物学实验条件即可进行。

3.SSH 的缺点

（1）对初始材料要求苛刻，不适用稀有来源的样品。

（2）分离到差异表达基因片段后，尚需继续扩增，无法直接获得基因全长序列。

（3）SSH 技术筛选无法应对限制性内切酶位点较少的基因克隆。

三、利用基因的功能克隆目的基因

传统的基因功能克隆和表型克隆方法常因蛋白产物不明确，存在难以分离基因等问题。图位克隆方法目前十分成熟，并已成为克隆基因的常用方法，被人们广泛地应用于植物基因的分离。图位克隆基因的途径主要分为正向遗传学（forward genetics）和反向遗传学（reverse genetics）途径。正向遗传学途径以基因的生物学功能为基础，通过分析其某种表型突变而进行；反向遗传学途径则关注基因自身，往往利用特定的序列或基因组位置而进行。传统的基于功能的目的基因克隆属于正向遗传学范畴，而基于反向遗传学建立的图位克隆技术则在近些年来得到了日新月异的发展。

（一）图位克隆的基本原理

功能基因在植物基因组中一般都有较为稳定的基因位置，在利用分子标记将目的基因精细定位后，用与目的基因紧密连锁的分子标记筛选 DNA 文库（如 YAC、BAC 和 TAC 等），进而构建目的基因所在区域的物理图谱。以该物理图谱为基础，通过染色体步移逐渐接近目的基因，找到包含该目的基因的染色体片段，最后经遗传转化验证目的基因功能。

（二）图位克隆的方法

图位克隆是遗传学中常用的通过表型分析鉴定目的基因（功能基因）的正向遗传学方法，其基本操作流程如图 4-6 所示。

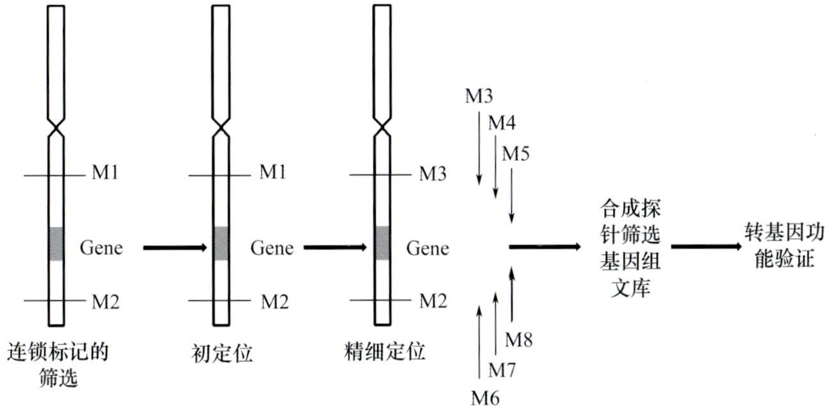

注：M1~M5为不同的分子标记

图4-6　图位克隆技术的基本操作流程（闫其涛 等，2005）

1. 目的基因遗传作图群体的构建

1）作图群体的选择

对于基因的图位克隆而言，构建用于筛选与目的基因紧密连锁分子标记的遗传群体是首要任务。这样的遗传群体一般应该满足除目标基因所在区域外，其余基因组 DNA 序列都是相同的。基于这种遗传材料筛选获得的多态性分子标记才可能与目的基因紧密连锁。目的基因的近等基因系（NILs）无疑是满足以上条件的一类理想作图群体。近等基因系是指几乎仅在目标性状上存在差异的两种基因型个体，可通过连续回交的途径获得。在番茄中，人们利用 RAPD 技术分析了 *Pto* 基因的近等基因系并鉴定到与该基因共分离的分子标记，之后以该分子标记作为探针实现了染色体登陆（Martin et al., 1993）。

2）作图群体的构建

为了利用显性遗传的分子标记最大程度收获 F_2 代群体的遗传信息，Michelmore 等（1991）成功开发了分离群体分组分析法（bulked segregant analysis，BSA）以锁定与目的基因连锁的分子标记。该方法将 F_2 代分离群体中的个体按双亲的表型分为两组，每组中个体 DNA 等量混合，形成两个 DNA 混合池。因两组之间的差异主要根据目标性状进行选择，因此从理论上讲，两个 DNA 混合池主要关注目的基因所在局部区域的差异，因该方法近似于近等基因系，也常被人们称为近等基因池法。研究发现，BSA 法联合其他高效的分子标记方法可以快速而准确地从复杂的分子标记中筛选出与目的基因紧密连锁的标记。该方法的最大优势在于其对基因组信息尚不完善的物种也同样适用。

2. 筛选与目的基因连锁的分子标记

筛选与目的基因连锁的分子标记是图位克隆技术的关键，常用的分子标记有 RAPD、AFLP、SSR 和 RFLP 等。区别于形态标记、细胞学标记和生化标记，这些分子标记具有稳定性强、可靠性高和成本低等特点，特别适用于筛选与目的基因共分离的标记。研究人员可以借助这些方法，根据研究目的克隆控制关键性状的目的基因。随着近些年来生物信息学和基因组学研究的日新月异，分子标记技术的应用更加如虎添翼，为基因图位克隆技术的创新打开了更多新的思路。

3. 目的基因区域的精细定位和作图

1）目的基因的初步定位

目的基因的初步定位（mapping the target gene）是利用分子标记技术和目标性状的分离群体将一个目的基因锁定于一定的染色体区域。近等基因系（NILs）常被用于初步定位。

2）目的基因的精细定位

目的基因的精细定位（fine mapping）是指以初步定位的染色体区域为基础，再利用高密度的分子标记连锁图谱对目的基因所在区域进行高密度分子标记连锁分析。精细定位目的基因是图位克隆策略中最为费时费力的步骤。精细定位一般有两种方法：混合样品作图法和侧翼分子标记法。

混合样品作图法是指在准确判断目的基因遗传特性后，将群体中突变单株分组（一般每组包括 5 个单株），以组为单位提取基因组 DNA，形成一个混合的 DNA 池，利用与目的基因连锁的分子标记对 DNA 混合池进行分析，计算所有 DNA 混合池中分子标记与目的基因发生的重组数，进而确定目的基因与所有分子标记在染色体片段上的位置关系。混合样品作图法的优势主要体现在效率高、成本低和工作量小等方面，有利于扩大群体。

侧翼分子标记是指利用初步定位中筛选的在目的基因两侧的分子标记，在更大群体中鉴定与目的基因紧密连锁的分子标记。利用侧翼分子标记法，研究人员已经成功地将番茄的叶霉病基因精细定位到 40 kb 的染色体区间（Dixon et al., 1995）。侧翼分子标记法的缺点在于针对单株的 DNA 提取工作量巨大，因此该方法可能更适合人员充足的研究团队。

3）目的基因的精细作图

将目的基因锁定在特定的染色体区域后，就要对其进行精细图谱的制作。制作的图谱一般分为两种类型：遗传图谱和物理图谱。

精细遗传图谱的构建是图位克隆中的关键环节。一般通过整合已有的遗传图谱或引入新的分子标记来增加遗传图谱上的分子标记数目，进而实现精细遗传图谱的制作。目前，具有遗传图谱的作物达到几十种之多，这其中包括许多重要的粮食作物和园艺作物，如水稻、小麦、大麦、玉米、高粱、马铃薯、大豆、番茄和油菜等。近些年来，在研究人员的不懈努力和常年科研积累下，越来越多物种的遗传图谱趋近饱和，这为其物理图谱的制作奠定了坚实的基础。

因分子标记与目的基因之间的实际物理距离按碱基对数来计算，所以物理图谱对基因位置的描述要比依据不同染色体区域基因重组值计算得到的遗传距离更具可靠性。因此，物理图谱的构建对图位克隆至关重要。物理图谱包含许多种类：限制酶切图谱、跨叠克隆群和 DNA 序列图谱等。目前这些方法已成功用于不同物种的大规模物理作图，为基因的准确克隆奠定了基础。

4. 目的基因的克隆

克隆目的基因是图位克隆技术的最后一个关键环节。在与目的基因紧密连锁的分子标记被筛选鉴定后，以该分子标记所在的特定染色体片段 DNA 序列为探针进行染色体步移，逐渐锁定目的基因。

1）染色体步移

染色体步移是指利用已知的基因或分子标记对 DNA 文库进行多次循环杂交，逐步向目的基因靠近，并最终完成目的基因克隆的方法。该方法的缺陷在于过度依赖于单次杂交的质量，一旦其中有一次杂交结果不理想，将直接导致整个实验的失败。另外，当目标区域存在重复序列时，该方法获得的结果很可能会出现偏差。

2)染色体登陆

为规避染色体步移方法的弊端，Tanksley 等(1995)成功发明了染色体登陆的方法。染色体登陆是指鉴定与目的基因的物理距离小于基因组文库插入片段平均距离的分子标记，通过筛选文库直接获得含有目的基因的克隆。利用与目的基因紧密连锁的分子标记和大片段插入基因组 DNA 文库，通过菌落杂交的方法在基因组 DNA 文库中鉴定含有目的基因的阳性克隆。

5. 目的基因的鉴定

当含有目的基因的基因组 DNA 大片段被克隆后，需要对其中特异区域的 cDNA 进行进一步验证，以确定其为目的基因所编码。一般来讲，验证目的基因编码的 cDNA 的方法大概有以下五种：

(1)通过精细作图验证目的基因与目标性状的共分离。

(2)分析目的基因的组织特异性表达模式与目标性状之间的相关性。

(3)将目的基因序列在模式植物基因组数据库中进行比对，检索已知功能的同源基因。

(4)在野生型与突变型之间进行目的基因序列比对。

(5)转化目的基因，用最直接可靠的遗传方法验证其功能。

第二节 基因转化的手段

一、基因导入方法

外源基因的导入是指通过某种特殊的手段介导外源基因或 DNA 片段进入受体细胞，使之与受体细胞基因组整合并完成表达的过程。迄今为止，已有多种外源基因导入的方法被成功开发，按照技术属性划分，大概包括物理法、化学法、生物法等类型；按照媒介类型划分，大概包括载体介导法、直接导入法和种质系统介导法等类型。

(一)物理方法导入外源基因

物理导入外源基因的方法包括许多种类型，如基因枪法、超声波法和激光微束法等。

1. 基因枪法

基因枪法是指将外源 DNA 片段分子借助高速金属微粒轰击导入活体细胞的一种转化技术，也称微弹轰击法、粒子轰击法、高速粒子喷射技术和弹道微靶点射击。

基因枪法的基本原理是将载有外源基因分子的金属微粒在火药爆破、高压放电或高压气体等作用下导入受体细胞，最终达到将外源基因片段导入细胞的目的。该技术的操作方法如下（图 4–7）：

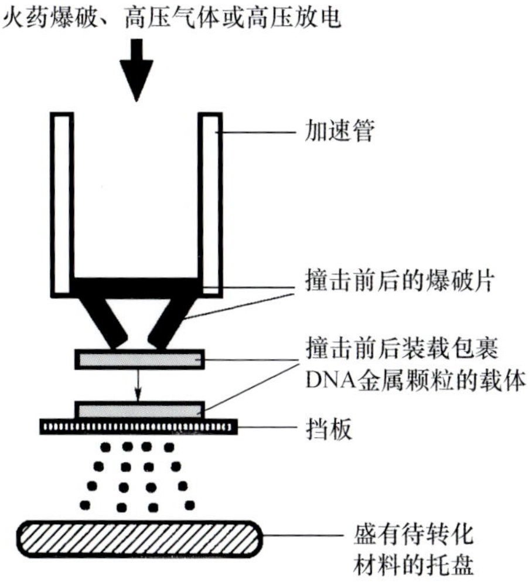

图4–7　基因枪法基因转化示意图（Kuriyama et al.，2000）

（1）受体细胞的预处理。利用甘露醇和山梨醇等渗透剂调节受体细胞的渗透压，使其在轰击受伤后保持高渗状态，减少细胞质的流失，维持细胞的成活。

（2）DNA 微粒的制备。DNA 微粒制备是将外源基因片段以一定比例与金属微粒子载体混合的过程。

（3）受体材料的轰击。

（4）过渡培养与筛选培养。被 DNA 微粒轰击处理后的材料需要在无压力筛选的培养基中进行过渡培养 1~2 周，恢复受损失的细胞，同时充分表达外源基因和抗性基因，再转移至有筛选压力的培养基中培养，筛选阳性转化细胞。

2. 超声波法

超声波是指频率为（2×10^4）~（2×10^9）Hz 的声波。其生物效应主要体现在机械作用、热化作用和空化作用。在外源基因导入过程中超声波可以击穿细胞壁与细胞膜并改变其通透性，从而使外源基因片段进入细胞。超声波导入法的基本操作步骤如下：

（1）受体材料的培养。按常规方法培养受体材料，受体材料一般选取无菌苗的器官、愈伤组织或原生质体等。

（2）提取外源基因。常规方法提取和纯化所需质粒或基因 DNA 片段。

（3）超声波处理。将受体材料切成均匀的小块，放入超声波容器，加入适量超声缓冲液，同时准备 20 μg/mL 供体 DNA 及 40 μg/mL 鲑鱼精 DNA 混合，在超声波强度为 0.5~2.0 W/cm^2 的条件下处理 10~50 min。

（4）处理后受体材料的培养和筛选。经超声波处理后的受体材料在无筛选压力的培养基上恢复生长 1 周后即可转置筛选培养基上进行培养。

3. 激光微束法

激光微束法是指利用激光特定波长和直径的相干单色电磁射线处理受体细胞，使其细胞膜通透性发生改变，进而将外源基因片段导入受体细胞的一种方法。该方法的基本操作步骤如下：

（1）受体材料的处理。在受体材料（愈伤组织或悬浮细胞等）中加入高渗缓冲液（10 mmol/L Tris–HCl，0.7 mol/L 山梨醇或甘露醇，pH 值为 7.2），处理 1~5 h，用洗液去除高渗液后，将受体材料转置激光器的处理室，加入 0.5 mL 培养液和 5 μg/mL 的外源基因片段均匀混合。

（2）激光微束照射。

（3）受体材料的培养。经激光照射后的受体材料在无筛选压力的培养基上恢复生长 1 周后即可转置筛选培养基上进行培养。

（二）化学方法导入外源基因

化学导入外源基因的方法包括许多种类型，如聚乙二醇法和脂质体法等。

1. 聚乙二醇（PEG）法

PEG 是一种选择性化学渗透剂，它可以使 DNA 与细胞膜之间形成分子桥，促使二者之间的接触和粘连，引起细胞膜透性变化，从而促进外源 DNA 进入原生质体。该方法的基本操作步骤如下：

（1）分离原生质体。

（2）提取外源 DNA 片段。

（3）取密度为 2×10^6/mL 原生质体悬浮液 0.5 mL，加入 50 μL 小牛胸腺 DNA，混匀后静置 10 min，然后再加入 10 mL 外源 DNA，混匀后再静置 10 min。

（4）加入等体积 40% PEG 溶液，迅速混匀，室温静置 30 min。

（5）每隔 5 min 加 1~2 mL $CaCl_2$ 溶液，逐步稀释。

（6）离心收集原生质体，并用 10 mL 培养基重悬浮培养 1 周。

（7）将转化后的原生质体转至筛选培养基中进行筛选。

2. 脂质体法

脂质体介导外源基因转化的方法是指利用化学物质合成人工脂质膜并包裹外源基因片段，然后通过植物原生质体的融合作用把外源基因片段导入受体细胞的过程。这种方法的优势在于可以在导入外源 DNA 的同时避免受体细胞受损，适于多种植物细胞的转化。与此同时，通过脂质体装载的外源基因片段可实现稳定的贮藏。该技术的主要操作步骤如下：

（1）取 6 孔培养板，向每孔中加入 2 mL 含（1×10^5）~（2×10^5）个细胞的培养液，37 ℃培养至 40%~60% 板底面积。

（2）溶液Ⅰ用培养基稀释 1~10 μg DNA，终量 100 μL；溶液Ⅱ用培养基稀释 2~50 μg 脂质体，终量 100 μL，将溶液Ⅰ和Ⅱ轻轻混合均匀，室温静置 10~15 min。

（3）用 2 mL 培养液漂洗两次，再加入 1 mL 培养液。

（4）把溶液Ⅰ和Ⅱ混合物缓缓加入培养液中，摇匀，37 ℃恒温箱孵育 6~24 h，吸除转染液，换入培养液继续培养。

（三）生物方法导入外源基因

生物法导入外源基因包含许多种类型，如农杆菌介导法、花粉管通道法和病毒介导法等。

1. 农杆菌介导法

农杆菌是一种能够侵染植物并使其形成肿瘤的革兰氏阴性土壤杆菌。人们从致癌的农杆菌中分离出一种致癌质粒（约 200 kb），也称 Ti 质粒。这种 Ti 质粒中存在一段可以整合到植物基因组中的 DNA 片段，也被称为转移 DNA（简称 T-DNA）。该 DNA 片段中所包含的基因在进入受体细胞后可以完成表达。随后，人们将 Ti 质粒改造成植物基因工程的基因转化专用载体。农杆菌介导的基因转化法是指利用农杆菌介导的遗传转化体，将外源基因片段载入 Ti 质粒的转移 DNA 片段中，并将其导入受体细胞，完成外源基因表达的方法。该技术的主要操作步骤如图 4-8。

（1）建立植物受体系统。

（2）构建包含目的基因的 Ti 质粒转化载体系统。

（3）制备携带 Ti 质粒转化载体的农杆菌。

（4）转化外源基因。

（5）筛选和检测阳性转基因植株。

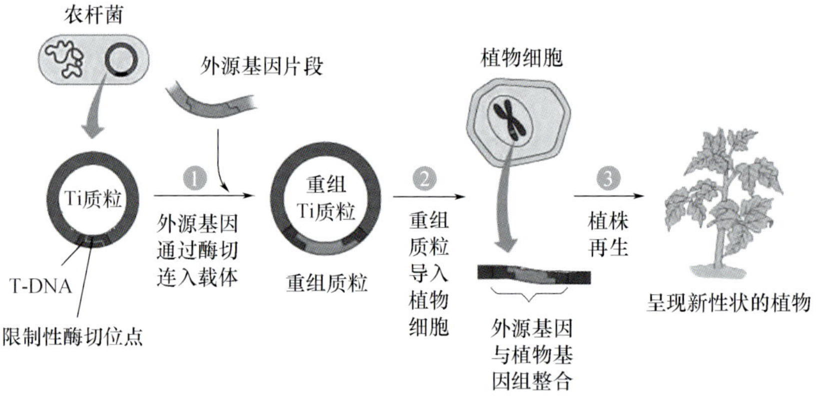

图4-8　农杆菌介导的基因转化方法（Yadav et al.，2022）

2. 花粉管通道法

花粉管通道法导入外源基因的生物学基础在于植物生殖细胞特有的天然机构，胚囊中的精卵细胞可被看作天然的原生质体。在精子和卵结合过程甚至是到了合子期，细胞壁都未能形成完整的屏障作用，因此外源基因进入受体卵细胞或合子的阻力较小。植物授粉后，花粉管通道的形成为外源基因接近卵细胞或合子提供了天然的通道。外源 DNA 能沿着花粉管渗入，经过珠心通道进入胚囊，导入尚不具备正常细胞壁的卵细胞或合子，并与受体细胞的基因组 DNA 发生重组。该技术的主要操作步骤如下：

（1）柱头切除法。当受体植物一般授粉 2~3 h 后，立即切除花柱并在切口上滴入外源 DNA 溶液（浓度为 50~100 μg/mL），套袋隔离至种子成熟。

（2）花粉粒吸入法。将新收集的花粉与外源 DNA 溶液混合，使花粉粒吸收外源 DNA 分子，然后将混合液滴于已去雄套袋的柱头上，再继续套袋至种子成熟。

（3）柱头涂抹法。先将外源 DNA 溶液涂抹于柱头，然后人工授粉套袋隔离，通过花粉管的伸入将外源 DNA 带入胚囊，成熟后收获种子。

3. 病毒介导法

植物病毒介导的外源基因转化过程是病毒首先附着于受体细胞质膜上，二者膜相的合并使病毒的遗传物质进入细胞，并释放遗传物质。随后外源 DNA 进入受体细胞核，在受体细胞核中进行复制、转录，进而在受体细胞质中合成病毒蛋白质。

病毒载体转化系统应具备以下基本条件：

（1）病毒的遗传物质包含目的基因。

（2）作为载体的病毒需满足在受体细胞内具有自我复制的能力，同时又呈现低毒性。

（3）病毒接种方法简便易操作，能够适用于大规模基因转化。

（4）病毒自身基因能够具备良好的改造耐受性，如插入报告基因、目的基因等，同时又不改变病毒的特性。

二、表达载体的构建

载体转化系统是植物基因工程中最重要的一种转化系统。载体转化系统中最重要的又是 Ti 质粒转化载体。

（一）根癌农杆菌 Ti 质粒的结构和功能

Ti 质粒上的转移 DNA（T-DNA）长为 12~24 kb，能与植物基因组发生重组整合。Ti 质粒中的 *Vir* 基因产物则可诱导 T-DNA 形成单链线性拷贝，并在 VIR D2、VIR D4 和 VIR B 等辅助因子的协助下，穿越农杆菌和植物细胞的细胞壁膜结构，最后与植物基因组整合。在 T-DNA 的左右边界 25 bp 区域具有重复序列，其中右侧重复序列在 T-DNA 整合的过程中发挥着更为重要的作用。

（二）农杆菌 Ti 质粒的基因转化机制

1. 整合位点及其特性

T-DNA 在植物染色体中的插入是随机事件，但研究发现这种插入过程呈现出以下三个特点：

（1）T-DNA 的整合更倾向于转录活性较高的染色体区域。

（2）T-DNA 与植物 DNA 连接处富含 A、T 碱基对。

（3）T-DNA 边界序列与其插入的植物基因组位点具有一定的同源性。人们一般认为，这种同源性证实 T-DNA 插入植物基因组的机制所在。序列较高的同源性使得插入的 T-DNA 和靶序列能互相靠近，并有效地发生 DNA 链的交换。同时也说明，T-DNA 的整合过程需要植物内源重组系统的存在。

2.T-DNA 整合的遗传效应

T-DNA 对植物基因组的插入可存在多个位点，但遗传位点数一般小于或等于其物理位点数。这是因为 DNA 甲基化或多拷贝所引起的共抑制效应往往使得基因失活。T-DNA 的插入一般会引起插入位点的连接处出现小范围的序列插入、缺失或重排，较少出现大规模的 DNA 重排。

（三）农杆菌 Ti 质粒的改造及载体构建

1.Ti 质粒的改造及卸甲载体

基于大肠杆菌与农杆菌具有接合转移的特性，人们为了更加方便快捷地装载目的基因片段，先把含有外源目的基因的 T-DNA 片段克隆到大肠杆菌的质粒中，通过接合转移的方式再将外源目的基因插入 Ti 质粒。在这个过程中，含有目的基因的重组 T-DNA 的大肠杆菌质粒称为中间载体（intermediate vector），而接受中间载体的 Ti 质粒称为受体 Ti 质粒（acceptor Ti plasmid），也被称为卸甲载体（disarmed vector）（图 4-9）。

1）Onc- 卸甲载体

Onc- 卸甲载体是指去除 *Onc* 致瘤基因的 Ti 质粒载体。该载体中缺失的 T-DNA 部位被一种常用的大肠杆菌质粒 pBR322 所替代。这样外源基因片段就可以先与 pBR322 质粒发生重组，然后再被插入到 Onc-Ti 质粒载体。植物中较为常用的 Onc- 卸甲载体为 pGV3850，其序列中包含 T-DNA 的两个边界和一个用作转化筛选的胭脂碱合成酶基因（*nos*）；pBR322 序列（含 *Apr* 基因）则取代了 T-DNA 内部的 *Onc* 致瘤基因序列，pBR 序列将有利于后续卸甲载体和中间载体形成重组体。

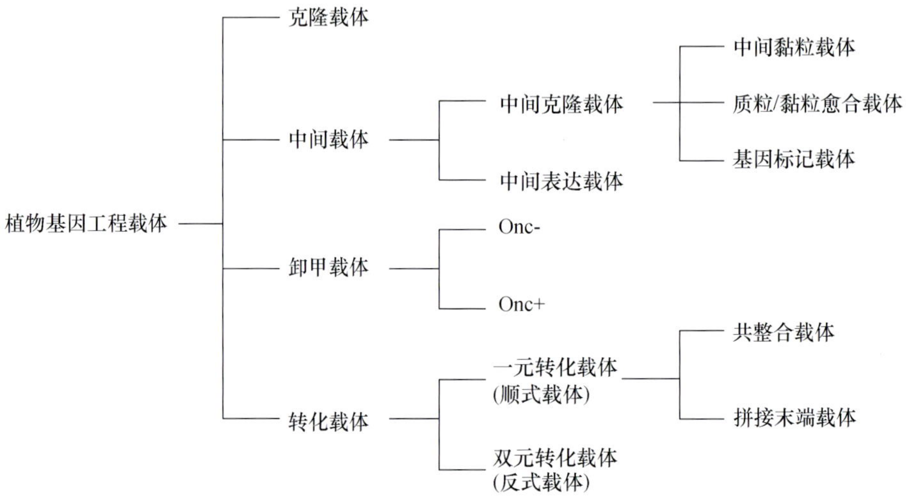

图4-9 植物基因工程载体

2）Onc+ 卸甲载体

Onc+ 卸甲载体是指不去除 *Onc* 基因的卸甲载体，该类载体主要用于一些比较特殊的情况。

2. 中间载体

构建中间载体是将目的基因导入 Ti 质粒的有效方法。中间载体是插入一段合适的 T-DNA 片段的多拷贝的大肠杆菌小型质粒。根据结构特点划分，中间载体包括两类：共整合系统中间载体和双元载体系统中间载体。

1）共整合系统中间载体

共整合系统中间载体一般含有 T-DNA 同源的序列和 pBR 的序列，进入农杆菌后可与 Ti 质粒的 T-DNA 的同源序列进行重组，同时方便后期筛选共整合质粒的细菌选择标记。此外，共整合中间载体也会包含接合转移位点，它的存在可使中间载体在不同细菌细胞内进行转移。共整合中间载体还含有利于转化植物细胞筛选的植物选择标记和利于外源基因插入的单一限制性内切酶切点（图 4-10）。

2）双元载体系统中间载体

双元载体系统中间载体较共整合系统中间载体而言，其质粒序列中无同源序列和 ColE1 复制点，但具有 LB 和 RB 结构（图 4-10）。

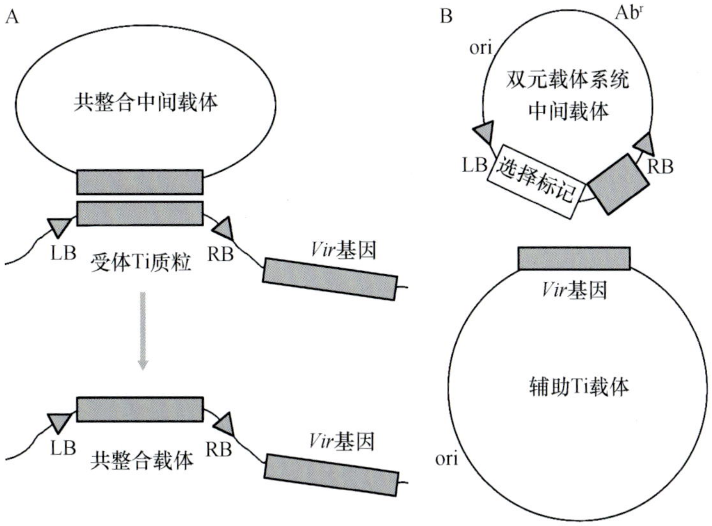

图4-10 共整合载体（A）和双元载体（B）系统中两种不同的中间载体和Ti质粒（Lee et al.，2008）

3. 中间载体构建

依据载体功能，中间载体包括克隆载体和表达载体两类。克隆载体的主要用途是克隆和复制基因；表达载体的用途则是在受体细胞中表达外源基因。在中间表达载体中一般存在植物特异启动子，从而使其驱动的外源基因得以在植物中表达。

1）启动子及其他调控序列

真核生物基因的转录调控对其表达起着重要的作用。在真核生物的基因启动子区，转录起始位点的5′端上游区25~30 bp处一般含有TATA-box结构，而70~80 bp处还有CAAT-box结构，基因的3′端则具有AATAA序列。Ti质粒中原有的*Nos*基因具有和真核生物启动子相似的结构序列，能够驱动基因在植物中的组成型表达。因此，*Nos*基因的启动子也成为早期构建嵌合基因的启动子。后期研究发现，烟草花叶病毒CaMV35S启动子在植物细胞中能够表现出更好的组成型表达特性，是一个较理想的植物基因工程启动子。由CaMV35S启动子、外源结构基因和*Nos*基因3′端的非编码区域构成的基因表达框也成为植物细胞中外源基因高效表达的经典模型。

2）嵌合基因构建

嵌合基因是指来自两种及以上物种的启动子、结构基因和终止子连接在一起而构成的基因。

3）中间表达载体的构建过程

中间表达载体是指包含嵌合基因和选择标记基因的中间载体，也就是嵌合基因插入中间载体后所构成的。

4. 植物基因转化载体系统的构建

构建成功的中间表达载体不能将外源基因导入植物细胞，还需要进一步把中间载体引入受体Ti质粒，最终完成外源基因对植物细胞的转化。植物基因转化载体主要有两种系统：一元载体系统和双元载体系统。

1）一元载体系统的构建

植物基因转化载体系统中的一元载体系统是指中间表达载体与改造后的受体Ti质粒之间通过同源重组所形成的复合型载体，也称为共整合载体（co-integrated vector）和顺式载体（cis-vector）（图4-11）。

一元载体系统具有以下四个特点：

（1）由大肠杆菌中间表达载体和农杆菌Ti质粒载体重组形成，分子量较大。

（2）大肠杆菌中间表达载体和农杆菌Ti质粒载体整合效率较低。

（3）重组后的整合质粒载体需要进行检测验证。

（4）一元表达载体系统构建难度较大。

一元载体系统主要有两种类型：共整合载体和拼接末端载体（split-end vector，SEV）。

共整合载体的构建主要分为三个步骤：①中间载体转入农杆菌；②中间载体与受

体 Ti 质粒同源重组；③共整合载体的筛选鉴定。

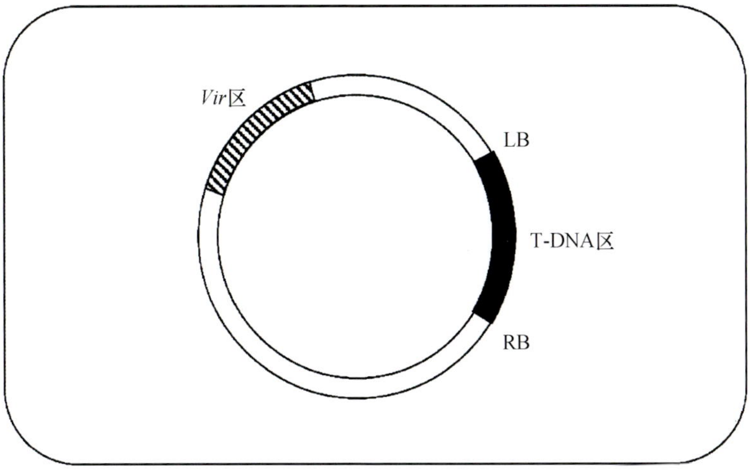

图4-11　一元载体系统示意图

拼接末端载体，即 T-DNA 边界拼接系统，是另一种形式的共整合载体。这种载体系统中的 LIH 序列分别处于不同质粒。受体 Ti 质粒为野生型质粒 pTiB6S3 经致瘤基因（*onc*）及 TR 缺失突变而成的 pTiB6S3-SE，该质粒保留了部分 T-DNA 序列，即“左边界内部同源区”，也称左边界内部同源序列。同时受体 Ti 质粒中还保留了 *Vir* 基因、卡那霉素抗性基因（*Kan*）和其他正常的功能基因。中间载体为 pMon120/200，载体中包含胭脂碱合成酶基因、壮观酶素抗性基因、链霉素抗性基因、*Npt-II* 基因以及 *LIH* 序列。

拼接末端载体的构建包括以下三个步骤：①三亲杂交将中间载体 pMon120/200 转入农杆菌；②中间载体与受体 Ti 质粒通过 *LIH* 同源序列进行同源重组；③ SEV 载体的筛选鉴定。

整合后的 SEV 载体拥有来自两个质粒的左右边界、*Vir* 基因和植物抗性筛选基因。

2）双元载体系统的构建

双元载体（binary vector）系统是指 Ti 质粒的 T-DNA 和 *Vir* 区分别处于两个不同的相容性突变 Ti 质粒的系统，因 T-DNA 由处于不同质粒的 *Vir* 区所激活，该载体系统也称为反式载体（图 4-12）。与共整合载体系统不同，双元载体系统具有寄主范围广泛的复制起始点，它们能够在不同的农杆菌寄主中自发复制，只需要将中间载体导入包含一套完整的 *Vir* 基因的农杆菌就可以成功组建双元载体系统。双元载体主要包括两种 Ti 质粒：微型 Ti 质粒和辅助 Ti 质粒。

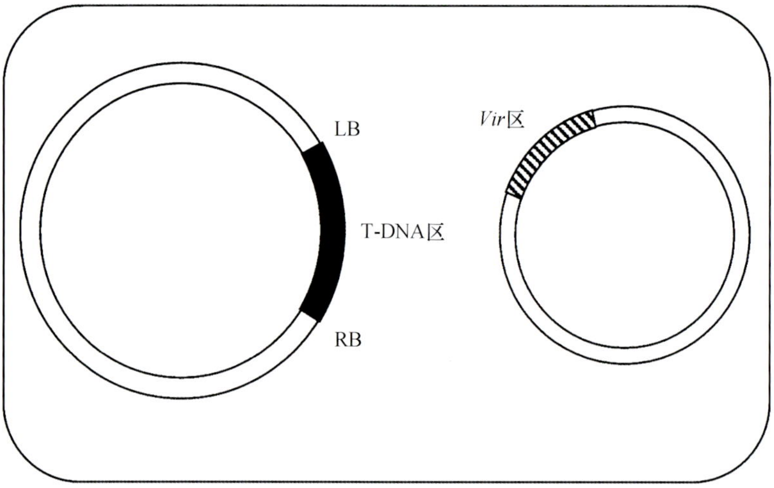

图4-12　双元载体系统示意图

（1）微型 Ti 质粒：指只含有 T-DNA 边界而缺乏 *Vir* 基因的 Ti 质粒。除此之外，在微型 Ti 质粒中还包含一个广谱质粒的复制起始点和抗性筛选报告基因。

（2）辅助 Ti 质粒：指仅含有 *Vir* 基因的 Ti 质粒。在辅助 Ti 质粒中，T-DNA 区发生缺失突变，使得突变后的 Ti 质粒完全丧失了致瘤作用。该 Ti 质粒的作用在于通过反式作用激活微型 Ti 质粒中的 T-DNA 区发生转移。

（3）双元载体的构建：将微型 Ti 质粒转入辅助 Ti 质粒根癌农杆菌一般采用液氮速冻的方法，提取并纯化构建后的微型 Ti 质粒转化速冻的根癌农杆菌感受细胞，含有微型 Ti 质粒和辅助 Ti 质粒的根癌农杆菌可直接用于植物细胞的转化。

三、番茄的遗传转化

番茄具有基因组小（950 Mb）、自花授粉、产量高、生长期短等特点，是世界上最重要的果蔬作物之一，也是生产转基因产品的模式植物。经过多年对番茄的遗传转化方法的潜心研究，特别是在普通栽培番茄全基因组测序工作完成后，番茄新品种的培育更是锦上添花，目前已获得抗寒性强、抗病虫害、耐贮藏、风味佳以及营养成分高的多种番茄品种。

植物遗传转化是指用离体培养的植物组织、细胞或原生质体作为受体，通过遗传转化方法向受体内转入外源基因，获得稳定表达的转基因植物体。常用的植物遗传转化方法有多种，包括基因枪法、电击法、显微镜注射法、农杆菌介导法、花粉管通道法等。在番茄的遗传转化工作中，农杆菌介导法应用最为普遍，但该方法仍然存在转化效率低和体系不稳定等问题。在农杆菌介导的番茄遗传转化中，多种因素都会影响转化效率，包括外植体类型、农杆菌菌株、外源基因的选择、菌液 OD 值及侵染、预培养和共培养时间等参数。相关研究已经将农杆菌介导番茄遗传转化的方法进行优化，人们发现当外植体为子叶、菌株为 GV3101、OD 值为 0.2~0.6、农杆菌侵染时间为 5~20 min、预培养时间为 2 d、共培养时间为 48~72 h 时，外源基因的转化率较高。为方便后续鉴定阳性转基因植株，通常情况下会将外源目的基因和选择标记基因一同导入植物体内。在番茄的遗传转化工作中，常用的抗性筛选基因为卡那霉素和潮霉素的抗性基因等。农杆菌介导的番茄遗传转化主要参照 Fillatti 等（1987）的叶盘法进行。

1. 无菌苗培养

将适量的番茄种子用体积分数为 75% 的酒精浸泡 1~2 min，再用无菌水清洗 3 次，尽量洗去残余的酒精。向种子中加入有效氯离子浓度为 2%~3% 的次氯酸钠溶液，浸泡 15 min，再用无菌水清洗 3 次，尽量洗去残留的次氯酸钠。在无菌条件下将消毒后的番茄种子播种在 1/2 MS 固体培养基（表 4–2）上。将番茄种子于黑暗条件下培养数天，待种子萌发后再置于光照条件下培养，大约 1 周子叶即可展平。

表4–2 番茄组织培养基的营养成分

培养基名称	培养基组分
1/2MS 培养基	1/2MS 盐 +1.5% 蔗糖
MS 培养基	MS 盐 +3% 蔗糖
预培养基	MS 盐 +3% 蔗糖 +1 mg/L 玉米素 +0.1 mg/L 吲哚乙酸
共培养基	MS 盐 +3% 蔗糖 +100 μ mol/L AS+2 mg/L 玉米素 +0.1 mg/L 吲哚乙酸
筛选培养基	MS 盐 +3% 蔗糖 +2 mg/L 玉米素 +0.1 mg/L 吲哚乙酸 + 100 mg/L 卡那霉素 +400 mg/L 特美汀
芽伸长培养基	MS 盐 +3% 蔗糖 +0.2 mg/L 玉米素 +0.1 mg/L 吲哚乙酸 + 100 mg/L 卡那霉素 +400 mg/L 特美汀
生根培养基	MS 盐 +3% 蔗糖 +1 mg/L 吲哚丁酸 +100 mg/L 卡那霉素 +400 mg/L 特美汀

2. 子叶预培养

待番茄子叶展平后，在无菌条件下将子叶用刀切成长宽为 0.5 cm 左右的方形小

用一次性成像相机在紫外光条件下进行拍照。在进行 RNA 染色时，必须尽量减少其在紫外光条件下的暴露时间。在琼脂糖凝胶中进行 mRNA 分离时，虽然甲基氢氧化银有着优越的可逆变性能力，但毒性较高，故可选用甲醛作为变性剂。在全程操作中，要最大限度地防止 RNase 的污染。以下为 Northern 杂交的主要步骤：

1）植物细胞总 RNA 的提取和电泳分离

利用 Trizol 方法或者商业试剂盒来获取植物的总 RNA。

2）RNA 电泳分离

向 RNA 样本中添加 3 倍体积的上样缓冲液和适量的 EB，使其均匀混合。接着，在 65 ℃下保持 15 min。进行一个短时间的低速离心后，立刻进行 5 min 的冰浴。

把 RNA 样本放入点样孔，然后在 5 V/cm 电压的环境下实施电泳分离，当看到胶状物中的溴酚蓝逼近胶状物的边沿，就可以停止电泳。接着，利用紫外光照射，观察电泳的过程，并测定 18 s、28 s 和溴酚蓝离点样孔的距离。

转印：转印之前需要提前清洁真空转移仪，尽量避免仪器和设备的 RNA 酶污染。首先，把真空泵和真空转移器连接好，然后剪下一片合适尺寸的膜，在转膜缓冲液里浸湿 5 min，继而将其放到多孔渗水屏幕的适当位置。其次，覆盖塑胶屏，再加上外边框，紧锁，移除额外的胶质区域，移除完成后，要确认胶质的边沿能覆盖过塑胶屏的孔，覆盖宽度至少 2 mm，目的是防止气体泄漏。在胶质上放置膜时，一定要注意避免产生气泡。之后启动真空泵，保持压力在（5.0×10^3）~（5.8×10^3）Pa 范围内；不停地将转膜缓冲液倒入胶的表面及四周。每 10 min 往胶上施加 1 mL 的转膜缓冲液，然后进行 2 h 的转移。转膜完成后用 1 × MOPS 凝胶电泳缓冲液轻轻浸洗膜 10 s 以清洗残余的胶和盐。用吸水纸吸掉膜上多余的液体后，将膜放入紫外线交联设备进行自动交联。接下来，把胶质和经过紫外线交联的膜放在紫外灯下检查其转移效果（避免长时间的紫外线照射）。最后，将膜在 −20 ℃的环境中保存。

3）探针的制备

首先制备 14 μL 反应液，包括 1 μL（25 ng）DNA 模板、2 μL 随机引物和 11 μL 无菌水。在 95 ℃的环境中加热反应液 3 min，并立即将其在冰箱中冷却 5 min。然后，在离心管中依次加入 2.5 μL 10 × buffer、2.5 μL dNTP、5 μL 111 TBq/mmol [a-32P] dCTP 的液体和 1 μL exo-free klenow fragment，再将这些液体混合均匀，让总体积增至 25 μL。后续在 37 ℃下让液体反应 30 min。稍作离心后，取出溶液，在 65 ℃的情况下加热 5 min 使酶失活。

4）杂交

进行预混：将预混液在杂交炉中预热至 68 ℃，并使所有不溶解的物质充分溶化。

然后，将合适的 ULRAhyb 混合液加入到混合管中（100 cm^2 加入 10 mL ULRAhyb 混合液），在 42 ℃的环境下预混合 4 h。

探针变性：采用 10 mmol/L EDTA 将探针稀释 10 倍。将稀释的探针在 90 ℃的高温下处理 10 min，然后马上放入冰中冷却 5 min。简单离心后，将溶液集中至试管底部。

混合程序：将 0.5 mL 的 ULRAhyb 加入已变性的检测探针，混合均匀。然后，将该探针加入预混合液中。在 42 ℃的温度下进行混合处理，过程持续一整夜（14~ 24 h）。在混合处理结束后，收集混合液并在 –20 ℃的环境中储存。

洗膜：将洗膜缓冲液注入（100 cm^2 膜面积加入 20 mL 洗膜缓冲液），然后在 42 ℃的环境下进行摇晃洗膜，每次需持续 20 min，共进行 2 次。

曝光：从冲洗液中取出膜，然后利用保鲜膜包裹，以避免其晾干；测试膜上的放射性强度，预计暴露时间，将 X 光负片与膜紧密合并，曝光完成后清理 X 光负片，随后扫描并储存其结果。

（三）蛋白水平检测

1.Western 杂交

Western 杂交法能够在细胞内对指定蛋白质进行定性定量。首先，从生物细胞中提取含有目标蛋白的总蛋白质，然后在含有还原剂的溶液中将其溶解。接下来，使用 SDS–PAGE 电泳技术根据蛋白质的分子质量进行分离，将不同的蛋白质转移至固相膜（即 PVDF 膜）上。然后，将膜在高蛋白浓度的溶液中孵育，以阻隔非专一的位点。紧接着，添加特异的抗体（一抗），促使其与膜上指定的蛋白质（抗原）结合，再添加带有标记的能与一抗结合的二抗（如果一抗来自兔，则二抗通常为抗兔免疫球蛋白抗体）。最后阶段，对二抗所包含的特定标记（常为辣根过氧化物酶）进行检测。依据检测结果，能够检验植物细胞内目标蛋白是否产生、产生了多少以及其分子质量情况。由于 Western 杂交极具灵敏度，因此常能在植物蛋白中检测到 50 ng 的专一蛋白。下述为 Western 杂交的主要步骤：

1）总蛋白提取

首先，在低温条件下取出所需的 50~100 mg 新鲜组织，然后以 PBS 缓冲液将其彻底清洗。清洗过的组织需要使用洁净的剪刀剪至适当大小。接下来，将剪好的组织转移至玻璃研磨器中，并倒入适量含有蛋白酶阻止剂的 RIPA 溶液（如果需要，还可以加入磷酸酶抑制剂）。每 20 mg 的组织加入 150~250 μL 的裂解液。需要在冰上用研磨器研磨 2~5 min，直到无较大的组织团块可见。然后，在冰水中裂解 30 min，确保组织细胞全部破裂。之后，样品在 4 ℃、12 000 r/min 的条件下离心 15~20 min，后取上清液置入新的 EP 管中。最后，确定蛋白浓度，并放至冰上供以后使用。

2）SDS-PAGE 凝胶电泳分离蛋白质

在蛋白样本上样之前，建议使每个样本的蛋白浓度保持一致，而且应力求控制在3~5 μg/μL的水平。所需的上样量应为20~40μg（如果是纯蛋白，则为100 ng），并根据这个量来计算样本的体积。然后，每个样本应与蛋白上样缓冲液以1∶3的比例混合均匀。将此混合物在沸水中加热5~10 min，以便蛋白彻底变性，然后立即置于冰箱中待用。如果剩下未用的样本，可以加入四倍的蛋白上样缓冲液，然后在-80 ℃的条件下储存。在对经过变性处理的样本进行短时间的低速离心后，按照实验设计的上样顺序，分别将样本添加到样品孔中。最后，加入适量的预染蛋白Marker。在浓缩胶80 V的电压和分离胶150 V的电压下进行电泳，直到指示剂溴酚蓝到达凝胶底部。

3）转膜

首先，在无水甲醇溶液中浸泡 PVDF 膜 1~3 min，然后将其转移到已冷却的电转缓冲溶液中，孵育 5 min。同时，也需要把凝胶在转膜液中平衡一下，时间为 3~5 min，这样做是为了避免在转膜时条带产生变形。然后，需要造出一个转膜“三明治”结构，按照在湿式转膜“三明治”中的顺序摆放：增厚滤纸、凝胶、PVDF 膜和增厚滤纸，一定要保证各部分排列紧密，尤其是凝胶和膜相接的部分，不能有气泡存在。在组装“三明治”的时候，要把凝胶和负极放在一侧，然后进行正极方向（即膜的方向）的迁移。选择的膜面积应该为 5 cm × 8 cm，而滤纸的面积应比膜的面积稍大些。

4）封闭

封闭的目的是防止特异性一抗与膜产生非特异性的结合，然后导致背景增强，需要对膜上可能存在的非特异性结合位置进行封闭操作。

封闭步骤：将 5% 的脱脂奶粉或 5% 的 BSA（建议提前制备，以确保脱脂奶粉或 BSA 完全溶解）在 TBST 缓冲液中溶解，然后在室温下反应 1 h。

5）一抗孵育

一般而言，一抗需要用 WB 专用稀释液来稀释使用，稀释比一般在 1∶（1 000~2 000）之间。倒掉封闭液后，把膜放入充足的一抗孵育液中，在 4 ℃的环境中于水平摇床孵育一晚。接下来，用 TBST 缓冲液清洁膜，这个步骤应该做三遍，每一遍应该保持 5 min。

6）二抗孵育

在特定的比例下［HRP 标记二抗稀释从 1 ：（5 000~10 000）］使用 WB 二抗稀释液进行二抗稀释。然后将膜置于二抗孵育液中，在水平摇床上室温下孵育 1 h。接着采用 TBST 缓冲液进行膜清洁，总共进行三次，每次清洁持续 5 min。

7）显影检测

制备 ECL 工作液的步骤如下：将等量的 A 液和 B 液混合在一起，例如，分别取 0.5 mL 的 A 液和 B 液进行混合，混合均匀即可使用。为确保整个印迹膜能被全部覆盖，每 10 cm^2 的印迹膜大概需用 1 mL 的工作液。把印有蛋白的印迹膜的正面置于平坦的板子上，然后倒入已经搅拌均匀的发光底物工作液。把这些工作液均匀地铺设在印迹膜上，让它孵育 1~5 min。之后，把一块干燥的保鲜膜或透明蜡纸平放在已孵育工作液的印迹膜上，与此同时，轻轻排去被夹在印迹膜上的气泡。用化学发光检测系统直接检测并保存发光信号情况。

2.ELISA 检测

酶联免疫吸附测定法（enzyme-linked immuno sorbent assay，ELISA）是免疫酶技术中的一种新型的免疫测定技术。其基本工作原理是利用具有免疫功能的抗原或抗体附着在固态载体的表层，这类抗原或抗体与特定酶相结合，形成酶标记的抗原或抗体，具备免疫性和酶的活性特征。在进行检验的过程中，待检样品（内含抗体或抗原）以及酶标记的抗原或抗体与固态载体表层的抗原或抗体按照特定的步骤进行反应。通过清洗操作将固态载体上的抗原抗体复合物与其他成分隔离，载体上酶的数量与样品中检测物的量呈正相关关系。引入酶作用的底物之后，底物在酶的催化下发生色变，生成产物颜色的深浅与其数量以及样品中目标蛋白的含量直接相关，因此可根据颜色变化进行定性或定量分析。由于酶具有高频催化作用，所以能显著增大反应效果，从而使测定方法具有高灵敏性。常见的 ELISA 检测主要有三种方法：

1）双抗夹心法

通常情况下，使用双抗夹心法对大分子抗原进行检测，基本的流程是：

（1）在塑料孔盘上固定目的抗原的特异性抗体，同时清除掉多余的抗体。

（2）将待检验的样本放入其中，如果样本所含的目标抗原存在，它会专一地与塑料孔盘上的抗体结合。

（3）洗去多余待测样品，加入另一种对抗原有特异性的一次抗体，与待测抗原进行结合。

（4）清除剩余的一次抗体后，添入含有酶的二次抗体，与一次抗体结合。

（5）清洗掉不必要的二次抗体后，注入酶底物显色，然后利用仪器（ELISA reader）读取显色结果。

2）间接法

检测抗体通常会使用间接法，其标准的操作流程是：

（1）将已知的抗体紧固在塑料孔洞板上，完成此过程后，清洗掉剩余的抗体。

（2）将测试样本加入其中，如果样本中含有需要检测的一次抗体，它将会与塑料孔盘上的抗原特异结合。

（3）洗去多余待测样品，加入带有酶的二次抗体，与待测的一次抗体结合。

（4）清除过量二次抗体后，添加使酶显色的底物，使用 ELISA reader 测量塑料盘内的光吸收指数（OD 值）。通过对显色产物的含量测定，能够衡量被试抗体的数量。

3）竞争法

ELISA 检测中不太常用的一种方法是竞争法，该方法主要针对微小分子抗原进行检测，它的操作过程如下：

（1）把特异性的抗体定置在塑料孔板上，清洗掉多余的抗体。

（2）将待检测的样本加入，让样本中的待测抗原和塑料孔盘上的抗体进行特定的结合。

（3）将含有酶的抗原加入其中，这种抗原同样与塑料孔盘上的抗体有特定的结合性。塑料孔盘上的抗体数量有限制，所以，如果检测样本中的抗原含量增加，含酶抗原能够结合的固定抗体就会减少。也就是说，两种抗原都在与塑料孔盘上的抗体进行竞争结合，这就是所谓的竞争法的由来。

（4）清洗掉样本和含有酶的抗原后，添加酶底物以显色。其中，样品中抗原的含量越高，意味着塑料孔盘中留存的具有酶特性的抗原就越少，因此颜色就将相对较淡。

第三节　基因工程在番茄上的应用

一、番茄品质特性基因工程

番茄果实品质的影响因素包括环境条件、栽培模式及遗传背景，而品种起决定性作用，因此通过品种比较能更快地筛选优良的品种，为高品质栽培的研究提供优异的材料。番茄品质包括外观品质、风味品质、营养、贮藏和安全等多个方面。由于育种目标的差异，不同品种的番茄果实存在某一或某几个方面的品质区别。基因转化在番茄果实品质改良中得到了广泛的应用，有关番茄品质改良的研究主要集中于增加番茄的甜度、提高番茄中可溶性固形物的含量和提高番茄红素含量。

1. 外观品质基因工程

番茄外观品质包括果实大小、色泽、果型指数、硬度和单果重等。外观品质对于育种研究者来说是非常重要的商品品质。从普通番茄和野生番茄中共鉴定到与果色相关的 QTL 有 108 个，并建立了相应的渐渗系或近等基因系（国艳梅，2006）。番茄果重和果型由多个基因控制，且具有连续性表型变异，并受环境影响较大。一定条件下番茄果实中类胡萝卜素含量及组分会影响果实颜色（王曼曼 等，2020）。番茄属于呼吸跃变型果实，果实乙烯的释放量与果实进入成熟期密切相关，外部施加乙烯也可以促进番茄的成熟及果色的转变。多个番茄果实成熟突变体均是通过乙烯途径调控类胡萝卜素合成导致最终果实颜色发生变化（刘昕 等，2020）。这些突变体可以分为两类：第一类为乙烯依赖型突变体，外源施加乙烯可以在某种程度上恢复果实成熟相关基因表达，如 *rin*（*ripening-inhibitor*）突变体和 *nor*（*non-ripening*）突变体。番茄 *rin* 突变体果实具有典型的成熟抑制表型，最终果实颜色呈现黄绿色。番茄 *nor* 突变体果实呈黄绿色。第二类突变体为非乙烯依赖型突变体，它们对乙烯不敏感，导致果实无法正常成熟，如 *Gr*（*green-ripe*）突变体和 *Nr*（*never-ripe*）突变体。编码乙烯受体的 *SlETR3*（*Ethylene Receptor 3*）基因突变体 *Nr* 可使番茄果实延迟成熟，表现为成熟果实呈橙黄色且硬度较大（Wilkinson et al., 1995）。

2. 风味品质基因工程

番茄果实风味品质包括可溶性糖、有机酸、合适的糖酸比和矿物质等，受多种遗传和非遗传因素的影响。番茄果实中总可溶性固形物（TSS）是糖（蔗糖和己糖）、酸（柠檬酸和苹果酸）以及微量成分的总和，是番茄风味物质的重要组成部分。这些成分在开花后到果实完全成熟的发育过程受到内源和外源信号的调节，而这些信号是通过激素和糖信号传递的，最终影响红熟期番茄果实风味和品质（Baldet et al., 2006；Mounet et al., 2009）。依据积累糖的类型不同，番茄被分为两个亚群：绿果番茄，主要积累蔗糖；红果番茄，主要积累葡萄糖和果糖（Davies，1966）。由于番茄果实糖含量具有重要的意义，研究人员发现了许多影响番茄果实糖含量的基因，如编码细胞壁转移酶的基因 *LIN5*（Zanor et al., 2009）、编码酸性转移酶的 *TIV1*（Klann et al., 1996）和编码 ADP 葡萄糖焦磷酸化酶大亚基的 *AgpL1*（Petreikov et al., 2006）。RNA 干扰 *LIN5* 降低了番茄果实葡萄糖和果糖含量（Zanor et al., 2009）。在 *TIV1* 基因沉默后，果实中糖组分的比例随着蔗糖的增加、果糖的减少而变化（Klann et al., 1996）。此外，有研究表明，一些转录因子也参与糖积累的调节。碱性亮氨酸拉链转录因子基因家族 *SlbZIP1* 和 *SlbZIP2* 参与蔗糖诱导的翻译沉默（SIRT），进而影响番茄果实糖含量（Sagor et al., 2016）。*SlARF4* 和 *SlARF10* 不仅调节果实形态，还通过影响果实的光合作用和淀粉积累来调节糖的含量（Sagar et al., 2013；Yuan et al., 2018）。Bartoszewski 等（2003）利用转基因技术将非洲竹芋中的奇异果甜蛋白基因转入番茄中，使得转基因番茄的甜度明显提高。

3. 营养品质基因工程

番茄果实中营养物质包括维生素、多酚类物质和类胡萝卜素等，具有抗氧化、降低胆固醇、抗微生物、抗癌和免疫调节等作用。番茄果实中的类胡萝卜素包括番茄红素、β－胡萝卜素和叶黄素等，其中番茄红素是成熟番茄果实中含量最高的类胡萝卜素（Wang，2012）。番茄果实中类胡萝卜素含量越高，其风味及营养价值越高（Klee et al.，2011）。PSY 是番茄红素合成途径中的限速酶。*PSY* 基因高表达，会显著增加果实番茄红素及类胡萝卜素的含量。研究发现，番茄果实中 *PIF1a* 基因超表达，导致 *PSY1* 基因转录受到抑制，番茄颜色由红色变为黄色，总类胡萝卜素含量降低，而沉默 *PIF1a* 可以促进 *PSY1* 转录表达上调，果实中番茄红素含量增加，总类胡萝卜素含量提高（Llorente et al., 2016）。李振等（2010）将 *bzr1* 基因转入番茄中，并对转化植株进行分子鉴定以及 T_1 代遗传学分析，发现转基因株系果实在转色期的可溶性固形物、可滴定有机酸、可溶性蛋白、维生素 C、类胡萝卜素含量以及乙烯释放量均显著高于对照，表明转基因番茄的营养品质得到了更进一步的提高。研究番茄红素合成调控机制，需充分利用来自番茄的天然突变体材料，如高番茄红素的 *hp* 突变体（Galpaz et al., 2008）和 *old gold* 突变体（Ronen et al., 1999），利用基因工程手段进一步改良栽培番茄，定向育种，可培育出更多营养成分更丰富的番茄新品种。

番茄果实品质是受多基因控制的数量性状，遗传方式复杂，各位点间的连锁性及其与环境间的复杂关系使得常规育种的优势无法得到充分发挥，从而限制了番茄果实品质改良的进程。番茄的基因转化技术能够创造出更多的种质资源，突破传统育种方法的瓶颈，大幅促进番茄品质改良。

二、番茄果实成熟基因工程

果实成熟是一个复杂的生理生化过程，也是一个复杂的发育调控过程。在生理生化方面，它包括乙烯的生成、大分子有机物的降解、硬度的降低以及色素的合成等一系列生理生化变化，而这些变化是相应基因表达调控的结果。果实成熟过程中受一系列酶的活性调节，应用基因工程将外源基因导入，特别是利用反义 RNA 或 RNA 干扰技术阻断和抑制翻译过程，影响基因的表达从而达到延迟果实成熟的目的。

反义 RNA 技术是指根据碱基互补原理，用人工合成的特定互补 RNA 抑制或封闭基因表达的技术。反义技术的方法能够阻止 mRNA 的翻译而不破坏基因本身。在植物中反义 RNA 的研究主要是在控制花的颜色及果实成熟和后熟方面，特别是对番茄果实成熟和软化控制的研究已取得令人瞩目的进展。

1. 多聚半乳糖醛酸酶与果实延熟

通常认为 PG 是果实软化的关键酶，因此降低 PG 活性应该能够达到延缓果实成熟的目的。

番茄 PG 有 PG1、PG2a 和 PG2b 三种同工酶（Tucker et al., 1980），它们在成熟过程中变化的时间进程不同，反义 PG 转基因番茄果实的三种 PG 同工酶合成都受阻（Smith et al., 1990）。许多证据显示，PG 的几种同工酶是由同一个基因编码的多肽链经不同的翻译后加工而生成的。实验表明，番茄硬度下降与 PG 酶活性有密切关系。PG 含量越高，果实硬度越小，果实软化程度越高（陆春贵 等，1995）。Maunders 等（1987）测定了番茄未成熟果实、成熟果实、根和叶等组织中 PG 活性，认为 PG 在果实成熟过程中被合成。Bird 等（1988）在 *PG* 基因转录位点前 1 450 bp 片段非编码区连接上 *CAT*（编码氯霉素乙酰转移酶）报道基因，导入番茄后发现 *CAT* 只在成熟果实中表达，在叶、根和未成熟果实中不表达。这些事实说明，*PG* 基因的表达具有一定的时空特异性。乙烯可能通过控制 mRNA 的积累进而调节 PG 合成（Sitrit et al., 1998）。

2. ACC 氧化酶与果实延熟

乙烯是启动和促进果实成熟的关键激素。ACC 氧化酶是乙烯生成中的关键酶之一。现已从多种植物中分离得到该酶的基因克隆。ACC 氧化酶基因 *pTOM13* 最早从番茄 cDNA 文库中克隆出来（Holdsworth et al., 1987），在此基础上陆续克隆并鉴定了其他许多植物中 *ACC* 氧化酶基因（Dong et al., 1992；曹晓风 等，1993；Peck et al., 1993）。*ACC* 氧化酶基因的表达也具有一定的时空特异性。金勇丰等（1998）以 RNA 点杂交测定表明，ACC 氧化酶在未成熟果实中检测不到杂交信号，随成熟度增加，硬度下降，基因表达增强。叶志彪等（1996）检测反义基因对内源基因的抑制效应发现，在果实中乙烯释放的抑制效果比在叶片中更为明显，表现出一定的组织或器官特异性。Hamilton 等（1990）以反义 RNA 技术抑制 ACC 氧化酶合成和乙烯释放，延缓番茄果实成熟软化，获得的纯合转基因番茄果实中乙烯合成受到抑制，果实着色进程与正常果实相同，比正常果实更耐贮藏。叶志彪等（1996）获得的反义ACC氧化酶基因的转基因番茄，在常温条件下贮藏性提高，并仍能保持果实硬度和颜色等优良品质，具有较好的应用前景。

3. ACC合成酶与果实延熟

乙烯是启动和促进果实成熟的激素，乙烯生物合成中的限速酶为ACC合成酶。ACC合成酶本身为一个基因家族所编码，包含多种同工酶。现已从多种植物中分离得到多个*ACC*合成酶基因。已知番茄中ACC合成酶至少有9个编码基因，其中两个为果实成熟诱导型（刘传银 等，1998）。Oeller等（1991）将*ACC*合成酶反义基因导入番茄，转基因植株乙烯合成严重受阻，在表达反义RNA的纯合果实中乙烯合成抑制率达到99.5%，不出现呼吸高峰，在大气或植株上保存90~120 d，只产生橘黄色，不变红、变软，也不产生香气，只有经外源乙烯处理后，果实才成熟变软，表现出正常番茄的颜色和风味。刘传银等（1998）获得的*ACC*合成酶基因转化的番茄植株，其果实也表现出同样的耐储保鲜特性。在美国，*ACC*合成酶反义转基因番茄已投入商业生产。与PG基因相似，*ACC*合成酶基因导入番茄后也出现共抑制现象，果实成熟软化同样延迟（Nakajima et al.，1990）。

通过基因工程手段培育和改良作物品种是一条有效途径。利用基因工程方法生产耐贮藏转基因植物，直接或间接用于品种耐贮性改良。利用反义RNA技术改善果蔬采后贮藏性的优点能高度专一地调节相应基因的活性。另外，该方法对植物无毒，比较安全，虽然在技术上存在一定难度，但却具有较好的应用前景。

三、番茄雄性不育种质创新基因工程

植物的雄性器官发育过程十分复杂，其受到多个基因在不同时期和空间的严格调控。花药发育过程中，当遗传物质发生改变或受到环境的刺激导致雄蕊异常发育和雄配子失活的现象称为雄性不育（male sterility，MS）（石子 等，2018）。雄性不育系的获得最初主要是利用自然变异和人工选育。随着花粉发育分子生物学研究的深入和基因工程技术的发展，人们开始利用基因工程的手段来创制植物的雄性不育系。其基本策略是通过导入外源基因，在特殊启动子的调控下，干扰和抑制花粉的正常发育或表达毒性基因破坏花粉发育，来获得雄性不育系。

番茄（*Solanum lycopersicum*）是自花闭花授粉的作物，自然情况难以获得杂交品种。番茄雄性不育分为四种类型，包括部位不育型、功能不育型、雄蕊退化型和花粉败育型。番茄杂交优势明显，与普通品种相比具有产量高、长势旺和抗性强等优势。目前，番茄的商业品种主要是杂交种，需要在亲本自交系之间进行有效的异花授粉，避免母本自花授粉。番茄杂交种的商业化生产主要采用人工去雄，这是一项费力且成本较高的工作。如果杂交过程中去雄不完全，则杂交种子纯度降低。与传统人工育种相比，植物雄性不育由于不能产生有活力的花粉，不需要人工去雄，可减少对花的损伤、降低制种成本，同时也能防止自花授粉而提高制种纯度（Wang et al., 2018）。利用雄性不育材料生产杂交种的策略在其他农作物的育种生产中也取得了重大成功，如水稻（*Oryza sativa*）、玉米（*Zea mays*）和小麦（*Triticum aestivum*）等经济作物（Zhang et al., 2018；Zhang et al., 2020；Li et al., 2020）。因此，创建具有筛选标记的优良雄性不育系以简化番茄杂交生产是一项非常有意义的工作。

番茄雄性不育系早在 1945 年就应用于农业生产，如 *ms-10*、*ms-15*、*ms-33*、*ps-2* 及长花柱类型，但是它们在实际生产中的表现却并不理想（Atanassova, 1999）。其中功能不育型在波兰应用比较广泛，如 *ps-2* 突变体已成功获得 17 个栽培品种（Hong et al., 2000）。而花粉不育型是番茄雄性不育中被定位最多的，其中 *ms-10* 和 *ms-32* 用于杂交育种最为广泛。由于其花药萎缩导致株头突出，在不去雄的情况下可以直接授粉，雄性完全不育，雌蕊正常发育，育性受环境影响较小，能够稳定遗传给后代。现在 CRISPR/Cas9 技术也广泛应用于番茄育种，Li 等（2018）首次利用 CRISPR/Cas9 技术靶向编辑番茄产量、品质等相关的基因，成功培育出高产量和高品质的番茄品种，同时后代保持亲本的优良特性，加速了育种进程。刘玉琛等（2019）利用 CRISPR/Cas9 技术对与白菜育性基因 *BcAP3* 高度同源的番茄 *SlAP3* 基因进行编辑，获得番茄雄性不育株系。Jung 等（2020）利用 CRISPR/Cas9 技术敲除番茄 *SlMs10* 基因，获得番茄雄性不育突变体。CRISPR/Cas9 技术的兴起为番茄雄性不育杂交育种提供了新的动力。

随着对植物雄性不育的不断探讨，其发生机制的研究已涉及形态学、细胞学和分子生物学等各个方面。通过形态学标记和分子标记（SSR, SNP 及 InDel 分子标记），可以将各个类型的不育基因进行图位克隆和 QTL 定位，精确定位到各条染色体上。CRISPR/Cas9 技术的出现为番茄育性基因定向突变，为获得雄性不育株系提供了新的途径。相信随着科技的进步和对雄性不育基因研究的不断深入，必将推进番茄雄性不育的育种进程，最大限度地提高番茄杂种优势。

四、番茄的抗逆基因工程

近几十年由于环境破坏程度逐渐加重，气候条件逐渐恶化，生物的生存环境条件日渐恶劣，因此番茄抗逆能力改良的研究工作就显得更加重要与迫切。近年来，一些与番茄逆境抗性相关的基因逐渐被发现、分离和克隆，并被应用到番茄品种的抗逆遗传改良中。

1. 抗盐基因工程

番茄对高盐环境的敏感程度属于中度敏感，其抗盐方式为生理性抗盐，而其抗盐性的体现分为多种生理性状，这些性状的综合表现体现了番茄抗盐机制的复杂性。早在 20 世纪 90 年代，酵母就被发现存在与盐诱导相关的特异蛋白且同时分离出 *HAL1* 基因，证实其对酵母耐盐性有重要作用（Gaxiola et al., 1992）。此后该基因被导入番茄（Gisbert et al., 2000），并促进了番茄植株对 Na^+/K^+ 的选择性吸收，转 *HAL1* 基因植株的抗盐性相对于野生型有明显提高（Rus et al., 2001）。刘晶等（2005）通过农杆菌二次介导法将山菠菜甜菜碱醛脱氢酶基因（*BADH*）导入转 *AtNHX1* 基因番茄 Moneymaker 株系，证实了通过双基因转化的技术手段来增强对盐胁迫的抗性是可行的。在双基因聚合调控番茄抗盐方面也有较深入的研究，Álvarez Viveros 等（2013）报道了番茄中乙二醛酶Ⅰ（Gly Ⅰ）和乙二醛酶Ⅱ（Gly Ⅱ）基因的过表达效应，验证了这两个基因可以通过降低植物体的氧化应激能力来提高番茄的抗盐能力，但并未验证这两个基因是否对番茄抗盐性具有协同效应。

除了导入抗盐胁迫基因减轻盐胁迫的危害，番茄也能通过自我调节机制来减轻高盐危害。有报道显示，番茄内源的 *LeFADs* 基因可以通过维持细胞膜系统的完整性来提高番茄幼苗期的抗盐能力（Wang et al., 2014）。

2. 抗冷基因工程

番茄是一类喜温蔬菜，对冷害极为敏感，主要表现在低温胁迫下，受冻部位的细胞膜会由液相变为凝胶相的小冰晶，使其流动性变差，小冰晶逐渐增大挤压细胞壁以致细胞死亡。对抗冷机制存在两种主流观点：一是转入抗冷基因提高对寒冷的抵御能力；二是转入调控基因诱导抗冷基因的表达。Wang 等（2018）通过农杆菌转化方法获得转 *SlNAC35* 基因番茄植株，研究证明过表达 *SlNAC35* 基因能够增强番茄对寒冷的抵御能力。通过农杆菌介导法将 E3 泛素连接酶基因 *AdBiL* 导入番茄中，转化后的 T_1 代转基因番茄植株的冷害症状极为轻微，且表现出较高的生物量积累和叶绿素含量（Chen et al., 2017）。人们还发现 *SlDREB3* 过表达植株表现出低温胁迫下活性氧的积累，且在响应低温胁迫的转基因植株中检测到 *SlLEA9* 和 *SlLEA26* 的高表达，从而得出 *SlDREB3* 基因的过表达可能通过上调下游基因 *SlLEAs* 的表达水平来提高转基因植株抵御低温的能力（Wang et al., 2019）。

五、番茄的抗虫基因工程

虫害是威胁番茄产量的主要生物胁迫之一，因此，杀虫剂被广泛用于防治虫害，从而提高作物产量。然而，化学防治会使害虫通过解毒机制产生抗药性。传统育种是培育抗性植物的有效途径之一，但这一过程费时费力。因此，基因工程技术被用于培育抗虫作物，不仅可以使农药使用量显著减少，也降低了害虫对杀虫剂的抗药性（Christou et al., 2006）。

1. 通过转基因方法进行昆虫防治

1）苏云金芽孢杆菌毒素

苏云金芽孢杆菌（*Bacillus thuringiensis*）是一种革兰氏阳性细菌，会产生杀虫晶体蛋白（ICPs），这种蛋白质对部分昆虫具有毒性。这些细菌产生的孢子含有一个或多个 Cry 或 Cyt 蛋白，称为 δ 内毒素。这些 Cry 毒素与昆虫中肠上皮细胞表面的特定受体相互作用。宿主蛋白酶激活这些毒素，并导致形成寡聚孔状结构，进入宿主细胞膜。这种孔隙的形成导致细胞中的离子泄漏，从而杀死昆虫（Bravo et al., 2007）。因此，Bt 制剂已成为一种新型的、有效的害虫防治手段。Bt 外用农药已被开发和广泛应用于保护农作物免受害虫的侵害。这些 Bt 毒素对脊椎动物无毒，并具有安全、特异性和可生物降解的额外优势。通常在昆虫生长早期施用 Bt，因为后期幼虫耐受性更强。此外，紫外线、天气和某些蛋白酶的存在可以导致 Bt 毒素的降解。因此，Bt 局部喷雾剂通常需要多次喷洒才能有效控制，增加了成本和所需的产品数量（Ranjekar et al., 2003）。通过在烟草和番茄植株中引入 *Cry* 基因，这些与 Bt 外用相关的问题得到了解决（Vaeck et al., 1987；Krattiger, 1996）。用包含截断型 *Bt* 基因构建的嵌合载体转化番茄植株，表达嵌合 *Bt* 基因的番茄植株及其后代具有抗虫性。虽然嵌合转录本的 mRNA 积累量较低，但其表达的蛋白质水平足以杀死烟草天蛾、烟芽夜蛾和谷实夜蛾的幼虫（Fischhoff et al., 1987）。截断 *Cry1Aa* 和 *Cry1Ab* 毒素基因赋予了烟草和番茄对烟草角虫幼虫的抗性（Jouanin et al., 1998）。未修饰的 *Cry* 基因在转基因植物中的表达水平较低，这是由于在原核和真核系统之间存在密码子的偏置。因此，改良的 *Cry* 基因（*Cry1Ab* 和 *Cry1Ac*）被引入植物细胞中以获得更好的表达（Perlak et al., 1991）。密码子使用、poly A 型信号和 ICPs 的剪切位点的修饰有助于提供对棉花鳞翅目害虫和马铃薯鞘翅目害虫的抗性（De Maagd et al., 1999）。随后，各种改良的 *Cry* 基因被用于转化许多作物，包括水稻、玉米、花生、大豆、油菜、番茄和卷心菜（Sanahuja et al., 2011；Tabashnik et al., 2011）。表达 *Cry1Ac* 基因的转基因番茄对番茄果螟幼虫 *Helicoverpa armigera*（*Hübner*）具有很强的保护作用（Mandaokar et al., 2000）。在埃及进行的另一项研究中，转基因番茄中过表达 *Cry2Ab* 基因导致了棉铃虫和马铃薯块茎蛾 *Pthorimaea operculella*（*Zeller*）饲喂 Bt 番茄时死亡（Saker et al., 2011）。最近，一种改良的截断 *Bt-CryAb* 基因被用来生产番茄抗性植株。选择转基因株系 *Ab25E* 进行进一步分析，结果显示二龄棉铃虫和斜纹夜蛾的死亡率为100%，对叶片和果实的伤害最小（Koul et al., 2014）。

2）蛋白酶抑制剂（PIs）

蛋白酶抑制剂（PI）和凝集素都是植物受到昆虫攻击时所产生的防御性蛋白（Ryan, 1990）。PI蛋白在1972年首次被确定为植物的防御蛋白，它在昆虫的伤害和食草性诱导下产生。昆虫蛋白酶被PI抑制，影响消化，导致昆虫生理应激，最终导致生长迟缓（Bolter et al., 1997）。昆虫的蜕皮、水分平衡和酶的调节都受PI的影响。由于其显著的抑制活性，PI已被用于作物改良。烟草中豇豆胰蛋白酶抑制剂（CpTi）的表达表现出对 *M. sexta* 的抗性（Hilder et al., 1987）。在实验室条件下，表达 *CpTi* 的转基因烟草植株也表现出对斜纹夜蛾的抗性（Sane et al., 1997）。烟草中番茄抑制剂Ⅱ和马铃薯抑制剂Ⅱ基因的表达会导致小蛾幼虫生长迟缓（Johnson et al., 1989）。转基因烟草、拟南芥和油菜中芥菜胰蛋白酶抑制剂（MTI-2）的表达水平不同，会导致三种鳞翅目害虫发育迟缓和死亡（De Leo et al., 2002）。

以上研究表明，植物PI是一种很有前途的抗虫代谢物，可以对害虫产生抗性。然而，昆虫可能通过改变蛋白酶的组成来克服植物表达的PI（Jongsma et al., 1995; Broadway, 1995）。研究表明，在转基因烟草中高水平表达大豆胰蛋白酶抑制剂基因并不能获得对棉铃虫的抗性。许多植食性昆虫已经适应了寄主植物的PI，它们的生长发育不受饮食中宿主PI的影响（Jongsma et al., 1995）。

3）α 淀粉酶抑制剂（α-AI）

越来越多的研究建议使用 α-AIs 作为生物技术工具，以产生对害虫具有增强抵抗力的转基因植物。转基因烟草种子（*Nicotiana tabacum*）表达黑麦 α-AI 后，在人工饲料中混入转基因种子面粉后，大波西安幼虫的死亡率增加（Dias et al., 2010）。该家族成员具有 α-AIs 活性（Gourinath et al., 2000）。α-AIs 也会影响昆虫对养分的利用，因此其功能与蛋白酶抑制剂类似。α-AIs 根据结构相似性可分为六类，包括豆类植物凝集素类抑制剂、打结素类抑制剂、Kunitz型抑制剂、γ 嘌呤硫素、奇异果甜蛋白类抑制剂和CM蛋白。

4）凝集素

植物凝集素被分为四大类，包括部分凝集素、全凝集素、超凝集素和嵌合凝集素（Van Damme et al., 1998）。从雪花莲（*Galanthus nivalis* L.）鳞茎中提纯的凝集素已被广泛研究。GNA是一种甘露糖特异性凝集素，有四个相同的12 kDa亚基（Van Damme et al., 1987）。据报道，GNA可以杀死水稻褐飞虱和水稻绿叶蝉（Powell et al., 1993）。在组成型启动子CaMV35S控制下表达GNA的转基因烟草植株对以马铃薯桃蚜为代表的另一个异翅类家族表现出抗性（Hilder et al., 1995）。同样，CaMV35S启动子下表达

GNA 的转基因马铃薯植株也能有效控制番茄黑蛾幼虫。与对照相比，幼虫对叶片的伤害较小，食用 GNA 植物的飞蛾的昆虫生物量显著减少（Gatehouse et al., 1997）。通过根癌农杆菌，采用叶盘法将雪花莲外源凝集素基因导入番茄，利用卡那霉素进行植株筛选，获得了含 *GNA* 基因的转基因番茄。通过试验证明，转基因番茄具有一定的抗蚜虫能力，同时证明了所导入的外源基因在后代中稳定遗传。虽然已经克隆了许多凝集素基因并在转基因植物中得以表达，但是杀虫性能依然很低。

2. 利用 RNAi 技术培育抗虫品种

RNAi 在秀丽隐杆线虫（*Maupas*）中首次发现，dsRNA 通过切割其 mRNA 来下调基因表达（Fire et al., 1998）。它是一种转录后基因沉默导致同源 mRNA 降解的机制，依赖于 dsRNA 单链序列和相应互补转录本的特异性。RNAi 主要由 siRNA 和 miRNAs 组成，它们在生物发生途径上存在差异，但与互补的靶 mRNA 结合并导致其沉默（图 4–13）。通过 RNAi 敲除基因已成为研究各种生物中基因功能的重要手段。同时，利用基因工程技术使植物表达 dsRNA，开发了基于 RNAi 的重要农作物病虫害防治新方法。基因工程植物表达 dsRNA 的优势是在植物中连续、稳定地表达 dsRNA，而不施加蛋白表达负荷（Rajam, 2012a, b）。

此前，通过靶向棉铃虫乙酰胆碱酯酶基因（*AChE*）来评估化学合成的 siRNA 的作用。与对照幼虫相比，用含有 siRNA 分子的人工饲料喂养幼虫会导致幼虫死亡、幼虫生长抑制和蛹重量降低，而且还会影响成虫的繁殖力（Kumar al., 2009）。

六、番茄的抗除草剂基因工程

除草剂的种类繁多，按照不同的标准有多种分类方法。根据对杂草和作物的选择性不同可分为选择性除草剂（selective herbicide）和非选择性除草剂（non–selective herbicide），也称为灭生性除草剂。选择性除草剂在一定剂量范围内能杀死杂草，而对作物无毒害或毒害很低，如 2，4–D、除草醚、西玛津等。灭生性除草剂对作物和杂草都有毒害作用，如草甘膦、草丁膦和百草枯等（王国增 等，2011）。现已经研究的抗除草剂基因有抗草丁膦、双丙氨酰膦的 *bar*（*PAT*）基因，抗草甘膦的 *gox*、*aroA* 基因，抗磺酰脲类除草剂的 *SURB–Hra*、*SURA–c3*、*csrl* 基因，抗三氮苯类的 *psbA* 突变基因，抗 2，4–D 的 *TfdA* 基因和抗溴苯腈的 *bxn* 基因等（王宜林 等，2005）。

与除草剂抗性相关的基因主要有两类：①除草剂靶蛋白突变基因。除草剂靶蛋白发生突变而导致其对除草剂不敏感，作物吸收除草剂后仍能进行正常的代谢。这类除草剂抗性基因较多，包括各种除草剂的靶蛋白的突变基因。例如，除草剂草甘膦影响莽草酸途径，其作用靶标酶是 5– 烯醇式丙酮酸莽草酸 –3– 磷酸合成酶（EPSPS），

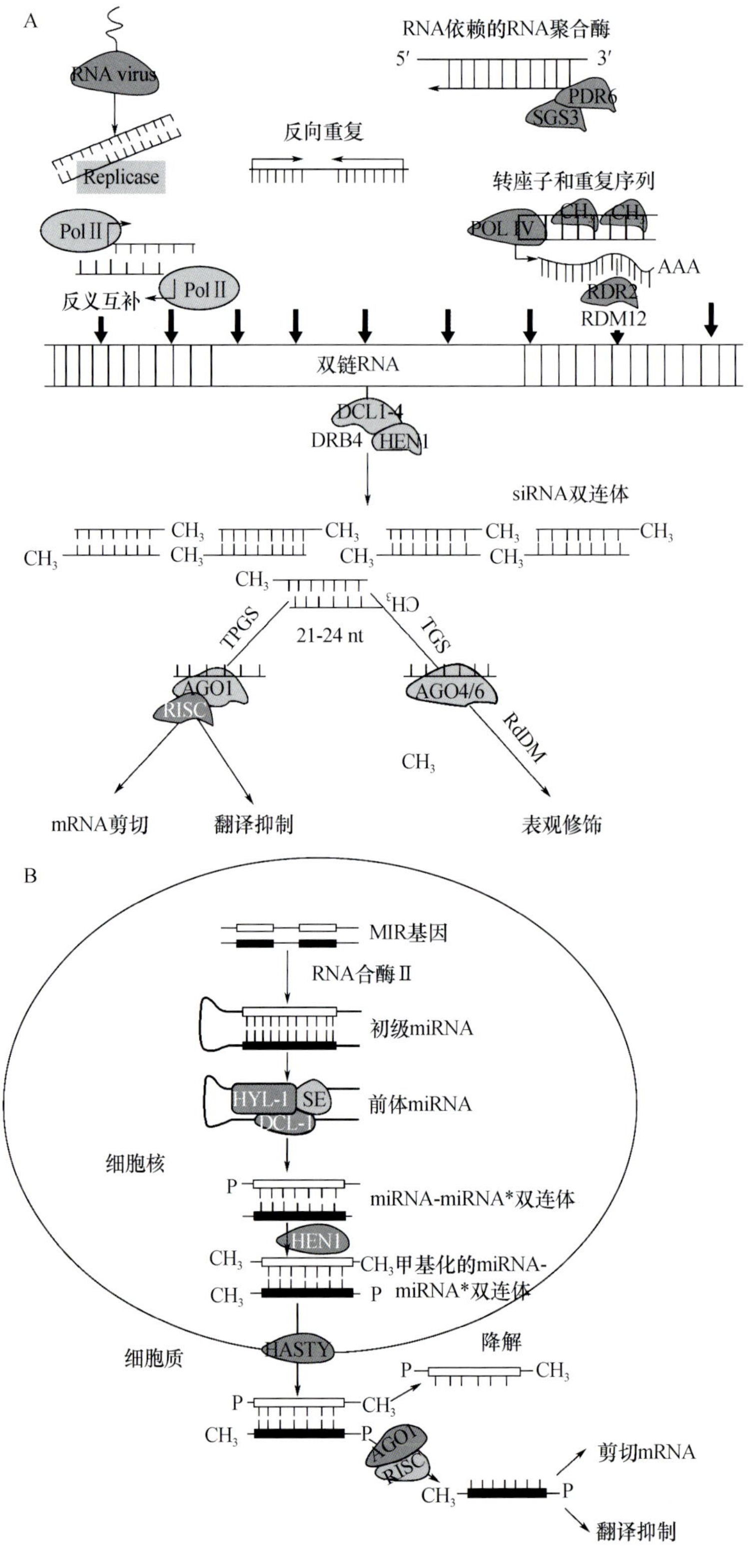

图4-13　siRNA（A）和miRNA（B）在植物中的合成途径（Waititu et al., 2020）

后者是莽草酸途径的一个非常重要的酶，它的作用是缩合莽草酸 -3- 磷酸和磷酸烯醇式丙酮酸产生 5- 烯醇式丙酮酸莽草酸 -3- 磷酸和无机磷酸，是三种芳香氨基酸和很多次生芳香物合成的必经途径。从具有草甘膦抗性的牛筋草中分离的 *EPSPS* 突变基因，就是在 *EPSPS* 非常保守的区段的第 106 位的脯氨酸突变为丝氨酸（Baerson et al., 2002）。②修饰除草剂的酶或酶系统编码基因。很多微生物产生能修饰除草剂的酶或酶系统，在除草剂发生作用前将其降解或解毒。例如，自土壤细菌 *Klebsiella ozaenae* 中克隆得到的 *bxn* 基因的编码产物为腈水解酶，其能够水解除草剂为无植物毒性的化合物（Stalke et al., 1988）。

在现代农业中，除草剂在控制杂草的生长繁殖方面起着重要的作用，已经用于农业生产的除草剂至少有 180 种，通过使用除草剂，大大提高了劳动效率。利用基因工程技术培育抗除草剂植物主要有两种策略：①修饰除草剂作用的靶蛋白促使其过量表达或者对除草剂不敏感，以便植物吸收除草剂后能正常生长发育。②导入解毒蛋白基因，降解除草剂分子。

1. 修饰除草剂的靶蛋白

草甘膦是目前使用最广泛的非选择性有机磷类除草剂，能有效抑制 76 种杂草，草甘膦通过抑制细胞中的 EPSPS 活性发生作用，当除草剂草甘膦与该酶结合时，阻断了芳香族氨基酸的合成，细胞中缺少芳香族氨基酸，导致植株死亡，*EPSPS* 基因突变体产生对草甘膦的抗性。有研究者将 *aroA* 突变基因经农杆菌转入番茄，获得了抗草甘膦的转基因植株。试验结果表明，转基因植株及后代可耐受有效浓度为 0.84 kg/hm^2 的草甘膦（Fillatti et al., 1987）。还有研究人员将烟草 *SURBHra* 基因导入番茄、甜菜、油菜、苜蓿、生菜、甜瓜，获得不同程度的抗磺酰脲除草剂的转基因植株，一些转基因烟草植株在田间喷施 32 g/hm^2 的药量下无毒害出现，而对照野生型植株在 8 g/hm^2 的药量下已经产生毒害（Bedbrook et al., 1995）。

2. 解毒蛋白

草铵膦（Glufosinate）和 Basta（商品名）属于同一类有机磷类除草剂，其作用机制是抑制谷氨酰胺合成酶（GS）的活性，使细胞内铵离子含量积累，引起叶绿体降解并导致植物死亡。有学者发现潮霉菌（*Hygroscopicas*）中的 *bar* 基因编码的乙酰 CoA 转移酶具有使草丁膦代谢失去活性的功能，将 *bar* 基因导入番茄中，当叶片乙酰 CoA 转移酶表达量达到叶蛋白总量的 0.000 1% 的水平，转基因番茄就能抗草丁膦除草剂（Murakami et al., 2000）。还有研究人员将编码谷氨酰胺合成酶抑制剂 pat 的基因 *bar* 通过农杆菌转入番茄。该基因的表达产物 pat 可使有毒的除草剂膦丝菌素（PPT）乙酰化而变成无毒的物质，从而使转基因植株能有效地抗除草剂 PPT。实验证明，对照植株用 2 L/hm^2 的 PPT 喷洒后 10 d 即死亡，而转基因植株使用浓度达 20 L/hm^2 仍能正常生长（De Block，1987）。

植物基因工程在世界范围内的研究和应用已有 20 多年的历史，且发展十分迅速。抗除草剂转基因作物是针对杂草防除策略提出的，其不仅可以降低高残留剧毒农药的使用总量，减轻农药使用所导致的环境污染，还有利于少耕和免耕等保护性耕作制度的实施。抗除草剂转基因作物在选育技术上已日渐成熟，但在市场化过程中能否健康发展并获得与之相适应的市场规模，将主要取决于其安全性问题能否妥善解决（张化霜 等，2011）。

总之，生物技术的研究与开发必须从社会长远利益的角度出发，力求可持续发展，切不可只顾短期利益，更不能只顾经济效应而抛弃生态效应。

七、番茄的抗病毒基因工程

番茄病毒病作为世界性病害，长期以来一直是影响番茄高产、稳产和优质的主要病害之一。自 1909 年美国发现第一种番茄病毒病——番茄花叶病毒病（ToMV）以来，世界各地相继报道了近 30 种可侵染番茄的病毒，主要病原有烟草花叶病毒（TMV）、黄瓜花叶病毒（CMV）、黄化曲叶病毒（TYLCV）、苜蓿花叶病毒（alfalfa mosaic virus，AIMV）和番茄斑萎病毒（tomato spotted wilt virus，TSWV）等。由于抗病毒基因工程较传统育种克服了很多缺点，如周期长、杂交困难和理想性状丢失等，因此进展最快。20 世纪 80 年代后期，研究人员发现可以将病毒基因引入植物中产生对同源病毒的抗性，这为病毒病控制提供了新途径。随着近年来基因组学和生物技术的蓬勃发展，也使作物改良中的抗病基因工程策略得到飞速改进和扩展。

华盛顿大学首次将 TMV 外壳蛋白（coat protein，CP）基因转入烟草和番茄，培育出能稳定遗传的抗病毒植株（Abel et al.，1986）。随着研究工作的不断深入，人们不断分离来源于病毒的抗性基因，病毒外壳蛋白基因、卫星 RNA 基因和反义 RNA 基因等都是获得抗病毒番茄的候选基因。Kunik 等（1994）以 *TYLCV-CP* 基因转化番茄，转化的番茄植株的 F_1 代与 TYLCV 共培养时，有些植株表现出的明显免疫印迹证明了外源蛋白的表达。另外，通过转 *AIMV-CP* 基因的番茄对 AIMV 和 CMV 都有抗性，转 TSWV 的核蛋白基因番茄对 TSWV 高抗且可遗传。人们用 AIMV 外壳蛋白基因序列转化的番茄植株做试验，其自交后代对 AIMV 感染表现出高水平的抗性（Tumer et al.，1987）。

1. 基于 RNA 沉默的抗病毒基因工程

卫星 RNA 是依赖于病毒才能复制的一类低分子量的 RNA，它能干扰病毒的复制并缓解毒性。但由于卫星 RNA 并不能彻底抑制它的互补病毒的复制，而且缓解毒性的卫星 RNA 与增强毒性的卫星 RNA 只差几个核苷酸，有可能产生突变造成更强的毒性，因此有人认为利用卫星 RNA 来防治病毒病存在一定的风险，需要对卫星 RNA 进行改造才能更好地利用（张红梅 等，2007）。CMV 通常含有卫星 RNA，尽管卫星 RNA 的序列与 CMV 的 RNA 序列不同源，但卫星 RNA 在植物中的复制和传播完全依赖于 CMV，可以通过减弱或增强来促进 CMV 引起症状的改变（Roossinck et al.，1992）。

此外，人们还利用其他的抗病毒基因获得了转基因番茄，姜国勇等（1999）利用天然花粉蛋白基因（*TCS*）和 *GUS* 基因偶联，构建了双抗表达载体，通过农杆菌介导获得了 *TCS-GUS* 基因表达的再生番茄植株，转基因植株对 TMV 和 CMV 均表现出较高的抗性。CMV 病毒可以通过 RNA 沉默干扰防御基因表达的调节（Mochizuki et al.，2012），从而促进水杨酸和茉莉酸防御途径的抑制（Arinaitwe et al.，2022）。

有些学者在提高转基因植株的广谱抗性方面也做了一些尝试，Kaniewski 等（1999）利用两个外壳蛋白基因获得对 CMV 具有广谱抗性的转基因番茄，而 Gubba 等（2002）利用杂交的方式将转基因抗性和天然抗性组合在同一植株中获得了对番茄斑萎病毒（TSWV）的广谱抗性。天津市农业生物技术研究中心成功获得抗 ToCV 和 TYLCV 的 RNA 干扰番茄植株（Jin et al.，2020）。这些发现将有助于番茄抗病新品种的培育和基因工程的研究。

2. 基于基因编辑的抗病毒基因工程

CRISPR/Cas9 系统主要在原核生物防御病毒入侵过程中发挥作用，由于该系统对核苷酸序列存在优异的编辑能力，目前已广泛应用于真核生物核苷酸序列编辑。并且该系统在真核生物细胞内也能有效作用于病毒基因组，干扰病毒的正常复制，有助于实现病毒的清除和防御，且不易受宿主本身防御系统和病毒反防御机制的干扰（图 4-14）（张道微 等，2016）。

在植物中，CRISPR/Cas9 系统首次成功用于在模式植物和作物中产生双子病毒抗性，包括甜菜卷顶病毒（BCTV）和梅雷亚花叶病毒（MeMV）。该系统可同时靶向多种贝戈莫病毒，包括小麦矮化病毒（WDV）、番茄黄化曲叶病毒（TYLCV）、烟草卷叶病毒（TbCSV）和豆黄矮化病毒（BeYDV）（Niraula et al.，2021）。

随着基因组研究工作的不断深入，Thomazella 等（2021）成功在番茄基因组中鉴定到一个 *DMR6* 的同源基因（*SlDMR6-1*）。通过 CRISPR/Cas9 基因编辑方法对番茄 *SlDMR6-1* 进行基因敲除发现，该基因对多种植物源菌物具有活性，且对植物的生长发育无明显影响，即证明可利用该技术进行抗病性番茄的培育。利用 CRISPR/Cas9 技术对番茄中的广谱抗白粉病 *mlo* 隐性突变基因的研究也在顺利进行（Nekrasov et al.，

2017）。Qun（2021）等利用 CRISPR/Cas9 技术在番茄中敲除 *TOM2A* 基因，所得植株获得了明显的抗 ToMV 能力，同时还发现番茄中的 *TOM2A CRISPR/Cas9* 突变体具有轻微的茎秆发育缺陷表型，表明 *TOM2A* 在维持植物正常生长发育过程中具有重要的生物学功能。除 CRISPR/Cas9 技术以外，其他几种传统的基因编辑技术也均在植物病毒抗性方面得到了应用，如 TALE、ZFN 和 AZP 等（表 4-3）。

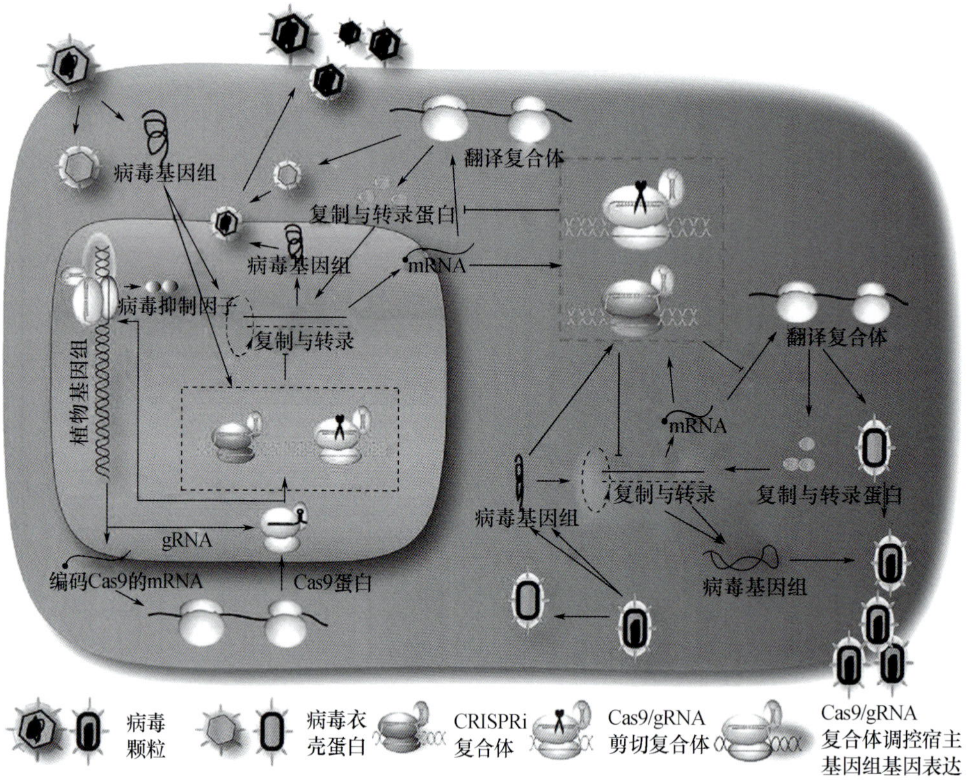

图4-14 基于CRISPR/Cas9 系统的病毒病防治主要策略（张道微 等，2016）

表4-3 基因组靶向技术赋予植物病毒抗性（Romay et al.，2017）

基因组编辑系统	病毒	种属	科属	靶向对象
CRISPR/Cas9	梅雷亚花叶病毒，棉叶卷曲科克兰病毒，番茄黄化曲叶病毒（TYLCV）	菜豆金黄花叶病毒属	双子病毒科	病毒
	甜菜卷顶病毒（BCTV），甜菜严重卷顶病毒（BSCTV）	曲顶病毒属		病毒
	豆黄矮病毒	玉米线条病毒属		病毒
	黄瓜静脉黄化病毒	甘薯病毒属	马铃薯 Y 病毒科	宿主
	西葫芦花叶病毒，木瓜环斑病毒，萝卜花叶病毒	马铃薯 Y 病毒组		宿主

续表

基因组编辑系统	病毒	种属	科属	靶向对象
TALE	番茄黄化曲叶中国病毒(TYLCCNV)，烟草卷笋病毒（TbCSV），云南番茄卷叶病毒	菜豆金黄花叶病毒属	双子病毒科	病毒
ZFN	TYLCCNV，TbCSV	菜豆金黄花叶病毒属	双子病毒科	病毒
AZP	BSCTV，TYLCV	菜豆金黄花叶病毒属	双子病毒科	病毒
	水稻东格鲁杆状病毒	黄肚病毒	花椰菜病毒科	病毒

八、番茄的抗真菌和细菌病基因工程

虽然番茄的种植面积十分广泛，但因受到多种病害的影响，其产量始终受到一定程度的限制。传统化学药剂的施用固然能够有效抑制病害的发生，但却给食品安全和人类健康带来了巨大的危害，因此抗病品种的选育工作就显得尤为重要。

1. 番茄抗真菌病基因工程

目前已经发现在自然界中存在很多对微生物产生抑制的抗菌蛋白，通过 PCR 技术克隆阻碍番茄病原菌生长且编码抗菌蛋白的基因，将其导入番茄中并使之过表达，从而提高了番茄的抗病能力。Jongedijk 等(1995)的研究发现，将烟草几丁质酶基因和葡聚糖酶基因同时在番茄中过表达，对枯萎病的抗性明显高于转单基因植株的抗性。由于这两种酶可分别水解许多病原真菌细胞壁的两个主要成分几丁质和 β-1，3 葡聚糖，因此用这种方法对多种植物的多种真菌病害具有防治效果(Leah et al., 1991；Melchers et al., 1993；Melchers et al., 2000)，说明这两种抗真菌蛋白具有协同作用。Wolters 等(2023)研究发现，*PUB17* 基因参与番茄与坏死性真菌相互作用过程，充当番茄针对灰霉病菌和早疫病菌免疫作用的负调节因子。番茄抗晚疫病中起负调控作用的 lncRNA39896 通过吸附 miR166b，从而影响下游靶基因 *HD-Zip* 转录因子的表达，调控番茄对晚疫病的抗性(Hong et al., 2022)。

2. 番茄抗细菌病基因工程

抗菌肽原指昆虫体内经诱导而产生的一类具有抗菌活性的碱性多肽物质，相对分子量在 2 000~7 000，由 20~60 个氨基酸残基组成。对绿脓杆菌、大肠杆菌、金色葡萄球菌等病原菌具有抑制作用。对烟草、马铃薯青枯病等植物细菌均有杀、抑作用。WRKY 蛋白直接激活或抑制靶基因的表达，从而调控植物的免疫反应，*WRKY* 基因也可以通

过协同激活 *SlPR–STH2* 的表达提高番茄对青枯病的抗性（Dang et al.，2023）。S 基因 *DMR6* 是植物免疫的抑制因子，可促进卵菌和细菌病原体感染植物体，在病原体感染期间共表达，通过 CRISPR/Cas9 技术敲除番茄中感病基因 *DMR6* 可以使其获得细菌抗病性。

九、番茄作为生物反应器生产医药蛋白

植物生物反应器的广义概念是指以植物悬浮细胞培养或整株植物为反应系统大量生产具有重要功能的蛋白质，即利用植物体所具有的生物功能在体外或体内进行生化反应而获取特定产品的转化系统，其现阶段主要用于药物蛋白的生产和疫苗的制备。随着基因工程研究技术的不断发展，已经发展了很多表达系统应用于重组蛋白的生产，这些表达系统包括哺乳动物细胞、酵母、昆虫细胞、细菌和植物（整个植株、植物组织器官或植物细胞）等，以此衍生的生物产品包括人或动物用疫苗、抗体和重要的氨基酸等，并且已有部分相关产品进入商品化阶段，在一定程度上满足了医药领域的需求，并有效发挥其经济效益和社会效益。与微生物和动物生物反应器相比，植物生物反应器具有成本低、安全性好、表达产物具有与高等动物细胞一样的免疫原性和生物活性等优点。传统工艺下的药用和工业用蛋白制剂来源少、需求量大、生产成本高且生产工序复杂，然而利用植物作为生物反应器生产重组蛋白具备以下三方面优点：①生产的重组蛋白可进行翻译后修饰并具有与天然蛋白相似的结构和生物学功能；②安全性可靠，不会传播病毒或病原菌；③生产成本和下游纯化成本均较低。植物生物反应器相比于传统工艺具有显著优势，具备极为可观的应用前景，因此它的研发与应用受到了广泛关注。目前常见的利用植物生物反应器生产药物蛋白的植物表达载体有拟南芥、番茄、马铃薯等多种作物，且已经应用于众多领域。

1. 植物生物反应器的应用

1）利用植物生物反应器生产抗体

利用基因工程手段将编码抗体或其片段的基因导入植物，即可在植物中表达出具有功能性识别抗原及具有结合特性的抗体或抗体片段。植物细胞不但可以对表达的重组抗体蛋白进行正确的组装和修饰加工，其表达产物也能保持良好的构象和生物学特性，而且植物表达的抗体一般以二聚体形式存在，表达产物的亲和力高，有助于全面发挥抗体的功能。目前，已经有 NP 半抗原、磷酸酯、神经肽、光敏色素、人肌酸激酶、癌胚抗原、HSV–2、乙肝表面抗原、血液艾滋病毒、人白细胞介素 L–4 及 L–6、马铃薯淀粉分支酶、单纯疱疹病毒、狂犬病毒蛋白、内肠杆菌毒素 A、西尼罗河病毒 Hu–E16、人源抗狂犬病毒、汉坦病毒、人端粒酶和逆转录酶等 20 多个完整抗体或各种抗体片段在

植物中进行表达，植物种类主要包括烟草、大豆、小麦、紫花苜蓿、马铃薯、拟南芥、水稻、玉米等。

2）利用植物生物反应器生产疫苗

转基因植物疫苗是将编码抗原的基因借助植物载体整合到植物基因组中，通过遗传给子代稳定表达目的蛋白的转基因植株，或者将目标基因插入植物病毒基因组内，使外来基因借助病毒的高效复制而高效表达。目前常用的基因整合方法有显微注射法、聚乙二醇（PEG）介导法、农杆菌介导法、电穿孔法、花粉管通道法和基因枪法等。转基因植物可食性疫苗是以植物作为抗原表达系统，将外源性基因整合到植物基因组当中，在生长过程及后代中实现稳定表达，被人类摄取后触发免疫系统以获得特异性抗病能力的免疫产品。

3）利用植物生物反应器生产其他药用蛋白

生产具有药学活性的植物蛋白和多肽是近年来植物生物反应器应用的一个重要领域，如细胞因子、酶及其他药用蛋白和生物活性肽等。到目前为止，人们已经在植物中成功地表达胰岛素、干扰素、溶菌酶、人生长激素、人表皮生长因子、人凝血因子和白细胞介素等药学活性蛋白。表达的宿主植物主要有拟南芥、烟草、玉米、马铃薯、水稻和大豆等。

2. 番茄作为生物反应器的研究进展

番茄是最早进行转基因研究的植物之一，也是生物学研究的重要模式植物。自1986年利用农杆菌介导的叶盘转化法成功获得转基因番茄后，番茄遗传转化研究获得了迅速的发展，并取得了丰硕成果。利用番茄植株作为生物反应器生产药用蛋白、疫苗和工业用蛋白，就是其重要的应用领域。番茄生物反应器是以番茄作为载体利用基因重组技术将相应的外源抗原或抗体片段导入番茄中，通过重组系统在番茄中高效表达并稳定遗传，以此来生产药物蛋白及相关疫苗等，已经成功获得了抗病毒、抗真菌、抗虫、抗除草剂、抗逆、雄性不育和生产药用蛋白的转基因番茄。近年来，转基因植物口服疫苗因可直接食用、物美价廉、安全无害和具有医用价值等优点，已经成为分子生物学、医学免疫学、农业应用学等领域的重要研究工具。虽然口服疫苗已在马铃薯、番茄、生菜、玉米等植物中实现成功表达，但由于马铃薯等易于传染和传代的植物含有无法生食的有害物质，必须经过后期加工处理才能食用，因而受到一定程度的限制。相对而言，番茄物美价廉且可直接食用，更受到人们的青睐。虽然现阶段大部分番茄转基因研究使用核基因组稳定表达系统生产重组蛋白，但是利用叶绿体转化体系进行番茄遗传转化的研究也有报道。Mc Garvey 等（1995）利用番茄表达抗狂犬病病毒的疫苗，这是早期利用植物可食用器官成功生产口服疫苗的报道。此后针对番茄作为生物反

应用 [J]. 遗传, 38(9): 811–820.

[23] 张红梅, 智庆文, 张凤英, 等, 2016. 番茄基因工程的研究进展 [J]. 北方园艺 (6): 54–56.

[24] 张化霜 , 2011. 抗除草剂植物的基因工程研究现状 [J]. 世界农药, 33(5): 28–30, 45.

[25] 张艳贞, 魏松红, 杜娟, 等, 2000. 植物抗病分子机制及抗病基因工程研究进展 [J]. 沈阳农业大学学报, 31(4): 365–369.

[26]ABEL P P, NELSON R S, DE B, et al., 1986. Delay of disease development in transgenic plants that express the tobacco mosaic virus coat protein gene [J]. Science, 232(4751): 738–743.

[27]ÁLVAREZ VIVEROS M F, INOSTROZA–BLANCHETEAU C, TIMMERMANN T, et al., 2013. Overexpression of *GlyI* and *GlyII* genes in transgenic tomato (*Solanum lycopersicum* Mill.) plants confers salt tolerance by decreasing oxidative stress [J]. Molecular biology reports, 40(4): 3281–3290.

[28]ARINAITWE W, GUYON A, TUNGADI T D, et al., 2022. The effects of cucumber mosaic virus and its 2a and 2b proteins on interactions of tomato plants with the aphid vectors Myzus persicae and Macrosiphum euphorbiae [J]. Viruses, 14(8):1703.

[29]ATANASSOVA B, 2013. Functional male sterility (*ps–2*) in tomato (*Lycopesicon esculentum* Mill.) and its application in breeding and hybrid seed production [J]. Euphytica, 107(1):13–21.

[30]BAERSON S, RODRIGUEZ D J, TRAN M, et al., 2002. Glyphosate–resistant goosegrass. Identification of a mutation in the target enzyme 5–enolpyruvylshikimate–3–phosphate synthase [J]. Plant physiology, 129(3): 1265–1275.

[31]BALDET P, HERNOULD M, LAPORTE F, et al., 2006. The expression of cell proliferation–related genes in early developing flowers is affected by a fruit load reduction in tomato plants [J]. Journal of experimental botany, 57(4): 961–970.

[32]BARTOSZEWSKI G, NIEDZIELA A, SZWACKA M, et al., 2006. Modification of tomato taste in transgenic plants carrying a thaumatin gene from *Thaumatococcus daniellii* Benth [J]. Plant breeding, 122:(4) 347–351.

[33]BEDBROOK J R, CHALEFF R S, FALCO S C, et al., 1995. Nucleic acid fragment encoding herbicide resistant plant acetolactate[J]. Vnited states patent, 22: 2–28.

[34]BIRD C R, SMITH C J S, Ray J A, et al., 1988. The tomato polygalacturonase gene and ripening specific expression in plants [J]. Plant molecular biology,11(5): 651–662.

[35]BOLTER C, JONGSMA M A, 1997. The adaptation of insects to plant protease inhibitors [J]. Journal of insect physiology, 43(10): 885–895.

[36]BRAVO A, GILLSS, SOBERÓN M, 2007. Mode of action of Bacillus thuringiensis Cry and

Cyt toxins and their potential for insect control [J]. Toxicon, 49(4): 423–435.

[37]BROADWAY R M, 1995. Are insects resistant to plant proteinase inhibitors? [J]. Journal of insect physiology, 41(2): 107–116.

[38]CHEN S, ZHAO H, WANG M, et al., 2017. Overexpression of E3 ubiquitin ligase gene *AdBiL* contributes to resistance against chillingstress and leaf mold disease in tomato [J]. Frontiers in plant science, 8: 1109.

[39]CHRISTOU P, CAPELL T, KOHLI A, et al., 2006. Recent developments and future prospects in insect pest control in transgenic crops [J]. Trends in plant science, 11(6):302–308.

[40]CUENO M E, HIBI Y, KARAMATSU K, et al., 2010. Preferential expression and immunogenicity of HIV–1 Tat fusion protein expressed in tomato plant [J]. Transgenic research, 19(5): 889–895.

[41]DANG F, LIN J, LI Y, et al., 2023. *SlWRKY30* and *SlWRKY81* synergistically modulate tomato immunity to Ralstonia solanacearum by directly regulating *SlPR-STH2* [J]. Horticulture research, 10(5): uhad050.

[42]DAVIES J N, 1966. Occurrence of sucrose in the fruit of some species of *Lycopersicon* [J]. Nature, 209(5023): 640–641.

[43]DE BLOCK M, BOTTERMAN J, VANDEWIELE M, et al., 1987.Engineering herbicide resistance in plants by expression of a detoxifying enzyme [J]. The EMBO journal, 6(9): 2513–2518.

[44]DE LEO F, GALLERANI R, 2002. The mustard trypsin inhibitor 2 affects the fertility of Spodoptera littoralis larvae fed on transgenic plants [J]. Insect biochemistry and molecular biology, 32(5): 489–496.

[45]DE MAAGD R A, BAKKAR P L, MASSON L, et al., 1999. Domain Ⅲ of the bacillus thuringiensis delta–endotoxin Cry1Ac is involved in binding to manduca sexta brush border membranes and to its purified amino peptidase N [J]. Molecular microbiology, 31(2): 463–471.

[46]DIAS S C, DA SILVA M C M, TEIXEIRA F R, et al., 2010. Investigation of insecticidal activity of rye alpha–amylase inhibitor gene expressed in transgenic tobacco (*Nicotiana tabacum*) toward cotton boll weevil (*Anthonomus grandis*) [J]. Pesticide biochemistry and physiology, 98(1): 39–44.

[47]DIATCHENKO L, LAU Y F, CAMPBELL A P, et al., 1996. Suppression subtractive hybridization: a method for generating differentially regulated or tissue–specific cDNA probes and libraries [J]. Proceeding of the national academy of sciences of the United States of America, 93(12): 6025–6030.

[48]DIXON M S, JONES D A, HATZIXANTHIS K, et al., 1995. High-resolution mapping of the physical location of the tomato *Cf-2* gene [J]. Molecular plant microbe interactions, 8(2): 200–206.

[49]DONG J G, OLSON D, SILVERSTONE A, et al., 1992. Sequence of a cDNA coding for a 1-aminocyclopropane-1-carboxylate oxidase homolog from apple fruit [J]. Plant physiology, 98(4): 1530–1531.

[50]FILLATTI J A J, KISER J, ROSE R, et al., 1987. Efficient transfer of a glyphosate tolerance gene into tomato using a binary *Agrobacterium tumefaciens* vector [J]. Biotechnology, 5(7): 726–730.

[51]FIRE A, XU S Q, MONTGOMERY M K, et al., 1998. Potent and specific genetic interference by double-stranded RNA in *Caenorhabditis elegans* [J]. Nature, 391(6669): 806–811.

[52]FISCHHOFF D A, BOWDISH K S, PERLAK F J, et al., 1987. Insect tolerant transgenic tomato plants [J]. Biotechnology, 5(8): 807–813.

[53]FROHMAN M A, DUSH M K, MARTIN G R, 1988. Rapid production of full-length cDNAs from rare transcripts: amplification using a single gene-specific oligonucleotide primer [J]. Proceedings of the national academy of sciences of the United States of America, 85(23): 8998–9002.

[54]GAL-ON A, WOLF D, WANG Y, et al., 1998. Transgenic resistance to cucumber mosaic virus in tomato: blocking of long-distance movement of the virus in lines harboring a defective viral replicase gene [J]. Phytopathology, 88(10): 1101–1107.

[55]GALPAZ N, WANG Q, MENDA M, et al., 2008. Abscisic acid deficiency in the tomato mutant high-pigment 3 leading to increased plastid number and higher fruit lycopene content [J]. The plant journal, 53(5): 717–730.

[56]GATEHOUSE A M R, DAVISON G M, NEWELL C A, et al., 1997. Transgenic potato plants with enhanced resistance to the tomato moth, *Lacanobia oleracea*: growth room trials [J]. Molecular breeding, 3: 49–63.

[57]GAXIOLA R, DE LARRINOA I F, VILLALBA J M, et al., 1992. A novel and conserved salt-induced protein is an important determinant of salt tolerance in yeast [J]. The EMBO journal, 11(9): 3157–3164.

[58]GISBERT C, RUS A M, BOLARÍN, M C, et al., 2000. The yeast *HAL1* gene improves salt tolerance of transgenic tomato [J]. Plant physiology, 123(1): 393–402.

[59]GOURINATH S, ALAM N, SRINIVASAN A, et al., 2000. Structure of the bifunctional inhibitor of trypsin and alpha-amylase from ragi seeds at 2.2 A resolution [J]. Acta crystallographica section D, 56(3): 287–293.

[60]GUBBA A, GONSALVES C, STEVENS M R, et al., 2002. Combining transgenic and

natural resistance to obtain broad resistance to tospovirus infection in tomato (*Lycopersicon esculentum* Mill.) [J]. Molecular breeding, 9(1): 13–23.

[61]HAMILTON A J, LYCETT G W, GRIERSON D, 1990. Antisense gene that inhibits synthesis of the hormone ethylene in transgenic plants [J]. Nature, 346(6281): 284–287.

[62]HARRISON B, MAYO M, BAULCOMBE D, 1987. Virus resistance in transgenic plants that express cucumber mosaic virus satellite RNA [J]. Nature, 328(6133): 799–802.

[63]HILDER V A, GATEHOUSE A M R, SHERMAN S E, et al., 1987. A novel mechanism of insect resistance engineered into tobacco [J]. Nature, 330(6144): 160–163.

[64]HILDER V A, POWELL K S, GATEHOUSE A M R, et al., 1995. Expression of snowdrop lectin in transgenic tobacco plants results in added protection against aphids [J]. Transgenic research, 4: 18–25.

[65]HOLDSWORTH M J, BIRD C R, RAY J, et al., 1987. Structure and expression of an ethylene–related mRNA from tomato [J]. Nucleic acids research, 15(2): 731–739.

[66]HONG S B, TUCKER M L, 2000. Molecular characterization of a tomato polygalacturonase gene abundantly expressed in the upper third of pistils from opened and unopened flowers [J]. Plant cell reports, 19(7): 680–683.

[67]HONG Y, ZHANG Y, CUI J, et al., 2022. The lncRNA39896–miR166b–*HDZs* module affects tomato resistance to Phytophthora infestans [J]. Journal of integrative plant biology, 64(10): 15.

[68]JIN F M, SONG J, XUE J, et al., 2020. Successful generation of *Anti–ToCV* and *TYLCV* transgenic tomato plants by RNAi [J]. Biologia plantarum, 64: 490–496.

[69]JOHNSON R, NARRAEZ J, AN G, et al., 1989. Expression of proteinase inhibitors Ⅰ and Ⅱ in transgenic tobacco plants: effects on natural defense against Manduca sexta larvae [J]. Proceedings of the national academy of sciences of the United States of America, 86(24): 9871–9875.

[70]JONGEDIJK E, TIGELAAR H, VANROEKEL J S C, et al., 1989. Synergistic activity of chitinases and β–1,3–glucanases enhances fungal resistance in transgenic tomato plants [J]. Euphytica, 85(1): 173–180.

[71]JONGSMA M A, BAKKER P L, PETERS J, et al., 1995. Adaptation of spodoptera exigua larvae to plant proteinase inhibitors by induction of gut proteinase activity insensitive to inhibition [J]. Proceedings of the national academy of sciences of the United States of America, 92(17): 8041–8045.

[72]JOUANIN L, BONADE–BOTTINO M, GIRARD C, et al., 1998. Transgenic plants for insect resistance [J]. Plant science, 131(1): 1–11.

[73]JUNG Y J, KIM D H, LEE H J, et al., 2020. Knockout of *SlMS10* gene (*Solyc02g079810*)

encoding *bHLH* transcription factor using CRISPR/Cas9 system confers male sterility phenotype in tomato [J]. Plants, 9(9): 1189.

[74]KANIEWSKI W, ILARDI V, TOMASSOLI L, et al., 1999. Extreme resistance to cucumber mosaic virus (CMV) in transgenic tomato expressing one or two viral coat proteins [J]. Molecular breeding, 5(2): 111–119.

[75]KLANN E M, HALL B, BENNETT A B, 1996. Antisense acid invertase (*TIV1*) gene alters soluble sugar composition and size in transgenic tomato fruit [J]. Plant physiology, 112(3): 1321–1330.

[76]KLEE H J, GIOVANNONI J J, 2011. Genetics and control of tomato fruit ripening and quality attributes [J]. Annual review of genetics, 45: 41–59.

[77]KOUL B, SRIVASTAVA S, SANYAL I, et al., 2014. Transgenic tomato line expressing modified Bacillus thuringiensis *cry1Ab* gene showing complete resistance to two lepidopteran pests [J]. Springer plus, 3: 84–97.

[78]KRATTIGER A F, 1997. Insect resistance in crops: a case study of Bacillus thuringiensis (Bt) and its transfer to developing countries [M]. New York: The international agricultural service for the acquisition of agribiotech applications.

[79]KUMAR M, GUPTA G P, RAJAM M V, 2009. Silencing of acetylcholinesterase gene of helicoverpaarmigera by siRNA affects larval growth and its life cycle [J]. Journal of insect physiology, 55(3): 273–278.

[80]KUNIK T, SALOMON R, ZAMIR D, et al., 1994. Transgenic tomato plants expressing the tomato yellow leaf curl virus capsid protein are resistant to the virus [J]. Biotechnology, 12(5): 500–504.

[81]KURIYAMA S, MITORO A, TSUJINOUE H, et al., 2000. Particle–mediated gene transfer into murine livers using a newly developed gene gun [J]. Gene t herapy, 7(13): 1132–1136.

[82]LEAH R, TOMMERUP H, SVENDSEN I, et al., 1991. Biochemical and molecular characterization of three barley seed proteins with antifungal properties [J]. Journal of biological chemistry, 266(3): 1564–1573.

[83]LEE L Y, GELVIN S B, 2008. T–DNA binary vectors and systems [J]. Plant physiology, 146(2): 325–332.

[84]LI J, WANG Z, HE G, et al., 2020. CRISPR/Cas9–mediated disruption of *TaNP1* genes results in complete male sterility in bread wheat [J]. Journal of genetics and genomics, 47(5): 263–272.

[85]LI T, YANG X, YU Y, et al., 2018. Domestication of wild tomato is accelerated by genome editing [J]. Nature biotechnology, 36(12): 1160–1163.

[86]LIU Y G, MITSUKAWA N, OOSUMI T, et al., 1995. Efficient isolation and mapping of

Arabidopsis thaliana T-DNA insert junctions by thermal asymmetric interlaced PCR [J]. The plant journal, 8(3): 457–463.

[87]LIU Y G, WHITTIER R F, 1995. Thermal asymmetric interlaced PCR: automatable amplification and sequencing of insert end fragments from *P1* and *YAC* clones for chromosome walking [J]. Genomics, 25(3): 674–681.

[88]LLORENTE B D, ANDREA L, RUIZ-SOLA M A, et al., 2016. Tomato fruit carotenoid biosynthesis is adjusted to actual ripening progression by a light-dependent mechanism [J]. The plant journal, 85(1): 107–119.

[89]MANDAOKAR A D, GOYAL R K, SHUKLA A, et al., 2000. Transgenic tomato plants resistant to fruit borer (*HelicoverpaarmigeraHübner*) [J]. Crop protection, 19(5): 307–312.

[90]MARTIN G B, BROMMONSCHENKEL S H, CHUNWONGSE J, et al., 1993. Map-based cloning of a protein kinase gene conferring disease resistance in tomato [J]. Science, 262(5138): 1432–1436.

[91]MAUNDERS M J, HOLDSWORTH M J, SLATER, et al., 1987. Ethylene stimulates the accumulation of ripening-related mRNAs in tomatoes [J]. Plant cell environment, 10(2): 177–184.

[92]MCGARVEY P B, HAMMOND J, DIENELT M M, et al., 1987. Expression of the rabies virus glycoprotein in transgenic tomatoes [J]. Biotechnology, 13(13): 1484–1487.

[93]MELCHERS L S, SELA-BUURLAGE M B, VLOEMANS S A, et al., 1993. Extracellular targeting of the vacuolar tobacco proteins AP24, chitinase and β-1,3-glucanase in transgenic plants [J]. Plant molecular biology, 21(4): 583–593.

[94]MELCHERS L S, STUIVER M H, 2000. Novel genes for disease-resistance breeding [J]. Current opinion in plant biology, 3(2): 147–152.

[95]MICHELMORE R W, PARAN I, KESSELI R V, 1991. Identification of markers linked to disease-resistance genes by bulked segregant analysis: a rapid method to detect markers in specific genomic regions by using segregating populations [J]. Proceedings of the national academy of sciences of the United States of America, 88(21): 9828–9832.

[96]MOCHIZUKI T, OHKI S T, 2012. Cucumber mosaic virus: viral genes as virulence determinants [J]. Molecular plant pathology, 13(3): 217–225.

[97]MOUNET F, MOING A, GARCIA V, et al., 2009. Gene and metabolite regulatory network analysis of early developing fruit tissues highlights new candidate genes for the control of tomato fruit composition and development [J]. Plant physiology, 149(3): 1505–1528.

[98]MURAKAMI E, RAGSDALE S W, 2000. Evidence for intersubunit communication during Acetyl-CoA cleavage by the multienzyme CO dehydrogenase/Acetyl-CoA synthase complex from methanosar-cinathermophila [J]. Journal of biological chemistry, 275(7):

4699–4707.

[99]NAKAJIMA N, MORI H, YAANAZKI K, et al., 1990. Molecular cloning and sequence of a complementary DNA encoding 1–aminocyclopane–1–carboxylic synthase induced by tissue wounding [J]. Plant cell physiology, 31(7): 1021–1029.

[100]NEKRASOV V, WANG C, WIN J, et al., 2017. Rapid generation of a transgene–free powdery mildew resistant tomato by genome deletion [J]. Scientific reports, 7(1): 482.

[101]NELSON R, MCCORMICK S, DELANNAY X, et al., 1988. Virus tolerance, plant performance of transgenic tomato plants expressing coat protein from tobacco mosaic virus [J]. Nature biotechnology, 6: 403–409.

[102]NIRAULA P M, FONDONG V N, 2021. Development and adoption of genetically engineered plants for virus resistance: advances, opportunities and challenges [J]. Plants, 10(11): 2339.

[103]OELLER P W, WONG L M, TAYLOR L P, et al., 1991. Reversible inhibition of tomato fruits enescence by antisense 1–aminocyclopropane–1–carboxylate synthase [J]. Science, 254(5030): 437–439.

[104]PECK S C, OLSON D C, KENDE H, 1993. A cDNA sequence encoding 1–aminocyclopropane–1–carboxylate oxidase from pea [J]. Plant physiology, 101(2): 689–690.

[105]PERLAK F J, FUCHS R L, DEAN D A, et al., 1991. Modification of coding sequence enhances plant expression of insect control protein genes [J]. Proceedings of the national academy of sciences of the United States of America, 88(8): 3324–3328.

[106]POWELL K S, GATEHOUSE A M R, HILDER V A, et al., 1993. Antimetabolic effects of plants lectins and fungal enzymes on the nymphal stages of two important rice pests, Nilaparvatalugens and Nephotettix cinciteps [J]. Entomologia experimentalis et applicata, 66(2): 119–126.

[107]QUN H, HUI Z, LEI Z, et al., 2021. Two TOBAMOVIRUS MULTIPLICATION 2A homologs in tobacco control asymptomatic response to tobacco mosaic virus [J]. Plant physiology, 187(4): 2674–2690.

[108]RAJAM M V, 2012a. Host induced silencing of fungal pathogen genes: an emerging strategy for disease control in crop plants [J]. Cell and developmental biology, a, 1: e118.

[109]RAJAM M V, 2012b. Micro RNA interference: a new platform for crop protection [J]. Cell and developmental biology, b, 1(6): 1000e115.

[110]RAMIREZ G M, VAN T A, SCHIPPER D, et al., 2023. Mutation of *PUB17* in tomato leads to reduced susceptibility to necrotrophic fungi [J]. Plant biotechnology journal, 21(11): 2157–2159.

[111]RANJEKAR P K, PATANKAR A, GUPTA V, et al., 2003. Genetic engineering of crop plants for insect resistance [J]. Current science, 84(3): 321–329.

[112]ROMAY G, BRAGARD C, 2017. Antiviral defenses in plants through genome editing [J]. Frontiers in microbiology, 8: 47.

[113]RONEN G, COHEN M, ZAMIR D, et al., 1999. Regulation of carotenoid biosynthesis during tomato fruit development: expression of the gene for lycopene epsilon–cyclase is down–regulated during ripening and is elevated in the mutant delta [J]. The plant journal, 17(4): 341–351.

[114]ROOSSINCK M J, SLEAT D, PALUKAITIS P, 1992. Satellite RNAs of plant viruses: structures and biological effects [J]. Microbiological reviews, 56(2): 265–279.

[115]RUS A M, ESTAN M T, GISBERT C, et al., 2001. Expressing the yeast *HAL1* gene in tomato increases fruit yield and enhances K^+/Na^+ selectivity under salt stress [J]. Plant cell and environment, 24(8): 875–880.

[116]RYAN C A, 1990. Protease inhibitors in plants: genes for improving defenses against insects and pathogens [J]. Annual review of phytopathology, 28(1): 425–449.

[117]SAGAR M, CHERVIN C, MILA I, et al., 2013. *SlARF4*, an auxin response factor involved in the control of sugar metabolism during tomato fruit development [J]. Plant physiology, 161(3): 1362–1374.

[118]SAGOR G H, BERBERICH T, TANAKA S, et al., 2016. A novel strategy to produce sweeter tomato fruits with high sugar contents by fruit–specific expression of a single *bZIP* transcription factor gene [J]. Plant biotechnology journal, 14(4): 1116–1126.

[119]SAKER M M, SALAMA H S, SALAMA M, et al., 2011. Production of transgenic tomato plants expressing *Cry2Ab* gene for the control of some lepidopterous insects endemic in Egypt [J]. Journal of genetic engineering and biotechnology, 9(2): 149–155.

[120]SANAHUJA G, BANAKAR R, TWYMAN R M, et al., 2011. Bacillus thuringiensis: a century of research development and commercial applications [J]. Plant biotechnology journal, 9(3): 283–300.

[121]SANE V A, NATH P, AMINUDDIN N, et al., 1997. Development of insect–resistant transgenic plants using plant genes: expression of cowpea trypsin inhibitor in transgenic tobacco plants [J]. Current science, 72: 741–747.

[122]SHCHELKUNOV S N, SALYAEV R K, POSDNYAKOV S G, et al., 1997. Immunogenicity of anovel, bivalent, plant–based oral vaccine against hepatitis B and human immunodeficiency viruses [J]. Biotechnology letters, 28(13): 959–967.

[123]SITRIT Y, BENNETT A B, 1997. Regulation of tomato fruit polygalacturonase mRNA accumulation by ethylene: a Re–examination [J]. Plant physiology, 116(3): 1145–1150.

maize male-sterile line and hybrid seed production based on the *ZmMs7* gene encoding a PHD-finger transcription factor [J]. Plant biotechnology journal, 16(2): 459-471.

[149]ZHANG H, WANG M, LI Y, et al., 2020. GDSL esterase/lipases OsGELP34 and OsGELP110/OsGELP115 are essential for rice pollen development [J]. Journal of integrative plant biology, 62(10): 1574-1593.

[150]ZHOU F, BADILLO-CORONA J A, KARCHER D, et al., 2008. High-level expression of humanimmunodeficiency virus antigens from the tobacco and tomato plastid genomes [J]. Plant biotechnol journal, 6(9): 897-913.

第五章

番茄的基因编辑技术

基因编辑也属于基因工程的一部分内容，基因编辑技术自 2012 年诞生以来得到了迅速的发展，以基因编辑为底盘的技术改造层出不穷，这些技术各有各的特点。

第一节　基因组靶向修饰技术简介

一、基因组靶向修饰技术发展简史

基因组靶向修饰技术是指在基因组 DNA 的特定位置精确地改变 DNA 序列，如碱基的插入、缺失和 DNA 序列交换等，进而改变基因结构或功能的技术（Perez-Pinera et al., 2012）。基因靶向修饰技术可以追溯到 19 世纪 80 年代，Scherer 和 Davis 通过同源重组的方法，利用质粒将外源基因 DNA 成功整合到酿酒酵母基因组中，并使其在酵母体内表达，这一研究成果标志着基因组修饰技术的形成（Scherer et al., 1979）。随着标记基因的利用、同源重组转化子筛选系统的建立、同源重组效率的提高，基因靶向修饰技术逐渐成熟。1988 年，Paszkowski 等在烟草基因组中成功修复了预先人为引入的功能缺失的外源基因 *APHII*，揭开了植物基因组靶向编辑的序幕（Paszkowski et al., 1988）。1989 年，美国科学家 Mario Capecchi（马里奥·卡佩奇）、Oliver Smithies（奥利弗·史密斯）和英国的 Martin Evans（马丁·伊文思）利用胚胎干细胞在小鼠中实现了基因靶向编辑，并因此获得了 2007 年诺贝尔生理学或医学奖。

最早的基因组靶向修饰技术是归巢核酸内切酶（meganucleases）技术。归巢核酸内切酶技术是在内含子内切核酸酶（intron-encoded nucleases）和内含肽内切核酸酶（homing endonucleases）作用下进行位点特异性 DNA 切割和内含子序列整合，以达到改变 DNA 或 RNA 序列的目的。归巢核酸内切酶识别长度为 12~40 bp 的双链 DNA 序列，将目的序列先插入内含子，然后利用归巢核酸内切酶实现目的片段的基因组整合（Jacquier et al., 1985）。虽然该方法并不十分可靠，但证明了碱基配对在位点特异性基因组修饰中的可行性。与此同时，锌指蛋白识别特异 DNA 序列的特性被发现，由锌指蛋白与限制性内切酶 Fok I 的非依赖性核酸酶结构域融合而成的锌指核酸酶（zinc finger nucleases, ZFNs）系统应运而生，被称为第一代基因组靶向编辑技术（Kim et al., 1996）。ZFN 系统通过锌指结构域识别特异 DNA 序列，然后由 Fok I 的非依赖性核酸酶结构域在识别位点上产生切割。由于 ZFN 系统设计复杂，并且不同锌指模块的位置和次序会影响基因打靶的特异性，因此该技术并没有得到广泛应用。类转录激活子效应蛋白核酸酶系统（transcription activator-like effector nuclease, TALEN）是第二代基因组靶向编辑技术（Moscou et al., 2009）。TALEN 系统也是由 DNA 结合域与 Fok I 核酸酶活性域两部分组成。与 ZFN 系统相比，该系统使用成本低、效率高，但是由于其 DNA 结合域在设计和合成上都比较困难，因此限制了其在动植物体中的广泛应用。2012 年，利用细菌和古细菌的免疫防御系统，通过改造获得了以 RNA 为向导、由规律间隔成簇短回文重复序列（clustered regularly interspaced short palindromic repeats, CRISPR）及其相关基因（CRISPR-associated, Cas）组成的 CRISPR/Cas 系统，成为第三代基因组靶向编辑系统（Jinek et al., 2012）。与之前的基因编辑系统相比，CRISPR/Cas 基因编辑系统操作简便、使用高效，一经问世就被广泛应用。

二、基因组编辑技术的工作原理

基因组编辑技术的核心是利用序列特异性核酸酶在基因组特定位点产生 DNA 双链断裂（double-strand breaks, DSBs），进而诱导细胞启动 DNA 修复机制，而在修复过程中有一定概率的 DNA 序列改变。真核生物中 DSBs 的修复机制主要包括两种途径：非同源末端连接（non-homologous end joining, NHEJ）修复途径和同源重组（homologous recombination, HR）修复途径。NHEJ 是在没有模板 DNA 的情况下，通过末端连接将断裂的染色体重新连接。由于没有 DNA 模板，因此在修复过程中 DNA 断裂位置很容易发生核苷酸的插入或缺失，造成基因移码突变（knock-out）；HR 则是在 DNA 模板存在的情况下，细胞以同源 DNA 为模板进行合成修复，此修复过程中不易产生突变，但是在 DNA 断裂处可以产生一定概率的基因替换或者插入（knock-in）（Symington et al., 2011）。基于以上两种修复方式，利用基因组编辑系统就可以在基因组特定位点产生 DNA 片段的插入、删除、替换等，改变 DNA 序列。

（一）第一代基因组编辑技术：锌指核酸酶技术

锌指核酸酶（ZFN）基因编辑技术又名锌指蛋白核酸酶基因编辑技术。它由能识别特定 DNA 双链的锌指结构域与 Fok I 核酸酶具有序列非特异性核酸切割活性的结构域融合组成（图 5-1 A）。Cys2-His2（C2H2）锌指结构域是在真核生物中最常见的一种 DNA 结合基序，大约由 30 个氨基酸组成，形成保守的 ββα 结构。其 α 螺旋表面的几个氨基酸能够识别并结合 3 bp 特定的碱基序列。不同的锌指结构域识别不同的碱基序列，因此将不同的锌指结构域串联起来，就可以识别并结合一定长度的 DNA 序列。识别不同三联碱基的 64 种锌指结构域已有大部分被报道，因此根据需要识别的目标 DNA 序列，将锌指结构域进行模块化组装就能够达到识别特异 DNA 序列的目的。ZFN 系统的 DNA 结合域通常由 3~4 个 C2H2 锌指结构域串联而成，可以识别 9~12 bp 的碱基序列。该系统通常使用核酸限制性内切酶 Fok I 的 DNA 切割结构域，由于该 DNA 切割结构域与 DNA 链结合能力较弱，必须以二聚体的形式发挥作用以达到切割双链

DNA 的目的，因此 ZFN 系统需要针对 DNA 双链的碱基序列设计两个 DNA 结合结构域，来保证 Fok I 的 DNA 切割结构域形成二聚体并识别双链的同一位置，以达到高效切割 DNA 双链的目的。为确保 DNA 切割域拥有最佳的工作空间，这对核酸酶切割位点之间通常需要有 5~7 bp 间隔序列（Bibikova et al., 2003）。

2005 年，利用该系统在模式植物拟南芥中实现了对基因 *ADH1* 和 *TT4* 的定点突变，平均突变效率达 7.9%。所产生的 106 个突变中，有 83 个产生了 1~52 bp 的碱基缺失，14 个产生了 1~4 bp 的碱基插入，其余 9 个则兼具碱基的缺失与插入，其中大约 10% 的突变可以被遗传至下一代（Lloyd et al., 2005）。此后，该技术在大豆和玉米等作物中也成功实现了基因组编辑（Shukla et al., 2009; Curtin et al., 2011）。由于锌指核酸酶系统设计复杂，而且锌指结构域识别的 DNA 序列特异性相对较低，非特异性敲除的概率较高，在一定程度上制约了该技术在动植物中的广泛应用。

（二）第二代基因组编辑技术：类转录激活子效应蛋白核酸酶技术

类转录激活子效应蛋白核酸酶（TALEN）技术是主要由 DNA 结合域与核酸酶活性域两部分组成的基因编辑系统。典型的 TALEN 由一个包含核定位信号的 N 端结构域、一个典型的类转录激活效应子（transcription activator-like effector, TALE）的串联重复序列组成的 DNA 结合域以及 Fok I 核酸酶具有序列非特异性核酸切割活性的结构域组成（图 5-1B）。TALE 是植物病原菌黄单胞菌（*Xanthomonas* sp.）侵染植物时产生的一类效应蛋白，具有结合特异 DNA 的能力。TALE 蛋白的 DNA 结合域由 13~28 个串联重复单元组成，每个重复单元含有 33~35 个氨基酸（Moscou et al., 2009），其中仅第 12 和第 13 位氨基酸存在差异，其余的高度保守。这两个可变氨基酸的组合识别 4 种碱基，即天冬酰胺和甘氨酸（NG）识别胸腺嘧啶（T），组氨酸和天冬氨酸（HD）识别胞嘧啶（C），天冬酰胺和异亮氨酸（NI）识别腺嘌呤（A），天冬酰胺和天冬酰胺（NN）识别鸟嘌呤（G）（Boch et al., 2009）。因此，按照 DNA 序列将对应的 TALE 蛋白的重复单元串联组装就可以获得识别某一特定核酸序列的 TALEN。与 ZFN 系统一样，由于 Fok I 的 DNA 切割结构域与 DNA 链的结合能力较弱，所以必须以二聚体的形式发挥作用以达到切割双链 DNA 的目的。因此，为了在基因组特定靶位点造成切割，也需要在靶位点上下游各设计一个 TALEN，它们之间的间隔序列需要 12~21 bp（Li et al., 2011; Cermak et al., 2011）。

2011 年利用 TALEN 技术首先在斑马鱼和人类多能干细胞中成功实现了基因的定点突变（Hockemeyer et al., 2011; Huang et al., 2011）。2012 年对水稻枯萎病敏感基因 *Os11N3*（*OsSweet14*）的启动子区域进行成功编辑，获得的该基因启动子区域的突变破坏了细菌性病原菌分泌的效应蛋白在该基因上的结合位点，提高了水稻白叶枯病抗性

（Li et al., 2012）。与 ZFN 相比，TALEN 对靶点的切割效率相似，但是毒性比 ZFN 低，特异性和易用性都得到了一定的改善。但是由于一个 TALEN 重复单元仅能识别一个碱基，因此识别一定长度的 DNA 序列就必须携带很多重复单元，使其在大肠杆菌中的组装变得很困难，制约了该技术的应用。

（三）第三代基因组编辑技术：成簇的规律间隔的短回文重复序列及其相关基因（CRISPR/Cas）技术

CRISPR/Cas 基因组编辑技术是最近十几年迅速发展起来的基因编辑技术。超过 60% 的真细菌和 90% 的古细菌中存在 CRISPR/Cas 系统，是真细菌和古细菌抵御外来基因入侵的适应性免疫系统，主要通过外源基因片段转录产生的非编码 RNA 的引导去实施对外源基因的破坏。CRISPR/Cas 系统由 CRISPR 序列元件与 Cas 蛋白家族组成。其中 CRISPR 由一系列高度保守的重复序列（repeat）和间隔序列（spacer）相间排列组成（图 5-1C）。Cas 是 CRISPR 附近高度保守的 *Cas* 基因（*CRISPR-associated gene*）编码的 Cas 蛋白。Cas 蛋白具有类似于内切核酸酶、解旋酶、聚合酶和核苷酸结合蛋白的功能域，可以结合 DNA 序列并在特定位点进行切割（Godde et al., 2006；Sapranauskas et al., 2011）。

自然界存在的 CRISPR/Cas 系统多种多样，根据基因座排列和 *Cas* 基因核心元件序列不同，可将其分为 2 个大类、6 种类型及 20 多种亚型。第一大类 CRISPR/Cas 系统包括 Ⅰ、Ⅲ和 Ⅳ这 3 种类型，需要多个 Cas 蛋白才能完成对靶位点的切割；第二大类 CRISPR/Cas 系统包括Ⅱ、Ⅴ和 Ⅵ这 3 种类型，它们只需要一个 Cas 蛋白便可以完成对靶位点的切割。所有 CRISPR/Cas 系统都需要 Cas 蛋白和 CRISPR RNA（crRNA）共同发挥功能。虽然所有的 CRISPR/Cas 组合都具有识别和切割 DNA 的能力，但是属于Ⅱ型的 CRIPSR/Cas9 系统仅需要一个核酸酶 Cas9 和单个向导 RNA（single-guide RNA, sgRNA）就能够完成对特定 DNA 序列的识别和切割，方便易用，成为使用最多的基因编辑系统（Jinek et al., 2012）。

CRISPR/Cas9 基因编辑系统通过 sgRNA 与靶序列 DNA 碱基配对，招募 Cas9 蛋白识别并结合原型间隔序列相邻基序（protospacer adjacent motif, PAM）切割 DNA 双链并产生 DNA 断裂。sgRNA 是一种工程化的单一 RNA 分子，包含 crRNA 和 tracr RNA（trans-activating crRNA）两部分。sgRNA 通过碱基配对识别目标序列，该目标序列通常由 23 个碱基组成，其中前 20 个碱基能够与 sgRNA 进行互补配对，其 3′ 末端则包含了能够被 Cas9 蛋白识别的 PAM 基序。常用的化脓性链球菌 SpCas9（*Streptococcus pyogenes* Cas9）蛋白识别特定的 PAM 序列，5′-NGG-3′，其中“N”可以是任何碱基（Hsu et al., 2013）。Cas9 的核酸酶剪切活性取决于该蛋白的两个结构域：RuvC 和

HNH，其中 HNH 结构域切割与 crRNA 互补的 DNA 链，而 RuvC 结构域切割非互补链。Cas9 在 PAM 上游 3 nt 处切割双链 DNA，因此 Cas9 在目标序列上的切割位点由 sgRNA 和 PAM 共同决定（Jinek et al., 2012）。与 ZFN 和 TALEN 技术不同，CRISPR/Cas9 技术是基于 RNA–DNA 相互作用识别特异 DNA 序列，因此其靶标序列设计非常简单，它突出的易用性也使得其问世以来就在动植物中被广泛应用。但是 CRISPR/Cas9 系统对目标序列的识别仅通过核苷酸配对，个别核苷酸位点改变不会对该系统的编辑活性造成显著影响，因此该系统的特异性较第一和第二代基因编辑技术稍差，容易造成脱靶。

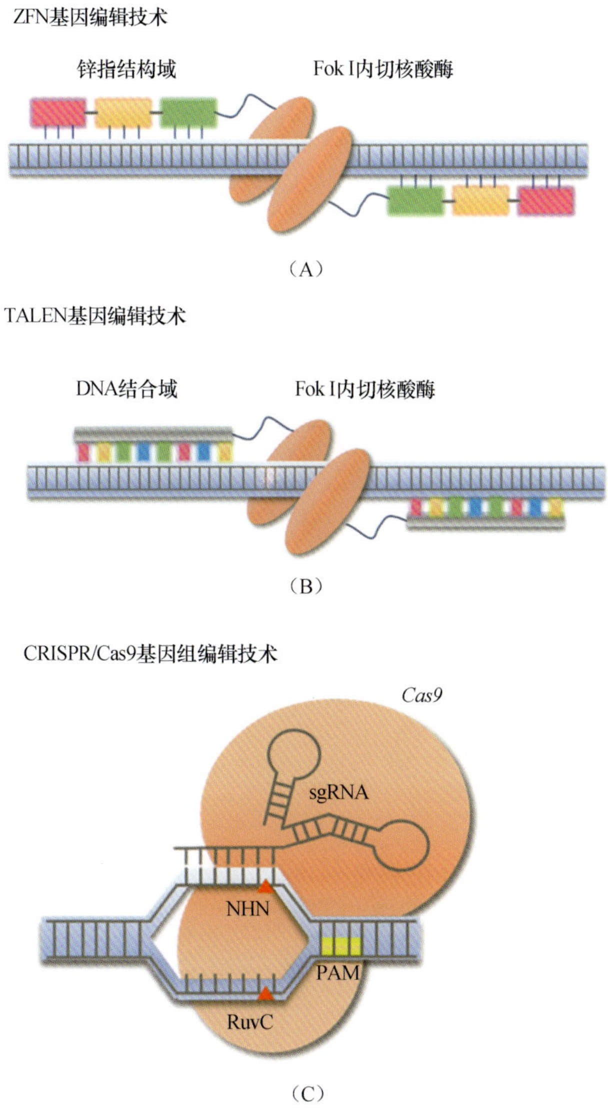

图5–1　基因编辑技术及其作用与原理

（四）CRISPR/Cas9 技术新策略

1. 单碱基编辑技术

单碱基编辑技术（base-editing）是利用 CRISPR/Cas9 系统实现单个碱基精准且高效替换的基因组编辑技术。单碱基编辑器由向导 sgRNA 和 Cas9 蛋白变体 Cas9 切口酶（Cas9 nickase, nCas9）或丧失切割活性的 dCas9（nuclease-dead Cas9）与核苷脱氨酶融合而成重组蛋白（图 5-2）（Adli, 2018）。Cas9 蛋白变体在 sgRNA 介导下与目标 DNA 结合并打开双链 DNA，形成一个长大约 11 bp 的单链 DNA R 环（R-loop）。尽管靠近 PAM 序列的 6 ± 2 nt 碱基被 Cas9 蛋白覆盖，但远离 PAM 的 R-loop 区的单链 DNA（ssDNA）能够被脱氨酶结合，导致脱氨酶在距离 PAM 序列远端的 4~7 位的编辑窗口内实现对特定碱基的替换（Komor et al., 2016）。

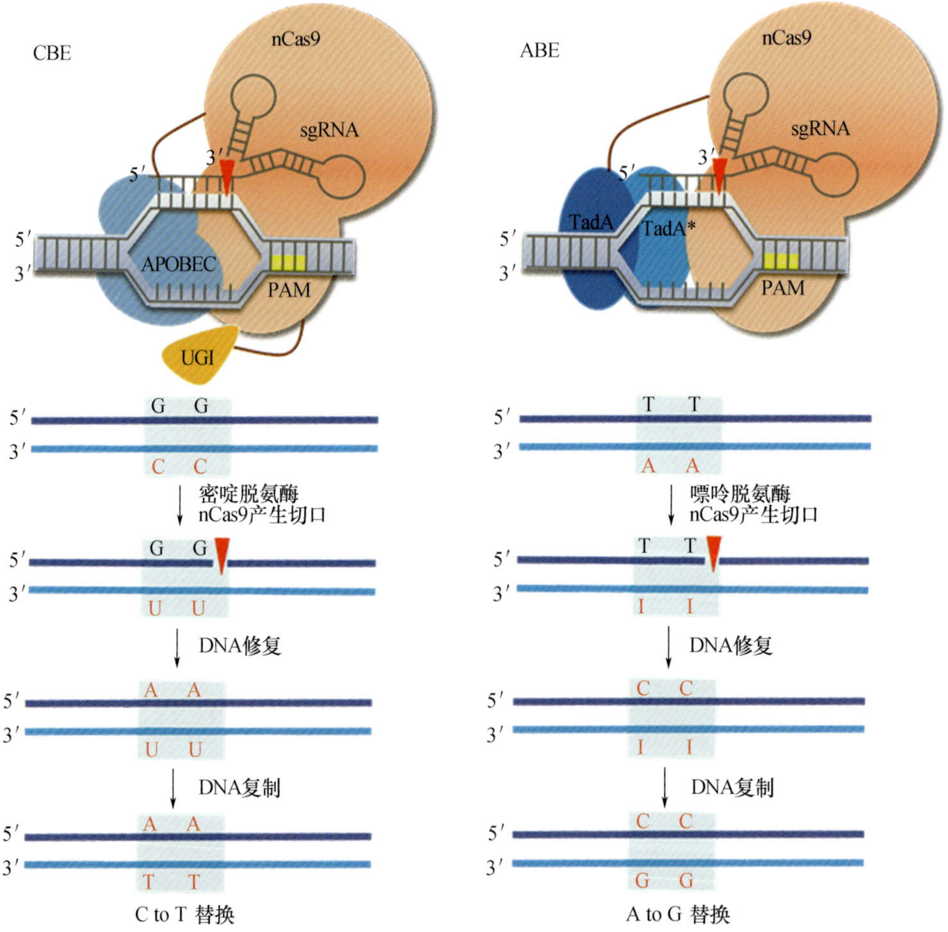

图5-2 单碱基编辑器及其工作原理

nCas9 是指位于 Cas9 蛋白 RuvC 结构域上的第 10 位天冬氨酸突变为丙氨酸，或者位于 HNH 结构域上的第 840 位组氨酸突变为丙氨酸（H840A）的 Cas9 蛋白变体。nCas9（D10A）只能在 sgRNA 靶 DNA 互补链上产生切口，而 nCas9（H840A）仅在靶向 DNA 链上产生缺口；dCas9（D10A/H840A）则是上述两个氨基酸都突变为丙氨酸的 Cas9 蛋白变体，只能识别并结合目标位点但并不能切割 DNA（Cong et al., 2013；Nishimasu et al., 2014）。利用 nCas9 和 dCas9，通过与不同核苷脱氨酶融合已开发出两类碱基编辑器：胞嘧啶碱基编辑器（cytosine base editors, CBE）和腺嘌呤碱基编辑器（adenine base editors, ABE）。CBE 催化 C–G 碱基对转换为 T–A 碱基对，而 ABE 则催化 A–T 碱基对到 G–C 碱基对的转换。目前，CBE 和 ABE 能够有效介导 C → T 和 A → G 碱基替换，并已在多种细胞和生物体中成功实现单碱基替换。

CBE 单碱基编辑器是利用胞嘧啶脱氨酶与尿嘧啶糖基化酶抑制子（uracil DNA glycosylase inhibitor, UGI）将胞嘧啶（C）的氨基去除，使胞嘧啶（C）变成尿嘧啶（U），然后在 DNA 复制过程中，将尿嘧啶（U）变成胸腺嘧啶（T）的编辑技术（Komor et al., 2016）。第一代 CBE 碱基编辑器 BE1（rAPOBEC1–XTEN–dCas9）是通过长 16 bp 的 XTEN 接头（XTEN linker）将大鼠胞苷脱氨酶 APOBEC1 与 dCas9 连接形成重组蛋白。BE1 可以将位于 PAM 序列上游 16~19 位（编辑窗口）的 C 改变为 U，在转录 RNA 时 U 被读作 T，完成碱基编辑。但是在细胞修复过程中，U 通常被认为是不正确的，尿嘧啶 N- 糖基化酶（UDG）会将其从 DNA 中删掉。由于另一条 DNA 链上对应的碱基仍为 G，根据碱基配对，U 被修改回 C 的概率很大，因此 BE1 虽然可以实现单碱基编辑，但是编辑效率很低（Komor et al., 2016）。第二代碱基编辑器 BE2（rAPOBEC1–XTEN–dCas9–UGI）是在 BE1 碱基编辑器的基础上将 UGI 与 APOBEC–XTEN–dCas9 融合。UGI 是来自枯草芽孢杆菌噬菌体 PBS1 的含有 83 个氨基酸的蛋白质，可以抑制嘧啶 N- 糖基化酶的活性，因此抑制将 U 从 DNA 链上移除，极大地提高了单碱基编辑效率。与 BE1 相比，BE2 在人体细胞中的编辑效率提升了大约 3 倍，最高达到了 20%。第三代碱基编辑器 BE3（rAPOBEC1–XTEN–nCas9–UGI）与 BE2 最大的不同是将 dCas9 蛋白换成了 nCas9（D10A）。nCas9 仅在 sgRNA 互补的 DNA 链上产生切口，而被编辑的 DNA 链保持完整。在 DNA 损伤修复过程中会优先修复被切断的单链，使得被编辑 DNA 链上的 U 保留的概率大大增加。BE3 的编辑效率较 BE2 提高了 2~6 倍，最高可以达到约 37%（Komor et al., 2016；Komor et al., 2017）。利用海鳗的胞苷脱氨酶 AID（activation–induced cytidine deaminase）和七鳃鳗的胞苷脱氨酶 CDA1 与 nCas9 融合而形成的 BE3 变异体 CDA1–BE3 和 AID–BE3 增加了编辑窗口的宽度及编辑活性。第四代碱基编辑器 BE4（rAPOBEC1–XTEN–nCas9–2UGI）是在 BE3 基础上通过融合 2 个 UGI，并将 APOBEC1–nCas9 和 nCas9–UGI 的接头长度延长而成的。BE4 表现出更高的编辑效率，同时 InDel 发生率减少了约 50%。将噬菌体蛋白 Gam 融合到 BE4 的氨基端（N 端），则可以进一步降低 InDel 发生率（Komor et al., 2017; Zong et al., 2017）。目前 CBE 基因编辑技术已经在小麦、水稻、玉米和番茄等植物中实现了单碱基突变（Shimatani et al., 2017；Zong et al., 2017）。

ABE 单碱基编辑器则是利用腺苷脱氨酶（TadA）将腺嘌呤（A）的氨基去掉，转换为次黄嘌呤（I）。DNA 复制过程中由于对 I 的切除修复并不敏感，I 就会被当作鸟嘌呤（G）进行读码复制，实现 A 到 G 的转换。ABE 也有很多版本，从最初的 ABE1.2 发展到 ABE7.10，编辑效率不断提高。ABE1.2 是第一代 ABE 碱基编辑器，由腺苷脱氨酶突变体 TadA*（D108N 和 A106V）与 nCas9 融合而成。该编辑器在哺乳动物细胞中的碱基编辑效率非常低。通过筛选具有不同氨基酸突变的 TadA*，并与 TadA 融合形成 TadA-TadA* 同源二聚体，显著提高了 ABE 碱基编辑器的效率。目前使用的四种高效的腺嘌呤碱基编辑器为 ABE 7.10、ABE 6.3、ABE 7.8 和 ABE 7.9，其中 ABE 7.10 的编辑效率最高，平均编辑效率可达 53%（Gaudelli et al., 2017）。不仅如此，通过使用 Cas9 蛋白不同变体扩大了 ABE 碱基编辑器在基因组上的靶向窗口（Liu et al., 2018）。ABE 单碱基编辑器已经在水稻、小麦等作物中实现了单碱基编辑（Lin et al., 2020）。

单碱基编辑器所识别的 PAM 序列以及编辑窗口（在 PAM 序列上游多少个碱基范围内能够造成碱基替换）的大小，对其在生物体内的高效利用非常重要。CBE 和 ABE 最早使用的是 spCas9 蛋白识别典型的 NGG PAM 序列。nxCas9 蛋白变体则可以识别 NG、GAA 或 GAT 等 PAM 序列（Hu et al., 2018）。Cas9 变体 VQR 和 VRER 识别基因组上 NGA 和 NGCG 序列，而 SaCas9 以及 SaKKHCas9 识别基因组上包含 NNGRRT 和 NNNRRT 的区域。同时，不同的 Cas 蛋白变体也决定了编辑窗口的大小。与 SpCas9 在 CBE 系统中编辑 4~8 位的碱基（PAM 远端从第 4 位到第 8 位的碱基）及在 ABE 系统中编辑 4~7 位的碱基的编辑窗口不同，SaCas9 通常支持更广泛的编辑窗口，其在 CBE 系统中的编辑窗口为 3~12 位，而在 ABE 中则为 4~12 位（Hua et al., 2019）。利用 Cas12a 衍生的 CBE 和 ABE 则可以实现 8~13 位的碱基编辑（Li et al., 2018; Kleinstiver et al., 2019）。

除了 Cas9 蛋白，脱氨酶的不同突变影响其酶活以及对碱基的亲和性，并会影响编辑窗口以及与不同序列的结合能力。例如，BE1 系统中的脱氨酶 APOBEC1 编辑的窗口是 4~8 位，而 CDA、AID 和 APOBEC3 家族成员（A3A, A3B, A3C, A3D, A3F, A3G, A3H, A3I）的编辑窗口都有所扩大（Nishida et al., 2016）。将 DNA 修复蛋白 Rad51 的单链 DNA 结合结构域融合到 Cas9 与脱氨酶之间获得的 hyBE4max 系统，极大地提高了 CBE 的编辑活性并拓宽了编辑窗口。在此基础上，脱氨酶 APOBEC3 家族 A3A 的使用使 hyA3A-BE4max 系统的编辑窗口进一步扩大，活性也更高。该系统能够更高效地识别 TC 碱基模块中的胞嘧啶，却不会引起其他胞嘧啶的突变。与之相反，编辑窗口变窄则可以提高单碱基编辑的准确性。利用 APOBEC1 的 YE1、YE2、EE、YEE、R33A 和 R33A/R34A 等突变体都显著降低了 DNA 脱靶风险（Doman et al., 2020；Zuo et al., 2020）。

通过优化 Cas 变体和脱氨酶开发的一系列单碱基编辑器为其在生物体内的应用提供了很多可能，但是如何选择单碱基编辑器呢？需要考虑的因素主要有以下几个方面：拟突变碱基特征、PAM 序列、相邻碱基序列特征（nucleotide context）、编辑窗口、脱靶效率以及可编辑序列的特异性。一是根据拟突变的碱基进行编辑器选择。如果需要将碱基 C-G 突变为 T-A，CBE 碱基编辑器最为合适，而 A-T 到 G-C 的转换则需要选择 ABE 碱基编辑器。二是根据需要突变的碱基位置，选择合适的 PAM 序列。不同的 PAM 序列由 Cas9 蛋白及其变体识别，因此确定了可用的 PAM 序列，就需要选择对应的能够识别该 PAM 序列的 Cas9 蛋白及其不同变体。三是通过分析目的碱基相邻的 DNA 序列以及不同的脱氨酶及其变体对 DNA 序列识别和结合能力等特征，确定合适的脱氨酶或脱氨酶变体。最后，根据 Cas9 蛋白及变体、不同的脱氨酶及其变体的特性，选择具有不同编辑窗口、不同 DNA 序列特异性的核酸酶和脱氨酶的组合。最终合适的 Cas 蛋白及变体、脱氨酶及变体，以及合适的连接序列决定了在什么位置、多大的编辑窗口和对哪些碱基能够进行精确突变。

2. 双碱基编辑技术

双碱基编辑技术是指将胞嘧啶脱氨酶和腺嘌呤脱氨酶同时与 nCas9（D10A）融合，实现 C → T 和 A → G 双碱基高效转换的基因编辑技术。双碱基编辑技术突出的优点是可以实现同靶标位点相邻的两个碱基 CA 到 TG 的高效率转换（图 5-3）。此外，双碱基编辑器的编辑窗口更宽，但脱靶效应显著降低。目前已经开发的双碱基编辑器包括 A&C-BEmax（Zhang et al., 2020c）、Target-ACE/Target-ACEmax/ACBEmax（Sakata et al., 2020）和 SPACE（synchronous programmable adenine and cytosine editor）（Grunewald et al., 2020）双碱基编辑器，在人类细胞和哺乳动物细胞中实现了相邻 CA 碱基的编辑。STEMEs（saturated targeted endogenous mutagenesis editors）则是在植物中被成功应用的双碱基编辑器（Li et al., 2020a）。

A&C-BEmax 双碱基编辑器是将大鼠胞苷脱氨酶 APOBEC1 或海鳗的胞苷脱氨酶 AID 与腺苷脱氨酶 TadA 融合在 nCas9 的 N 端形成 APOBEC1/AID-TadA-TadA*-nCas9-UGI-UGI 重组蛋白。在 HEK293T 细胞中，A&C-BEmax 碱基编辑器编辑窗口可以从 3~10 位扩展到 2~17 位。特别是在 7~17 位，其编辑活性较单碱基编辑器 AID-BE4max 提高了 1.9~14.0 倍，相邻两个碱基 CA 同时突变的效率最高可达 30%（Zhang et al., 2020c）。Target-ACEmax 双碱基编辑器是将腺苷脱氨酶 TadA 融合到 nCas9 蛋白 N 端并将七鳃鳗的胞苷脱氨酶 CDA1 融合在 nCas9 蛋白的 C 端形成的 TadA-TadA*-nCas9- CDA1-UGI 重组蛋白，在哺乳动物细胞中成功实现了 AC 的同时突变，C 的平均编辑效率最高可达 50%，A 可达 40%（Sakata et al., 2020）。SPACE 双碱基编辑器的设计和 Target-ACEmax 很像，是将腺苷脱氨酶 TadA 变体和胞嘧啶脱氨酶 PmCDA1 分别融合在 nCas9 蛋白的 N 端或 C 端形成 TadA-TadA*-nCas9- PmCDA1-UGI 重组蛋白。与 Target-ACEmax 不同，其 N 端融合的是变异的 TadA 变体，比 TadA-TadA 双体要小。在 HEK293T 细胞中，SPACE 在 25 个测试靶点中 18 靶点的 AC 同时突变的效率高达 15%（Grunewald et al., 2020）。STEMEs 是植物中的双碱基编辑器，类似于 A&C-BEmax，也是将胞苷脱氨酶 APOBEC3A 和腺苷脱氨酶 ABE7.10 融合在 nCas9 的 N 端，形成 APOBEC1-TadA-TadA7.10-nCas9-UGI-UGI 重组蛋白。STEME 在水稻原生质体中 C → T 突变效率高达 61.61%，双碱基同时突变的效率也达到 15.50%。利用识别 NGPAM 序列的 Cas9-NG 变体开发的植物 STEME-NG 双碱基编辑器，仅需要 20 个 sgRNA 就能够实现对 *OsACC* 编码 56 个氨基酸的序列的近饱和突变（Li et al., 2020a）。由此可见，双碱基编辑系统可以实现靶向序列的随机突变，极大地扩展了碱基编辑器的应用范围。

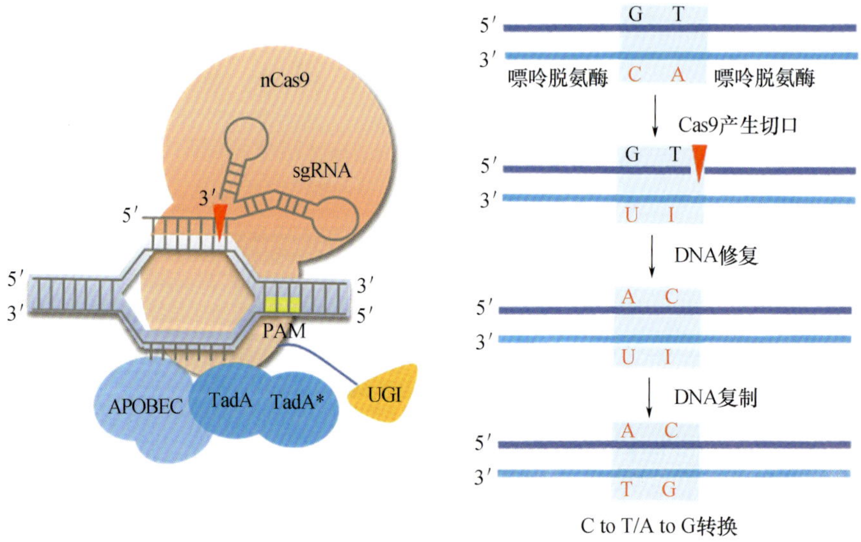

图5-3 双碱基基因编辑器及其工作原理

3. 引导编辑技术

引导编辑（prime editing，PE）是不依赖 DNA 双链断裂（DSB）和 DNA 模板，在靶标位点实现 12 种碱基之间的转换（C → T、C → A、C → G、G → T、G → A、G → C、

A → T、A → G、A → C、T → A、T → C 和 T → G），或者将一定长度的 DNA 片段插入或删除的基因编辑技术（Anzalone et al., 2019）。引导编辑是一种基于“搜索和替换”（search-and-replace）的基因组编辑方式（图 5-4）。其搜索功能由改造的向导 RNA，pegRNA（prime editor guide RNA）来执行。pegRNA 由向导 sgRNA 以及 3′ 端的引物结合位点（primer binding site，PBS）和转录模板序列（RT template）组成（Anzalone et al., 2019）。替换功能则由 nCas9（H840A）和野生型莫洛尼鼠白血病病毒（M-MLV）逆转录酶融合而成的蛋白来完成。nCas9 在 sgRNA 序列指引下，切割目标 DNA 链，然后 pegRNA 3′ 端的 PBS 可以与切割断点前的互补序列识别配对，逆转录酶 M-MLV 以 pegRNA 上 PBS 序列人工设计的转录模板序列为模板进行逆转录，将目标序列直接合成到产生切口的 DNA 链上。逆转录后，新合成的编辑 DNA 链的 3′ 端会出现一个自由摆动的 DNA 切口链（3′DNA flap），该链与 5′ 端包含原有 DNA 序列的自由摆动 DNA（5′DNA flap）同时存在。5′DNA flap 可以被具有 5′ 核酸内切酶和 5′ 核酸外切酶活性的蛋白切除，含有编辑序列的 3′DNA flap 就有一定概率在 DNA 复制后被保留下来。

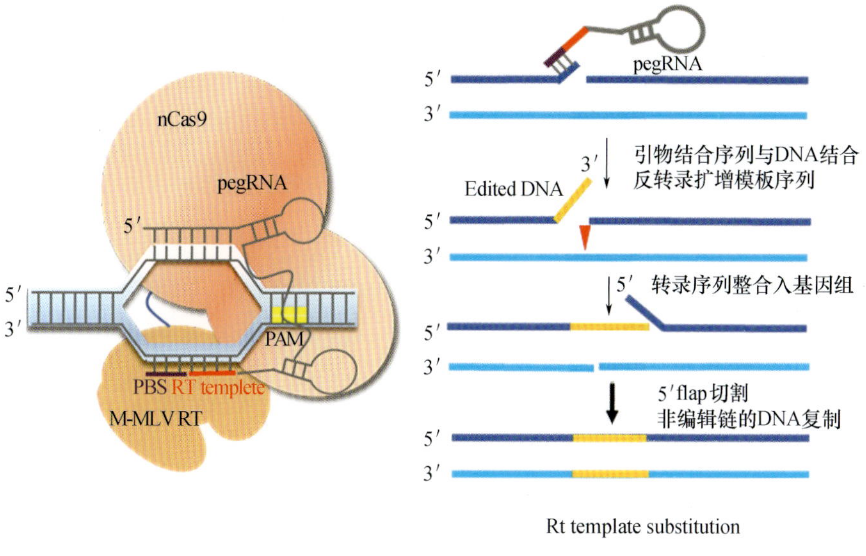

图5-4　引导编辑器及其工作原理

第一代引导编辑器 PE1 的编辑效率很低。第二代引导编辑器 PE2 使用具有五个突变位点的 M-MLV 逆转录酶替代了野生型 M-MLV 逆转录酶。通过提高逆转录酶的活性，将编辑效率提高了约 3 倍。PE3 作为第三代编辑器，在 PE2 的 pegRNA 中引入另外一个 sgRNA。该 sgRNA 以非编辑链为靶标序列，引导 nCas9 在该链上产生切口。这个缺口的存在使得 DNA 复制过程中优先以完整的、编辑后的 DNA 链为模板进行复制，编辑信息得以更多保留（Chen et al., 2021）。twinPE（twin prime editing）编辑器也是由两个 sgRNA 组成。每个 sgRNA 指导编辑蛋白在基因组两个靶位点的 DNA 单链上产生缺口，随后合成包含所需序列两条新的互补 DNA 链（Anzalone et al., 2022）。利用 twinPE 编辑器，能够实现较长（约 800 bp）DNA 片段的插入、替换或删除。但是该技术编辑对长度超过 100 bp 的 DNA 片段的编辑效率仍然很低。新开发的 PRIME-Del 和 PEDAR（PE-Cas9-based deletion and repair）引导编辑系统成功实现了长 DNA 片段的删除，编辑效率也显著提高（Choi et al., 2022；Jiang et al., 2022a）。

影响引导编辑效率的因素很多，主要包括逆转录酶的活性、pegRNA 中引物结合序列和转录模板序列等。除了改造逆转录酶以提高编辑活性外，引物结合序列和转录模板序列的设计也非常重要。有效的引物结合序列为 8~15 nt，而转录模板序列的最佳长度通常为 10~20 nt。这两条序列的选择仍然是以经验为主，序列的 GC 含量、一级序列基序和二级结构都会对其效率产生影响。虽然引导编辑器已经在人类细胞系统、人类多能性干细胞、小鼠皮层神经元、小鼠胚胎及多个哺乳动物细胞中进行成功应用，但是不同生物体内的编辑效率依旧存在较大差异。由于植物与动物 DNA 损伤修复机制不同，因此植物引导编辑的效率非常低，一定程度上制约了该技术在植物中的应用。

4. CRISPR/Cas9 基因编辑技术的其他应用

1）CRISPR/dCas9 介导的基因靶向激活（CRISPR activation, CRISPRa）

CRISPR activation（CRISPRa）是利用 dCas9 蛋白变体不具有核酸酶活性，但可以在 sgRNA 引导下与特异 DNA 序列结合的能力，通过与转录激活结构域融合形成重组蛋白，激活靶标位点基因转录的编辑系统（图 5-5）。通常使用的转录激活结构域为 VP16，以及由不同拷贝的 VP16 组成的激活结构域 VP64、VP160 和 VP192。转录激活结构域拷贝数的增加可以显著提高激活效率。将转录激活结构域 VP64 等或 NF-κB 的 p65 激活结构域与 dCas9 蛋白 C 端融合而成的 dCas9-VP64 和 dCas9-p65 重组蛋白在真核细胞中激活基因转录，并使转录水平增加 12~15 倍（Chavez et al., 2015）。在烟草中，利用 VP64 或 AP2/ERF 转录因子转录激活结构域 EDLL 和 TAL 可以激活报告基因和内源基因的表达（Piatek et al., 2015）。此外，多个转录激活结构域共同作用也可以显著增加转录激活效率。由 VP64、p65AD 和爱波斯坦 - 巴尔（Epstein-Barr, EB）病毒 R 反式激活因子（Rta）组成的激活模块 VPR 具有较 dCas9-VP64 更高的转录激活活性（Chavez et al., 2015）。由 6 个拷贝的 TAL（TALE TAD）转录激活结构域和 2 个拷贝的 VP64 组成的 TV 激活模块，也表现出更高的转录激活活性（Li et al., 2017）。

"SunTag" 激活系统则是通过将 10 个 GCN4 抗原多肽链与 dCas9 融合，并利用单链可变区片段抗体（single-chain variable fragment，SCVF）将 GCN4 与多个 VP64 融合，然后将串联重复的 VP64 激活结构域招募至靶标基因启动子区域激活基因转录。在人类细胞中，利用该系统成功将低表达基因 *CXCR4* 的转录水平提高了 10~50 倍（Tanenbaum et al., 2014）。SAM（synergistic activation mediator）系统则模拟了体内转录因子与协同调控因子共同操纵基因表达的过程，利用两个激活复合体使转录激活效率得到进一步提高。该系统一部分包括 dCas9-VP64 重组蛋白和 sgRNA-MS2 hairpin（MS2 hairpin 可识别并结合 MS2），另一部分为 MS2-p65-HSF1（human heat-shock factor 1）重组蛋白。MS2 可以被 MS2 hairpin 招募到靶标位点，VP64 与 p65 组成协同激活中间体促进基因转录。利用 SAM 系统显著提高了之前难以被激活的 12 个基因的转录，证明了该系统在转录激活调控中的高效性。CRISPR-Act3.0 是最近开发的植物中的高效激活系统。该系统将 dCas9 与 VP64 融合，其偶联的 gR2.0 包含两个 MS2 RNA 适体，用于招募更多与 SunTag 融合的 MS2 噬菌体外壳蛋白，从而在植物中实现多重基因激活（Zhang et al., 2015；Pan et al., 2021）。

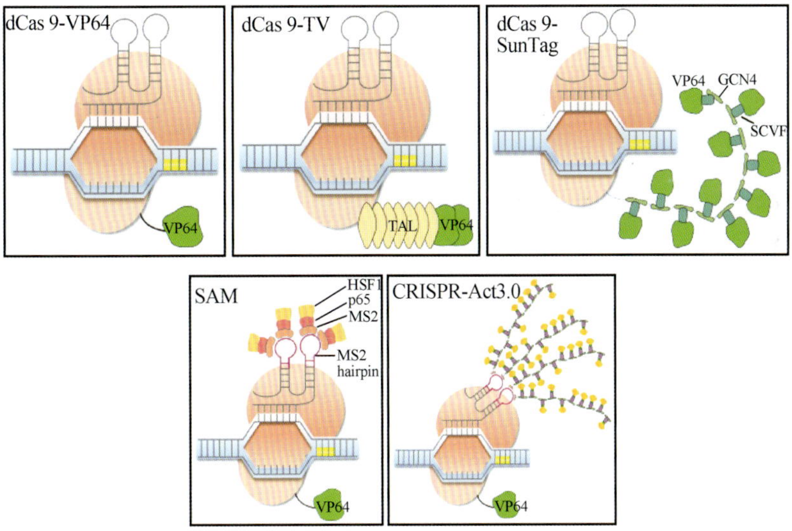

图5-5　CRISPR/dCas9介导的基因靶向激活

2）CRISPR/dCas9 介导的基因靶向抑制 CRISPR interference（CRISPRi）

CRISPR interference（CRISPRi）的工作原理与 CRISPRa 相似，也是利用 dCas9 蛋白变体只结合 DNA 但不切割 DNA 链的特性，将转录抑制结构域与之融合形成重组蛋白，并在 gRNA 的引导下结合到靶标基因的转录起始位点，阻断特定基因的转录，抑制基因表达（Larson et al., 2013）。目前，多种转录抑制结构域，如 HP1α 的 chromo shadow（CS）结构域、Hes1 的 Trp-Arg-Pro-Trp（WRPW）结构域、KOX1 的 krüppelassociated box（KRAB）结构域和 Max-interaction 结构域（Mix）在酵母和哺乳动物细胞中得到成功应用。其中 dCas9-KRAB 重组蛋白在真核细胞中可以同时抑制多个内源基因的表达，表现出稳定的转录抑制效应（图 5-6 A）（Thakore et al., 2015）。利用该系统在真核细胞中可以同时抑制多个内源基因的表达。而在植物中使用 SUPERMAN Repression Domain X（SRDX）结构域与 dCas9 融合形成的重组蛋白 dCas9-3X SRDX 和 dCas9-SRDX 也实现了特定基因的转录抑制（Lowder et al., 2017）。

3）CRISPR/dCas9 介导的靶向表观修饰

基因组的表观修饰包括 DNA 甲基化和组蛋白甲基化、乙酰化及泛素化等多种修饰方式。染色质特定区域不同的表观修饰状态和修饰水平影响基因的表达（图 5-6 B）。利用 dCas9 与表观修饰蛋白融合，在 gRNA 的介导下通过改变染色体特定区域的表观修饰状态，可用于研究染色质表观修饰、基因表达和表型之间的关系。

胞嘧啶甲基化酶 3A（DNA methyltransferase 3A，DNMT3A）是 DNA 甲基化酶与 dCas9 的 C 端融合的 dCas9-DNMT3A 重组蛋白，可以使 sgRNA 结合位点附近的 DNA 甲基化升高。利用 SunTag 系统的信号放大功能所建立的 dCas9-SunTag-DNMT3A 系统，在目标区域实现了更高效的 DNA 甲基化修饰（Huang et al., 2017）。与另外一个甲基化酶 DNMT3L 融合形成的 dCas9-DNMT3A-DNMT3L 重组蛋白能够在基因组更大范围对 DNA 进行甲基化修饰（Stepper et al., 2017）。而将 DNMT3A-DNMT3L 和 KRAB 分别融合于 dCas9 的 N 或 C 末端开发的新型表观遗传编辑器 Crispr-off，可以使基因转录抑制的效果持续 50 d 以上，并在 HeLa 等细胞系中实现了内源基因长期稳定的沉默（Nuñez et al., 2021）。与之相反，利用 DNA 去甲基化酶则可以降低特定区域的 DNA 甲基化修饰水平。dCas9 与人类去甲基化酶 Ten-Eleven Translocation1（TET1cd）融合组成的 dCas9-TETcd 和 dCas9-SunTag-TET1cd 能够降低靶标附近 DNA 甲基化水平，从而激活靶标基因的表达（Choudhury et al., 2016; Gallego-Bartolome et al., 2018）。

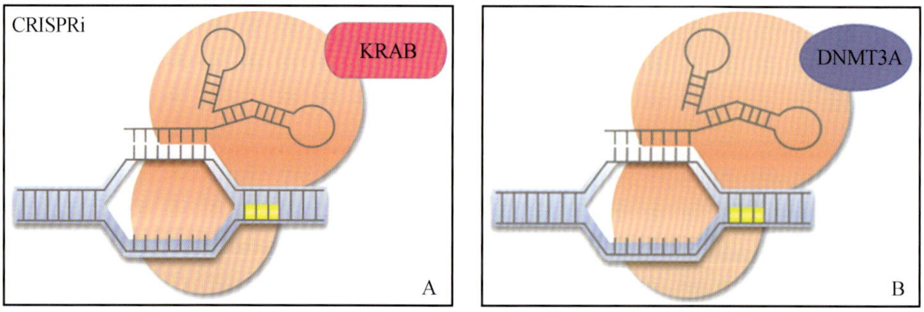

图5-6　CRISPR/dCas9介导的基因靶向抑制和表观修饰

通过 CRISPR/dCas9 系统将不同的组蛋白和修饰蛋白引导至靶标序列位置，可以实现对目标区域结合的组蛋白进行修饰，调控基因转录。例如，将乙酰转移酶 p300 的核心域 p300core（p300 core domain）与 dCas9 融合，能够将靶标位置结合的组蛋白 H3 第 27 位赖氨酸修饰上乙酰基（H3K27ac），从而使靶标位点保持活跃的染色质状态（Hilton et al., 2015）。而将组蛋白 H3 第 4 位赖氨酸甲基转移酶（PRDM9）的 SET 结构域和 PRC2（Polycomb repressive complex 2）复合体的催化亚基 EZH2 与 dCas9 的 N 端融合，可以增加启动子上结合的组蛋白 H3 第 4 位赖氨酸三甲基化（H3K4me3）和第 27 位赖氨酸三甲基化（H3K27me3）的水平，从而使靶标基因保持激活或抑制的组蛋白修饰状态。

三、基因编辑技术的优势

由于基因编辑技术具有精确靶向基因组特定位点的特征，短短十几年时间，基因编辑技术及相关领域更是取得了革命性发展，特别是 CRISPR/Cas9 技术。基因编辑技术良好的靶向性、高效性较其他技术具有明显的优势。

1. 安全性高

基因编辑技术自问世以来，尤其是近年来 CRISPR/Cas9 技术的广泛应用，关于其脱靶及伦理等安全性的争议与挑战也被热议。虽然 CRISPR/Cas9 进行基因组编辑时存在一定的脱靶风险，但是与传统获得 DNA 突变的方法相比，CRISPR/Cas9 系统在安全性方面的优势依旧明显。首先，由于基因编辑造成 DNA 改变，在没有转化载体存在的情况下，依旧可以稳定遗传，因此与传统的转基因不同，整合在基因组上的带有核酸酶的转化载体可以通过后代自交分离出去，获得没有转基因痕迹的遗传材料，大大降低了载体随机插入可能带来的安全风险。其次，基因编辑在引导 RNA 作用下所造成的 DNA 序列突变具有序列特异性，大大减少了化学、物理诱变和转基因插入等基因组随机突变可能带来的负面影响。最后，CRISPR/Cas9 基因编辑系统的优化大幅度降低了基因编辑带来的脱靶风险，进一步提高了编辑精确性。

2. 靶向性高

基因编辑技术利用高效的核酸酶在基因组特定位置上造成 DNA 断裂，并在 sgRNA 的引导下，通过识别 PAM 序列靶向基因组特定 DNA 位点进行编辑。与以往通过物理或化学手段获得基因突变不同，基因编辑技术基本可以做到“指哪打哪”。不仅如此，CRISPR/Cas9 基因编辑系统还能够对多个基因进行同时突变，提高了多基因控制的复杂性状的研究效率，为复杂性状研究提供了高效的技术手段；基因编辑系统实现了特定位置的单碱基编辑和对特定序列的引导编辑，在靶点位置实现单碱基替换、颠换和小片段插入、缺失，成功实现基因组精准编辑；通过同源重组实现外源 DNA 片段的定点插入和同源片段的替换。因此，基于基因编辑系统优异的靶向性，该技术的应用推动了对复杂性状、数量性状及基因功能的研究，极大提高了作物性状改良中基因的利用效率。

3. 易用且成本低

CRISPR/Cas9 基因编辑系统仅需要在细胞内表达一个或多个 20 nt 长的 sgRNA 和一个核酸酶 Cas9 就可以实现对一个或多个基因的定点突变。植物中所使用的基因编辑载体多是将 sgRNA 和核酸酶两部分整合在一个载体上，然后通过合适的途径将其递送进细胞就可以实现对特定 DNA 的编辑，操作简单；通过对目标 DNA 序列进行扩增和测序就可以快速确定突变发生位置和类型，后代验证非常方便；对特定序列的精确编辑可以将目的序列变异与表型直接对应起来，大大减少了群体样本筛选的数量，提高了基因功能判断的效率和准确性；基因编辑能够通过编辑特定基因实现对目的性状的定向改良，并不受连锁累赘的影响，极大地节省了育种的时间和成本，从而提高了育种效率。

第二节　番茄的基因组编辑技术

番茄是重要的蔬菜作物，也是鲜食果实发育的模式作物。2014 年，利用 CRISPR/Cas9 基因编辑技术对番茄 *AGO7* 等基因进行编辑，获得了稳定遗传的突变体，从此 CRISPR/Cas9 基因编辑技术在番茄基因功能研究、性状改良和从头驯化中发挥了重要作用（Brooks et al., 2014）。目前，在番茄中已经开发了多种 CRISPR/Cas9 基因编辑体系，实现了单基因和多基因的高效突变，包括外源或内源 DNA 序列的插入和替换以及部分单碱基的转换等。

一、番茄基因组编辑技术体系

（一）基因敲除

基因敲除（knock-out）体系主要是在 sgRNA 介导下，核酸酶结合至靶标位点切割双链 DNA，然后在通过末端连接方式进行 DNA 修复过程中，在目标序列中产生碱基的插入或缺失，造成基因移码突变或者提前终止，最终导致基因功能丧失的基因编辑技术体系（Pan et al., 2016）。2014 年，利用 TALEN 基因编辑技术成功敲除了赤霉素信号通路中的一个负调控基因 *PROCERA*，获得了赤霉素不敏感的番茄突变体（Lor et al., 2014）；利用 CRISPR/Cas9 基因编辑系统成功获得了 *SlAGO7* 编码区不同碱基序列缺失的番茄编辑植株，导致 *SlAGO7* 功能丧失。T_0 代编辑植株就表现出叶片针状和丛生等 *SlAGO7* 突变表型（Brooks et al., 2014）。目前，CRISPR/Cas9 基因编辑技术已经在番茄中被广泛用于基因功能研究，并成为番茄基因敲除最为有效的手段。

和其他植物中使用的 CRISPR/Cas9 基因编辑系统相似，番茄中使用的载体也包括 Cas9 和 sgRNA 两部分，并通过农杆菌介导的转基因体系进行递送。Cas9 可以在一个 sgRNA 或多个 sgRNA 的引导下靶向基因组中一个或多个目的基因并对其进行编辑，也可以在一个 sgRNA 引导下靶向基因组中同源基因的相同序列，使多个同源基因突变。而当多个 sgRNA 靶向同一个基因的不同 DNA 区域时，可以造成该基因 DNA 序列的多种变化，其中包括大的 DNA 片段缺失（Swinnen et al.,2020）。在番茄中 2 个 sgRNA 靶向 *SlAGO7* 基因编码区不同位置，编辑后代中约 50%T_0 代植株在该基因上为纯合突变，并有较大片段发生 DNA 缺失（Brooks et al.,2014）。利用 sgRNA 靶向番茄类胡萝卜素代谢途径中的 5 个重要合成基因所获得的不同基因组合的多突变体，抑制了番茄红素向 β－胡萝卜素和 α－胡萝卜素的转化，获得了高番茄红素番茄材料。而将靶向番茄中数十个 *LRR–RLK* 基因的 sgRNA 混合后转入番茄，获得了不同 *LRR–RLK* 基因突变的突变体，最多的突变体同时携带了 5 个突变的 *LRR–RLK* 基因（Jacobs et al.,2017）。利用靶向不同的 sgRNA 可以在番茄中实现一个、多个或者多位点的编辑。

（二）单碱基编辑

在番茄中，利用胞苷碱基编辑器（CBE）和腺苷碱基编辑器（ABE）已经实现了从 C 到 T 和从 A 到 G 的转换。利用 CBE 对番茄 *DELLA*（*Solyc11g011260*）和 *ETR1*（*Solyc12g011330*）基因目标位置的单碱基进行编辑，在 T_0 和 T_1 编辑后代中都检测到一定比例的胞嘧啶（C）到胸腺嘧啶（T）的替换（Kashojiya et al., 2022）。利用番茄内源 *EF1α* 启动子驱动腺苷脱氨酶和 nCas9 的重组蛋白，实现了 ABE 编辑器在番茄基因组中高效腺嘌呤碱基编辑。同时利用该启动子驱动 NG 和 XNGPAM 的 nCas9 变体在番茄基因组的更多位置实现了单碱基编辑（Niu et al.,2021）。但是，单碱基编辑器在番茄中的编辑效率仍比较低，需要进一步优化。

（三）同源重组

同源重组（knock–in）基因编辑技术是依赖细胞同源重组机制，将等位基因替换或将新的DNA序列定点插入到基因组上的基因编辑技术。Cermak等利用大豆双生病毒黄矮病病毒（BeYDV）复制元件将含有35S启动子的DNA片段在番茄体内大量复制，并通过TALEN或者CRISPR基因编辑体系将包含35S启动子的DNA片段整合到花青素合成通路关键基因*ANT1*上游，使*ANT1*基因在番茄中过量表达，实现了目标片段在番茄基因组特定位点的重组插入，所获得的216个转化体中，有19个转化后代植株呈紫色（Cermak et al., 2015）。而Dahan-Meir等利用植物双生病毒复制子和CRISPR/Cas9基因编辑系统也成功将番茄类胡萝卜素异构酶（*CRTISO*）基因一段长度为3 796 bp的DNA片段重组插入到具有281 bp缺失的*tangerine*突变体中，在番茄中实现了同源DNA片段的重组替换。所获得的重组后代果实呈红色，互补了由于*CRTISO*基因突变造成的*tangerine*突变体的黄色果实表型（Dahan-Meir et al., 2018）。利用同样的方法，Danilo等将带有不同氨基酸突变的抗除草剂*ALS1*基因同源重组至番茄基因组上获得了无转基因标记的抗除草剂番茄材料（Danilo et al., 2019）。利用核酸酶Cas12a将耐盐基因*HTK1.2*整合到番茄基因组中获得了无转基因标记的可遗传的耐盐番茄材料（Vu et al., 2021）。虽然通过同源重组在番茄中实现了目标片段的插入和替换，但重组效率不高，制约了其在番茄中的应用。

（四）引导编辑

优化nCas9（H840A）的密码子，并在番茄*RPS5A*基因启动子驱动下，实现了对番茄基因组多个位点的引导编辑（Lu et al., 2021b）。

对组培过程中产生的280株再生嫩芽测序鉴定发现，不同位点的有效编辑效率为0.025%~1.660%。而在稳定转化后代中，实现了*ALS2*目标位点两个碱基的精准替换，编辑效率可达6.7%（Lor et al., 2014）。在*PDS1*位点上实现了两个碱基的精确插入，编辑效率约为3.4%（Lu et al., 2021b）。

二、番茄的基因编辑载体

番茄中基因编辑载体需要通过农杆菌介导的转基因方式将其递送进入番茄细胞。为了方便递送，通常将Cas9蛋白编码区和sgRNA组装在一个载体上，因此番茄基因编辑载体主要包括两部分：核酸酶Cas9蛋白或者其蛋白变体的编码区和带有目标序列的单链sgRNA。Cas9蛋白活性影响编辑效率，因此需要根据不同物种密码子偏好性对编码Cas9蛋白的DNA序列进行密码子优化。目前番茄中使用的Cas9编码序列是根据玉米、水稻或人的密码子偏好性优化的序列而来，它们在番茄中都能够正常发挥核酸酶的功能。由于Cas9蛋白水平也是影响其编辑效率的关键因素，因此需要用强启动子来驱动*Cas9*基因的表达。番茄中使用的启动子主要包括烟草花叶病毒35S启动子，以及番茄内源基因 *ANT1*、*EF2*、*EF1α* 和 *UBIQUITIN* 的启动子。番茄中使用的 sgRNA 也由两部分序列组成。一部分位于 sgRNA 的 5′ 端，是一段长 20 nt 的 RNA 序列，该序列和靶标 DNA 序列互补；另一部分是位于其 3′ 端的一段具有茎环结构的支架序列。该序列和 Cas9 蛋白带正电的凹槽相互作用形成核糖核蛋白复合物，将 Cas9 蛋白带到目标序列区域。载体中 sgRNA 的支架序列相对固定，而用于引导的 5′ 端序列则需要根据目的序列进行设计。sgRNA 水平和编辑效率相关，因此在细胞内需要维持较高水平的 sgRNA 以高效地引导 Cas9 蛋白到达目的序列。番茄基因编辑载体中多使用拟南芥和番茄的 U6 启动子在番茄体内来达到高表达 sgRNA 的目的。目前在番茄中已经成功应用的 CRISPR/Cas9 基因编辑载体包括：单靶点基因编辑载体、多靶点基因编辑载体、ABE、CBE、引导编辑载体和同源重组载体。具体的载体信息见图 5-7。

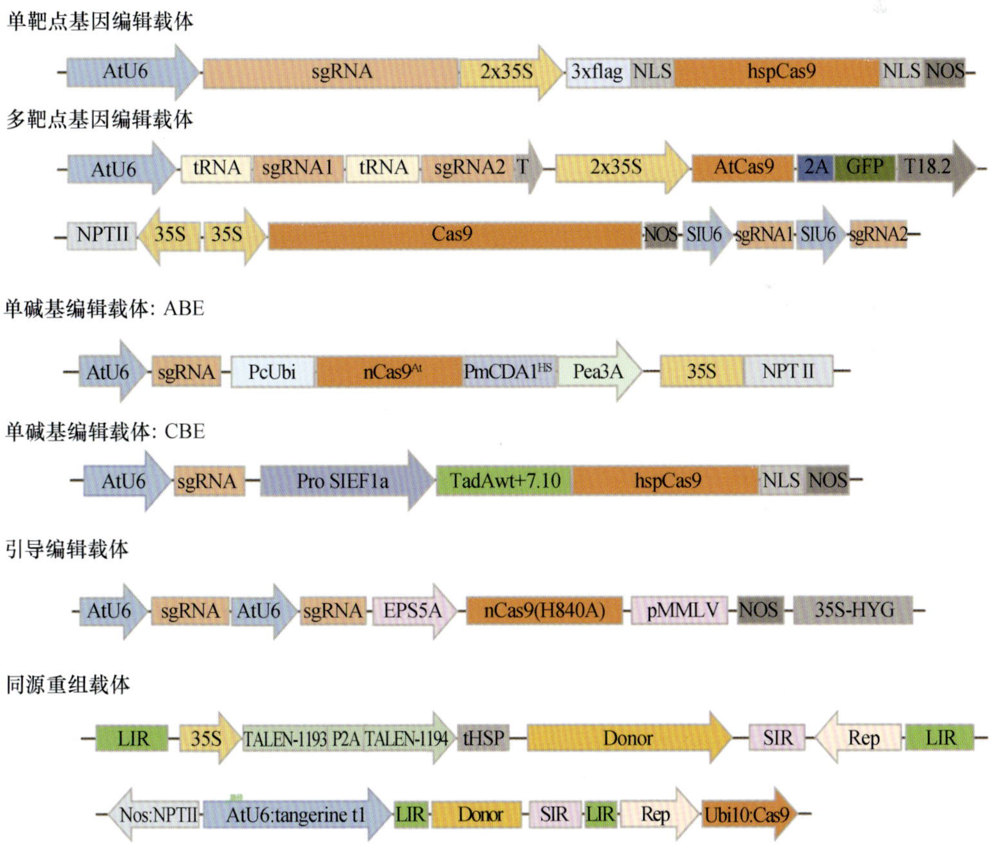

图5-7　番茄中使用的基因编辑载体

三、基因编辑后代的筛选鉴定

通过转基因将基因编辑载体递送入番茄后，需要对转基因阳性植株进行筛选。同时，由于基因编辑所造成的 DNA 改变是随机的，也需要通过聚合酶链式反应（PCR）或者 DNA 测序等手段对转基因后代的 DNA 序列改变进行鉴定，以确定是否在目标区域发生了 DNA 变化，并且明确 DNA 序列发生了怎样的改变（图 5-8）。根据以上目的，番茄基因编辑后代筛选和鉴定的具体步骤如下：

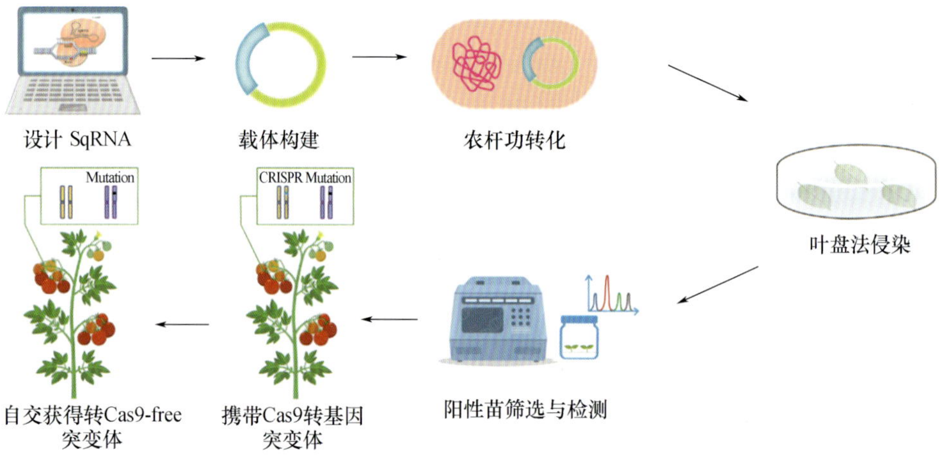

图5-8　番茄基因编辑流程

（一）编辑后代的转基因阳性植株鉴定

（1）提取基因编辑植物基因组 DNA。

（2）设计能够扩增载体上特异片段的引物。

（3）以基因组 DNA 为模板，使用结合在载体上的特异引物进行 PCR 扩增。

（4）跑电泳检测扩增片段的大小，并与载体为模板的阳性对照和纯水为模板的阴性对照扩增的 PCR 产物进行比较。阴性对照没有扩增产物，而转基因植株和阳性对照扩增产物的大小相同，为转基因阳性植株。

（二）基于 Sanger 测序技术的编辑后代鉴定技术

针对基因编辑的靶标序列，在目标序列两侧设计特异性扩增引物，通过 PCR 获得目的区段扩增产物，通过测序或者克隆测序鉴定突变发生情况，确定被编辑植株后代 DNA 变异类型。

（1）设计位于靶位点两侧的特异引物。

（2）以基因编辑植物基因组 DNA 为模板，利用特异引物对靶位点区域的 DNA 序列进行 PCR 扩增。

（3）胶回收 PCR 产物并进行测序，或者将产物与 T 载体连接，转化感受态细胞，随机挑取多个单克隆进行菌落 PCR 验证，并选取阳性克隆进行测序。

(4)将 PCR 产物测序结果或单克隆测序结果与参考基因组序列进行比对，确定突变发生的位置和类型。

(三)基于多重 PCR 或高通量测序的编辑后代鉴定技术

针对多个靶标位点，设计覆盖多个靶点及侧翼序列的特异引物，同时对多个目标区域进行 PCR 捕获，将 PCR 产物建库，通过高通量测序获得目标编辑位点序列信息，确定编辑后代植株 DNA 的变异类型。

(1)设计位于多个靶位点两侧的特异引物。

(2)以基因编辑植物基因组 DNA 为模板，利用特异引物对靶位点区域的 DNA 序列进行 PCR 扩增。

(3)将 PCR 产物加接头，然后建库测序。

(4)利用 AGEseq、Cas-analyzer、CRISPR-GA、CRISPResso 和 Hi-TOM 等软件对测序序列进行分析，确定目标片段区域突变发生的位置和类型。

四、番茄基因组编辑存在的问题及对策

(一)完善基因编辑体系，提高基因编辑效率

虽然利用基因组编辑技术在番茄中已经能够实现单基因、多基因的敲除，单碱基编辑以及同源重组，但是与其他作物相比，番茄中基因编辑体系的研究相对薄弱。对于单碱基编辑、引导编辑等先进基因编辑技术的研究不够系统、深入。以引导编辑为例，番茄中使用的引导编辑系统的编辑效率仅为 0.025%~1.660%（Lu et al., 2021b），并有很高的靶点依赖性，严重限制了该技术在番茄中的应用。同样地，尽管利用双生病毒载体在番茄中已经实现了特定 DNA 片段的插入和替换，但是同源重组效率依旧很低。因此番茄中使用的多种编辑载体仍需要进行系统优化。

(二)增加基因编辑的特异性，减少脱靶发生

自基因编辑技术诞生以来，大量研究发现，基因编辑在细胞中存在一定的脱靶现象。由于脱靶效应会带来不可预知的潜在危害，这在一定程度上制约了基因编辑技术在生物体的广泛应用。目前，根据脱靶产生的原因可以将其分为依赖 sgRNA 的脱靶效应和不依赖 sgRNA 的脱靶效应。依赖 sgRNA 的脱靶效应主要是由于基因组上一些非目标序列虽然与 sgRNA 不完全匹配，但仍能够与 sgRNA 互补配对并引导 Cas9 蛋白在基因组非目标靶点位置进行切割，引起脱靶。因此，为了避免此类脱靶现象发生，首先需要挑选基因组上特异性好的目标序列。此外，还可以通过优化 sgRNA 结构，

降低编辑受体内 Cas 蛋白 /sgRNA 复合物的含量，或者使用不同 Cas 蛋白变体，如 eSpCas9 和 SpCas9-HF 等方法来减少脱靶的发生（Slaymaker et al., 2016；Kleinstiver et al., 2016）。而不依赖于 sgRNA 的脱靶现象主要是胞苷脱氨酶造成的。胞苷脱氨酶不仅可以作用于 sgRNA 与目标序列形成的 R-loop 区的单链 DNA 上，对细胞内其他单链 DNA 也有活性（Xia et al., 2021）。通过降低细胞内脱氨酶活性，降低胞嘧啶脱氨酶UGI 复合物在编辑受体中的积累，或者使用特异性更高的新型胞嘧啶脱氨酶都能够降低脱靶的发生率，提高编辑特异性。

（三）减少靶标位点的限制，增加基因编辑灵活性

CRISPR/Cas9 基因编辑在基因组上作用的靶标位点是由 Cas 蛋白和其识别的 PAM 序列决定的，且 Cas 蛋白在 PAM 序列前特定位置切割 DNA。因此，目标序列区域是否具有 PAM 序列决定了是否存在有效的编辑位点。为了对基因组上的更多目标序列进行编辑，需要扩大可供 Cas9 蛋白识别的 PAM 序列，减少因为 PAM 序列造成的编辑位点的限制。Cas9 蛋白变体能够识别不同的 PAM 序列，在一定程度上拓宽了基因编辑的序列范围，增加了基因编辑的灵活性。例如，SpCas9 的变体 SpG 可以高效识别 NG PAM，而 SpRY 变体几乎可以不受 PAM 序列限制，实现基因组靶向编辑（Walton et al., 2020）。在不同物种中鉴定出的新 Cas 蛋白也拓宽了 CRISPR/ Cas 技术的应用范围，如 Cas12a（Vu et al., 2021）。目前这些技术虽然在其他作物中得到了成功应用，但在番茄中的应用还未见报道。因此，须进一步扩展 CRISPR/Cas 在番茄中的应用，开发具有针对性的基因编辑工具，增加番茄基因组编辑的灵活性和效率。

第三节　基因编辑在番茄上的应用

基因功能的鉴定和作物新品种的选育都离不开突变体的获取。之前获得突变体主要依靠自然突变、物理或化学诱变，以及 T-DNA 随机插入等，这些方法不仅突变效率低、突变位点随机，而且经常需要通过图位克隆等手段才能最终确定突变基因，明确基因功能，费时费力。基因编辑技术能够在特定位点引入核苷酸变异，为基因功能鉴定和大规模、高效率创制突变体提供了有效手段（Soyk et al., 2017）。虽然基因编辑技术在番茄中的应用还面临一些问题，但基因编辑技术本身的易用性和出众的靶向性，已经成为番茄功能基因组研究不可或缺的重要工具，推动了番茄基因功能解析和新种质创制的速度，并为番茄的从头驯化提供了可能。

一、基因功能验证

近年来，利用 CRISPR/Cas9 基因编辑技术对番茄中的目标基因进行编辑，验证了多个基因在番茄生长发育、果实发育及成熟、果实品质形成、耐逆性以及抗病性调控中的功能。这些研究为番茄基因资源的利用和番茄品种的分子改良奠定了基础。

（一）番茄生长发育相关基因的功能验证

番茄是典型的合轴生长植物。番茄植株生长 7~9 片叶后，顶端分生组织（SAM）会分化产生花序分生组织（IM）和合轴分生组织（SYM）（Song et al., 2020）。IM 可以分化出花分生组织（FM）并发育成花序，SYM 则保持茎分生组织活性并形成侧枝继续营养生长。发育 3 片叶后，茎顶端分生组织再次向生殖生长转换，分化产生 IM 和 SYM，重复与上一次相同的发育过程。3 片叶后再次分化产生 IM 和 SYM，如此往复，形成由多个合轴单元组成的番茄植株（Park et al., 2012）。因此，茎顶端分生组织活性不仅决定了番茄合轴生长状态，也决定了番茄株型、开花时间、花序结构及果实大小等重要性状（表 5–1）。

表5–1　番茄发育相关基因及其功能

基因名	基因全称	基因 ID	性状	文献
SP5G	*SELF-PRUNING 5G*	*Solyc05g053850*	长日照开花	Soyk et al., 2017
FTL1	*FLOWERING LOCUST*	*Solyc11g008460*	短开花时间	Song et al., 2020
TFAM11	*TMF FAMILY MEMBER 11*	*Solyc08g083860*	开花时间 / 花序	Huang et al., 2022
TFAM3	*TMF FAMILY MEMBER 3*	*Solyc09g025280*	开花时间 / 花序	Huang et al., 2022
CLV3	*CLAVATA 3*	*Solyc11g071380*	花序 / 心室	Xu et al., 2015
J2	*jointless-2*	*Solyc12g038510*	花序 / 无果节	Roldan et al., 2017, Soyk et al., 2017a
EJ2	*enhancer-of-jointless 2*	*Solyc03g114840*	花序 / 大萼片	Soyk et al., 2017a
LIN5	*LONG INFLORESCENCE 5*	*Solyc04g005320*	花序 / 长花序	Soyk et al., 2017a
ARF10	*AUXIN RESPONSE FACTORS 10*	*Solyc11g069500*	叶片发育 / 花发育	Damodharan et al., 2018
SlMAPK1	*Mitogen-activated protein kinase*	*Solyc12g019460*	花序 / 花数	Silva et al., 2018
SlWOX1	*WUSCHEL-related homeobox*	*Solyc03g118770*	叶片发育 / 花发育	Zhang et al., 2020a, Wang et al., 2021b

续表

基因名	基因全称	基因 ID	性状	文献
SlIDL6	*INFLORESCENCE DEFICIENT IN ABSCISSION-Like*	*Solyc06g050140*	花果节	Li et al., 2021b
FUL2	*FRUITFULL-like*	*Solyc03g114830*	花序发育	Jiang et al., 2022b
MBP20	*MADS-BOX PROTEIN 20*	*Solyc02g089210*	花序发育	Jiang et al., 2022
STM3	*SISTER OF TM 3*	*Soly01g093960*	花序发育	Wang et al., 2021e
TM3	*TOMATO MADS-box gene 3*	*Soly01g093965*	花序发育	Wang et al., 2021e
SPL13	*SQUAMOSA PROMOTER BINDING PROTEIN LIKE*	*Solyc05g015840*	侧枝发育 / 花序发育	Cui et al., 2020
MPK20	*Mitogen-activated protein kinase 20*	*Solyc07g056350*	花粉活性	Chen et al., 2018
SLMS10	*Male Sterility 10*	*Solyc02g079810*	雄性不育	Jung et al., 2020
SpDIR1L	*Defective in Induced Resistance 1-like*	*Sopen01g051580*	花粉管伸长	Munoz–Sanz et al., 2021
PIF4	*phytochrome-interacting factor 4*	*Solyc07g043580*	花粉发育	Pan et al., 2021b
SlPIF3	*Phytochrome interacting factor 3*	*Solyc01g102300*	花粉发育	Yang et al., 2021
SlGLT1	*glutamate synthase 1*	*Solyc03g083440*	花粉发育	Yang et al., 2021
SlCWIN9	*cell wall invertase 9*	*Solyc10g085650*	花粉发育	Yang et al., 2021
ARF10	*AUXIN RESPONSE FACTORS 10*	*Solyc11g069500*	叶片发育 / 花发育	Damodharan et al., 2018
SlSRM1	*salt-related MYB1*	*Solyc04g008870*	叶片发育	Tang et al., 2022
OBV	*Obscure vein*	*Solyc05g054030*	叶脉发育	Lu et al., 2021a
KIX8	*KINASE-INDUCIBLE DOMAIN INTERACTING 8*	*Solyc07g008100*	叶片和果实发育	Swinnen et al., 2022
KIX9	*KINASE-INDUCIBLE DOMAIN INTERACTING 9*	*Solyc08g059700*	叶片和果实发育	Swinnen et al., 2022
TOP3a	*topoisomerase 3a*	*Solyc05g014720*	胚胎发育	Whitbread et al., 2021
SlMYB21	*SlMYB 21*	*Solyc02g067760*	胚珠发育	Schubert et al., 2019
SlGRXS15	*CGFS-type glutaredoxin*	*Solyc06g067960*	胚胎发育	Kakeshpour et al., 2021
H	*Hairless*	*Solyc10g078970*	表皮毛发育	Chang et al., 2018
SH	*SPARSE HAIR*	*Solyc10g078990*	表皮毛发育	Li et al., 2021c
SlEAD1	*EAR motif-containing ABA down-regulated 1*	*Solyc12g099500*	根发育 /ABA 应答	Wang et al., 2020

续表

基因名	基因全称	基因 ID	性状	文献
SlER1	*SlERECTA 1*	*Solyc08g061560*	节间伸长	Kwon et al., 2020
ERL1	*SlERECTA-Like1*	*Solyc03g007050*	节间伸长	Kwon et al., 2020
YABBY2b	*YABBY2b*	*Solyc11g071810*	植株高度	Sun et al., 2020
Sde1A	*Super determinant 1A*	*Solyc04g049190*	侧枝发育	Lopez et al., 2021
SlBRI1	*Brassinosteroid-insensitive 1*	*Solyc04g051510*	木质部分化	Lee et al., 2019
DTM	*DEFECTIVE TOMATO MERISTEM*	*Solyc09g009620*	分生组织	Xu et al., 2019

WUSCHEL-CLAVATA（WUS-CLV3）反馈调控通路在拟南芥等多种植物中非常保守，并在植物干细胞维持中发挥重要作用（Xu et al., 2015）。WUS 是 WOX 转录因子家族成员，促进干细胞特征的维持，抑制干细胞分化。*CLAVATA*（包括 *CLV1*，*CLV2* 和 *CLV3*）基因具有促进干细胞分化和器官形成的功能。CLV3 与 CLV1 或 CLV1-CLV2 组成的复合体结合反馈抑制 WUS 的表达并限制 WUS 从组织中心向中心区的扩展，从而维持茎尖干细胞的数量。CRISPR/Cas9 基因编辑敲除番茄 *CLV1* 和 *CLV3* 基因可以造成番茄花器官以及花序分枝数量的增加。番茄阿拉伯糖基转移酶 FASCIATED INFLORESCENCE（FIN）通过糖基化 CLV3 与一些 CLE 小肽激活 WUS-CLV 反馈调控通路，因此 *FIN* 突变与 *CLV3* 突变相似，都会导致番茄植株花序分枝的增加（Roldan et al., 2017）。

番茄中成花素 Floweringlocus T（FT）的同源蛋白 SINGLE FLOWER TRUSS（SFT）也是开花促进因子。该基因突变不仅使番茄开花延迟，并且影响番茄花序发育，导致 *sft* 突变体的花序成为一朵单花。不仅如此，*SFT* 也是调控合轴发育的重要基因，该基因突变导致番茄植株主茎生长停止后合轴单元生长模式被打破，取而代之的是由单花和叶片组成的营养枝。SELF PRUNMING（SP）是番茄 TERMINAL FLOWERING（TFL）的同源蛋白。作为开花抑制因子，*TFL* 与 *FT* 拮抗调控植物开花。Soyk 等敲除 *SP*，番茄的开花时间并未受到影响，但从营养生长到生殖生长的转变加快了，合轴生长受到抑制，番茄植株提前封顶（Soyk et al., 2017）。TERMINATING FLOWER（TMF）编码一个 Arabidopsis LSH1 and Oryza G1（ALOG）家族蛋白，抑制植物开花。敲除 *TMF* 可以使番茄早花，并导致第一花序发育成单花。利用 CRISPR/Cas9 基因编辑敲除番茄中 *TMF* 及其他同源基因 *TMAFs*，所获得的不同 *tmaf* 的突变体开花时间或花序形态发生改变，说明该家族基因调控茎尖分生组织的功能已经发生分化。番茄 BLADE-ON-PETIOLE（BOP）可以与 *TMF* 形成转录复合体行使功能，促进花序分生组织分化（Izhaki et al., 2018）。敲除番茄中 *SlBOPs* 基因所获得的三突变体，其表型与 *tmf* 相似，开花提前，第一花序也发育为单花。除了 *SFT*，番茄中还有四个 *FT* 同源基因，其中 *SP5G* 受长日照诱导表达，抑制番茄长日照开花。FTL1 被短日照诱导，促进番茄短日照开花。栽培种番茄中 SP5G 表达量降低，FTL1 蛋白功能丧失，导致栽培番茄表现出对光周期不敏感，成为日中性植物。利用 CRISPR/Cas9 编辑野生番茄中 *SP5G* 和 *FTL1* 可以使野生番茄对光周期不敏感，适应性明显增强。除了 FT，SOC1 也是植物中重要的开花整合因子（Song et al., 2020）。番茄中有三个拟南芥 *SOC1* 的同源基因，其中 *SISTER OF TM3*（*STM3*）调控番茄开花，*STM3* 和 *TM3* 共同调控番茄花序分化，敲除这两个基因可以使番茄花序分枝数明显减少（Wang et al., 2021）。

通常情况下，番茄 IM 分化形成一个新的 IM 和一个 FM，而新的 IM 又分化形成一个 FM 和另外一个新的 IM。FM 发育成花，而 IM 保持活力并一再重复这个分化过程，最终形成花序（Silva et al., 2018）。因此，番茄花序形态是由每次产生的 IM 数量（决定分枝数）及 IM 和 FM 分化的次数（决定花数）共同决定的。如果分生组织分化时同时产生多个 IM，或者 IM 持续保持分化活性，番茄就会形成非常复杂的花序形态。番茄中，很多花分生组织决定基因被证明在番茄花序发育中发挥重要功能。JOINTLESS 2（J2/MBP21）、ENHANCER of JOINTLESS 2（EJ2）和 Long Inflorescence（LIN）是番茄 SEP4 亚家族的三个成员。同时突变这三个基因，番茄不能形成正常的花，这表明它们在花器官形成中功能冗余。同时，J2 和 EJ2 的基因编辑突变体还表现出花序分枝明显增多的表型（Roldanet al., 2017）。LIN 的突变使花序变长、花数增加。CRISPR/Cas9 同时突变番茄 *FUL2* 和 *MBP20* 基因可以显著增加番茄花序分枝数量。此外，*FUL1* 作为 J2 和 STM3 的共同下游基因，敲除 *FUL1* 能够恢复 *j2* 突变体花序分枝数量增多的表型，证明 *FUL1* 也参与调控番茄花序分枝数量（Jiang et al., 2022）。

此外，利用 CRISPR/Cas9 对番茄中多个信号通路的关键调控基因的功能进行了研究，证明了多个基因在番茄花粉发育、表皮毛发育、胚胎发育及光信号响应中的作用。其中一些基因在番茄中的功能与拟南芥等其他作物中同源基因的功能并不完全相同。PIF4 是拟南芥中高温响应的重要的调控因子，被高温诱导，并在拟南芥下胚轴伸长和开花时间调控中发挥重要作用。然而番茄中的 *PIF4* 同源基因被低温诱导表达。CRISPR/Cas9 产生的 *SlPIF4* 敲除突变体通过降低绒毡层对温度的敏感性而使花粉的耐寒性增强（Pan et al., 2021b）。HAIRLESS（H）和 SPARSE HAIR（SH）作为拟南芥 ZFP8 的番茄同源蛋白，与拟南芥 ZFP8 调控表皮毛发育的功能也不完全相同。番茄中 H 和 SH 的突变仅影响了长腺体表皮毛的产生和伸长（Kakeshpour et al., 2021；Chang et al., 2018）。因此基因编辑加快了番茄基因功能的研究，为揭示番茄基因的分子机制提供了非常有力的手段。

（二）番茄果实发育及品质形成相关基因的功能验证

番茄果实由子房膨大发育而来。受精后子房壁细胞开始快速分裂，1 d 后细胞层数就显著增加。随后的 3~5 d，果皮内细胞继续分裂并开始膨大。受精后 6~8 d，番茄细胞分裂结束，果皮细胞层数基本固定，果皮内细胞快速膨大。绿熟期果实细胞膨大结束，果实大小基本固定，然后果实进入成熟阶段。番茄果实成熟伴随着果实颜色由绿变橙再变红、果实变软、糖含量增加以及风味物质积累等。番茄果实发育和成熟是一个复杂的过程，很多基因参与调控。一些花器官决定基因通过影响子房发育决定果实形态，参与激素和糖合成、运输及信号传递的很多基因调控果实膨大，与乙烯合成、信号传递相关的基因在番茄果实成熟过程中发挥重要作用（表 5–2）。

表5–2　番茄果实发育相关基因及其功能

基因名	基因全称	基因 ID	性状	文献
CLV3	*CLAVATA 3*	*Solyc11g071380*	心室数量	Xu et al., 2015
ENO	*EXCESSIVE NUMBER OF FLORAL ORGANS*	*Solyc03g117230*	心室数量	Yuste –Lisbona et al., 2020
SDG27	*SET DOMAIN GROUP 27*	*Solyc03g082860*	心室数量	Hu et al., 2021
AGL6	*AGAMOUS-LIKE 6*	*Solyc01g093960*	单性结实	Klap et al., 2017
PAT	*HB15A*	*Solyc03g120910*	单性结实	Clepet et al., 2021
TBG4	*β-galactanase*	*Solyc12g008840*	果实重量	Wang et al., 2019b
SlGBP1	*GUANYLATE BINDING PROTEIN 1*	*Solyc10g008950*	果实形状	Musseau et al., 2020
GLOBE	*GLOBE*	*Solyc12g006860*	果实形状 / 重量	Sierra –Orozco et al., 2021
SlSWEET15	*SlSWEET 15*	*Solyc09g074530*	种子 / 果实发育	Ko et al., 2021
PG2a	*polygalacturonase 2a*	*Solyc10g080210*	果实颜色	Wang et al., 2019a
SlG2	*Geranylgeranyl diphosphate synthase 2*	*Solyc04g079960*	果实颜色	Barja et al., 2021
SlG3	*Geranylgeranyl diphosphate synthase 3*	*Solyc02g085700*	果实颜色	Barja et al., 2021
CRTISO	*carotenoid isomerase*	*Solyc10g081650*	果实颜色	Lakshmi et al., 2021)
L2	*LUTESCENT 2*	*Solyc10g081470*	果实颜色	Li et al., 2021a

续表

基因名	基因全称	基因 ID	性状	文献
RCM1	*reduced chlorophyll mutant 1*	*Solyc08g005010*	果实颜色	Liu et al., 2021a
CrtRb2	*beta-carotene hydroxylase 2*	*Solyc03g007960*	果实颜色	D'Ambrosio et al., 2018
PSY1	*PLANT PEPTIDE CONTAINING SULFATED TYROSINE 1*	*Solyc03g031860*	果实颜色	D'Ambrosio et al., 2018
SlSGR1	*STAY GREEN1*	*Solyc08g080090*	果实颜色	Ma et al., 2022
SlAN2 like	*Anthocyanin*	*Solyc10g086250*	果实颜色	Yan et al., 2020
SlMYBATV	*Solanum lycopersicum atroviolacea*	*Solyc07g052490*	果实颜色	Yan et al., 2020
SlIDI1	*isopentenyl diphosphate isomerase*	*Solyc04g056390*	果实颜色	Zhou et al., 2022
NPS1	*Non-phototropic seedling 1, phototropin 1*	*Solyc11g072710*	果实颜色	Kilambi et al., 2021
RIN	*Ripening inhibitor*	*Solyc05g012020*	果实成熟	Ito et al., 2015
SlORRM4	*multiple organellar RNA editing factor*	*Solyc02g066930*	果实成熟	Yang et al., 2017
ALC	*alcobaca*	*Solyc10g006880*	果实成熟 / 货架期	Yu et al., 2017
NOR	*NO-ripening*	*Solyc10g006880*	果实成熟 / 货架期	Gao et al., 2019
NOR-LIKE 1	*No-ripening like 1*	*Solyc07g063420*	果实成熟 / 货架期	Gao et al., 2018
PL	*pectate lycase*	*Solyc03g111690*	果实成熟 / 货架期	Uluisik et al., 2016
CNR	*COLORLESS NON-RIPENING*	*Solyc02g077920*	果实成熟 / 货架期	Gao et al., 2019
AP2a	*APETALA 2a*	*Solyc03g044300*	果实成熟	Wang et al., 2019b
SlLCD1	*L-cysteine desulfhydrase*	*Solyc01g068160*	果实成熟	Hu et al., 2020
ALMT9	*Al-ACTIVATED MALATE TRANSPORTER 9*	*Solyc06g072910*	苹果酸含量	Ye et al., 2017
Sl-LIP8	*Lipase 8*	*Solyc09g091050*	脂肪酸短链挥发性物质	Li et al., 2020d
FLORAL4	*FLORAL 4*	*Solyc04g063350*	二苯基乙醇，苯乙醛等含量	Tikunov et al., 2020

续表

基因名	基因全称	基因 ID	性状	文献
INVINH1	*invertase inhibitor 1*	*Solyc12g099200*	糖含量	Kawaguchi et al., 2021
INVINH2	*invertase inhibitor 2*	*Solyc12g099210*	糖含量	Kawaguchi et al., 2021
SlVPE5	*vacuolar processing enzyme*	*Solyc12g095910*	可溶性糖	Wang et al., 2021a
BES1	*BRI1-EMS-SUPPRESSOR 1*	*Solyc04g079980*	果实硬度	Liu et al., 2021b
FIS1	*FIRM SKIN 1*	*Solyc10g007570*	果实硬度	Li et al., 2020b

FAS 和 LC 是最早发现的控制番茄心室数量的两个位点，是 CLV3 突变和 WUS 表达变化造成的，因此 WUS–CLV3 反馈调控通路在番茄果实重量调控中也发挥重要作用（Xu et al., 2015）。FAB、FIN 及 EXCESSIVE NUMBEROF FLORAL ORGANS（ENO）通过调控 *WUS* 或 *CLV3* 基因的表达或者通过影响其蛋白功能也参与调控番茄果实心室形成（Yuste–Lisbona et al., 2020）。使用基因编辑敲除这些基因都可以使番茄心室数量和果实重量增加。除此之外，调控细胞分裂和膨大的基因也影响番茄果实重量和形态。*GLOBE* 编码油菜素内酯羟化酶，在细胞伸长过程中发挥功能。该基因突变造成果实变长、重量增加（Sierra–Orozco et al., 2021）。CRISPR/Cas9 编辑细胞膨大的负调控因子 *KINASE-INDUCIBLE DOMAIN INTERACTING 8/9*（*KIX8/9*）所获得的 *kix8 kix9* 双突变体，果皮厚度增加，果实变大。突变 MADS–box 家族成员 *MBP3* 和 *AGL11* 则可以导致果实变小，而且果肉充满整个腔室，形成了没有果胶的果实，MADS–box 成员 *AGL6* 的突变造成雌配子发育异常，形成单性果实（Klap et al., 2017）。同源结构域亮氨酸拉链蛋白 HB15A 也通过调控雌配子调控单性果实，该基因突变造成番茄果实单性（Clepet et al., 2021）。此外，突变 *IAA9* 和 *DELLA* 等基因也导致番茄单性结实，说明生长素和赤霉素在果实发育中发挥重要功能。

番茄属于呼吸跃变型果实，因此很多番茄的成熟缺陷突变体都与乙烯相关。MADS–box 基因 *RIN*（ripening inhibitor）的功能丧失突变体 *rin* 是一个重要的番茄成熟缺陷突变体，其果实不能成熟。通过杂交获得的该基因杂合基因型后代果实成熟延迟，因此 *rin* 被用于生产以增加果实的耐储运性。利用 CRISPR/Cas9 敲除 *RIN* 基因所获得的编辑后代与完全不能成熟的 *rin* 突变体不同，编辑突变体的果实虽然成熟依旧延迟，但果实可以转色和变软。*cnr*（*colorless non–ripening*）和 *nor*（*non–ripening*）突变体也是乙烯信号缺陷突变体，它们的果实也不能成熟，番茄红素不能积累，果实

续表

基因名	基因全称	基因 ID	性状	文献
SlLBD40	*LATERAL ORGAN BOUNDARIES DOMAIN*	*Solyc02g085910*	抗旱	Liu et al., 2020a
FMO1	*Flavin-dependent monooxygenase*	*Solyc07g04243*	抗旱	Wang et al., 2021d
ALD1	*aminotransferase AGD2-like defense*	*Solyc11g044840*	抗旱	Wang et al., 2021d
SlOST1	*Open Stomata 1*	*Solyc01g108280*	抗旱 / 开花时间	Chong et al., 2022
SlVOZ1	*VASCULAR PLANT ONE-ZINC FINGER 1*	*Solyc02g077450*	抗旱 / 开花时间	Chong et al., 2022
BZR1	*BRASSINAZOLE RESISTANT 1*	*Solyc04g079980*	耐热	Yin et al., 2018b
SlGRXS17	*CGFS-type glutaredoxin*	*Solyc02g078360*	主要与耐热相关	Kakeshpour et al., 2021
SlGRXS14	*CGFS-type glutaredoxin*	*Solyc02g082200*	耐热	Kakeshpour et al., 2021
SlGRXS16	*CGFS-type glutaredoxin*	*Solyc09g005620*	主要与耐冷相关	Kakeshpour et al., 2021
CPK28	*calcium-dependent protein kinases*	*Solyc02g083850*	耐热性	Hu et al., 2021
APX2	*ascorbate peroxidase*	*Solyc06g005150*	耐热性	Hu et al., 2021
SlARF4	*Auxin Response Factors*	*Solyc11g069190*	耐盐性	Bouzroud et al., 2020
HyPRP1	*proline-rich protein 1*	*Solyc12g009650*	耐盐性	Tran et al., 2021
Sl1	*response protein*	*Solyc09g089890*	Cd 抗性	Liu et al., 2022
GID1a	*GIBBERELLIN-INSENSITIVE DWARF 1*	*Solyc01g098390*	叶片水分含量	Illouz et al., 2020
SlTLFP8	*Tubby like protein*	*Solyc01g104670*	渗透压 / 气孔发育	Li et al., 2020c
CBF1	*C-repeat binding factors*	*Solyc03g026280*	耐冷	Li et al., 2018
PIF4	*phytochrome-interacting factor 4*	*Solyc07g043580*	低温弱光	Pan et al., 2021b
SlUVR8	*UV RESISTANCE LOCUS 8*	*Solyc05g018615*	抗紫外线	Liu et al., 2020b
BBX20	*B-box family transcription factor*	*Solyc01g110180*	UV-B 信号传导	Yang et al., 2022
BBX21	*B-box family transcription factor*	*Solyc12g089240*	UV-B 信号传导	Yang et al., 2022

蛋白激酶在感知非生物逆境胁迫及响应逆境信号等一系列过程中作为分子开关发挥重要作用。促分裂原活化蛋白激酶（mitogen activated protein kinase，MAPK）构成MAPK级联信号系统响应环境刺激。敲除番茄*MAPK3*基因可以增加植株的耐热性，但导致番茄抗旱性减弱，表明*MAPK3*在不同的逆境胁迫中的功能并不完全相同（Wang et al.，2017）。SlOST1编码一个蔗糖非酵解型蛋白激酶SnRK2，是拟南芥*AtOST1*的同源基因。OST1主要参与植物非生物胁迫响应并与ABA依赖的植物发育密切相关。SlOST1突变的番茄幼苗更容易受干旱胁迫。作为激酶，SlOST1可以磷酸化SlVOZ1，通过影响其磷酸化水平调控干旱条件下番茄开花（Chong et al.，2022）。钙离子依赖的蛋白激酶（calcium dependent protein kinase，CDPK）具有丝氨酸和苏氨酸蛋白激酶活性，在多种作物应对干旱、盐和低温等非生物逆境中发挥作用。CPK28作为番茄CDPK家族成员，可以与维生素C过氧化物酶APX2互作，并通过磷酸化APX2调控植物体内维生素C的含量。敲除*SlCPK28*导致番茄植株对热敏感，而外源施加维生素C能够恢复突变体热敏感表型（Hu et al.，2021）。这一研究结果不仅说明CPK28在番茄胁迫反应中的功能，也说明植物代谢物在胁迫响应中的重要作用。敲除番茄维生素B_2依赖的单加氧酶基因*SlFMO1*使得番茄植株对干旱敏感，而编辑哌啶酸合成酶基因*SlALD1*在番茄抗旱响应中发挥功能，增加了番茄植株的抗旱性（Wang et al.，2021）。敲除番茄中CGFS类型的谷氧还蛋白（GRX）基因*SlGRXS14*、*SlGRXS15*、*SlGRXS16*和*SlGRXS17*所获得的单突变体则表现出不同的逆境响应，其中*slgrxs14*和*slgrxs17*突变体几乎对所有逆境处理敏感，可见谷氧还蛋白与番茄逆境响应密切相关（Kakeshpour et al.，2021）。

二、创制新种质

杂交育种、诱变育种和转基因育种是目前获得新种质的主要方法。杂交育种是通过杂交获得优良性状组合的育种方式；诱变育种是通过物理、化学等方法导致基因组产生变异，然后从变异群体中选择符合育种目标的个体培育成新品种的育种方法。这两种育种方式需要经过多年多代才能够将优异等位变异导入受体，达到改良作物性状和获得优良品种的目的。转基因育种技术是通过转基因手段将基因导入受体生物体基因组中，并在受体生物体中表达，使生物体性状发生可遗传变化的育种技术。虽然转基因育种能够较快并且较为准确地对特定性状进行改良，但是自商业化以来，一直面临着安全性的质疑，在一定程度上限制了转基因育种在作物改良中的应用。基因编辑作为生命科学领域的颠覆性技术，可以通过基因组编辑，实现高效、精确和有针对性的特定DNA序列的突变，将遗传变异合理并快速地导入作物中，定向改变作物性状，获得新种质。基因编辑技术对于特定基因的精确编辑，甚至对于特定碱基和片段的精确替换，大幅度地减少了经典杂交育种由于重组而带来的连锁累赘的发生，实现了定向突变，精准育种。

（一）基因突变和性状改良

利用基因编辑技术对控制某一特定性状的基因进行编辑，可以实现性状的定向改良（图 5–9 A）。CRISPR/Cas9 敲除番茄中白粉病感病基因 *Mlo1* 获得了抗性良好的番茄材料，消除了有害基因对番茄的不良影响（Nekrasov et al., 2017）；敲除 *IAA9* 基因可以获得单性结实的番茄材料（Ueta et al., 2017）；编辑 *MYB12* 基因可以将番茄品种的红色果实改造成粉色果实（Deng et al., 2018）；突变异胡豆苷合成酶基因（strictosidine synthase gene，SlSTR1），可以获得番茄核雄性不育材料（Du et al., 2020）；敲除番茄果实硬度重要调控基因 *FIS1*，可以在不影响果实发育和风味的前提下，显著增加番茄的果实硬度（Li et al., 2020b）。这些应用说明基因编辑技术加快了特定基因的利用和新种质创制速度。在番茄果实中利用基因编辑提高谷氨酸脱羧酶的活性，可以催化谷氨酸脱羧成为γ–氨基丁酸（GABA），从而使番茄果实中γ–氨基丁酸的含量提高 4~5 倍。（Li et al., 2018a）这一高营养番茄的出现进一步说明基因编辑在番茄新种质创制中的重要作用。

利用基因编辑技术，通过同源重组在基因组上替换和插入特异 DNA 片段可以改变番茄性状，创制新材料。番茄 *PSY1* 基因上的一个单碱基突变导致该基因提前终止并使番茄果实呈黄色，该碱基被称为 r3756 位点（Fray et al., 1993）。而其启动子区域 3.7 kb 的缺失也成为 bicolorcc383（rBi）位点能导致番茄果实呈双色，果皮出现黄色和红色间隔排列的花纹。利用 CRISPR/Cas9 基因编辑技术对 *PSY1* 基因不同区域进行 DNA 片段同源替换可以获得具有不同红色区域或者红色斑点的双色果实番茄材料（D'Ambrosio et al., 2018）。

（二）多重基因组编辑和种质创新

在多个 gRNA 作用下，CRISPR/Cas9 基因编辑系统可以靶向基因组不同区域，对多个位点或多个基因进行同时编辑，以达到同时改变多个基因功能的目的（图 5–9 B），因此可以用于番茄多基因控制的复杂性状的改良。以果实重量为例，目前发现的参与调控番茄果实重量的位点共有 40 多个，果实重量的增加是多个位点效应累加的结果。因此在野生醋栗番茄中编辑 *FW2.2*、*FAS* 和 *LC* 这三个基因才能够显著提高醋栗番茄的果实重量（Frary et al., 2000；Cong et al., 2008；Muños et al., 2011）。番茄花序也是多基因调控的复杂性状。不同的番茄品种对花序的要求不同，小果番茄通常需要较大的花序，而大果番茄则要求花序相对简单。在番茄中，编辑花序分枝负调控因子 *J2* 和 *EJ2*

及花序分枝的正调控因子 *STM3* 所获得的不同基因型组合的后代，具有不同的花序分枝表型（Soyk et al., 2017a；Wang et al., 2021e）。通过同时编辑 *FT* 同源基因 *SP5G* 和 *FTL1* 可以使番茄对长日照和短日照都不敏感，极大地增加番茄的适应性（Soyk et al., 2017b；Song et al., 2020）。可见利用多重基因组编辑对由多个基因控制的复杂性状进行定向改良，可以达到精确调控番茄性状的目的。

番茄基因组经历过三倍化，很多基因都存在多个拷贝。尽管进化过程中有些多拷贝基因各成员的功能发生了分化，但是仍有很多基因保留了相同的结构，并具有相似的功能。因此同时编辑功能冗余的多个基因才能对性状产生影响。番茄的 3 个 *BOP* 基因冗余地调控番茄花序发育。同时编辑番茄中功能冗余的 3 个 *BOP* 基因，所获得的双突变和三突变体的花序变简单，特别是三突变体的花序发育成单花（Izhaki et al., 2018）。因此可见，多重基因组编辑通过编辑功能冗余的多个基因可以改变番茄的特定性状。理想的番茄育种材料通常兼具多个优良性状，如果实大、风味佳、抗性好、适应性强等。利用多重基因组编辑对调控不同性状的多个基因同时进行编辑，可以快速获得具有多个目标性状改良的番茄新种质。利用番茄品种甜蜜 100（sweet 100）同时突变开花抑制因子 *SP5G*，顶端分生决定基因 *SP* 和调控番茄节间长度的基因 *SlER*，可以获得生育期短、株型紧凑，并且适合在自家阳台上栽种的番茄新种质（Kwon et al., 2020）。

（三）数量性状位点编辑与材料创制

番茄许多重要性状都是多基因控制的数量性状。由于控制数量性状的基因彼此之间可能存在互作，而且每个 QTL 位点对表型的贡献都比较小，因此 QTL 位点对表型的贡献通常不易准确评价，基因克隆也较为困难。目前利用自然或人工群体，通过 QTL 作图和全基因组关联分析（GWAS）的方法，已经挖掘了一些与番茄重要性状相关的 QTL 位点，并获得了与数量性状相关的大量单核苷酸多态性（SNP）和结构变体（SV），为其在育种中的利用奠定了基础。很多 QTL 位点的变异并没有发生在基因编码区，而是在基因非编码区和基因调控区。这些变异不仅避免了基因突变所带来的性状的剧烈变化，也避免了基因突变可能造成的其他影响。因此通过编辑基因启动子区域，可以对数量性状进行改良（图 5-9 C）。通过基因组编辑对番茄 CLV3 和 S 的启动子区域进行编辑，获得了数百个启动子区序列变异的后代（Rodríguez-Leal et al., 2017）。这些后代在果实大小和花序分枝数量等性状上的表现不同，极大地丰富了番茄种质资源。

基因上游小的开放阅读框（uORF）通过影响基因转录后翻译而精确调控其功能。uORF 普遍存在于动植物中，并在下游基因翻译调控中发挥重要功能。利用碱基编辑

路，为基因编辑作物商业化敞开了大门。

参考文献

[1]ADLI M, 2018. The CRISPR tool kit for genome editing and beyond[J]. Nature communications, 9(1): 1911.

[2]ANZALONE A V, GAO X D, PODRACKY C J, et al., 2022. Programmable deletion, replacement, integration and inversion of large DNA sequences with twin prime editing [J]. Nature biotechnology, 40(5): 731–740.

[3]ANZALONE A V, RANDOLPH P B, DAVIS J R, et al., 2019. Search–and–replace genome editing without double–strand breaks or donor DNA [J]. Nature, 576 (7785): 149–157.

[4]BARJA M V, EZQUERRO M, BERETTA S, et al., 2021. Several geranylgeranyl diphosphate synthase isoforms supply metabolic substrates for carotenoid biosynthesis in tomato [J]. New phytologist, 2021, 231(1): 255–272.

[5]BIBIKOVA M, BEUMER K, TRAUTMAN J K, et al., 2003. Enhancing gene targeting with designed zinc finger nucleases [J]. Science, 300 (5620): 764.

[6]BOCH J, SCHOLZE H, SCHORNACK S, et al., 2009.Breaking the code of DNA binding specificity of TAL–type Ⅲ effectors[J]. Science, 326(5959):1509–1512.

[7]BOUZROUD S, GASPARINI K, HU G J, et al., 2020. Down regulation and loss of auxin response factor 4 function using CRISPR/Cas9 alters plant growth, stomatal function and improves tomato tolerance to salinity and osmotic stress [J]. Genes, 11(3): 272.

[8]BRATOVIC M, FONFARA I, CHYLINSKI K, et al., 2020. Bridge helix arginines play a critical role in Cas9 sensitivity to mismatches [J]. Nature chemical biology, 16(5): 587–595.

[9]BRAVO J P K, LIU M S, HIBSHMAN G N, et al., 2022. Structural basis for mismatch surveillance by CRISPR–Cas9 [J]. Nature, 603(7900): 343–347.

[10]BROOKS C, NEKRASOV V, LIPPMAN Z B, et al., 2014. Efficient gene editing in tomato in the first generation using the clustered regularly interspaced short palindromic repeats/CRISPR–associated9 system [J]. Plant physiology, 166 (3): 1292–1297.

[11]CALLAWAY E, 2018. CRISPR plants now subject to tough GM laws in European Union [J]. Nature, 560(7716): 16–17.

[12]CERMAK T, BALTES N J, CEGAN R, et al., 2015. High–frequency, precise modification of the tomato genome [J]. Genome biology, 16: 1–15.

[13]CERMAK T, DOYLE E L, CHRISTIAN M, et al., 2011. Efficient design and assembly of

custom TALEN and other TAL effector-based constructs for DNA targeting [J]. Nucleic acids research, 39(12): e82.

[14]CHANG J, YU T, YANG Q H, et al., 2018. Hair, encoding a single C2H2 zinc-finger protein, regulates multicellular trichome formation in tomato [J]. The plant journal, 96(1): 90-102.

[15]CHAVEZ A, SCHEIMAN J, VORA S, et al., 2015. Highly efficient Cas9-mediated transcriptional programming [J]. Nature methods, 12(4): 326-328.

[16]CHEN J S, DAGDAS Y S, KLEINSTIVER B P, et al., 2017. Enhanced proofreading governs CRISPR-Cas9 targeting accuracy [J]. Nature, 550(7676): 407-410.

[17]CHEN L, YANG D D, ZHANG Y W, et al., 2018. Evidence for a specific and critical role of mitogen-activated protein kinase 20 in uni-to-binucleate transition of microgametogenesis in tomato [J]. New phytologist, 219(1): 176-194.

[18]CHEN P J, HUSSMANN J A,YAN J, et al., 2021. Enhanced prime editing systems by manipulating cellular determinants of editing outcomes [J]. Cell, 184(22): 5635-5652.

[19]CHEN Y H, LIU X J, ZHANG Y X, et al., 2016. A self-restricted CRISPR system to reduce off-target effects [J]. Molecular therapy, 24(9): 1508-1510.

[20]CHO S W, KIM S, KIM Y, et al., 2014. Analysis of off-target effects of CRISPR/Cas-derived RNA-guided endonucleases and nickases [J]. Genome research, 24(1): 132-141.

[21]CHOI J H, CHEN W, SUITER C C, et al., 2022. Precise genomic deletions using paired prime editing [J]. Nature biotechnology, 40(2): 218.

[22]CHONG L, XU R, HUANG P C, et al., 2022. The tomato OST1-VOZ1 module regulates drought-mediated flowering [J]. The plant cell, 34(5): 2001-2018.

[23]CHOUDHURY S R, CUI Y, LUBECKA K, et al., 2016. CRISPR-dCas9 mediated TET1 targeting for selective DNA demethylation at BRCA1 promoter[J]. Oncotarget, 7(29): 46545-46556.

[24]CLEPET C, DEVANI R S, BOUMLIK R, et al., 2021. The miR166-SlHB15A regulatory module controls ovule development and parthenocarpic fruit set under adverse temperatures in tomato [J]. Molecular plant, 14(7): 1185-1198.

[25]CONG B, BARRERO L S, TANKSLEY S D, et al., 2008. Regulatory change in YABBY-like transcription factor led to evolution of extreme fruit size during tomato domestication[J]. Nature genetic, 40(6): 800-804.

[26]CONG L, RAN F A, COX D, et al., 2013. Multiplex genome engineering using CRISPR/Cas systems [J]. Science, 2013, 339(6121): 819-823.

[27]COOPER J L, HENIKOFF S, et al., 2004.Adaptive evolution of the histone fold domain in centromeric histones[J]. Molecular biology and evolution, 21(9): 1712-1718.

[28]CROSETTO N, MITRA A, SILVA M J, et al., 2013. Nucleotide-resolution DNA double-strand break mapping by next-generation sequencing [J]. Nature methods, 10(4): 361–365.

[29]CUI L, ZHENG F Y, WANG J F, et al., 2020. miR156a-targeted SBP-Box transcription factor SlSPL13 regulates inflorescence morphogenesis by directly activating SFT in tomato [J]. Plant Biotechnology Journal, 18(8): 1670–1682.

[30]CURTIN S J, ZHANG F, SANDER J D, et al., 2011. Targeted mutagenesis of duplicated genes in soybean with zinc-finger nucleases [J]. Plant physiology, 156(2): 466–473.

[31]DAHAN-MEIR T, FILLER-HAYUT S, MELAMED-BESSUDO C, et al., 2018. Efficient in planta gene targeting in tomato using geminiviral replicons and the CRISPR/Cas9 system [J]. The plant journal, 95(1): 5–16.

[32]D'AMBROSIO C, STIGLIANI A L, GIORIO G, 2018. CRISPR/Cas9 editing of carotenoid genes in tomato [J]. Transgenic research, 27(4): 367–378.

[33]DAMODHARAN S, COREM S, GUPTA S K, et al., 2018. Tuning of SlARF10A dosage by sly-miR160a is critical for auxin-mediated compound leaf and flower development [J]. The plant journal, 96(4): 855–868.

[34]DANILO B, PERROT L, MARA K, et al., 2019. Efficient and transgene-free gene targeting using *Agrobacterium*-mediated delivery of the CRISPR/Cas9 system in tomato [J]. The plant cell reports, 38: 459–462.

[35]DENG L, WANG H, SUN C L, et al., 2018. Efficient generation of pink-fruited tomatoes using CRISPR/Cas9 system [J]. Journal of genetics and genomics, 45 (1): 51–54.

[36]DOMAN J L, RAGURAM A, NEWBY G A, et al., 2020. Evaluation and minimization of Cas9-independent off-target DNA editing by cytosine base editors [J]. Nature biotechnology, 38(5): 620–628.

[37]DU M M, ZHOU K, LIU Y Y, et al., 2020. A biotechnology-based male-sterility system for hybrid seed production in tomato [J]. The plant journal, 102(5): 1090–1100.

[38]FRARY A, NESBITT T C, GRANDILLO S, et al., 2000. *fw2.2*: a quantitative trait locus key to the evolution of tomato fruit size[J]. Science, 289(5476): 85–88.

[39]FRAY R G, GRIERSON D, 1993. Identification and genetic analysis of normal and mutant phytoene synthase genes of tomato by sequencing, complementation and co-suppression[J]. Plant molecular biology, 22(4): 589–602.

[40]FU Y F, SANDER J D, REYON D, et al., 2014. Improving CRISPR-Cas nuclease specificity using truncated guide RNAs[J]. Nature biotechnology, 32(3): 279–284.

[41]GALLEGO-BARTOLOME J, GARDINER J, LIU W L, et al., 2018. Targeted DNA demethylation of the Arabidopsis genome using the human TET1 catalytic domain [J]. Proceedings of the national academy of sciences of the United States of America, 115(9):

E2125–E2134.
[42]GAO N, ZHANG C D, HU Z Y, et al., 2020. Characterization of *Brevibacillus laterosporus* Cas9(BlatCas9) for mammalian genome editing [J]. Frontiers in cell and developmental biology, 8: 583164.
[43]GAO Y, WEI W, ZHAO X D, et al., 2018. A NAC transcription factor, NOR–like1, is a new positive regulator of tomato fruit ripening [J]. Horticulture research, 5: 75.
[44]GAO Y, ZHU N, ZHU X F, et al., 2019. Diversity and redundancy of the ripening regulatory networks revealed by the fruitENCODE and the new CRISPR/Cas9 CNR and NOR mutants [J]. Horticulture research, 6: 39.
[45]GASIUNAS G, SIKSNYS V, 2013. RNA–dependent DNA endonuclease Cas9 of the CRISPR system: Holy grail of genome editing? [J]. Trends in microbiology, 21(11): 562–567.
[46]GAUDELLI N M, KOMOR A C, REES H A, et al., 2017. Programmable base editing of A•T to G • C in genomic DNA without DNA cleavage [J]. Nature, 551(7681): 464–471.
[47]GODDE J S, BICKERTON A, 2006. The repetitive DNA elements called CRISPRs and their associated genes: evidence of horizontal transfer among prokaryotes [J]. Journal of molecular evolution, 62: 718–729.
[48]GRUNEWALD J, ZHOU R H, LAREAU C A, et al., 2020. A dual–deaminase CRISPR base editor enables concurrent adenine and cytosine editing [J]. Nature biotechnology, 38(7): 861–864.
[49]GUZMAN A R, KIM J G, TAYLOR K W, et al., 2020. Tomato atypical receptor kinase1 is involved in the regulation of preinvasion defense [J]. Plant physiology, 183(3): 1306–1318.
[50]HANIKA K, SCHIPPER D, CHINNAPPA S, et al., 2021. Impairment of tomato WAT1 enhances resistance to vascular wilt fungi despite severe growth defects [J]. Frontiers in plant science, 12: 721674.
[51]HENDEL A, BAK R O, CLARK J T, et al., 2015. Chemically modified guide RNAs enhance CRISPR–Cas genome editing in human primary cells [J]. Nature biotechnology, 33(9): 985–989.
[52]HILTON I B, D'IPPOLITO A M, VOCKLEY C M, et al., 2015. Epigenome editing by a CRISPR–Cas9–based acetyltransferase activates genes from promoters and enhancers[J]. Nature biotechnology, 33(5): 510–517.
[53]HOCKEMEYER D, WANG H, KIANI S, et al., 2011. Genetic engineering of human pluripotent cells using TALE nucleases [J]. Nature biotechnology, 29(8): 731–734.
[54]HSU P D, SCOTT D A, WEINSTEIN J A, et al., 2013. DNA targeting specificity of RNA–guided Cas9 nucleases[J]. Nature biotechnology, 31(9): 827–832.

[55]HU G J, HUANG B W, WANG K K, et al., 2021. Histone posttranslational modifications rather than DNA methylation underlie gene reprogramming in pollination-dependent and pollination-independent fruit set in tomato [J]. New phytologist, 229(2): 902-919.

[56]HU J H, MILLER S M, GEURTS M H, et al., 2018.Evolved Cas9 variants with broad PAM compatibility and high DNA specificity[J]. Nature, 556: 57-63.

[57]HU K D, ZHANG X Y, YAO G F, et al., 2020. A nuclear-localized cysteine desulfhydrase plays a role in fruit ripening in tomato [J]. Horticulture research, 7(1): 211.

[58]HU Z, LI J X, DING S T, et al., 2021b. The protein kinase CPK28 phosphorylates ascorbate peroxidase and enhances thermotolerance in tomato [J]. Plant physiology, 186(2): 1302-1317.

[59]HUA K, TAO X, ZHU J K, et al., 2019. Expanding the base editing scope in rice by using Cas9 variants[J]. Plant biotechnology journal, 17(2): 499-504.

[60]HUANG P, XIAO A, ZHOU M G, et al., 2011. Heritable gene targeting in zebrafish using customized TALENs[J].Nature biotechnology, 29(8): 699-700.

[61]HUANG X, XIAO N, ZOU Y P, et al., 2022. Heterotypic transcriptional condensates formed by prion-like paralogous proteins canalize flowering transition in tomato [J]. Genome biology, 23(1): 78.

[62]HUANG Y H, SU J Z, LEI Y, et al., 2017. DNA epigenome editing using CRISPR-Cas SunTag-directed DNMT3A [J]. Genome biology, 18: 1-11.

[63]ILLOUZ-ELIAZ N, NISSAN I, NIR I, et al., 2020. Mutations in the tomato gibberellin receptors suppress xylem proliferation and reduce water loss under water-deficit conditions [J]. Journal of experimental botany, 71(12): 3603-3612.

[64]ISHIKAWA M, YOSHIDA T, MATSUYAMA M, et al., 2022. Tomato brown rugose fruit virus resistance generated by quadruple knockout of homologs of TOBAMOVIRUS MULTIPLICATION1 in tomato [J]. Plant physiology, 189(2): 679-686.

[65]ITO Y, NISHIZAWA-YOKOI A, ENDO M, et al., 2015. CRISPR/Cas9-mediated mutagenesis of the RIN locus that regulates tomato fruit ripening [J]. Biochemical and biophysical research communications, 467(1): 76-82.

[66]IZHAKI A, ALVAREZ J P, CINNAMON Y, 2018. The tomato BLADE ON PETIOLE and TERMINATING FLOWER regulate leaf axil patterning along the proximal-distal axes[J]. Front plant science, 9:1126.

[67]JACOBS T B, ZHANG N, PATEL D, et al., 2017. Generation of a collection of mutant tomato lines using pooled CRISPR libraries [J]. Plant physiology, 174(4): 2023-2037.

[68]JACQUIER A, DUJON B, 1985. An intron-encoded protein is active in a gene conversion process that spreads an intron into a mitochondrial gene [J]. Cell, 41(2): 383-394.

[69]JI H M, MAO H Y, LI S J, et al., 2021. Fol-milR1, a pathogenicity factor of *Fusarium oxysporum*, confers tomato wilt disease resistance by impairing host immune responses [J]. New phytologist, 232(2): 705–718.

[70]JIANG T, ZHANG X O, WENG Z P, et al., 2022. Deletion and replacement of long genomic sequences using prime editing [J]. Nature biotechnology, 40(2): 227–234.

[71]JIANG X, LUBINI G, HERNANDES-LOPES J, et al., 2022. FRUITFULL-like genes regulate flowering time and inflorescence architecture in tomato [J]. The plant cell, 34(3): 1002–1019.

[72]JINEK M, CHYLINSKI K, FONFARA I, et al., 2012. A programmable dual-RNA-guided DNA endonuclease in adaptive bacterial immunity [J]. Science, 337(6096): 816–21.

[73]JUNG Y J, KIM D H, LEE H J, et al., 2020. Knockout of *SlMS10* gene(*Solyc02g079810*) encoding bHLH transcription factor using CRISPR/Cas9 system confers male sterility phenotype in tomato [J]. Plants, 9(9): 1189.

[74]KAKESHPOUR T, TAMANG T M, MOTOLAI G, et al., 2021. CGFS-type glutaredoxin mutations reduce tolerance to multiple abiotic stresses in tomato [J]. Physiologia plantarum, 173(3): 1263–1279.

[75]KASHOJIYA S, LU Y, TAKAYAMA M, et al., 2022. Modification of tomato breeding traits and plant hormone signaling by target-AID, the genome-editing system inducing efficient nucleotide substitution [J]. Horticulture research, 9: uhab004.

[76]KAWAGUCHI K, TAKEI-HOSHI R, YOSHIKAWA I, et al., 2021. Functional disruption of cell wall invertase inhibitor by genome editing increases sugar content of tomato fruit without decrease fruit weight [J]. Scientific reports, 11(1): 21534.

[77]KELLIHER T, STARR D, WANG W, et al., 2016. Maternal haploids are preferentially induced by *CENH3-tailswap* transgenic complementation in maize [J]. Frontiers in plant science, 7: 414.

[78]KILAMBI H V, DINDU A, SHARMA K, et al., 2021. The new kid on the block: a dominant-negative mutation of phototropin1 enhances carotenoid content in tomato fruits [J]. The plant journal, 106(3): 844–861.

[79]KIM D, BAE S, PARK J, et al., 2015. Digenome-seq: genome-wide profiling of CRISPR-Cas9 off-target effects in human cells [J]. Nature methods, 12(3): 237–243.

[80]KIM D, KIM J S, 2021. Profiling genome-wide specificity of CRISPR-Cas9 using digenome-seq [J]. Methods in molecular biology, 2162:233–242.

[81]KIM D, KIM S, KIM S, et al., 2016. Genome-wide target specificities of CRISPR-Cas9 nucleases revealed by multiplex Digenome-seq [J]. Genome research, 26(3): 406–415.

[82]KIM I, JEONG M, KA D, et al., 2018. Solution structure and dynamics of anti-CRISPR

AcrIIA4, the Cas9 inhibitor [J]. Scientific reports, 8(1): 3883.

[83]KIM S, KIM D, CHO S W, et al., 2014. Highly efficient RNA-guided genome editing in human cells via delivery of purified Cas9 ribonucleoproteins [J]. Genome research, 24(6): 1012–1019.

[84]KLAP C, YESHAYAHOU E, BOLGER A M, et al., 2017. Tomato facultative parthenocarpy results from SlAGAMOUS-LIKE 6 loss of function [J]. Plant biotechnology journal, 15(5): 634–647.

[85]KLEINSTIVER B P, PATTANAYAK V, PREW M S, et al., 2016. High-fidelity CRISPR-Cas9 nucleases with no detectable genome-wide off-target effects [J]. Nature, 529(7587): 490–495.

[86]KLEINSTIVER B P, SOUSA A A, WALTON R T, et al., 2019.Engineered CRISPR-Cas12a variants with increased activities and improved targeting ranges for gene, epigenetic and base editing[J]. Nature biotechnology, 37(3): 276–282.

[87]KO H Y, HO L H, NEUHAUS H E, et al., 2021. Transporter SlSWEET15 unloads sucrose from phloem and seed coat for fruit and seed development in tomato [J]. Plant physiology, 187(4): 2230–2245.

[88]KOCAK D D, JOSEPHS E A, BHANDARKAR V, et al., 2019. Increasing the specificity of CRISPR systems with engineered RNA secondary structures [J]. Nature biotechnology, 2019, 37(6): 657–666.

[89]KOMOR A C, KIM Y B, PACKER M S, et al., 2016. Programmable editing of a target base in genomic DNA without double-stranded DNA cleavage [J]. Nature, 533(7603): 420–424.

[90]KOMOR A C, ZHAO K T, PACKER M S, et al., 2017. Improved base excision repair inhibition and bacteriophage Mu Gam protein yields C : G-to-T: A base editors with higher efficiency and product purity [J]. Science advances, 3(8): eaao4774.

[91]KULCSAR P I, TALAS A, TOTH E, et al., 2020. Blackjack mutations improve the on-target activities of increased fidelity variants of SpCas9 with 5'G-extended sgRNAs [J]. Nature communications, 11(1): 1223.

[92]KUPPU S, TAN E H, NGUYEN H, et al., 2015.Point mutations in centromeric histone induce post-zygotic incompatibility and uniparental inheritance[J]. PLoS genetic, 11(9): e1005494.

[93]KWON C T, HEO J, LEMMON Z H, et al., 2020. Rapid customization of Solanaceae fruit crops for urban agriculture [J]. Nature biotechnology, 38(2): 182–188.

[94]LAKSHMI J K, THULASIDHARAN N, ANTONY A, et al., 2021. Targeted editing of tomato carotenoid isomerase reveals the role of 5' UTR region in gene expression regulation [J]. Plant cell reports, 40: 621–635.

[95]LARSON M H, GILBERT L A, WANG X, et al., 2013. CRISPR interference (CRISPRi) for sequence-specific control of gene expression[J]. Nature protocols, 8(11): 2180–2196.

[96]LEE J, HAN S, LEE H Y, et al., 2019. Brassinosteroids facilitate xylem differentiation and wood formation in tomato [J]. Planta, 249(5): 1391–1403.

[97]LEMMON Z H, REEM N T, DALRYMPLE J, et al., 2018. Rapid improvement of domestication traits in an orphan crop by genome editing [J]. Nature plants, 4(10): 766–770.

[98]LI C, ZHANG R, MENG X B, et al., 2020a. Targeted, random mutagenesis of plant genes with dual cytosine and adenine base editors[J]. Nature biotechnology, 38(7): 875–882.

[99]LI G, WANG J F, ZHANG C L, et al., 2021a. L2, a chloroplast metalloproteinase, regulates fruit ripening by participating in ethylene autocatalysis under the control of ethylene response factors [J]. Journal of experimental botany, 72(20): 7035–7048.

[100]LI R, LI R, LI X, et al., 2018b. Multiplexed CRISPR/Cas9-mediated metabolic engineering of γ-aminobutyric acid levels in *Solanum lycopersicum*[J]. Plant biotechnology journal, 16(2):415–427.

[101]LI R, LIU C X, ZHAO R R, et al., 2019. CRISPR/Cas9-Mediated SlNPR1 mutagenesis reduces tomato plant drought tolerance [J]. BMC plant biology, 19(1): 1–13.

[102]LI R, SHI C L, WANG X Y, et al., 2021b. Inflorescence abscission protein SlIDL6 promotes low light intensity-induced tomato flower abscission [J]. Plant physiology, 186(2): 1288–1301.

[103]LI R, SUN S, WANG H J, et al., 2020b. FIS1 encodes a GA2-oxidase that regulates fruit firmness in tomato [J]. Nature communications, 11(1): 5844.

[104]LI R, WANG X T, ZHANG S B, et al., 2021c. Two zinc-finger proteins control the initiation and elongation of long stalk trichomes in tomato [J]. Journal of genetics and genomics, 48(12): 1057–1069.

[105]LI R, ZHANG L X, WANG L, et al., 2018a. Reduction of tomato-plant chilling tolerance by CRISPR-Cas9-mediated slCBF1 mutagenesis [J]. Journal of agricultural and food chemistry, 66(34): 9042–9051.

[106]LI S, ZHANG J J, LIU L, et al., 2020c. SlTLFP8 reduces water loss to improve water-use efficiency by modulating cell size and stomatal density via endoreduplication [J]. Plant, cell and environment, 43(11): 2666–2679.

[107]LI T, LIU B, SPALDING M H, et al., 2012. High-efficiency TALEN-based gene editing produces disease-resistant rice [J]. Nature biotechnology, 30(5): 390–392.

[108]LI X, TIEMAN D, LIU Z M, et al., 2020d. Identification of a lipase gene with a role in tomato fruit short-chain fatty acid-derived flavor volatiles by genome-wide association [J].

The plant journal, 104(3): 631–644.

[109]LI X, WANG Y, LIU Y, et al., 2018c. Base editing with a Cpf1–cytidine deaminase fusion[J]. Nature biotechnology, 6(4): 324–327.

[110]LI X, WANG Y N, CHEN S, et al., 2018d. Lycopene is enriched in tomato fruit by CRISPR/Cas9–mediated multiplex genome editing[J]. Front plant science, 9: 559.

[111]LI Z, ZHANG D, XIONG X, et al., 2017. A potent Cas9–derived gene activator for plant and mammalian cells[J]. Nature plants, 3(12): 930–936.

[112]LIN Q, ZONG Y, XUE C X, et al., 2020. Prime genome editing in rice and wheat [J]. Nature biotechnology, 38(5): 582–585.

[113]LIN Y N, CRADICK T J, BROWN M T., et al., 2014. CRISPR/Cas9 systems have off–target activity with insertions or deletions between target DNA and guide RNA sequences [J]. Nucleic acids research, 42(11): 7473–7485.

[114]LIU C, LI X, MENG D, et al., 2017. A 4–bp Insertion at ZmPLA1 encoding a putative phospholipase A generates haploid induction in maize[J]. Molecular plant, 10(3): 520–522.

[115]LIU C, ZHONG Y, QI X, et al., 2020c. Extension of the in vivo haploid induction system from diploid maize to hexaploid wheat[J]. Plant biotechnology journal, 18(2): 316–318.

[116]LIU C X, YANG T, ZHOU H, et al., 2022. The E3 ubiquitin ligase gene Sl1 is critical for cadmium tolerance in *Solanum lycopersicum* L. [J]. Antioxidants, 11(3): 456.

[117]LIU G Z, YU H Y, YUAN L, et al., 2021a. *SlRCM1*, which encodes tomato Lutescent1, is required for chlorophyll synthesis and chloroplast development in fruits [J]. Horticulture research, 8(1): 128.

[118]LIU H, LIU L H, LIANG D Y, et al., 2021b. SlBES1 promotes tomato fruit softening through transcriptional inhibition of PMEU1 [J]. Iscience, 24(8): 102926.

[119]LIU L, ZHANG J L, XU J Y, et al., 2020a. CRISPR/Cas9 targeted mutagenesis of SlLBD40, a lateral organ boundaries domain transcription factor, enhances drought tolerance in tomato [J]. Plant science, 301: 110683.

[120]LIU X, MENG G, WANG M, et al., 2021c. Tomato SlPUB24 enhances the resistance to *Xanthomonas euvesicatoria* pv. *perforans* race T3 [J]. Horticulture research, 8(1): 30.

[121]LIU X R, ZHANG Q W, YANG G Q, et al., 2020. Pivotal roles of Tomato photoreceptor SIUVR8 in seedling development and UV–B stress tolerance [J]. Biochemical and biophysical research communications, 522(1): 177–183.

[122]LLOYD A, PLAISIER C L, CARROLL D, et al., 2005. Targeted mutagenesis using zinc–finger nucleases in Arabidopsis [J]. Proceedings of the national academy of sciences of the United States of America, 102(6): 2232–2237.

[123]LOPEZ H, SCHMITZ G, THOMA R, et al., 2021. Super determinant1A, a RAWUL domain-containing protein, modulates axillary meristem formation and compound leaf development in tomato [J]. The plant cell, 33(7): 2412–2430.

[124]LOR V S, STARKER C G, VOYTAS D F, et al., 2014. Targeted mutagenesis of the tomato PROCERA gene using transcription activator-like effector nucleases [J]. Plant physiology, 166(3): 1288–1291.

[125]LOWDER L G, PAUL J W, QI Y, et al., 2017. Multiplexed transcriptional activation or repression in plants using CRISPR-dCas9-based systems [J]. Plant gene regulatory networks: methods and protocols, 2017: 167–184.

[126]LU J, PAN C Y, LI X, et al., 2021a. OBV(obscure vein), a C2H2 zinc finger transcription factor, positively regulates chloroplast development and bundle sheath extension formation in tomato(*Solanum lycopersicum*) leaf veins [J]. Horticulture research, 8(1): 230.

[127]LU Y M, TIAN Y F, SHEN R D, et al., 2021b. Precise genome modification in tomato using an improved prime editing system [J]. Plant biotechnology journal, 19(3): 415–417.

[128]LÜ J, YU K, WEI J, et al., 2020. Generation of paternal haploids in wheat by genome editing of the centromeric histone CENH3 [J]. Nature biotechnology, 38(12): 1397–1401.

[129]MA L Q, ZENG N, CHENG K, et al., 2022. Changes in fruit pigment accumulation, chloroplast development, and transcriptome analysis in the CRISPR/Cas9-mediated knockout of Stay-green 1(slsgr1) mutant [J]. Food quality and safety, 6(1): 3–12.

[130]MARTINEZ M S I, BRACUTO V, KOSEOGLOU E, et al., 2020. CRISPR/Cas9-targeted mutagenesis of the tomato susceptibility gene PMR4 for resistance against powdery mildew [J]. BMC plant biology, 20(1): 1–13.

[131]MEIJERS A S, TROOST R, UMMELS R, et al., 2020. Efficient genome editing in pathogenic mycobacteria using *Streptococcus thermophilus* CRISPR1-Cas9 [J]. Tuberculosis, 124: 101983.

[132]MENG G, XIAO Y, LI A T, et al., 2022. Mapping and characterization of the *Rx3* gene for resistance to *Xanthomonas euvesicatoria* pv. *euvesicatoria* race T1 in tomato [J]. Theoretical and applied genetics, 135(5): 1637–1656.

[133]MOSCOU M J, BOGDANOVE A J, 2009. A simple cipher governs DNA recognition by TAL effectors [J]. Science, 326(5959): 1501.

[134]MUÑOS S, RANC N, BOTTON E, et al., 2011. Increase in tomato locule number is controlled by two single-nucleotide polymorphisms located near WUSCHEL[J]. Plant physiology, 156(4): 2244–2254.

[135]MUÑOZ-SANZ J V, TOVAR-MÉNDEZ A, LU L, et al., 2021. A Cysteine-rich protein, spDIR1L, implicated in S-RNase-independent pollen rejection in the tomato(*Solanum*

[214]YANG Y, ZHU G N, LI R, et al., 2017. The RNA editing factor *SlORRM4* is required for normal fruit ripening in tomato [J]. Plant physiology, 175(4): 1690–1702.

[215]YAO L, ZHANG Y, LIU C, et al., 2018. OsMATL mutation induces haploid seed formation in indica rice[J]. Nature plants, 4(8): 530–533.

[216]YE J, WANG X, HU T X, et al., 2017. An InDel in the promoter of *Al-ACTIVATED MALATE TRANSPORTER9* selected during tomato domestication determines fruit malate contents and aluminum tolerance [J]. The plant cell, 29(9): 2249–2268.

[217]YIN H, SONG C Q, SURESH S, et al., 2018. Partial DNA-guided Cas9 enables genome editing with reduced off-target activity [J]. Nature chemical biology, 14(3): 311–316.

[218]YIN Y, QIN K Z, SONG X W, et al., 2018. *bzr1* transcription factor regulates heat stress tolerance through FERONIA receptor-Like kinase-mediated reactive oxygen species signaling in tomato [J]. Plant and cell physiology, 59(11): 2239–2254.

[219]YU Q H, WANG B K, LI N, et al., 2017. CRISPR/Cas9-induced targeted mutagenesis and gene replacement to generate long-shelf life tomato lines [J]. Scientific reports, 7(1):11874.

[220]YUSTE-LISBONA F J, FERNANDEZ-LOZANO A, PINEDA B, et al., 2020. ENO regulates tomato fruit size through the floral meristem development network [J]. Proceedings of the national academy of sciences of the United States of America, 117(14): 8187–8195.

[221]ZHANG C, WANG J F, WANG X, et al., 2020a. *UF*, a WOX gene, regulates a novel phenotype of un-fused flower in tomato [J]. Plant science, 297: 110523.

[222]ZHANG J, HU Z L, WANG Y S, et al., 2018. Suppression of a tomato SEPALLATA MADS-box gene, SlCMB1, generates altered inflorescence architecture and enlarged sepals [J]. Plant science, 272: 75–87.

[223]ZHANG N, POMBO M A, ROSLI H G, et al., 2020b. Tomato wall-associated kinase SlWak1 depends on Fls2/Fls3 to promote apoplastic immune responses to *Pseudomonas syringae* [J]. Plant physiology, 183(4): 1869–1882.

[224]ZHANG S, WANG L, ZHAO R R, et al., 2018. Knockout of SlMAPK3 reduced disease resistance to *Botrytis cinerea* in tomato plants [J]. Journal of agricultural and food chemistry, 66(34): 8949–8956.

[225]ZHANG X, CHEN L, ZHU B, et al., 2020d. Increasing the efficiency and targeting range of cytidine base editors through fusion of a singlestranded DNA-binding protein domain[J]. Nature cell biology, 22: 740–750.

[226]ZHANG X, ZHU B Y, CHEN L, et al., 2020c. Dual base editor catalyzes both cytosine and adenine base conversions in human cells [J]. Nature biotechnology, 38(7): 856–860.

[227]ZHANG X F, LI N, LIU X, et al., 2021. Tomato protein Rx4 mediates the hypersensitive response to *Xanthomonas euvesicatoria* pv. *perforans* race T3 [J]. The plant journal, 105(6): 1630–1644.

[228]ZHANG Y, HEIDRICH N, AMPATTU B J, et al., 2013. Processing-independent CRISPR RNAs limit natural transformation in *Neisseria meningitidis* [J]. Molecular cell, 50(4): 488–503.

[229]ZHANG Y, YIN C R, ZHANG T, et al., 2015. CRISPR/gRNA-directed synergistic activation mediator(SAM) induces specific, persistent and robust reactivation of the HIV-1 latent reservoirs [J]. Scientific reports, 5(1): 16277.

[230]ZHAO C Z, WANG Y L, NIE X W, et al., 2019. Evaluation of the effects of sequence length and microsatellite instability on single-guide RNA activity and specificity [J]. International journal of biological sciences, 15(12): 2641–2653.

[231]ZHONG Y, CHEN B J, WANG D, et al., 2022. *In vivo* maternal haploid induction in tomato [J]. Plant biotechnology journal, 20(2): 250–252.

[232]ZHONG Z, SRETENOVIC S, REN Q R, et al., 2019. Improving plant genome editing with high-fidelity xCas9 and non-canonical PAM-targeting Cas9-NG [J]. Molecular plant, 12(7): 1027–1036.

[233]ZHOU M, DENG L, GUO S G, et al., 2022. Alternative transcription and feedback regulation suggest that *SlIDI1* is involved in tomato carotenoid synthesis in a complex way [J]. Horticulture research, 9: uhab045.

[234]ZONG Y, WANG Y, LI C, et al., 2017. Precise base editing in rice, wheat and maize with a Cas9-cytidine deaminase fusion [J]. Nature biotechnology, 35(5): 438–440.

[235]ZSOGON A, CERMAK T, NAVES E R, et al., 2018. De novo domestication of wild tomato using genome editing [J]. Nature biotechnology, 36(12): 1211–1216.

[236]ZUO E, SUN YD, YUAN TL, et al., 2020. A rationally engineered cytosine base editor retains high on-target activity while reducing both DNA and RNA off-target effects [J]. Nature methods, 17(6): 600–604.

第六章

番茄基因组

第一节 番茄基因组测序技术

一、番茄基因组测序计划

自 2000 年对模式植物拟南芥进行第一次基因组测序以来，目前已对大约 200 种植物的全基因组进行了测序。2003 年，由 10 个国家（韩国、中国、英国、印度、荷兰、法国、日本、西班牙、意大利和美国）组成的大型国际协作团队发起了国际茄科项目（International Solanaceae Project，SOL），而番茄基因组测序项目是其中一部分内容。番茄基因组测序项目的目标是获得新的序列信息和基因资源，以阐明一组共同的基因组如何控制广泛的形态和生态多样性的番茄类型，并阐明番茄形形色色性状的遗传基础，最终利用植物多样性来满足快速增长的世界人口对可持续食物生产的需求。

（一）主要的测序技术

1. 一代测序技术（Sanger 测序技术）

一代测序技术主要以 Sanger 测序为代表。1965 年，Sanger 等发明了 RNA 小片段序列测定法，并完成了大肠杆菌 5S rRNA 的 120 个核苷酸测定。1975 年，Sanger 等在聚合酶作用下利用引物对模板 DNA 链的合成发明“加减法”对 DNA 进行测序，使人们有可能第一次“读取”出 DNA 的碱基序列。1977 年，Sanger 在引入双脱氧核糖核苷三磷酸（ddNTP）后形成了双脱氧链终止法，极大地提高了测定的效率和准确度。同年，Maxam 和 Gilbert 提出了化学降解法，第一代测序技术正式诞生。化学降解法开启了大片段 DNA 序列快速测定的先河，它在发明之初比 Sanger 测序法更受欢迎，但由于其操作过程烦琐，对有毒化学品和放射性同位素接触较多，逐渐被 Sanger 测序法所替代。

以 Sanger 法为代表的一代测序技术测序读长较长（可达 1 000 bp），准确率较高（可达 99.999%）。但不可忽视的是，一代测序的通量低、测序成本高等问题大大限制了其大规模的推广和应用。第一代测序技术参与了许多具有划时代意义的研究：1977 年第一个生物 ϕX174 噬菌体基因组测序完成（Fiers et al., 1976）；1990 年人类基因组计划在第一代测序技术的基础上启动；2000 年第一个植物（拟南芥）基因组测序完成（The Arabidopsis Genome Initiative, 2000）。除此以外，在植物中，对水稻、大豆、高粱、葡萄、白杨等物种均进行了 Sanger 法全基因组测序。虽然 Sanger 法测序成本较高，但由于其方便的操作及较高的准确率（高于第二代、第三代测序技术），目前在生命科学领域仍然有广泛的应用。

2. 二代测序技术

随着人类基因组计划的完成，人们进入了功能基因组学时代，第一代测序方法已经无法满足深度测序和重复测序等大规模基因组测序的需求，这就促使了新一代测序技术的诞生。新一代测序技术即第二代测序技术，又称高通量测序（high-throughput sequencing）技术，其最显著的特点就是高通量，一次能够对几十万到几百万条 DNA 分子进行测序。因此，一个物种的基因组深度测序和转录组测序就变得较为简单。第二代测序技术主要包括 Illumina 公司的 HiSeq 系列和 Novoseq 系列基因组测序仪（Illumina Genome Analyzer）、Roche 公司的 454 测序技术（Roche GS FLX sequencer）以及 ABI（Applied BioSystem）公司的 SOLiD 测序仪（ABI SOLiD sequencer）。不同的第二代测序技术的差异，使其在处理不同项目时也各尽其能（谢玲娟 等，2021）。

21 世纪进入后基因组时代，二代测序技术的高通量、高精准度、高效率降低了测序成本，极大地促进了其在植物基因组学研究领域的快速发展（Hamilton et al., 2012）。二代测序技术都是将基因组片段化后进行测序，测序结果的长度较短，适合用于已知基因组序列的重测序。但是，二代测序也有其劣势，在植物中，许多基因组都经历了基因组多倍化等事件，出现高重复序列、高杂合、多倍体等复杂基因组类型，因此第二代测序技术在一些复杂植物基因组的拼接中受到限制（Imelfort et al., 2009）。研究表明，第二代测序接近完整和每个碱基准确性都在 99.99% 以上的基因组所占比例不到 35%，其基因组组装的质量都比较低。其次，二代测序技术产生的短片段组装对于研究结构变异作用非常有限，难以鉴定复杂结构变异、可变剪切，且不能直接检测表观修饰和鉴定特定基因调控区域及调控元件（Edwards et al., 2013）。

3. 三代测序技术

二代高通量测序技术虽然有很多的优势，但由于其测序速度、成本、准确度等方面仍存在缺陷，因此第三代测序技术应运而生。第三代测序（third generation sequencing, TGS）技术是基于单个分子信号检测的 DNA 测序技术，因此又称作单分子测序（single molecule sequencing, SMS）技术。其主要包括 Helicos 公司的 Heliscope 单分子测序仪、Pac Bio 公司的 SMRT 技术、Oxford Nanopore Technologies 公司的纳米孔单分子测序技术以及一些仍在开发阶段的技术。

第三代测序不经过 PCR 直接边合成边测序，读速快并且读长超长，精准度能够达到 99.99%，具有最小的 GC 偏好性，三代测序技术可直接用于 RNA 和 DNA 甲基化的测序。由于第三代测序技术的错误是随机的（没有偏好性），且平均读长较长（8~25 kb），能够解决第二代测序中很多无法解决的问题。随着测序数据读长的延长，数据组装也更加精准高效，第三代测序读长超过绝大多数微生物和脊椎动物基因组重复序列的长度，可以使其直接跨越包含重复序列等的复杂区域，显著减少缺失序列（gap）的数量，极大地促进了拼接指标的提升，进而提高基因组拼接质量，同时可以检测复杂的结构变异。结合 Optical mapping（BioNano Genomics 公司）、Hi-C（Phase Genomics 公司）及 GemCode（10 × Genomics 公司）组装技术，可以提供全新的基因组分析策略和工具。

到目前为止，虽然第三代测序技术的通量相较于其早期已经有了显著的提高，但测序成本相对于第二代测序而言仍然较高，同时其测序错误率相对较高，制约了第三代测序技术的大范围应用。

（二）番茄基因组测序

番茄是茄科蔬菜中最早进行基因组测序的物种。2003 年，由中国、美国、日本、荷兰、以色列等 14 个国家的 300 多位科学家组成的“番茄基因组研究国际协作组”成立，历经近 9 年的艰苦工作，终于完成了对栽培番茄全基因组的测序拼接，该成果于 2012 年 5 月 31 日在 *Nature* 上以封面文章的形式发表（The Tomato Genome Consortium，2012）。我国承担了其中两条染色体的测序工作，分别为中国科学院遗传与发育生物学研究所李传友研究员和薛勇彪研究员负责完成第 3 号染色体的测序工作，中国农业科学院蔬菜花卉研究所黄三文研究员和杜永臣研究员负责完成第 11 号染色体的测序工作。

协作组最先采取逐步克隆的测序策略，第二代测序技术出现之后，协作组利用第二代测序技术产生了大量的数据，并结合 BAC 数据和物理图谱，最终拼接得到 742 Mb 大小的番茄基因组。此次测序的番茄品种为 Heinz 1706，解码的番茄基因组中鉴定出 34 727 个基因，其中 97.4%（33 840 个）的基因已经精确定位到染色体上。进化分析表明，番茄基因组经历的两次三倍化使基因家族产生特异控制果实发育及营养品质的新成员。协作组同时绘制了栽培番茄祖先种野生醋栗番茄基因组的框架图，两个基因组仅有 0.6% 的区别，通过比较分析发现番茄果实进化的基因组基础。高质量番茄品种 Heinz 1706 基因组测序的完成极大地推动了很多领域番茄研究的发展。

高质量番茄 Heinz 1706 基因组测序的完成也为其他类型番茄的测序提供了指导，根据 Heinz 1706 的基因组序列，利用 AllPathes-LG 重新组装了奥秘番茄（*S. arcanum*，LA2157）、多毛番茄（*S. habrochaites*，LYC4）和潘那利番茄（*S. pennellii*，LA0716）3 个野生番茄的基因组（100 Tomato Genome Sequencing Consortium，2014）。

野生潘那利番茄 LA0716 基因组的测序利用 Illumina WGS190X 技术完成，这一成果揭示了与其抗逆性和独特形态有关的重要基因（Bolger et al., 2014）。之后，采用纳米孔测序技术（nanopore sequencing）完成了野生潘那利番茄 LYC1722 的测序工作（Schmidt et al., 2017）。

利用 Illumina 技术完成了对加拉帕戈斯番茄（*S. galapagense*, LA0436）和栽培番茄 Yellow Pear 的测序，并参考番茄 H1706 基因组序列用 BWA 进行组装，再用 SOAP version1.05 重新组装基因组序列。栽培番茄完成了基因组 93.5% 的组装，野生番茄 *S. galapagense* 完成了基因组 89.0% 的组装。同时结合已测序的栽培番茄进行了系统进化分析，得出野生番茄、醋栗番茄和栽培番茄的分化发生在 50 万年前。

Solanaceae Genomics Network（SGN, https://solgenomics.net）2022 年在线发表了类番茄茄（*S. lycopersicoides*, LA2951）基因组测序结果（https://solgenomics.net/organism/Solanum_lycopersicoides/genome）。该测序采用 PacBio 三代测序技术对基因组进行测序，并利用 Hi-C 辅助进行组装，最终组装总长为 1 269 715 057 bp，共鉴定到 37 938 个基因。

（三）分子遗传图谱

遗传作图是将基因或遗传标记，以重组型配子推算出重组率并转化而来的遗传图距为标准，顺序排列成连锁群的过程。通常以厘摩（centi-morgan, cM）表示标记间的距离。随着遗传图谱的标记数量和密度不断增加，其在染色体上的分布也越来越趋于均匀。早期遗传图谱的构建主要通过开发制性片段长度多态性（RFLP）、扩增片段长度多态性（AFLP）、随机扩增多态性（RAPD）等分子标记进行，但构建的遗传图谱普遍质量偏低，只能通过多个群体、多次作图的手段才能将图谱加密，获得一个相对较高密度的遗传图谱。微卫星（SSR）标记是一种优良的、共显性标记，广泛应用于不同的群体研究中，但其易受到标记数量限制，也存在标记密度较低的问题。随着高通量测序技术的发展，单核苷酸多态性（SNP）、小片段的插入/缺失（InDel）标记技术发展成熟。通过大规模测序，可开发大量遗传标记位点。因此，SNP、InDel 标记已广泛运用于构建高密度遗传图谱、相关性状的 QTL 定位、基因挖掘分析等方面的研究。

2014 年，由中国农业科学院黄三文、华中农业大学叶志彪、东北农业大学李景富等组成的番茄变异组研究团队，通过对世界各地的 360 份番茄种质进行重测序分析，构建了完整的番茄遗传变异组图谱，为揭示番茄的进化历史、基因挖掘和分子育种奠定了基础（Lin et al., 2014），有关内容我们将在“番茄基因组遗传变异及分析”部分进行详细的介绍。

二、番茄基因组的注释

（一）番茄基因组结构注释

在完成番茄基因组测序和组装后，获得了番茄基因组各条染色体的序列，然而这些序列中包含了许多基因，如何从这些基因组序列中将基因“注释”出来是一项重要的研究工作。

在基因组中，一个典型的蛋白质编码基因包括编码区和非编码区。其编码区（外显子）被非编码区（内含子）隔断，编码区又分为蛋白质编码区（CDS）和两端的非翻译区（UTR）。基因表达后，先转录成前体 mRNA，在剪切过程中会切除其中的非编码区（内含子），而后会将外显子连接形成成熟的 mRNA，并翻译为蛋白质（图 6–1）。结构预测主要预测的是 DNA 序列中编码蛋白质的区域（CDS），即外显子部分。然而，目前基因区域的预测已经发展为对整个基因结构的预测，不仅包括编码区的预测，还包括启动子等的预测。

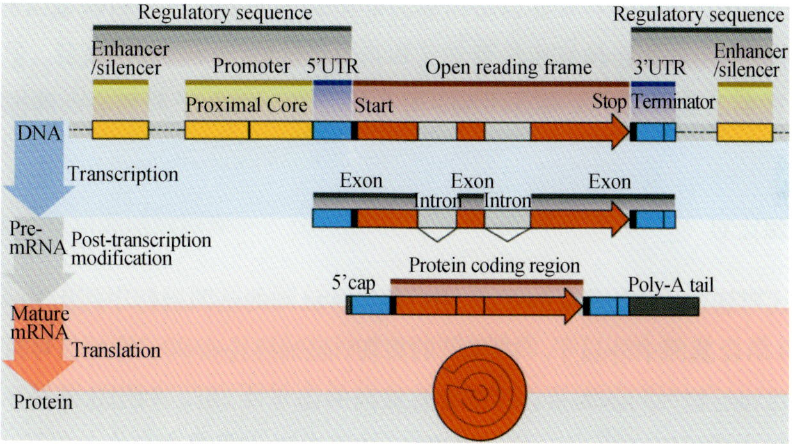

图6–1　蛋白编码基因结构图（Thomas et al., 2017）

在进行基因组序列注释过程中，一般会遇到两种情况，第一种情况是仅针对少量目标序列进行基因注释（如 BAC 克隆序列），目的是了解这些序列上可能的功能基因；第二种情况则是对于新测序基因组进行全基因组水平的基因注释。

在基因预测之前，首先会对全基因组进行重复序列的鉴定和屏蔽。真核生物基因组中存在较高比例的重复序列，重复序列的存在会对基因组注释的准确性产生很大影响。重复序列保守性极差，因此针对不同的物种都需要构建相对应的重复序列库。在获得重复序列库后，可以利用该部分序列将基因组中存在的重复序列相似片段“屏

（KEGG Orthology）代号、KEGG 的代谢通路以及各个通路之间对应的图谱等。

进行 GO 和 KEGG 注释的软件有多种，例如 Blast2GO（https://www.blast2go.com）等，后续富集分析可以使用 AgriGO、GOEAST、TBtools 等。

4. 番茄注释信息的获取

Solanaceae Genomics Network （SGN, https://solgenomics.net）收录了大量茄科植物基因组的信息，其中番茄基因组的版本已经更新到 SL5.0，注释信息也更新到 ITAG5.0，数据库还在不断地进行更新，有关番茄结构或功能等的注释信息可以通过该数据库获取。同时，还可以通过一些公共的植物基因组数据库来获取番茄基因组注释信息，如 Phytozome（https://phytozome-next.jgi.doe.gov/）、EnsemblPlants（http://plants.ensembl.org/index.html）等，均为政府部门、研究所或高校搭建，包含非常丰富的植物基因组数据。

三、番茄基因组遗传变异及分析技术

（一）基因组遗传变异

1. 遗传变异的类型

遗传变异是指由遗传物质发生变化而引起并可以遗传给后代的变异，正是由于遗传变异的存在，生物在不同水平上体现出遗传多样性。遗传与变异，是生物界不断地普遍发生的现象，也是物种形成和生物进化的基础。

基因组的遗传变异有多种类型，包括 SNP、InDel、结构变异（SV）、拷贝数变异（copy number variation, CNV）以及转座子变异等。其中 SNP 是由单个核苷酸（A / T / C / G）的改变而引起的 DNA 序列的改变，从而造成个体之间基因的多样性；InDel 是指在基因组的某个位置上所发生的小片段序列插入或缺失，长度通常在 50 bp 以下；SV 包括的类型较多，包括长度在 50 bp 以上的长片段的插入或者缺失、序列串联倍增、染色体倒位、染色体内部或之间的序列易位、拷贝数变异等；而 CNV 指的是长度为 kb 或 Mb 级别的较大片段序列的拷贝数增加或者减少。

2. 遗传变异的检测方法

1）单核苷酸多态性（SNP）的检测方法

随着高通量测序技术的不断发展，SNP 的检测技术也越来越成熟。若测序的覆盖层数足够高，在不存在测序或联配错误的情况下，SNP 变异检测会十分便捷，可以直接查看参考基因组每个位点上的联配情况，检测联配上的读序在该位点上是否存在不同的核苷酸信息。如果该位点上联配的基因型与参考基因组的基因型不同，则视为纯合的变异位点；如果该位点上同时出现与参考基因组相同和不同的基因型，则为杂合变异位点。

然而，这种方法并没有考虑数据本身存在的测序错误以及一些错误的联配等噪声，因此无法直接应用于实际的分析，提高测序深度虽然可以在很大程度上解决这一问题，但这样无疑会大大增加成本。基于概率统计的方法是解决上述问题的有效方法之一，即将可能存在错误的噪声以及一些实际的信息（例如有研究表明发现该位点存在 / 不存在变异等）考虑在内，从而给出该位点各种基因型的概率，最终根据概率选取该位点最有可能的基因型。

2）基因组结构变异的检测方法

关于基因组结构变异，目前主要有四种检测方法，分别为双端读序联配法（pair-end method）、读序联配覆盖深度法（read-depth method）、分裂读序法（split-read approach）以及基于从头组装的方法（*de novo* assembly），这四种方法的核心思路都是将序列和参考基因组进行比对，并基于已知测序信息再寻找与该信息不一致的变异信号或模式，从而鉴定不同类型基因组结构变异。

双端读序联配法能够检测序列删除、插入、转置、染色体内外部的易位、序列串联倍增和序列在基因组上的潜在倍增等（Alkan et al., 2011）。读序联配覆盖深度法多被用于检测拷贝数变异。早在 Sanger 测序时期分裂读序法就已经被开发，其不仅可以更加准确地检测到双端读序联配法能够检测的变异，还可以检测到移动元件插入等多种基因组变异类型。插入序列片段的长度越长，该方法检测结构变异的效果就越好。然而由于二代测序的读序长度较短，因而在联配这类序列过程中该方法存在一定的限制。基于从头组装的方法理论上应该是基因组变异检测最为有效的方法，然而该方法极大程度上受到序列组装本身的限制，虽然目前组装算法较之前已经有了很大的提高，但组装仍是一件非常棘手的事情，需要花费大量的费用和时间。

随着基于 CCS（circular consensus sequencing）的高准确率长读长测序模式获得的 HIFI reads 的普及，结构变异的检测质量和效率均有明显的提高（Sergey et al., 2019）。通过基于比对和组装两种方式的多种结构变异算法流程，检测所有测序数据的变异位点。基于比对的检测算法可以使用软件 PBSV、cuteSV、Sniffles、SVIM 等，基于组装的算法可以使用软件 Assemblytics、SyRI、Anchorwave 等。根据纯合率、质量值和长度区间等条件对识别的结构变异进行过滤，进一步用可视算法辅助过滤假阳性和假阴性位点，利用不同的生信算法，对产生的变异位点进行合并，最终获得准确度高的结构变异。

（二）基因组重测序及应用

基因组重测序（whole genome re-sequencing）是对基因组序列已知物种的个体进行基因组测序，并对差异的信息进行分析的方法。基于全基因组重测序，能够快速地进行资源普查筛选，发现大量的遗传差异，开展遗传进化分析以及重要性状候选基因的预测。随着测序技术的不断发展，越来越多的物种拥有了参考基因组，同时随着测序成本的不断下降，基因组重测序技术逐渐成为育种遗传研究中的一种重要手段。

基因组重测序可以根据其对基因组测序的覆盖率分为全基因组重测序以及简化基因组测序。其中全基因组重测序是在全基因组水平进行调查，能够检测出与重要性状相关的变异位点，信息相对全面并且具有较高的准确性；而简化基因组测序如GBS（genotyping by sequencing）等，成本较低，适合很大样本数量的研究，可用于无参考基因组的非模式物种研究。

重测序技术应用非常广泛，在植物驯化、群体遗传进化、遗传育种、检测突变位点、构建遗传图谱等方面都有应用。全基因组关联分析（GWAS）是一种可以在全基因水平上对复杂性状的遗传变异进行关联分析的方法。

在番茄参考基因组序列公布之后，全基因组关联分析被快速应用于挖掘番茄果实性状和植株形态的功能基因。通过这一技术可以将栽培番茄、樱桃番茄和野生番茄等放在同一水平上进行比较分析。前文提到，2014年，由黄三文领导的番茄变异组研究团队通过对世界各地的360份番茄种质进行重测序分析，构建了完整的番茄遗传变异组图谱，揭示了在长期的驯化过程中，野生番茄果实在重量、颜色、形状等方面发生了显著变化。研究发现现代番茄果实的大小约为祖先的100倍，驯化过程也主要作用于两组决定性状的独立的QTL上。通过比较不同群体的基因组差异，发现决定果实可溶性固形物含量及果实硬度的基因集中在5号染色体上，同时还确定了决定番茄果皮颜色的基因。

为了探究番茄风味的形成机制，Tieman等（2017）对398份包括现代栽培种、本土品种和野生种在内的番茄进行风味物质的定量，鉴定出对风味影响最大的化学物质。发现现代的商业番茄品种中风味化学物质的含量较古老的品种急剧减少，研究鉴定出对大多数风味化学物质（糖、酸等）产生影响的遗传位点，合理地解释了现代生产的品种中风味物质缺少的原因。

为了研究番茄育种过程中代谢组的变化，黄三文、罗杰等（2018）团队合作获取了几百份番茄品种包括基因组、转录组和代谢组在内的一系列数据，揭示了全球番茄品种风味在育种过程中的变化过程，发现果实增大所导致代谢物变化的内因是选择过程与选择位点附近基因连锁的共同作用。另外发现5个位点与果实成熟过程中抗营养物质的减少有关，粉红番茄的选育改变了超过 100 种代谢物的含量，而野生基因渗入片段也对代谢组产生了影响。

四、比较基因组学

（一）比较基因组学

比较基因组学（comparative genomics）也称为比较遗传学（camparative genetics），是在基因组图谱和测序基础上对已知基因的数量、排列顺序和基因组结构等进行比较，从而了解基因功能、表达机理和物种进化的科学。比较基因组学的分子基础就是物种间 DNA 序列尤其是编码序列的保守性，具体的方法包括物理作图和遗传作图两类。

在植物中，主要应用遗传作图方法，即用一套共同的限制性片段长度多态性（RFLP）分子标记作探针，构建物种的遗传连锁图谱，通过比较分子标记在基因组中的分布情况，揭示不同物种染色体或染色体片段同线性（synteny）及共线性（collinearity）的存在，从而对物种基因组结构、功能与演化历程进行分析。

早在 20 世纪 80 年代，科学家已将 RFLP 技术应用于植物基因组作图。1988 年，Bonierbale 等发现番茄与马铃薯（*S. tuberosum*）的图谱非常相似，在 12 条染色体中有 9 条染色体探针排列顺序几乎完全一致。该研究与同年一项关于六倍体面包小麦的研究共同揭示植物基因连锁排列顺序在经历长期的演化后，仍然可能维持保守性，并由此揭开了比较基因组学研究的序幕。

到目前为止，基因顺序的保守性已在禾本科、茄科、十字花科等多种植物中得到证明，比较基因组学在新基因的发现、基因的图位克隆和揭示物种的起源与进化方面发挥着重要作用。

（二）同源基因

在进化过程中，新基因通常来自事先存在的基因，新基因的功能从先前基因的功能进化而来。直系同源基因（orthologous gene）是指从同一祖先垂直进化而来的基因，作为物种形成的伴随事件而被重复，并继续保持相同功能的基因，直系同源基因分布于两种或两种以上物种基因组中。旁系同源基因（paralogous gene）是在单个物种的基因组中发生的重复引起的，旁系同源基因可能会进化出不同的功能。

同源关系是由于进化历史形成的，因此无法通过具体的实验来鉴别，只能通过生物信息学的方法从序列差异性上来推测同源关系。预测同源方法的理念是：在生物进化过程中越相近的基因，其序列结构与功能相似性程度就越高。识别同源基因的方法义 SNP，包括 7 678 个基因中的 12 035 个 nonsense-SNP，这些 SNP 导致起始密码子改变、过早引入终止密码子或产生延长的转录本，揭示了番茄在从醋栗番茄到樱桃番茄再到栽培（大果）番茄的两次驯化改良过程中前后有 186（64.6 Mb）个和 133（54.5 Mb）个基因区域受到了选择，其中从醋栗番茄到樱桃番茄的过程中有 5 个 QTL 位点，樱桃番茄到栽培（大果）番茄改良的过程中有 13 个控制单果重量的 QTL 位点发生改变，导致现代番茄果实比其祖先增大了约 100 倍（图 6-2）。

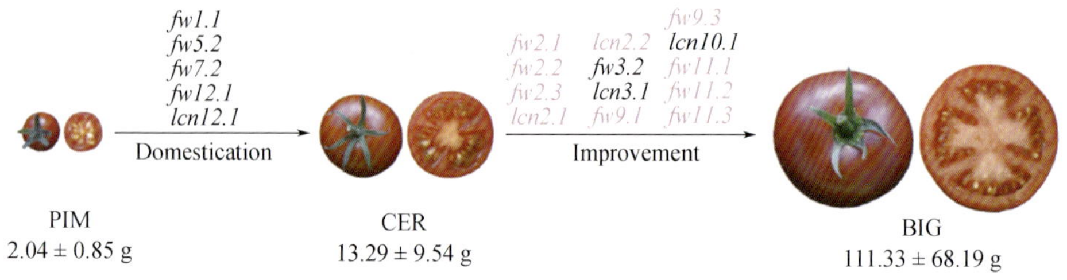

图6-2　番茄果实大小以及相关的QTL（Lin et al.，2014）

二、利用番茄基因组开发分子标记和全基因组选择

1. 分子标记辅助选择（MAS）

传统上植物育种者根据植物的可见或可测量表型选择子代，选择过程费时费力且受环境影响。20 世纪 80 年代 DNA 分子标记技术出现，很大程度上提高了选择效率。分子标记是具有控制特定基因或性状的已知染色体位置的基因或 DNA 序列，特定物种基因组内的主要等位基因变异可能是由于特定基因座、InDels、SNP 以及 SSR 的序列或数量不同（Mammadov et al.，2012）。研究者或育种人员可以使用分子标记在 DNA 水平上追踪后代的性状变化，大量的分子标记方法如 RFLP （Botstein et al.，1980）、RAPD （Welsh et al.，1990）、AFLP （Vos et al.，1995）、SSRs （Tautz et al.，1989; Powell et al.，1995） 和 SNP （Thomson et al.，2014 ） 已开发用于检测多态性。标记辅助选择 （MAS） 技术已广泛用于作物育种，以提高作物抵抗生物和非生物胁迫的生产力。MAS 的成功取决于要转移的靶基因的数量以及侧翼标记与靶基因之间的距离。对数量性状（或微效多基因控制的复杂性状）进行 QTL（数量性状位点）定位，可以采用双亲 QTL 作图和 GWAS 检测 QTL （Xu et al.，2020; Alqudah et al.，2020）。

MAS 的局限性包括：①它仅适用于具有大 QTL 效应的基因；②使用该技术在质量性状上（如抗病性等）取得了重大成功，但在复杂的数量性状上成功例子较少，主要因为这些性状可能只在特定环境或者遗传背景中表现出来（Wang et al., 2016）。

2. 基因组选择

基因组选择（GS），也称全基因组选择，即全基因组范围的标记辅助选择。GS是基于整个基因组的标记信息和各性状值对总遗传价值的预测（Meuwissen et al., 2001），并估计每个标记或染色体片段的效应值，其考虑了所有基因的加性效应，将效应值累加得到基因组育种值（GEBV），对GEBV值做出可靠的评估，与MAS不同，基因组选择使用全基因组标记来估计所有基因座对预测未测试群体的遗传值的影响，解决了在MAS中标记数量只能解释一部分遗传方差以及微效数量性状位点定位难的问题。因此，GS是MAS的一种特殊形式，其中使用了覆盖整个基因组的标记等位基因，并估计了所有标记基因座的影响。

基因组选择的步骤是：首先建立参考群体（reference population），参考群体中每个个体都有已知的表型和基因型，通过合适的统计模型可以估计出每个SNP或不同染色体片段的效应值；然后对候选群体（candidate population）每个个体进行基因分型，利用参考群体中估计得到的SNP效应值来计算候选群体中每个个体的GEBV；最后，根据GEBV排名对个体进行选留，待选留个体（selected candidates）完成性能测定后，这些个体又可以被放入参考群体，用于重新估计SNP的效应值，如此反复，直至优良品系/个体的选择。用于GS基因分型的合适标记是基于芯片或测序技术的分子标记，例如SNP、DArT（多样性阵列技术）和测序基因分型。

GS的优点是：①不需要QTL发现和定位；②单位时间内比表型选择更大的遗传增益；③对低遗传力性状有效；④降低了近交衰退和遗传变异性丧失的发生率。GS方法目前已经用于多种作物的育种中，例如玉米（Zhao et al., 2012）、大麦（Sallam et al., 2015）、小麦（Crossa et al., 2010）和水稻（Yabe et al., 2018），GS非常适合多基因控制的数量性状。

GS的两大难题是基因组分型的成本和GEBV的准确性。一般来说，基于个体的基因组估计育种值GEBV比传统基于系谱的估计育种值（estimted breeding value, EBV）准确性更高。

3. 转录组学技术

转录组学描述了由特定细胞或组织转录的所有RNA的总和，包括mRNA和非编码RNA。它涉及两种主要技术，即微阵列和RNA测序（RNA-Seq）。直到20世纪初，微阵列技术、斑点寡核苷酸微阵列和Affymetrix微阵列一直是转录分析的首选工具（Bumgarner et al., 2013）。NGS测序技术使转录组测序快速发展且具有成本效益，番茄的第一个遗传连锁图谱，揭示了所有 12 个番茄连锁组（Butler et al., 1968）。番茄的第一个分子连锁图谱发表于 1986 年，使用 18 个同工酶和 94 个 RFLP 标记的组合（Bernatzky et al., 1986）。第一个番茄的“高密度”遗传图谱发表于 1992 年，其中包括 1 030 个分子标记（主要是 RFP），其他类型的分子标记的发展和进步，包括 AFLPs、SSR、RGA、EST、COSS、RAPDs、SCAR、CAPSs、SNPs 和 InDels，从而构建和发表了具有显著更大标记密度的番茄遗传连锁图谱（Tanksley et al., 1992）。例如，2012 年番茄 SNP 阵列的可用性包含 7 720 个 SNP，导致绘制了基于三个种间 F_2 的番茄相当高密度的遗传图谱（具有 > 3 000 个 SNP 标记），来自 *S. lycopersicum* × *S. pennellii* 和 *S. lycopersicum* × *S. pimpinellifolium* 杂交的种群。由于番茄栽培物种内的标记多态性有限，基于种内杂交构建的分子图谱很少。最近，基于 *S. lycopersicum* × *S. pimpinellifolium* RIL 种群构建了“超高密度”番茄遗传图谱，其中包含 141 083 个 SNP 标记，分组为 2 869 个基因组分箱。该图谱还用于与番茄中果实重量和番茄红素含量相关的基因和 QTL 的精细定位（Gonda et al., 2019）。另一个高密度番茄遗传图谱，由 1 195 个遗传箱（8 470 个 SNP）组成，最近使用基因分型测序和不同的 *S. lycopersicum* × *S. pimpinellifolium* RIL 种群构建，该种群已被用于番茄中晚疫病抗性基因 *Ph-5* 的精细定位（Jia, 2019）。

获取植物表型是一项需要大量研究人员测量植物性状的耗时且需要大量资金投入的工作，随着生物信息学的快速发展，利用深度学习可以对大数据和图片进行处理，最后结合其他组学进行分析，从而鉴定出与表型相关的基因。例如，2022 年，Takashi Akagi 团队通过植物的顺式调控元件 cistrome 数据库和可解释性深度学习方法，构建了预测 CRE 的深度学习框架，预测了番茄果实成熟过程中全期表达模式，并发现了一系列调控番茄果实破色期 BR（breaker）相关基因的 CRE 序列（Akagi et al., 2022）。在 BR 过程中 *ACS2* 的表达上调；通过 DL（deep learning）预测的 *ACS2* 启动子对 CRE 区域进行突变（pACSmut），该研究发现，pACSmut 显著影响了 *ACS2* 在 BR 过程中的表达上调（Akagi et al., 2022）。

（二）番茄果实发育基因家族研究

番茄果实是人类饮食的重要组成部分，在栽培物种之间和栽培物种内部的大小和形状上表现出广泛的差异。果实的发育始于花分生组织形成的花，典型的花分生组织会产生四个不同器官：萼片、花瓣、雄蕊和雌蕊。雄蕊提供了雄性的生殖结构，从而产生了花粉。雌蕊提供了雌性生殖结构，在子房内产生胚珠。开花期，花粉会落在雌蕊的柱头上并萌发，花粉管会通过花柱向胚珠生长。胚珠的膨大标志着果实发育的开始。来自受精卵胚珠和正在发育中的种子的信号将启动子房壁的生长。1993 年，Gillaspy

等人提出了果实发育模型。最初阶段是细胞分裂和增大，果皮细胞层数不断增加，达到全尺寸，成熟过程开始。根据植物种类的不同，成熟过程通常与颜色、香气和果实结构的剧烈变化有关。呼吸跃变型果实的成熟过程主要受乙烯激素的调控，而其他激素，如油菜素内酯、生长素和脱落酸似乎在非呼吸跃变型果实成熟中发挥作用。

果实的发育对物种在自然环境中的传播至关重要。鸟类和啮齿动物可能会长途携带水果，并使种子远离植物。较大的果实不利于在野外传播。然而，人类需要不同尺寸的水果。一般来说，所有驯化的水果和蔬菜的果实都比野生的大。此外，果实形状也各不相同，有圆形、扁平、带肋、扁球形及长形等。Blanca 等（2012）归纳和总结了番茄的驯化历史，在美国 SolCAP 项目的推动下，番茄 Illumina 芯片被成功开发出来，Hamilton 等（2012）对 272 份番茄材料进行广泛遗传特性分析。含有 7 414 个单核苷酸多态性标记的研究表明，番茄可能经历了两个驯化阶段过程：第一阶段是在厄瓜多尔和秘鲁北部地区发生了醋栗番茄到樱桃番茄的驯化；第二阶段是在中美洲地区发生了由樱桃番茄到醋栗番茄的改良。醋栗番茄果实约重 1 g，而经过驯化改良后的樱桃番茄通常比醋栗番茄果实重 10~30 g，除了经典的圆形外，一些材料还表现出椭圆或扁平的果实形状。而栽培番茄果实更大，甚至可达 1 kg，同时产生了更加多样的形状。Brewer 等（2006）使用软件程序番茄分析仪对番茄形状进行分类，确定栽培番茄中发现的八种形状类别：扁平、椭球、矩形、牛心形、心形、长形、倒卵球形和圆形，这种变异大多可以用四个基因家族（*IQ*、*SUN*、*LC*、*FAS*）的基因来解释，每个基因家族在果实形态的调节中都起着主导作用。

不同的番茄栽培品种均表现出巨大的果实形态多样性（图 6-3），受大量遗传位点的控制。这些数量性状位点（QTL）背后的一些基因已经被成功克隆。

1.CNR 家族

成功克隆的第一个果实大小 QTL 是 *CNR/fw2.2*，是 CNR 家族的一个成员。果实大小的增加发生在开花后，主要发生在发育中的番茄果实的胚胎组织中。果实大小在开花前增加，因为携带大果等位基因的近等基因系（near iso-genic lines，NIL）的子房与小果等位基因的近等基因系相比已经表现出更大的大小（Frary et al.，2020）。

2.CYP78A 家族

第二个克隆的果实大小 QTL 是 *SlKLUH/fw3.2*，编码细胞色素 P450 类（CYP78A5）亚家族的成员是 *KLUH* 的直系同源基因。开花后果实大小增加，果皮组织增大明显。但细胞大小没有改变，相反，大的果肉在果皮中显示出两层额外的细胞层，这意味着 *fw3.2* 影响细胞分裂。经研究发现，细胞层的增加，成熟时间会延迟约 4 d。但有趣的是，番茄单株产量并没有发生改变，即较大的果品系不会导致单株果实重量增加。研究表明，这很可能是由于在大型果品系中发现的侧枝数量和侧枝长度减少，从而抵消了番茄重量的增加。因此，*SlKLUH* 对侧枝生长具有多效性作用。

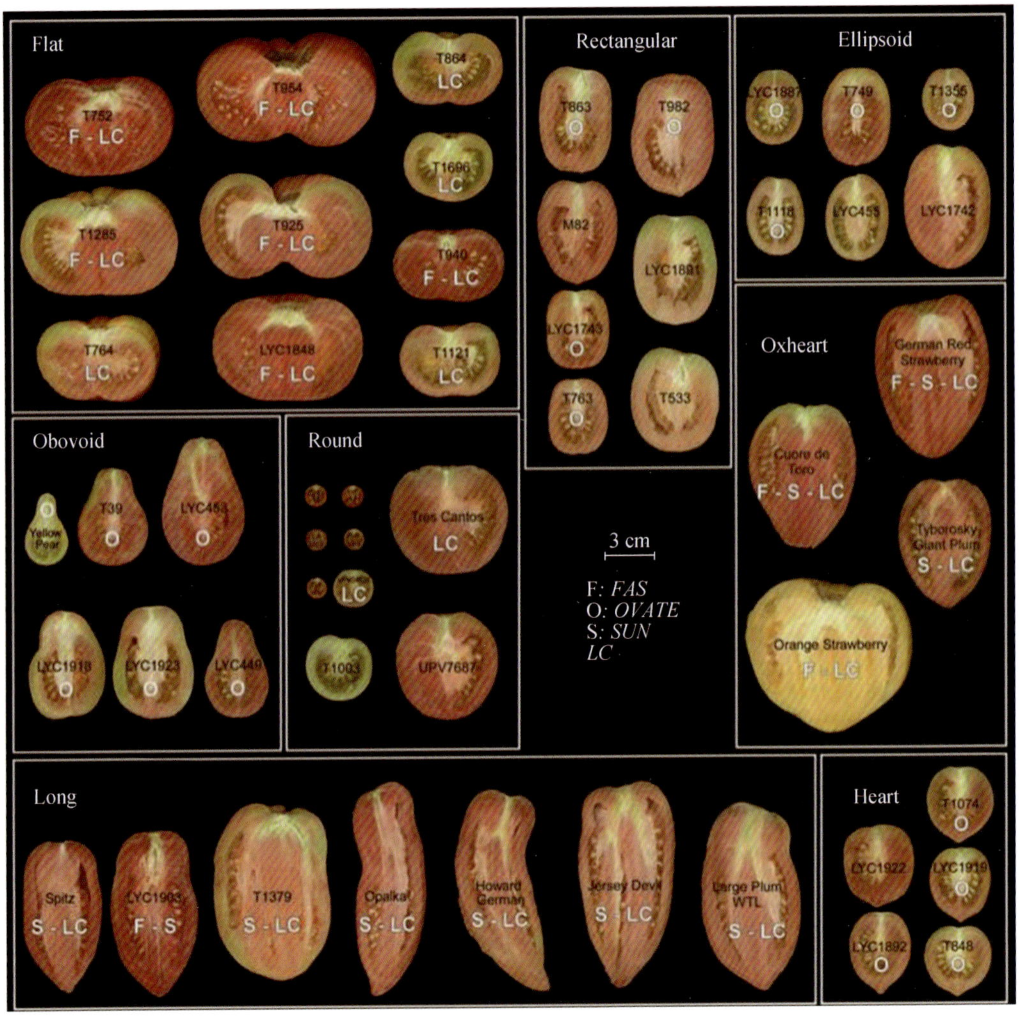

图 6–3　番茄果实形状的多样性（Rodriguez et al.， 2011）

3.IQ 家族

SUN 编码一种属于 IQ 结构域家族的蛋白质，与番茄果实形状调控相关。该家族以钙调素结合域为特征，表明该蛋白在钙信号传导中的作用。研究发现，*SUN* 的过度表达导致单性结实，果实拉长，茎和叶轴扭曲，叶片有锯齿变化。这些表型导致另一种假设，即生长素途径可能因 *SUN* 的过度表达而受到干扰，但尚未发现与这种生长素的直接联系。同时，果实重量在不同的 NIL 之间没有变化。相反，形状是由果实近端 – 远端方向的细胞数量增加和内侧 – 外侧方向的细胞数量减少决定的。*SUN* 对果实形状

的影响发生在果实发育的早期阶段，很可能是在开花前就建立起来的，因为子房的形状和细胞数量的变化已经在坐果之前略有不同（Wu et al.，2011）。

4.OAVTE 家族

OVATE 编码 OFP 家族蛋白中的一种蛋白质，被认为对靶基因的转录具有负调控作用。与野生型相比，具有 *ovate* 突变的品种的果实重量略低。因此，推测果实伸长不是沿近端 - 远端轴持续生长的结果。相反，果实伸长是由发育中卵巢近端区域的细胞增殖导致的。在 *ovate* 突变体中，子房在开花时明显拉长，但在果实发育过程中拉长速度变缓。这些数据表明，*OAVTE* 调控的果实形状模式早在开花前就建立了。Rodriguez 等（2011）研究了 368 份番茄种质资源中 *LC*、*FAS*、*OVATE* 和 *SUN* 突变等位基因的分布和频率，分析了番茄果形的驯化历史，发现 *lc*、*ovate* 和 *fas* 突变发生在番茄驯化的早期，*sun* 突变很可能是在番茄传入欧洲以后才产生的，而 *lc* 突变的产生比 *ovate* 和 *fas* 更早。

5.YABBY 家族和 WOX 家族

FAS 蛋白是调节器官极性的 *YABBY* 家族的成员，而 LC 可能是由拟南芥基因 *WUSCHEL* 的同源基因编码的，它是 WOX 家族的一个成员。Muños 等（2011）研究发现，两个家族基因同时调控分生组织大小，同时参与番茄心室数的调节。

（三）功能基因挖掘

1. 番茄花形态相关基因

植物花、果等繁殖器官是植物繁殖策略中的一个关键组成部分，因为它们决定了后代的遗传身份和突变的可能性，影响了遗传变异的数量和分布。而花形态的变化往往造成植物交配繁殖方式的改变。花形态的变化通过异花或自花授粉来影响交配系统。在植物物种中，从遗传决定的自交不亲和性（SI）到自交亲和性（SC）的转变是由于自交不亲和位点（“S- 位点”）的雄性（花粉）或雌性（柱头 / 花柱）这些繁殖器官或 S- 位点相互作用的修饰基因的突变分解或者丢失。在许多不同的植物群体中，SI 到 SC 的转变往往反复发生，这种转变通常会导致交配系统从异交转变为更频繁的自交。然而，从自交不亲和导致的完全异交到完全或主要的自交受精，除了失去 SI 外，通常还需要花的形态变化。这是因为有效的交配系统（即异交与近亲繁殖事件的频率）可能受到广泛的其他行为、发育和结构特征的影响。例如，在动物传粉的植物中，这些特征包括影响传粉者吸引力的特征（如花朵展示的大小、花朵的数量和质量）、发生自交的可能性（包括在给定时间开放的花朵数量、花朵之间的花粉转移），以及雌雄生殖结构在时间或空间上的分离。与异交物种相比，高度自花授粉的类群往往有更小的花，并且（雌性）雌蕊和（雄性）带花粉花药的可接受柱头表面之间的距离更短，这是减少异交并提高自花受精率的特征。

栽培番茄的祖先醋栗番茄是一个自交亲和种，但其杂交率与不同程度的柱头外露有关，因此也被归类为兼性异交种。樱桃番茄被认为是醋栗番茄驯化过来的品种，在驯化过程中，柱头外露程度降低到柱头与花药齐平，以促进自交。大多数栽培番茄的柱头进一步内陷，造成柱头长度远远低于雄蕊长度，用来提高自花受精的效率，因此，番茄品种的交配策略取决于柱头外露的程度。柱头外露程度对番茄的自花授粉效率有重要影响，同时柱头外露程度的变化对番茄产量和固定栽培番茄的优势性状有重要作用。

1997 年，科学家首先利用野生番茄（柱头外露）和栽培番茄（柱头内陷）杂交获得子代，通过子代 QTL 定位可将控制柱头外露的几个 QTL 定位到番茄 2、5、9 号染色体上，通过进一步分析 2 号染色体上含有影响柱头表达的主要 *QTL se2.1* 的基因组区域，发现了至少 5 个紧密相连的基因，其中一个控制花柱长度，3 个控制花药长度，最后一个影响花药开裂；2002 年 Michael 利用异交率分别为 0 和 37% 的两份材料，鉴定到 2 个 QTL 位点，数量性状位点（QTL）分析在第 3 染色体上发现了第一个 QTL，解释了观察到的花药长度变异的 35%。第二个 QTL 位于 8 号染色体上，对花柱长度产生较大影响；2007 年 Chen 等人通过 QTL 定位发现了一个位于 2 号染色体上的转录因子 style2.1，与栽培番茄的花柱长度相关，在发育过程中调节细胞伸长。从异花授粉到自花授粉的转变并不是伴随着 STYLE2.1 蛋白结构的改变，而是在花发育过程 *style2.1* 的启动子区域的突变从而导致 *style2.1* 表达下调；随后 Vosters 等人通过 13 个物种的 74 份材料的花和生殖性状的数量遗传变异，以及 *style2.1* 上游调控区内两个不同位置（*StyleD1* 和 *StyleD2*）是否存在缺失，推测之前在表型和分子差异之间检测到的关联很可能是由于系统发育关联，而不是因果机制关系。花柱长度的表型变异一定是由 *style2.1* 调控区中其他未经检查的连锁变异引起的。2021 年，Shang 等人通过 277 份番茄材料进行了全基因组关联分析，发现了一个新的柱头外露基因 *SE3.1*，该基因编码 C2H2 型锌指转录因子。一个单碱基突变（SNP）导致了该基因编码区提前产生终止密码子以致该基因不能正常转录，最终导致了栽培番茄的内陷型柱头，同时该课题组发现 *se3.1* 和 *style2.1* 在番茄驯化改良中控制着从外露型柱头到内陷型柱头的转变。*style2.1* 控制着醋栗番茄到樱桃番茄驯化过程中外露型柱头到平行型柱头的转变，而 *se3.1* 控制着第二步，由樱桃番茄到栽培番茄改良过程中平行型柱头到内陷型柱头的变化。从柱头外露到插入的两步过程的分子细节，在番茄中具有重要的农艺意义。

2. 番茄果实发育相关基因

番茄果实被归类为浆果。胚珠受精后，果实从子房发育而来。子房壁成为果皮，构成果实的最外面部分。果皮包围着包含胚胎和种子的子房，就像它的直系祖先醋栗番茄一样。番茄的果实是红色的。然而，栽培类型也有黄色、粉色或橙色的果实。几乎所有栽培番茄果实都是通过自交产生的。而远亲，如 *S. pennelli* 和 *S. habrochaites*，是绿色果实，通常是自交不亲和的，需要与来自 S 位点携带兼容等位基因的番茄的花粉进行异花授粉。此外，在番茄杂交时，只有将栽培番茄作为母本，才能使用远缘野生亲本进行杂交，这一过程称为单侧亲和。因此，远亲之间的遗传交流通常仅在受控条件下发生，但对于将抗病性和果实品质等有用性状导入现代番茄具有至关重要的意义。

前文中提到黄三文团队对 360 份野生番茄与栽培种质资源进行了重测序，从醋栗番茄驯化到樱桃番茄的过程中挖掘到了 5 个番茄果实膨大的相关的 QTL 位点（*fw1.1*，*fw5.2*，*fw7.2*，*fw12.1* 和 *lcn12.1*），例如 *fw12.1* 实际位于 12 号染色体的短臂端粒位置，与番茄 *Solyc12g005310* 位置相近，该基因实际编码一个生长素相关类蛋白 GH3，在番茄花芽中表达量较高；另外，研究发现 *lcn12.1* 与番茄心室数量的增加相关。在樱桃番茄改良到栽培（大果）番茄的过程中，有 53.5 Mb 的区间发生变化，其中包括 13 个 QTL 位点。2 号染色体上富集了 5 个 QTL 位点，其中包括被证实与果实重量相关的 QTL（*fw2.2* 和 *lcn2.1*）和另外的三个 QTL（*fw2.1*，*fw2.3*，*lcn2.2*）。*fw2.2* 是一个在番茄果实发育中非常重要的 QTL，该区域的 *ORFX* 基因在番茄花发育早期表达，控制心皮细胞的数量，同时在果实大小和重量的进化中也起到非常关键的作用。该基因的启动子区域的一个 SNP（起始密码子前 912 bp）在栽培（大果）番茄中基本已经固定（占比为 97.3%），有趣的是在樱桃番茄中并没有被固定下来（比例为 66.7%），而醋栗番茄中只有 2.6% 的比例。因此证实了 *fw2.2* 在番茄遗传改良的过程中受到了选择，促进了樱桃番茄向栽培番茄的改良进程（Guo et al.，2011）。

番茄果实营养丰富，随着育种过程的发展，不同地区的气候条件、土壤环境以及人们的喜好不同，在经过人工选择以及自然选择的双重基础上形成了拥有不同表型、风味的品种。但番茄本身果实不容易储存，栽培过程中易受病原菌侵害导致大规模减产，因此研究者对番茄的关注点多为抗病性以及硬度和运输储存相关的性状。Tieman 等（2017）建立番茄风味评估小组，对番茄的多种感官属性进行评估。结果表明，番茄中的糖、酸、矿物质、氨基酸以及维生素等是番茄风味的重要体现。同时，对 398 份番茄品种的代谢产物进行 GWAS，通过全基因组关联分析鉴定筛选出两个与糖相关的基因

Lin5 和 *SSC11.1*，分别位于番茄 9 号染色体和 11 号染色体上，这两个基因位点之前已被证实均位于番茄驯化改良的区域内。绝大部分栽培（大果）番茄均有这两个基因位点，但这种等位基因的结合造成了番茄果实糖含量的显著下降。因此该团队得出结论，番茄随着驯化改良的过程可溶性固形物和番茄的大小成负相关，因此改良驯化的过程中造成番茄风味的下降。此外，在这次研究中还发现了与水杨酸甲酯 / 愈创木酚相关的基因 *SlE8*，以及与脱辅基类胡萝卜素相关的基因位点等。单个等位基因的缺失难以对番茄的风味造成较大的影响，但是随着番茄不断驯化改良，基因变异的累积会对番茄整体的风味造成巨大的影响。但通过分子标记育种的手段可提高目标代谢成分的含量，从此改善番茄的风味。

尽管果实的色泽不像糖、有机酸以及氨基酸等影响番茄的风味，但是果实色泽同样也是消费者购买决策中的一个重要因素。番茄有红果和粉果之分，红果番茄在欧洲、非洲和美洲被广泛接受，但在东亚甚至是亚洲，人们普遍喜欢粉果番茄。因此研究粉果番茄生成的分子机制以及果实色泽调控的分子机制对于番茄育种工作显得十分必要。2009 年 Adato 等人通过 GC-MS 方法分析代谢产物同时与转录本结合，挖掘番茄粉果的形成原因。研究表明，番茄的 1 号染色体上的转录因子 *SlMYB12* 调控番茄果实表皮类黄酮合成基因的表达，但粉果番茄中缺乏该基因导致果实颜色的变化。之后为找寻变异原因，Lin 等（2014）通过对 231 个已知性状的番茄品种进行 GWAS，推断 *SlMYB12* 上游或下游基因的部分缺失影响了 *SlMYB12* 的转录过程，从而导致粉果番茄中的 *SlMYB12* 基因沉默不能表达。研究表明，*SlMYB12* 的基因突变不仅导致了番茄果皮颜色由红向粉的变化，同时代谢组分析发现红果番茄和粉果番茄成熟时，不同颜色的番茄果肉中 122 种代谢物也出现了显著差异，而且其中有部分代谢物的合成是受 SlMYB 转录因子直接调控的，验证了 SlMYB 在番茄果实颜色变化中的重要性。

2018 年黄三文团队通过多组学数据分析（转录组、变异组、代谢组）构建番茄多组学网络，从代谢物为切入点进一步分析在驯化改良的过程中番茄果实大小和代谢产物之间的关联和变化情况，同时对粉果番茄和红果番茄的果实色泽方面和代谢物之间的关联研究发现，醋栗番茄和樱桃番茄之间有 389 种代谢产物具有明显的差异，樱桃番茄和栽培（大果）番茄之间有 614 种代谢产物具有显著差异，推测其中 30% 差异代谢产物可能和果实大小相关。*fw11.3* 基因所在的选择性清除窗口区间定位到 47 种代谢产物，推测其中 8 种代谢产物和基因 *fw11.3* 具有直接关系。但是进一步实验表明，*fw11.3* 并没有直接调控该 8 种代谢产物的表达，因为该团队认为这些代谢产物可能同时受到其他关联基因的调控（Giovannoni et al.，2018）。

第三节　番茄的叶绿体基因组组装与分析

一、叶绿体基因组结构特征

叶绿体[chloroplasts 来源于希腊语 Chloros（绿色体）和 Plastós（质体）]是植物中普遍存在的细胞器，由双层膜、类囊体和基质三部分构成，叶绿体包含了光合作用所需的整个酶体系。除光合作用外，叶绿体中还存在其他几种生化途径，包括脂肪酸、氨基酸、色素和维生素等生物合成。

Ris 和 Plaut（1962）用电子显微镜观察和细胞化学方法证明了衣藻（*Chlamydomonas moewusii*）叶绿体中存在 DNA（Ris et al., 1962）。1964 年，Gibor 和 Granick 证实叶绿体具有自身的 DNA 补充物（称为质体 -cpDNA），因此认为叶绿体是能够进行自我复制的半自主性系统，是研究分化的重要模型（Gibor et al., 1964.）。1967 年，叶绿体基因组中 70S 核糖体的发现为研究叶绿体基因组的功能奠定基础。直到 1976 年，Bedbrook 和 Bogorad 报道了玉米叶绿体基因组的第一张物理图谱，为叶绿体 DNA 分子的同质性和环形性提供了证据。一年后，他们从该物种中克隆出第一个叶绿体基因。1986 年，烟草（*Nicotiana tabacum* L.）和地钱（*Marchantia polymorpha* L.）的叶绿体全基因组序列测序完成，这是最早报道的叶绿体全基因组序列（Shinozaki et al., 1986）。截至 2022 年 6 月，NCBI 数据库（https://www.ncbi.nlm.nih.gov/genome /browse#!/organelles/）上已有 7 900 多个植物叶绿体基因组序列公布。

1. 番茄叶绿体基因测序

在番茄中，Palmer 和 Zamir（1982）首次报道了基于限制性图谱对其叶绿体基因组的研究，该图谱是通过比较烟草和矮牵牛 cpDNA 的限制性内切酶酶切位点而设计的（Palmer et al., 1982）。Phillips 在 1985 年通过克隆片段的 *PstI* 的酶切位点分析和 Southern 杂交等方法，构建成一个 160 kb 的环状分子和一个大的反向重复序列组成的物理图谱（Phillips, 1985）。

2006 年，两个研究小组同时报道了番茄叶绿体基因组全序列。Daniell 等（2006）分析了普渡大学注册的基因组序列，而 Kahlau 等（2006）也测定了两种不同的基因型（巴西品种“IPA-6”和欧洲品种“Ailsa Craig”）。两个小组采用了不同的方法，但报告的三种基因型番茄叶绿体基因组大小是完全相同的，这些结果与已报道的其他陆地植物的序列大小以及编码基因个数是一致的。根据这些作者的分析，番茄品种“IPA-

6”和“Ailsa Craig”叶绿体 DNA（cpDNA）的核苷酸序列完全相同。

2. 基本结构

叶绿体基因组通常以环状双链 DNA 分子为主，也有线性、连续体和高度分枝的复杂分子形式存在。番茄叶绿体基因组全长为 155 474 bp，呈现被子植物典型的四分结构，由 85 856 bp 的大单拷贝区（large single copy，LSC）、18 374 bp 的小单拷贝区（small single copy，SSC）和一对 25 622 bp 的反向重复序列（inverted repeat sequence，IRs）组成（图 6–4）。两个 IR 区分别分隔 LSC 和 SSC。IR 区通常在 5~76 kb 之间。与烟草和马铃薯叶绿体相比，可能由于三者间的进化关系导致番茄 IR 区在两端略有扩张，除了两个较大的 IR 外，约有 40 个 IR 大小为 30~40 bp，这些 IR 在较近的物种间高度保守，且位于相同的基因或基因间隔区，这些特征暗示了其可能行使一些特定的生物学功能。此外，Daniell 等（2006）证明这个质体还含有另外 4 个 57 bp 的 IR，这些 IR 在马铃薯和烟草中没有。然而，Kahlau 和 Daniell 等（2006）证实由于非编码基因间隔区的缺失，番茄的叶绿体基因组比烟草的小。

为了阐述植物叶绿体基因组进化时插入、缺失和替代的发生方式，唐萍等（2008）选择茄科中 4 个物种（番茄、马铃薯、绒毛状烟草、烟草）为研究对象，采用参照序列方法探究进化过程中核苷酸替代及插入、缺失和替代发生规律，叶绿体进化过程中会产生不同核苷酸长度的插入 / 缺失（InDels），研究发现，无论是总的 InDels 数量，还是插入、缺失各自的数量都随着 InDels 长度的增加而急剧下降。此外，研究发现 InDels 的产生并不是随意的，其所在区域都富含 A+T，这是因为富 A+T 含量区域相对于富 G+C 含量区域从热力学上来看更不稳定，更容易发生突变。Kahlau 等（2006）完成番茄叶绿体基因组测序发现，番茄大部分 InDels 都分布在非编码区，其中一些 InDels 影响编码区的结构，这一影响机制还有待进一步研究。此外，所有编码区的 InDels 都不会改变阅读框，只会改变所编码蛋白的长度。不同的茄科物种叶绿体基因组 InDels 也有所区别。Daniell 等（2006）比较了野生马铃薯、番茄、烟草等几种茄科植物的叶绿体基因，发现它们有不同类型的 InDels，例如，ACACGGGAAAC 序列只存在于马铃薯和番茄的 16sRNA 基因上，而在颠茄和烟草以及其他已完成叶绿体基因组测序的茄科植物中，均表现为缺失。在番茄的 *ycf2* 基因上有 3 个核糖体结合位点（GGAGG），而目前为止在其他已测序的茄科成员中仅有一种出现过类似情况。

3. 叶绿体基因

高等植物的叶绿体基因组通常编码 110~130 个基因，且叶绿体基因组结构和基因具有高度保守性。这些基因主要分为三大类：第一类是与光合作用相关的基因，包括

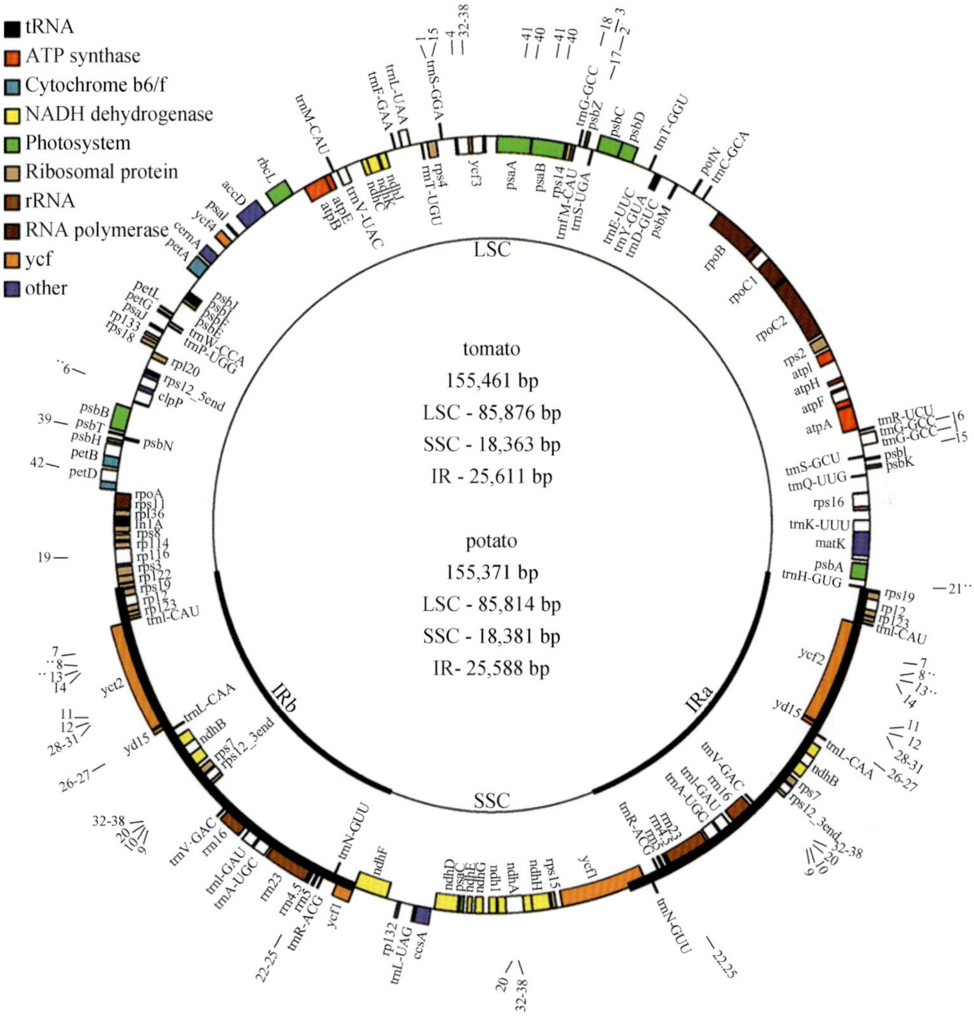

图6-4　番茄与马铃薯叶绿体基因组的基因图谱

注：粗线表示反向重复序列（IRa 和 IRb）的范围，将基因组分为大（LSC）和小（SSC）单拷贝区域。图谱外侧的基因按顺时针方向转录，图谱内侧的基因按逆时针方向转录。图谱周围的数字表示茄科基因组中发现的重复序列的位置。带星号的线条表示所有4个茄科基因组共有的重复，*烟草和番茄，**烟草和颠茄属，***烟草（Daniell et al.，2006）。

光系统Ⅰ（PSA）、光系统Ⅱ（PSB）、细胞色素 b6f 复合体、Rubisco 大亚基、ATP 合成酶、NAD（P）H 脱氢酶（NDH）等基因；第二类是与叶绿体转录和翻译表达相关的遗传系统基因，包括核糖体 RNA（rRNA）、转运 RNA（tRNA）、RNA 聚合酶、核糖体蛋白亚基、翻译起始因子（infA）等基因；第三类为开放式阅读框（open reading frame,

ORF）和一些其他蛋白编码基因，如 *ycf*（hypothetical chloroplast open reading frames）、*matK*（maturaseK）等基因，也包括部分植物叶绿体基因组的 *chlB*、*chlL*、*chlN* 等。

就基因含量而言，番茄叶绿体基因组的基因密度比线粒体和核基因组高。叶绿体基因组由 41.7% 的非编码区（基因间隔区和内含子）和 58.3% 的编码区组成，共注释了 142 个基因，包括 89 个编码蛋白的基因（PCG）、45 个转移 RNA 基因（tRNA）和 8 个核糖体 RNA 基因（rRNA）。在 IR 区共发现 18 个重复基因，包括 5 个 PCG 基因（*rps19*、*rpl2*、*rpl23*、*rps7* 和 *rps12*），9 个 tRNA 基因（*trnM-CAU*、*trnI-CAU*、*trnL-CAA*、*trnV-GAC*、*trnE-UUC*、*trnI-GAU*、*trnA-UGC*、*trnR-ACG* 和 *trnN-GUU*）和 4 个 rRNA 基因（*rrn16*、*rrn23*、*rrn4.5*、*rrn5*）。总核苷酸组成包括 30.6%A、31.4%T、19.2%C 和 18.8%G，总 G+C 含量为 38.0%。在非编码区，番茄叶绿体基因组包含 25 个基因间隔区，与马铃薯、烟草的同源性为 80%~100%。种间只有 4 个区域 100% 相同，其中 3 个位于 IR 区，这些相同的变异使基因间隔区成为系统发育研究的有用标记。

大多数植物质体基因组都编码在光合作用中起作用的蛋白质。然而，这些蛋白质中少数也参与其他细胞功能。Schön 等（1986）发现叶绿体 *tRNA-Glu* 是四吡咯生物合成所必需的（Schön et al., 1986）；Kode 等（2005）发现质体 *accD* 基因编码乙酰辅酶 A 羧化酶的 β－羧基转移酶亚基是脂肪酸生物合成的关键基因（Kode et al., 2005）；Shikanai 等（2001）证实质体基因 *ClpP* 编码依赖 ATP 蛋白水解酶的亚基，蛋白水解酶由 ClpP 和部分核基因组成，结果表明叶绿体编码的 ClpP 参与叶绿体发育的多个过程，包括细胞生存不可或缺的管家功能（Shikanai et al., 2001）。

在原核生物 70 s 核糖体上，质体翻译机制由两个 RNA 组分组成。一个包括由质体基因组编码的成分：小核糖体亚基的 16S rRNA 以及大亚基的 23S、5S 和 4.5S rRNA，另一部分由核 DNA 编码的成分组成。Rogalski 等（2008）的研究表明可能存在非必需的质体核糖体蛋白，在烟草中敲除编码核糖体蛋白 *rpl33* 的基因不影响植物在正常条件下生长（Rogalski et al., 2008）。Fleischmann 等（2011）研究了烟草中非必需质体核糖体蛋白可能的对象，通过反向遗传分析，揭示了以前从未认识到的质体翻译保真性在枝条分枝和叶片形态发生过程中的作用。值得注意的是，在这项研究中，作者还指出，在非光合系统中，质体核糖体蛋白基因向细胞核的转移速率提高（Fleischmann et al., 2011）。Sharma 等（2007）提出除了常见的质体核糖体蛋白外，植物质体还含有细菌中没有的质体特异性核糖体蛋白（PSRPs）。PSRPs 是由核基因组编码的，具有 6 个家族成员，其中 5 个是单拷贝，Tiller 等（2012）已经研究了其中 5 种基因的功能，表明其中 3 种基因的敲除可减少质体核糖体 30 s 或 50 s 亚单位的积累，而其他蛋白质则没有变化（Tiller et al., 2012）。

番茄在果实成熟过程中，叶绿体在超微结构和功能上都发生了剧烈变化，包括类囊体膜系统的消失、叶绿素的降解、质体球蛋白的出现以及最终积累在染色质膜内的类胡萝卜素生物合成的增加（Rosso，1968；Harris et al.，1969；Egea et al.，2011）。在这一过程中，虽然光合作用基因急剧下调且核糖体 RNA 显著减少，但其他非光合作用基因的表达有所上升。Kahlau 和 Egea 等（2011）对番茄质体转录组和蛋白质组学的研究表明，光合作用和碳水化合物代谢基因在果实发育过程中受到显著下调。相反，遗传系统基因（rRNAs、tRNAs、核糖体蛋白、RNA 聚合酶）的表达似乎保持在较高水平，虽然在果实成熟过程中大部分的质体基因表达呈现下降趋势，但 *accD* 基因除外，*accD* 是编码乙酰辅酶 A 羧化酶的亚基，2008 年，Kahlau 和 Bock（2008）研究表明该基因在果实成熟过程的表达显著上调，这与脂质生物合成以及类胡萝卜素积累相关。然而，Barsan 等（2012）研究表明 accD 蛋白水平在绿色果实转变成成熟果实阶段之间下降，表明了该酶的另一个调节点。*trnA*（编码 tRNA-Ala）和 *rpoC2*（编码 RNA 聚合酶亚单位）基因在这一过程中也有上调的趋势。在同一项研究中，Kahlau 和 Bock（2008）分析了主要由核（NEP）和质体（PEP）编码的 RNA 聚合酶转录的基因的表达，他们发现 PEP 更多作用于叶片，而 NEP 启动子的转录更多作用于红果。

总体而言，尽管上述所有证据都解释了番茄质体基因组的功能作用，但与其他基因组（即线粒体和细胞核）之间复杂的协同调控网络仍然不清楚。

二、叶绿体基因组的组装与分析

由于植物叶绿体基因组进化保守，利用叶绿体基因或叶绿体全基因组研究植物的分子系统发育首先要对其进行测序。对叶绿体基因组测序一般有两种策略，一种是先分离、提取植物的叶绿体 DNA 后进行测序；另一种是先提取植物的总 DNA 然后建库、测序，再从测序结果中分离叶绿体基因组数据进行组装（张同武，2012）。目前，提取植物叶绿体 DNA 后测序和组装的成本较低，且能够组装出更准确的叶绿体基因组。对于叶绿体基因组组装，常用的组装软件有 ChloroExtractor（Terhoeven et al.，2018）、Fast-Plast（Terhoeven et al.，2020）、GetOrganelle（Yang et al.，2020）、IOGA（Yu et al.，2016）、NOVOPlasty（Smits et al.，2020）等，通过 Freudenthal 等 2020 年发布的叶绿体基因组组装软件测试结果，GetOrganelle 准确率和成环率远高于其他组装软件，并被推荐为默认组装工具（图 6-5）。

在拼接时可使用多个软件。对于出现 gap 的位置，可将不同软件所得序列之间进行比对，看是否可以填补。组装结果可以用 Organellar GenomeDRAW 软件作图（Bock et al.，2016）。常规而言，对核基因组的分析技术也可用于对叶绿体基因组进行分析。

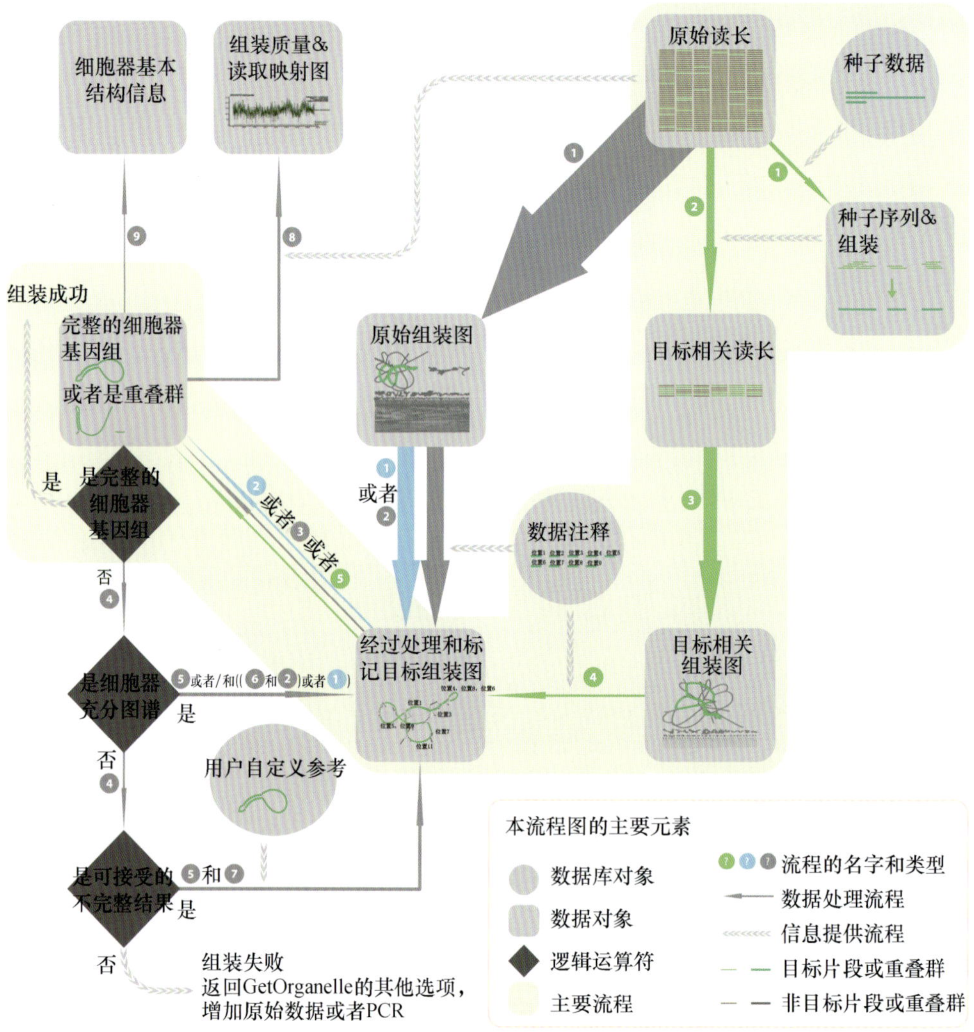

流程简述

- ⓧ 在单次运行中，get_organelle_from_reads的第 x 个步骤
- ① 将读数映射到种子读数，并组装种子读数以进行参数估计
- ② 通过扩展迭代招募更多目标相关读数
- ③ 从头组装
- ④ 粗略过滤出目标序列
- ⑤ 识别目标片段并导出所有配置
- ⓧ 在单次运行中，get_organelle_from_assembly的第 x 个步骤
- ① 过滤出目标序列
- ② 识别目标片段并导出所有配置
- ① 使用 SPAdes 进行重新组装
- ② 使用 Utilities/slim_fastg.py 对目标序列进行粗略过滤
- ③ 使用 Utilities/disentangle_organelle_assembly.py 识别目标序列并导出所有配置
- ④ 使用 Bandage 对组装图进行可视化、标记和检查
- ⑤ 使用 Bandage 手动处理组装图
- ⑥ 使用 gfa_to_fastg.py 转换汇编图格式
- ⑦ 使用 Utilities/join_spades_fastg_by_blast.py 根据参考数据添加间隙片段
- ⑧ 使用evaluate_assembly_using_mapping.py对组装结果进行评估
- ⑨ 使用plastome_arch_info.py

图6–5　GetOrganelle工具包的工作流程图（Yang et al.，2020）

注：实线箭头表示数据处理流程和相关方向，所有绿色实心箭头一起描述了从读取到细胞器基因组的完整运行，该运行使用脚本“get_organelle_from_reads.py”封装在单个命令中。

1.DNA 杂交技术

DNA 的杂交是将不同来源 DNA 经过解链后重新互补配对。DNA 的 Tm 值与 2 条子链的互补性成正比，杂交的 DNA 分子比同源的 DNA 分子的 Tm 值低，对此进行对比，可以判断亲缘的关系。由于结果不是十分准确，这项技术逐渐被 cpDNA 技术取代（徐文铎，2004）。

2. DNA 限制酶谱分析

DNA 限制酶谱分析是指 DNA 分子上所有限制酶切位点的示意图。植物同源 DNA 序列上限制性内切酶的位置也不同。纯化的 DNA 分子用不同限制酶切割，并用凝胶电泳进行分析。对于 cpDNA，则需找到一个只有一个切点的内切酶，并以此为参考，根据图谱上酶切片段的长度找到每个切点的位置（王焰玲，1993）。

3.RFLP 分析

经限制酶切割的 DNA 分子，其片段的大小直接影响在电泳中的移速，经过杂交、放射自显影之后在凝胶上形成不同的片段，也就是 RFLP。该分析方法是建立在上个方法之上的（罗玉萍等，2002）。

4. 核苷酸序列分析

对 DNA 测序可以直接看出变异情况。由于植物 DNA 序列进化速率上的差异而适用于不同分类阶元的系统发育研究，分子系统发育和进化研究中通过核 DNA 的 18S 基因及 ITS 等非编码区，部分 cpDNA 的编码基因和非编码区的序列，以及少部分的线粒体 DNA 能用于植物谱系间的系统发育树的应用（田欣，2002）。

5.DNA 单链构像多态性分析

在自然状态下，由于 DNA 链上碱基的特定序列，单链 DNA 折叠形成空间结构。SSCP 分析是首先设计引物，使用 PCR 技术扩增特定的基因组，将扩增的片段变性为单链，然后进行聚丙烯酰胺凝胶电泳以得到结果（Sheffield et al.，1993）。

6. 微卫星序列分析

以叶绿体微卫星序列两侧的共有序列作为引物，进而在不同植物间扩增出叶绿体微卫星序列。

（Morley et al., 2016）；第二，叶绿体基因组的遗传方式为母系遗传，不通过花粉传播，易于控制目的基因的漂移，因此生物学安全性高，在子代不存在性状分离；第三，目的基因可以进行定点整合，以避免由位置效应引起的基因沉默（Gueneau et al., 1998）；第四，如果目标基因来源于原核生物，可以直接转化表达（Paul, 1999）。

典型的质粒转化载体由叶绿体基因组的侧翼序列和叶绿体特异性表达盒组成。叶绿体特异性的侧翼序列包括 *trnI/trnA*、*rbcL/accD*、*trnV/rps7/12*、*trnfM/trnG*、*rps14/trnfM* 等，通常从对应的叶绿体基因组中扩增。为了提高基因的转录和翻译效率，选择标记盒由启动子（*Prrn*、*Prrn with loxP*、*PpsbA* 等）、选择标记（*aadA*）、5′ & 3′ 调节序列（*rbcL*、*psbA* 等）组成，表达盒由启动子（*Prrn*、*PpsbA*、*PatpI*、*PrrnPLs-rrn* 等）、目的基因和 5′/3′ 调控序列（*atpI*、*T7* 基因 *10*、*rps16*、*rbcL*、*psbA* 等）组成，而合适的限制性酶切位点能增加基因的转化（Yarra, 2020）。

虽然具有上述优点，但也存在一些难以解决的问题。第一，不同物种之间没有通用的载体，用其他物种载体的转化率很低；第二，同质化培养困难，单个叶绿体可能含有多个叶绿体 DNA 分子的拷贝，而转化的植物可能同时含有野生型和转化的叶绿体 DNA 分子；第三，外源靶基因的表达水平很高，但蛋白质的表达水平可能很低，其调控机制尚不清楚。

因此，在进行叶绿体基因组工程之前获得目标植物的完整叶绿体基因组序列，有助于构建特定的载体，从而提高目标基因的转化率。

第四节　番茄的线粒体基因组组装与分析

一、线粒体基因组特征

1. 线粒体

线粒体（mitochondrion）存在于大多数细胞中，是由两层膜包被的细胞器，是生物进行呼吸代谢的主要场所，为生命活动提供能量。绝大多数的真核细胞都拥有线粒体，但线粒体的大小、数量及外观等都有所不同。线粒体拥有自身的遗传物质和遗传体系，但其基因组大小有限，是一种半自主细胞器。除了为细胞生理活动提供能量外，线粒体还参与诸如氨基酸合成、脂代谢、细胞凋亡等过程。一般来说，细胞中线粒体数量取决于该细胞的代谢水平，代谢活动越旺盛的细胞中线粒体含量越多。

2. 线粒体的起源

关于线粒体的起源，目前假说主要分为两种，一是内共生起源假说，即线粒体是由与古细菌建立了互利共生关系的 α－变形菌（α-proteobacteria）演化而来，其中 α－变形菌能够氧化分解有机物从而为古细菌提供能量（ATP），另外古细菌也能为 α－变形菌提供营养物质。这种内共生关系最终使得 α－变形菌进化为寄主细胞中的一种非常重要的供能细胞器。研究表明，大约在 20 亿年以前 α－变形菌与古细菌开始共生，这一时间比叶绿体稍早一些。随着细胞器基因组和细菌基因组测序数据的公布，基于基因组序列的系统进化关系分析也支持这一假说，因此该假说目前被广泛认为是线粒体的真实起源假说。二是非共生起源假说，这一假说认为线粒体可能是由本身具有呼吸作用的古细菌细胞膜内陷，从而形成既有独立遗传物质又有呼吸功能的原始膜结构，经过漫长的进化最终成为线粒体。

3. 线粒体基因组测序

在叶绿体基因组测序飞速发展的同时，线粒体基因组测序工作也在不断地发展。截至 2018 年 3 月，在 NCBI 中收录的线粒体基因组共计 14 882 个，然而植物线粒体（陆地植物与绿藻类）仅 456 个被收录，由于线粒体结构复杂，同科同属之间差异明显，导致组装困难，目前番茄中仅有普通番茄（*S. lycopersicum*）和野生潘那里番茄（*S. pennellii*）已完成线粒体基因组测序。由此可见，番茄线粒体基因组乃至植物线粒体基因组研究仍有巨大挖掘空间。

线粒体基因组主要负责编码部分 rRNA、tRNA 和一些呼吸链组分蛋白质。线粒体基因组学是在线粒体基因组的范围内研究基因的结构、组成、功能及进化的科学。线粒体基因组拷贝数通常与细胞类型有关。动物线粒体基因组最小，其次是低等真核生物，显花植物线粒体基因组最大，由此可见线粒体基因组的大小和生物的复杂程度并无关联。

4. 植物线粒体基因组结构特征

子代线粒体基因主要遗传自卵母细胞，为母系遗传（maternal inheritance）。植物线粒体基因组和动物相比有很大的不同，大部分植物的线粒体基因组由不同比例的环状和线性 DNA 分子等结构组成。由于一个细胞内含有很多线粒体，而一个线粒体中也有数百份基因组拷贝，所以一个细胞里就有多个线粒体基因组。动物细胞线粒体基因组拷贝数可达上千份，而植物细胞中线粒体基因组的拷贝数要少于动物。线粒体基因组存在大量的重复序列，根据长度大小通常分为长重复序列（> 500 bp）、中间重复序列（50~500 bp）和短重复序列（< 50 bp）三种类型（Gualberto et al., 2017）。大量重复序列的存在容易造成基因组重组或重排，导致线粒体基因组结构的变化。植物线粒体基因组最明显的特征就是物种之间呈现高度的多样化，在基因组的大小、环状DNA 分子比例、线性 DNA 分子组成与结构等方面都存在极大差异（Gualberto et al., 2017）。但植物线粒体 DNA 编码基因数目与种类相对保守，从而保证线粒体功能。

植物与其他物种线粒体基因组存在明显不同，植物线粒体基因组变化较大，从 200 kb 到 2.9 Mb，其复杂性远大于其他生物。番茄中已测序的线粒体基因组大小相差不大，栽培番茄为 446 kb，野生番茄潘那利为 424 kb。不同植物物种线粒体基因组编码基因数量有所差异，植物线粒体基因组蛋白质编码基因的数量在 30~70 个。一些线粒体基因可能来自叶绿体或者细胞核，也可能在进化过程中转移到细胞核，这种现象称之为基因水平转移（horizontal gene transfer, HGT）或基因横向转移（lateral gene transfer, LGT）（Gao et al., 2014; Wu et al., 2017）。这种现象是在不同植物物种中编码基因数量差异的主要原因。植物线粒体基因组的大小与其编码基因的数量没有明显的相关性，并不是线粒体基因组越大其编码基因的数量就越多，例如蝇子草（11.3 Mb）有 32 个编码基因，地钱（187 kb）却有 74 个编码基因。栽培番茄线粒体基因组中含有的基因数为 72 个，其中编码蛋白质基因有 39 个，tRNA 有 27 个，rRNA 有 5 个，另有假基因 2 个。野生番茄潘那利线粒体基因组同栽培番茄相类似，含有 71 个基因，其中编码蛋白质基因有 41 个，tRNA 有 24 个，rRNA 有 5 个，另有假基因 1 个。通常植物线粒体基因组的 GC 含量在 43%~45%，高于叶绿体和细胞核基因组的 GC 含量。栽培番茄线粒体基因组的 GC 含量约为 45.1%，潘那利番茄为 45.0%。

尽管不同物种间线粒体基因组编码的基因组数目有所不同，但植物线粒体基因组编码基因的种类和序列非常保守，是植物三套基因组中最保守、演化速率最慢的。不同物种中，线粒体基因组的基因位置和排列方向及顺序存在较大差异。植物线粒体基因组非编码区所占的比例很大，且这部分序列的保守性很差，主要有外来迁移片段和重复序列介导重组构成的嵌合序列。外源迁移片段序列主要是通过水平基因转移从叶绿体基因组和核基因组中获得的，也有报道可能是从细菌基因组转移而来的，如黄瓜的线粒体基因组。重复序列是线粒体基因间区最普遍和最重要的一类序列，与线粒体基因组的变异和重组相关，在植物线粒体基因组的进化中起着重要的作用。植物线粒体基因组几乎编码相同的基因产物，包括 30~40 种蛋白，含呼吸链上各复合体亚基所有关键蛋白。例如，复合体Ⅰ，NADH 脱氢酶（*nad1~7*, *nad4L*, *nad9*）；复合体Ⅱ，琥珀酸脱氢酶；复合体Ⅲ，细胞色素 c 还原酶；复合体Ⅳ，细胞色素 c 氧化酶（*cox1*, *cox2*, *cox3*）；复合体Ⅴ，ATP 合酶（*atp6*, *atp8*, *atp9*）基因、核糖体蛋白基因、*matR* 基因、*mttB* 基因和未知功能的 ORFs。非蛋白编码基因组包括 rRNA 和 tRNA 基因，

rRNA 包括 *rrn5*、*rrn18* 和 *rrn26*；tRNA 包括 3 种不同派生类型的 tRNA，即自身固有的 tRNA，以及由叶绿体和核基因组转移而来的 tRNA，但除了地钱外，其他植物的线粒体基因组均不能涵盖编码转运所有 21 种氨基酸的 tRNA 基因（Handa，2003）。

二、线粒体基因组的测序、组装与分析

线粒体基因组的测序主要有两种方法，第一种方法是先对线粒体进行分离，然后提取其 DNA，对提取的样品进行测序，这种方法的优势较为明显，测序数据量较低，基因组测序组装简单，占用计算资源较少，较容易得到完整的线粒体基因组。组装质量取决于线粒体的分离纯化质量。该方法可以使用高通量测序技术，也可以使用第一代测序技术，也就是前文提到的 sanger 测序技术。一代测序虽然较为准确，但成本较高，对样品纯度要求较高。随着近年来高通量测序技术的发展以及测序成本的降低，越来越多的研究选用这一方法进行线粒体基因组的测序，但这一方法也存在一定的缺点，由于线粒体自身的特点，对其进行分离纯化的难度较高，差速离心对离心机转速要求较高，且容易被其他物质污染，较难得到纯度高的线粒体。

第二种方法是不进行线粒体的分离纯化，直接进行总基因组的提取，然后从总基因组中筛选出线粒体基因组，该方法的优势在于前期不需要较高的实验条件，如果数据量足够，不仅能得到线粒体基因组，还能同时进行叶绿体基因组等的拼接。但这一方法的缺点同样明显，即需要达到一定的测序深度才能获得较为完整的线粒体基因组，大大提高了测序的成本，高数据量组装筛选时会占用较高的计算资源，组装难度也较高，且容易被叶绿体基因组污染。该策略比较适合已经进行过或将要进行全基因组测序物种的线粒体研究。目前在线粒体基因组研究中两种策略均有使用，都有各自的优缺点，我们需要根据自身实验条件选择合适的策略进行线粒体基因组的获取，不仅能节省组装时间，且能获得较好的组装结果。

关于线粒体基因组组装软件有多种，例如 MITObim、ARC（Assembly by Reduced Complexity,http://ibest.github.io/ARC/）、mitoMaker、NOVOPlasty、Norgal、plasmidSPAdes 等，进行分析的软件有 Geseq（https://chlorobox.mpimp-golm.mpg.de/geseq.html）等，这些软件各有自身的优劣所在，进行组装时，要根据自己的实际情况，选择最适合自己的软件进行分析。

三、线粒体基因组的应用

1. 线粒体基因组与雄性不育

细胞质雄性不育（CMS）是一种通过核质互作抑制正常花粉产生的遗传性状，遗传

方式与线粒体基因组一致，一般为母系遗传。早在 1976 年，Pring 和 Levings 利用限制性内切酶技术分析 T 型玉米不育系、保持系的线粒体和叶绿体 DNA 差异，首次证明了线粒体基因与玉米 CMS 的密切相关性。自此以后，研究人员逐渐认识到植物的雄性不育可能是由线粒体基因组中某些基因与 ORF 重组形成嵌合基因或 RNA 编辑不充分引起的。利用 CMS 培育不育系进行杂交制种，在很大程度上节省人力物力，提高杂交种子的纯度，增加农作物的产量，具有极好的经济效益，相关研究已广泛应用于农业和园艺作物的遗传育种。目前，在不同植物中已经克隆到很多不育的相关基因，如玉米中的 *urf13*（王帅帅 等，2018），菜豆中的 *pvs*（刘振兰 等，2007），矮牵牛中的 *pcf*（Pruitt et al., 1991）。不育系相关基因的表达与线粒体结构没有相关性，如在水稻的不育系的花药中，线粒体的超微结构并没有发生明显的变化，但在油菜中，不育系的花药中线粒体的超微结构变化很大。

近年来，番茄的线粒体基因组测序已经完成，虽然关于番茄线粒体基因组导致 CMS 的研究还未开展，但番茄线粒体基因组的获得为深入研究植物线粒体基因组调控 CMS 机制提供了基础数据，番茄作为一种重要的园艺作物，其在 CMS 研究上具有很高的研究价值，值得我们开展更为深入的研究。

目前，多种茄科作物线粒体基因组测序已完成，并且如烟草、辣椒等茄科植物已有 CMS 方面的研究，这些研究均可为番茄线粒体基因组进一步研究提供帮助，可以从不同茄科植物线粒体基因组间的信息交流甚至是叶绿体基因组、核基因组与线粒体之间的信息交流进一步对番茄的 CMS 进行研究。

2. 线粒体基因组编辑

在陆生植物中，尽管细胞核基因组的编辑修饰已经取得了很大的进展，但是线粒体基因组的遗传转化仍然进展缓慢（Kazama et al., 2019）。从结构上来说，植物线粒体基因组比动物线粒体基因组更大、更复杂（Small, 2013；Gualberto et al., 2017）。特别是在维管植物中，由于重复序列之间的活跃重组，即使在同一种植物中线粒体基因的顺序也会发生变化。尽管人们对陆地植物线粒体基因组序列了解甚多，但是由于缺乏稳定的线粒体转化方法，对植物线粒体基因组详细和直接的分子分析一直受到限制。同时，不能将 gRNA 递送到线粒体，阻碍了线粒体 DNA（mtDNA）的编辑。因此，对 mtDNA 的操作主要限于通过设计核酸酶对线粒体基因的靶向突变。2019 年，日本东京大学实验室分别利用 mitoTALENs 和 mito-cTALEN 编辑技术编辑水稻和油菜线粒体中 CMS 相关基因，首次实现了植物线粒体基因组稳定和可遗传靶向基因修饰（Kazama et al., 2019）。mitoTALENs 线粒体基因编辑技术是直接在 TALENs 的 N 端加上一个线粒体定位信号（mitochondrial targeting signal, MTS），可实现对线粒体基因组进行基因编辑（Kazama et al., 2019）。mito-c TALEN 即“mito-compact TALEN”，是指对 TALENs 技术进行改进后使得通常需要两个 TALENs 蛋白质改为单一蛋白质的线粒体基因编辑技术（Kazama et al., 2019）。随后，研究者利用 mitoTALENs 技术在拟南芥上成功地对线粒体 ATP 合成酶亚基 6 基因进行了基因编辑（Arimura et al., 2020），证实了其在植物线粒体基因编辑中的普适性。

2020 年，哈佛大学 David R. Liu 团队开发出一种新的线粒体基因编辑工具——DdCBEs 技术，该技术利用细菌胞嘧啶脱氨酶毒素（DddA）序列与 TALE 阵列蛋白和尿嘧啶糖基化酶抑制剂（UGI）融合产生的 DddA 衍生的胞嘧啶碱基编辑器（DddA-derived cytosine base editor，DdCBE），在人细胞 mtDNA 中引入特定核苷酸，实现了线粒体基因的精准编辑（Mok et al., 2020）。2021 年，Kang 等开发了金门组装系统，构建叶绿体靶向 DdCBE（cp-DdCBE）质粒或线粒体靶向 DdCBE（mt-DdCBE）质粒。表达质粒编码由叶绿体转运肽（CTP）或线粒体靶向序列（MTS）、TALE 的 N- 端或 C- 端结构域、分裂 DddAtox 半区（G1333N、G1333C、G1397N 和 G1397C）和 UGI，在欧芹泛素启动子和 pea3A 终止子的控制下，进行了密码子优化，可在双子叶植物中表达（Kang et al., 2021）。已经成功将 DdCBEs 技术用于拟南芥、莴苣、油菜和水稻的线粒体和叶绿体的基因组编辑，有效实现了目标基因 C・G-T・A 的转换（Li et al., 2021）。但目前在番茄上还未见报道。

3. 线粒体基因 RNA 编辑

RNA 编辑（RNA editing）是指由 RNA 水平的核苷酸改变所引起的密码子发生变化的一种预定修饰，是开花植物中一种重要的转录后调控方式。其主要存在于植物的叶绿体和线粒体中，是维持其正常生物功能的重要手段。在线粒体基因组中，RNA 编辑的主要类型是胞嘧啶转换成尿嘧啶（C-U），少数情况下也有尿嘧啶转换成胞嘧啶（U-C），多数发生在蛋白编码区，极少发生在非编码区，且主要作用于密码子的前两个位点上。不同物种中编辑位点的数量差异很大，例如在小立碗藓的线粒体基因组中只有 11 个 RNA 编辑位点（Rudinger et al., 2009），而在棉花的线粒体中却有 692 个 RNA 编辑位点（He et al., 2018）。

RNA 编辑的作用通常是维护细胞器中重要功能蛋白氨基酸序列的保守性，有时也会影响重要基因的翻译过程。线粒体作为植物细胞中的能量工厂，线粒体基因组 DNA 的稳定有利于基因的正常表达。因此调节线粒体 RNA 编辑的基因对植物非常重要，如果它们功能缺失，就会损害线粒体功能，进而导致植物的生理伤害和表型缺失。线粒体基因的 RNA 编辑影响植物的很多重要性状，例如在番茄中如果减弱 *nad3* 和 *sdh4* 等基因的 RNA 编辑会扰乱线粒体的生物学功能，降低果实的呼吸效率，最终抑制番茄果实的成熟。因此，研究植物线粒体 RNA 编辑，对深入了解植物线粒体基因组的功能具有十分重要的意义，然而 RNA 编辑在植物线粒体基因组中所起的作用较为复杂，目前还不太清楚，还有待于对其调控机制进行深入的研究。

四、对作物育种及植物进化分析的参考意义

番茄线粒体基因组测序已经完成，茄科植物中还有烟草、辣椒等均已完成线粒体基因组的测序。其中烟草线粒体基因组测序较早，常与拟南芥、甜菜、水稻、小麦、玉米等一并作为植物线粒体基因组研究的对象，虽然线粒体基因组的大小和基因排列顺序都存在显著差异，但它们都编码相似的基因产物。

正如之前所说，烟草、辣椒等茄科植物研究均可为番茄线粒体基因组进一步研究提供帮助，可以从不同茄科植物线粒体基因组间的信息交流甚至是叶绿体基因组、核基因组与线粒体之间的信息交流进一步对番茄线粒体基因组进行研究。同样，番茄线粒体基因组的研究也可为其他植物基因组的研究提供参考。此外，由于线粒体基因组在开花植物中是严格的母性遗传，能够在系统分子进化研究中提供独特的信息。植物线粒体基因同源性分析，可反映出不同物种间的亲缘和演化关系。结合线粒体的编码基因，利用基因间区序列和大量的迁移序列来考察植物进化历史和机制具有十分重要的价值。因此番茄线粒体基因组的研究，可以为茄科植物进化过程以及其他植物进化提供参考。

第五节　番茄的泛基因组研究

一、泛基因组简介

随着第三代测序技术的迅猛发展，研究人员获得高质量的参考基因组成为可能，一个物种是否具有高质量的参考基因组成了深入解析其遗传与表型关系的重要前提。但随着对基因组研究的深入，研究人员发现许多重要的基因在参考基因组中缺失，同一物种不同个体的基因组序列并不能与该物种的参考基因组完全对应。因此，建立一个能够包含这个物种全部基因组序列和变异信息情况的完整集合对基因组学的研究极为重要。

泛基因组（pan-genome）概念由 Tettelin 等（2005）在微生物细菌研究中首次提出，泛基因组表示某一物种所有个体的基因集合，这些基因既包括存在于所有个体的核心基因组（core genome），也包括不同个体之间的可变基因组（accessory/variable/

dispensable genome）。2009 年，首次应用泛基因组测序进行人类基因组学研究（Li et al., 2010）；2013 年，泛基因组测序应用于动植物研究领域。驯化和育种本质上是充分利用该物种内部的变异，但是对于一个物种来说，往往是非核心基因提供了驯化和育种的重要变异来源，导致重要性状的形成。研究表明，这些非核心基因往往与突变体的重要农艺性状和环境适应性密切相关，形成个体间的差异。尽管非核心基因往往不直接参与或者调控植物生长过程中的代谢，但它控制的性状通常有助于物种对环境等的适应性。因此，开展植物泛基因组研究，探讨非核心基因对植物重要性状的影响，已成为基因组研究的一个重要趋势。随着测序技术的进步和其价格的下降，泛基因组研究变得越来越热门。

广义的泛基因组是一个包含该物种全部遗传信息的集合。边培培等（2021）将泛基因组整个基因或序列集合分成两部分，即核心基因组和可变基因组。核心基因组一般认为存在于超过 95% 的个体基因组中；可变基因组又可以被进一步分为壳基因组（shell，在所有个体基因组中存在比例为 5%~95%）和云基因组（cloud，仅存在约少于 5% 的个体基因组中）。shell 和 cloud 作为可变基因组的子集，一般与生物对特定环境的适应或生物学特性有关。上述分类能够弥补在实际定义不同基因组类别时所面临的不确定性，核心基因组非百分之百的存在比例可避免某个个体的低质量基因组序列或者是基因组缺陷造成的分类错误，确保真实的核心基因组在注释和分类过程中不被遗漏；cloud 则可能是该物种个别个体基因组意外获得的外源基因，或者是外源装配或基因污染。具体分类比例并不是固定的，研究者可根据该物种的实际情况进行合理定义。在生物体中大部分基因或以核心基因组的方式存在于绝大多数个体中，或以云基因组的方式存在于个别个体中。

但在实际的育种工作中不可能获得该物种的全部序列信息，究竟使用多少个基因组能够反映出该物种的泛基因组信息是泛基因组研究中最先需要解决的问题。因此，为了让泛基因组能更全面地反映出物种的变异，对泛基因组种类的学习显得格外重要。泛基因组大小随着基因组个数的改变而改变的研究在微生物的泛基因组研究中时常涉及。Lefébure 和 Stanhope（2007）在对细菌 *Streptococcus agalactiae* 的研究中发现，该物种的泛基因组大小随着物种基因组的个数增加而增加，故将此种类型的泛基因组定义为开放型泛基因组（open pan-genome）。Tettelin 等（2008）对细菌 *Staphylococcus aureus* 的泛基因组的研究发现，该物种的泛基因组大小随着物种基因组个数的增加而趋于一个稳定的水平，这种类型的泛基因组被称为封闭型泛基因组（close pan-genome）。基于以上差异，在进行封闭型泛基因组研究时，通过汇总有限数量个体的基因组序列，人们可以获取这个物种几乎全部的遗传信息。番茄的泛基因组为封闭型泛基因组。而开放型泛基因组会随着研究者们不断加入该物种的研究个体，其基因数

思考。这些早期的基因组允许我们更深入地了解植物物种的多样性。在遗传和环境的共同作用下，不同物种和个体在形态上有很大的差异，其中主要的遗传变异造成的差异有单核苷酸多态性（SNPs）、插入 / 缺失（InDel）以及结构变异（SV）等（图 6-7）。Gao 等（2019）利用 725 个系统发育和地理代表性种质的基因组序列构建番茄的泛基因组，揭示了参考基因组中缺失的 4 873 个基因。

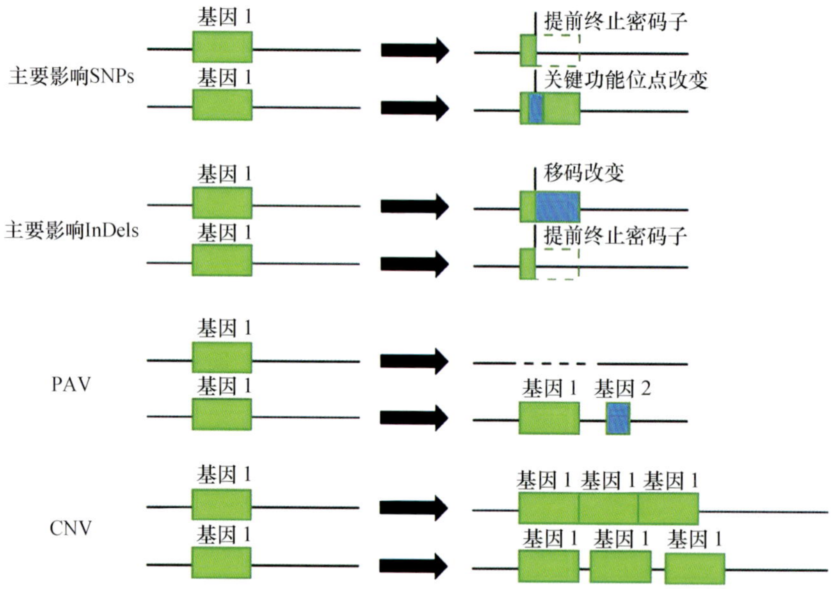

图6-7　常见的遗传结构变异图示（Tao et al.，2019）

结构变异是极为重要的遗传变异，原因之一是结构变异会对物种或个体的基因组产生影响，比如重要基因的重复或者缺失都会使个体产生表型变异，另外新组装出来的基因组需要与旧基因组比对来确定新基因组的准确性和完整性，因此旧基因组的结构变异成了重要的参考指标。随着对泛基因组结构变异的深入理解，我们对植物基因组学的思考方式正在改变。例如，QTL 作图、GWAS 和基因组预测工作主要依赖于 SNP 标记。Lye 等人在 2019 年的研究表明，与 SNP 相比，大的结构变异对性状的影响更为显著，而传统的基于 SNP 的全基因组关联研究（SNP-GWASs）难以检测参考基因组中缺失的内容。在泛基因组时代发现的结构变异是研究者们重新评估表型的决定因素。因此，SVs 不仅具有传统 SNPs 验证无法替代的功能，同时能验证新基因组组装的完整性和准确性，还可以反映该物种基因组的多态性以及物种的进化或育种历程，对研究人员了解该物种或个体进化有重要意义。

最初，结构变异（SV）是用来指涉及长度至少为 1 kb 的 DNA 片段的基因组改变，包括插入、缺失、复制、倒置和易位。但随着测序技术的改进，短变异体检测得以实现，随后对定义进行了调整，以包括短变异体（ > 50 bp ）。存在 / 缺失变异（presence absence variation, PAV）和基因拷贝数变异（copy number variations, CNV）是两种主要的结构变异。

结构变异最重要的原因之一是转座子（TE）的活性。也被称为"跳跃基因"，是基因组中最动态的部分之一，Lisch（2013）证实转座子活动是不同物种之间基因组大小变化的重要因素。结构变异可以通过移动转座子生成。Zhang 等（2016）广泛观察到存在 / 缺失变异中富含多种转座子。同时，转座子也可以介导大规模的染色体重新排列，其中的转座子包括 *Ac/Ds* 转座子、*Helitron* 转座子、*MULEs* 转座子等。但值得注意的是，来自 TEs 的 PAV 与遗传的 PAV 不同。非基因区转座子的插入或删除不会像遗传型 PAV 那样影响个体加入的基因库。某些类型的转座子，如 *Helitronor* 和 *MULEs*，在转录它们捕获的基因片段时，可以介导新基因的产生。然而，这些嵌合基因是通过不同的机制产生的，与从原始基因组序列产生的真正的新基因相比，它们表现出不同的特征。此外，非等位同源序列的重组也可导致基因结构变异的形成。在减数分裂过程中，非等位同源序列可能错位并形成交叉，最终导致基因组结构重排。促进非等位基因重组的基因组特征与基因结构变异的发生有关。在植物中，Li 等（2014）研究发现携带核苷酸结合位点（nucleotide binding site, NBS）和亮氨酸富集重复（Leucine- rich-repeat, LRR）结构抗性基因在结构变异（SV）显著富集，造成的原因可能是由于 NBS-LRR 基因的元件重复和频繁地聚集，这促进了这些非等位基因同源序列之间的重组。此外，转座子的重复性也可能促进非等位基因重组事件。

同时，研究发现结构变异会影响植物结构变化、农艺性状、驯化特性，与植物生物胁迫的防御反应存在因果关系，与非生物胁迫存在关联，还会影响开花时间（Tao et al., 2019），此外，植物的驯化特性和植物结构的变化是由 SVs 引起的。比如，Studer 等（2011）发现在玉米 *tb1* 基因上游约 60 kb 的转座子插入在其驯化过程中对改变玉米结构起到了重要作用。同样在许多情况下，非编码区的 SVs 会影响附近基因的基因表达。鉴于 SV 影响的性状的广度，它们的特征对植物驯化和改良非常重要，并将促进泛基因组学的未来发展。番茄泛基因组分析中，通过存在 / 不存在变异分析揭示了在番茄驯化和改良过程中大量基因丢失与基因和启动子的强烈负选择，丢失或负面选择的基因富含重要农艺性状，尤其是抗病性（Gao et al., 2019）。Zhou 等（2022）将前述构建的图泛基因组用于全基因组关联研究分析，对 20 323 个基因表达和代谢物控制性状的遗传力估计，结果表明图泛基因组估计遗传力显著增加。与使用单一线性参考基因组时的 0.33 相比，平均估计的性状遗传力为 0.41。这主要是由于通过包含使用图泛基因组确定的结构变异 SVs 来解决不完全连锁不平衡。此外，通过解决等位基因和基因座异质性，结构变异提高了鉴定重要农艺性状的遗传因子的能力。在该研究中，他们鉴定了两个可能有助于可溶性固形物SSC含量的新基因，与相应基因（*Solyc01G003449*、*Solyc02G001638* 和 *Solyc04G001842*）接近的 3 个 SVs（SV1_85728347、SV2_44168216 和 SV4_54067283）与 SSC 显著相关，而且 3 个 SVs 中的 2 个（SV2_44168216 和 SV4_54067283）显著影响其附近基因（*Solyc02G001638* 和 *Solyc04G001842*）的表达。证实了新发现的结构变异将通过标记辅助选择和基因组选择促进番茄的遗传改良，凸显了图泛基因组在未来作物育种中具有极强的优势。

四、泛基因组研究的重要性

在物种分化过程中，泛基因组包含更丰富的变异信息。第一，以序列组装的变异数量比传统方式重测序检测的变异数量多。在泛基因组研究中，Maretty 等（2017）分析了重测序和 *de novo* 组装序列比对两种方式获得的变异数量，结果显示，基于序列组装方式获得的变异数量均远远多于基于重测序方式。其次，泛基因组解决了单一参照基因组的局限性。同一物种不同材料的基因组之间往往存在很大的差异，许多包含基因的大片段序列在参考基因组中重复、存在或缺失。番茄泛基因组研究中，Song 等（2020）发现栽培番茄和野生番茄的基因含量存在显著的差异。同一物种不同材料基因组之间差异巨大。因此，简单地采用单一参考基因组使研究变得片面，同时会丢失大量的重要遗传信息，这些特异性存在于变种基因组中的遗传信息对农艺性状的驯化和育种都有着重要的意义。

参考文献

[1] 边培培，张禹，姜雨，2021. 泛基因组：高质量参考基因组的新标准 [J]. 遗传，43(11): 1023–1037.

[2] 李健仔，李思光，罗玉萍，等，2002. 叶绿体 DNA 分析技术及其在植物系统学研究中的应用 [J]. 江西科学，20(3): 183–189.

[3] 阮期平，王焰玲，1993. 叶绿体 DNA 的限制性内切酶谱分析在植物系统分类学中的应用 [J]. 生物学杂志 (6): 14–16.

[4] 苏爱国，宋伟，王帅帅，等，2018. 玉米细胞质雄性不育及其育性恢复基因的研究进展 [J]. 中国生物工程杂志，38(1): 108–114.

[5] 唐萍，王强，陈建群，2008. 茄科植物叶绿体基因组插入、缺失和核苷酸替代的发生方式及影响 [J]. 遗传，30 (11): 1506–1512.

[6] 田欣，李德铢，2002. DNA 序列在植物系统学研究中的应用 [J]. 云南植物研究，24(2):

170–184.
[7] 吴豪，徐虹，刘振兰，等，2007. 植物细胞质雄性不育及其育性恢复的分子基础 [J]. 植物学报，24(3): 399–413.
[8] 谢玲娟，叶楚玉，沈恩惠，2021. 植物基因组测序研究进展 [J]. 植物科学学报，39(6): 681–691.
[9] 张同武，2012. 植物细胞器基因组测序、组装及比较基因组学研究 [D]. 杭州：浙江大学 .
[10] 邹春静，韩文卿，盛晓峰，等，2004. DNA 分析技术及其在植物研究中的应用 [J]. 生态学杂志，23(2): 146–151.
[11]ADATO A, MANDEL T, MINTZ–ORON S, et al., 2009. Fruit–surface flavonoid accumulation in tomato is controlled by a *SlMYB12*–regulated transcriptional network [J]. PLoS genetics, 5(12): e1000777.
[12]AFLITOS S A, SCHIJLEN E, FINKERS R, et al., 2014. Exploring genetic variation in the tomato (*Solanum* section *Lycopersicon*) clade by whole–genome sequencing [J]. The plant journal, 80(1): 136–148.
[13]AKAGI T, MASUDA K, KUWADA E, et al., 2022. Genome–wide cis–decoding for expression design in tomato using cistrome data and explainable deep learning [J]. The plant cell, 34(6): 2174–2187.
[14]AL–NAKEEB K, PETERSEN T N, SICHERITZ–PONTÉN T, 2017. Norgal: extraction and de novo assembly of mitochondrial DNA from whole–genome sequencing data [J]. BMC bioinformatics, 18(1): 510.
[15]ALKAN C, COE B P, EICHLER E E, 2011. Genome structural variation discovery and genotyping [J]. Nature review genetics, 12(5): 363–376.
[16]ALQUDAH A M, SALLAM A, BAENZIGER P S, et al., 2019. GWAS: fast–forwarding gene identification and characterization in temperate cereals: lessons from barley–a review [J]. Journal of advanced research, 22: 119–135.
[17]ANKENBRAND M J, PFAFF S, TERHOEVEN N, et al., 2018. ChloroExtractor: extraction and assembly of the chloroplast genome from whole genome shotgun data [J]. The journal of open source software, 3(21): 464.
[18]ANTIPOV D, HARTWICK N, SHEN M, et al., 2016. plasmidSPAdes: assembling plasmids from whole genome sequencing data [J]. Bioinformatics, 32(22): 3380–3387.
[19]ARIMURA S I, AYABE H, SUGAYA H, et al., 2020. Targeted gene disruption of ATP synthases 6–1 and 6–2 in the mitochondrial genome of *Arabidopsis thaliana* by mitoTALENs [J]. The plant journal, 104(6) : 1459–1471.
[20]BAKKER F T, LEI D, YU J, et al., 2016. Herbarium genomics: plastome sequence

assembly from arange of herbarium specimens using an iterative organelle genome assembly pipeline [J]. Biological journal of the linnean society, 117(1): 33–43.
[21]BEDBROOK J R, BOGORAD L, 1976. Endonuclease recognition sites mapped on *Zea mays* chloroplast DNA [J]. Proceedings of the national academy of sciences of the United State of America, 73(12): 4309–4313.
[22]BERNATZKY R, TANKSLEY S D, 1986. Toward a saturated linkage map in tomato based on isozymes and random cDNA cequences [J]. Genetics, 112(4): 887–898.
[23]BLANCA J, CAÑZARES J, CORDERO L, et al., 2012. Variation revealed by SNP genotyping and morphology provides insight into the origin of the tomato [J]. PLoS one, 7(10): e48198.
[24]BOLGER A, SCOSSA F, BOLGER M, et al., 2014. The genome of the stress-tolerant wild tomato species *Solanum pennellii* [J]. Nature genetics, 46(9): 1034–1038.
[25]BONIERBALE M W, PLAISTED R L, TANKSLEY S D, 1988. RFLP maps based on a common set of clones reveal modes of chromosomal evolution in potato and tomato [J]. Genetics, 120(4): 1095–1103.
[26]BOTSTEIN D R, WHITE R L, SKOLNICK M H, et al., 1980. Construction of a genetic linkage map in man using restriction fragment length polymorphisms [J]. American journal of human genetics, 32(3): 314–331.
[27]BOYNTON J E, GILLHAM N W, HARRIS E H, et al., 1988. Chloroplast transformation in *Chlamydomonas* with high velocity microprojectiles [J]. Science, 240(4858): 1534–1538.
[28]BREWER M T, LANG L, FUJIMURA K, et al., 2006. Development of a controlled vocabulary and software application to analyze fruit shape variation in tomato and other plant species [J]. Plant physiology,141(1): 15–25.
[29]BUMGARNER R, 2013. Overview of DNA microarrays: types, applications, and their future[J]. Current protocols in molecular biology, 101(1): 22.
[30]BUTLER L,1968. Report of the tomato genetics cooperative[R]. Linkage summary,18:4–6.
[31]CHAT J, CHALAK L, PETIT R J, 1999. Strict paternal inheritance of chloroplast DNA and maternal inheritance of mitochondrial DNA in intraspecific crosses of kiwifruit [J]. Theoretical and applied genetics, 99: 314–322.
[32]CHEN K Y, CONG B, WING R, et al., 2007. Changes in regulation of a transcription factor lead to autogamy in cultivated tomatoes [J]. Science, 318(5850): 643–645.
[33]CHETELAT R T, DEVERNA J W, 1991. Expression of unilateral incompatibility in pollen of *Lycopersicon pennellii* is determined by major loci on chromosomes [J]. Theoretical and applied genetics, 82(6): 704–712.
[34]CHUNG H J, JUNG J D, PARK H W, et al., 2006. The complete chloroplast genome

sequences of *Solanum tuberosum* and comparative analysis with Solanaceae species identified the presence of a 241-bp deletion in cultivated potato chloroplast DNA sequence [J]. Plant cell reports, 25(12): 1369-1379.

[35]CLEVENGER J, 2012. Metabolic and genomic analysis of elongated fruit shape in tomato (*Solanum lycopersicum*) [D]. Columbus: The Ohio State University.

[36]CROSSA J, CAMPOS G DE L, PÉREZ P, et al., 2010. Prediction of genetic values of quantitative traits in plant breeding using pedigree and molecular markers [J]. Genetics, 186(2): 713-724.

[37]DANIELL H, LEE S-B, GREVICH J, et al., 2006. Complete chloroplast genome sequences of *Solanum bulbocastanum*, *Solanum lycopersicum* and comparative analyses with other Solanaceae genomes [J]. Theoretical and applied genetics, 112(8): 1503-1518.

[38]D'ARCY W G, 1972. Solanaceae studies Ⅱ: Typification of subdivisions of *Solanum* [J]. Annals of the missouri botanical Garden, 59(2): 262-278.

[39]DENG H, CHEN Y, LIU Z Y, et al., 2022. *SlERF. F12* modulates the transition to ripening in tomato fruit by recruiting the co-repressor *TOPLESS* and histone deacetylases to repress key ripening genes [J]. The plant cell, 34(4): 1250-1272.

[40]DIERCKXSENS N, MARDULYN P, SMITS G, 2019.Unraveling heteroplasmy patterns with NOVOPlasty [J]. NAR genomics and bioinformatics, 2(1): lqz011.

[41]EDWARDS D, BATLEY J, SNOWDON R J, 2013. Accessing complex crop genomes with next-generation sequencing [J]. Theoretical and applied genetics, 126(1): 1-11.

[42]EGEA I, BIAN W, BARSAN C ,et al., 2011. Chloroplast tochromoplast transition in tomato fruit: spectral confocal microscopy analyses of carotenoids and chlorophylls in isolated plastids andtime-lapse recording onintact live tissue [J]. Annals of botany, 108(2): 291-297.

[43]EIZENGA J M, NOVAK A M, SIBBESEN J A, et al., 2020. Pangenome graphs [J]. Annual review in genomics and human genetics, 21: 139-162.

[44]FIERS W, CONTRERAS R, DUERINCK F, et al., 1976. Complete nucleotide sequence of bacteriophage MS2 RNA: primary and secondary structure of the replicase gene [J]. Nature, 260(5551): 500-507.

[45]FLEISCHMANN T, SCHARFF L B, ALKATIB S, et al., 2011. Nonessential plastid-encoded ribosomal proteins in tobacco: a developmental role for plastid translation and implications for reductive genome evolution [J]. The plant cell, 23(9): 3137-3155.

[46]FRARY A, NESBITT T C, GRANDILLO S, et al., 2000. *fw2.2*: a quantitative trait locus key to the evolution of tomato fruit size [J]. Science, 289(5476): 85-88.

[47]FREUDENTHAL J A, PFAFF S, TERHOEVEN N, et al., 2020.A systematic comparison of

chloroplast genome assembly tools [J]. Genome biology, 21(1): 254.

[48]GAO C, REN X, MASON A S, et al., 2014. Horizontal gene transfer in plants [J]. Functional and integrative genomics, 14: 23–29.

[49]GAO L, GONDA I, SUN H H, et al., 2019. The tomato pan-genome uncovers new genes and a rare allele regulating fruit flavor [J]. Nature genetics, 51(6): 1044–1051.

[50]GIBOR A, GRANICK S, 1964. Plastids and mitochondria: inheritable systems [J] . Science, 145(3633): 890–897.

[51]GILLASPY G, BEN-DAVID H, GRUISSEM W, 1993. Fruits: a developmental perspective [J]. The plant cell, 5(10): 1439–1451.

[52]GIOVANNONI J, 2018. Tomato multiomics reveals consequences of crop domestication and improvement [J]. Cell, 172(1/2): 6–8.

[53]GOLICZ A A, BAYER P E, BARKER G C, et al., 2016. The pangenome of an agronomically important crop plant *Brassica oleracea* [J]. Nature communication, 7: 13390.

[54]GOLICZ A A, BAYER P E, BHALLA P L, et al., 2020. Pangenomics comes of age: from bacteria to plant and animal applications [J]. Trends in genetics, 36(2): 132–145.

[55]GONDA I, ASHRAFI H, LYON D A, et al. ,2019. Sequencing-based bin map construction of a tomato mapping population, facilitating high-resolution quantitative trait loci detection[J]. Plant genome, 12: 180010.

[56]GREINER S, LEHWARK P, BOCK R, 2019. OrganellarGenomeDRAW (OGDRAW) version 1.3.1: expanded toolkit for the graphical visualization of organellar genomes [J]. Nucleic acids research, 47(W1): W59–W64.

[57]GUALBERTO J M, NEWTON K J, 2017. Plant mitochondrial genomes: dynamics and mechanisms of mutation [J]. Annual review of plant biology, 68: 225–252.

[58]GUENEAU P, MOREL F, LAROCHE J, et al., 1998. The *petF* region of the chloroplast genome from the diatom *Thalassiosira weissflogii*: sequence, organization and phylogeny [J]. European journal of phycology, 33(3): 203–211.

[59]GUO J, HU Z, ZHU M, et al., 2017. The tomato histone deacetylase *SlHDA1* contributes to the repression of fruit ripening and carotenoid accumulation [J]. Scientific reports, 7(1): 7930.

[60]GUO M, SIMMONS C R, 2011. Cell number counts–the *fw2.2* and CNRgenes and implications for controlling plant fruit and organ size [J]. Plant science, 181(1): 1–7.

[61]HAAS B J, SALZBERG S L, ZHU W, et al., 2008. Automated eukaryotic gene structure annotation using EVidenceModeler and the Program to Assemble Spliced Alignments [J]. Genome biology, 9(1):R7.

[62]HAHN C, BACHMANN L, CHEVREUX B, 2013. Reconstructing mitochondrial genomes

directly from genomic next-generation sequencing reads–a baiting and iterative mapping approach [J]. Nucleic acids research, 41(13): e129.

[63]HAMILTON J P, BUELL C R, 2012. Advances in plant genome sequencing [J]. The plant journal, 70(1): 177–190.

[64]HAMILTON J P, SIM S C, STOFFEL K, et al., 2012. Single nucleotide polymorphism discovery in cultivated tomato via sequencing by synthesis [J]. The plant genome, 5: 17–29.

[65]HANDA H, 2003. The complete nucleotide sequence and RNA editing content of the mitochondrial genome of rapeseed(*Brassica napus* L.): comparative analysis of the mitochondrial genomes of rapeseed and *Arabidopsis thaliana* [J]. Nucleic acids research, 31(20): 5907–5916.

[66]HARRIS W M, SPURR A R, 1969. Chromoplasts of tomato fruits.Ⅱ: the red tomato [J]. American journal of botany, 56(4): 380–389.

[67]HEBERT P D, GREGORY T R, 2005. The promise of DNA barcoding for taxonomy [J]. Systematic biology, 54(5): 852–859.

[68]HIRAKAWA H, SHIRASAWA K, MIYATAKE K, et al., 2014. Draft genome sequence of eggplant (*Solanum melongena* L.): the representative *Solanum* species indigenous to the old world [J]. DNA research, 21(6): 649–660.

[69]HOLT C, YANDELL M, 2011. MAKER2: an annotation pipeline and genome-database management tool for second-generation genome projects [J]. BMC bioinformatics, 12: 491.

[70]HUANG X H, KURATA N, WEI X H, et al., 2012. A map of rice genome variation reveals the origin of cultivated rice [J]. Nature, 490(7421): 497–501.

[71]HUFFORD M B, XU X, HEERWAARDEN J, et al., 2012. Comparative population genomics of maize domestication and improvement[J]. Nature genetics, 44(7): 808–811.

[72]IMELFORT M, EDWARDS D, 2009. De novo sequencing of plant genomes using second-generation technologies [J]. Briefings in bioinformatics, 10(6): 609–618.

[73]JAMIL I, QAMARUNNISA S, AZHAR A, et al., 2014. Subfamilial relationships within Solanaceae as inferred from *atpβ-rbcL* intergenic spacer [J]. Pakistan journal of botany, 46: 585–590.

[74]JIA M,2019. Genetic characterization and mapping of late blight resistance genes in the wild tomato accession PI 270443. Dissertation[D].State College: The Pennsylvania State University.

[75]JIN J J, YU W B, YANG J B, et al., 2020.GetOrganelle: a fast and versatile toolkit for accurate denovo assembly of organelle genomes [J]. Genome biology, 21(1): 241.

[76]KAHLAU S, BOCK R, 2008. Plastid transcriptomics andtranslatomics of tomato fruit development and chloroplast-to-chromoplast differentiation: chromoplast gene expression

plant development in organelle DNA polymerase mutants[J]. Frontiers in plant science, 7:57.

[106]MUÑOS S, RANC N, BOTTON E, et al., 2011. Increase in tomato locule number is controlled by two sing-nucleotide polymorphisms located near *WUSCHEL* [J]. Plant physiology, 156(4): 2244–2254.

[107]OLMSTEAD R G, BOHS L, MIGID H A, et al., 2008. A molecular phylogeny of the Solanaceae [J]. Taxon, 57(4): 1159–1181.

[108]PALMER J D, ZAMIR D, 1982. Chloroplast DNA evolution and phylogenetic relationships in *Lycopersicon* [J]. Proceedings of the national academy of sciences of the United States of America, 79(16): 5006–5010.

[109]PAUL J H, 1999. Microbial gene transfer: an ecological perspective [J]. Journal of molecular microbiology and biotechnology, 1(1): 45–50.

[110]PHILLIPS A L, 1985. Restriction map and clone bank of tomato plastid DNA [J]. Current genetics, 10:147–152.

[111]POWELL W, MORGANTE M, MCDEVITT R, et al., 1995. Polymorphic simple sequence repeat regions in chloroplast genomes: applications to the population genetics of pines [J]. Proceedings of the national academy of sciences of the United States of America, 92(17): 7759–7763.

[112]PRUITT K D, HANSON M R, 1991. Transcription of the *Petunia* mitochondrial CMS–associated Pcf locus in male sterile and fertility–restored lines [J]. Molecular and general genetics, 227(3): 348–355.

[113]QI J J, LIU X, SHEN D, et al., 2013. A genomic variation map provides insights into the genetic basis of cucumber domestication and diversity [J]. Nature genetics, 45(12):1510–1515.

[114]QUADRANA L, ALMEIDA J, ASÍS R, et al., 2014. Natural occurring epialleles determine vitamin E accumulation in tomato fruits [J]. Nature communications, 5: 3027.

[115]RAN F A, HSU P D, WRIGHT J, et al., 2013. Genome engineering using the CRISPR–Cas9 system [J]. Nature protocols erecipes for researchers, 8(11): 2281–2308.

[116]RAUBESON L A, PEERY R, CHUMLEY T W, et al., 2007. Comparative chloroplast genomics: analyses including new sequences from the angiosperms *Nuphar advena* and *Ranunculus macranthus* [J]. BMC genomics, 8: 174.

[117]RIS H, PLAUT W, 1962. Ultrastructure of DNA–containing areas in the chloroplast of *Chlamydomonas* [J]. The journal of cell biology, 13(3): 383–391.

[118]RODRIGUEZ R M, MARTINEZ L, HERRERA F, 2012. Hesitant fuzzy linguistic term sets for decision making [J]. IEEE transactions on fuzzy systems, 20(1): 109–119.

[119]ROGALSKI M, SCHÖTTLER M A, THIELE W, et al., 2008. Rpl33, a nonessential plastid-encoded ribosomal protein in tobacco, is required under cold stress conditions [J]. The plant cell, 20(8): 2221–2237.

[120]ROSSO S W, 1968. The ultrastructure of chromoplast development in red tomatoes [J]. Journal of ultrastructure research, 25(3–4): 307–322.

[121]RUDINGER M, FUNK H T, RENSING S A, et al., 2009. RNA editing: only eleven sites are present in the Physcomitrella patens mitochondrial transcriptome and a universal nomenclature proposal [J]. Molecular genetics and genomics, 281(5): 473–481.

[122]SALLAM A H, ENDELMAN J B, JANNINK J L, et al., 2015. Assessing genomic selection prediction sccuracy in a dynamic barley breeding population [J]. Plant genome, 8: 20.

[123]SANCHEZ-PUERTA M V, ABBONA C C, 2014. The chloroplast genome of *Hyoscyamus niger* and a phylogenetic study of the tribe Hyoscyameae (Solanaceae)[J]. PLoS one, 9(5): e98353.

[124]SANGER F, COULSON A R, 1975. A rapid method for determining sequences in DNA by primed synthesis with DNA polymerase [J].Journal of molecular biology, 94(3): 441–448.

[125]SANGER F, NICKLEN S, COULSON A R, 1977. DNA sequencing with chain-terminating inhibitors [J]. Proceedings of the national academy of sciences of the United State of America, 74(12): 5463–5467.

[126]SCHMIDT M H, VOGEL A, DENTON A K, et al., 2017. De novo assembly of a new *Solanum pennellii* accession using nanopore sequencing [J]. The plant cell, 29(10): 2336–2348.

[127]SCHÖN A, KANNANGARA C, COUGH S. et al., 1988. Protein biosynthesis in organelles requires misaminoacylation of tRNA [J]. Nature, 331: 187–190.

[128]SERGEY N, SERGEY K, ARANG R, et al., 2022. The complete sequence of a human genome [J]. Science, 376: 44–53.

[129]SHANG L, SONG J, YU H, et al., 2021. A mutation in a C2H2-type zinc finger transcription factor contributed to the transition toward self-pollination in cultivated tomato [J]. The plant cell, 33(10): 3293–3308.

[130]SHARMA M R, WILSON D N, DATTA P P, et al., 2007. Cryo-EM study of the spinach chloroplast ribosome reveals the structural and functional roles of plastid-specific ribosomal proteins [J]. Proceedings of the national academy of sciences of the United States of America, 104(49): 19315–19320.

[131]SHEFFIELD V C, BECK J S, KWITEK A E, et al., 1993. The sensitivity of single-strand conformation polymorphism analysis for the detection of single base substitutions [J]. Genomics, 16(2): 325–332.

[132]SHIKANAI T, SHIMIZU K, UEDA K, et al., 2001. The chloroplast *clpP* gene, encoding a proteolytic subunit of ATP-dependent protease, is indispensable for chloroplast development in tobacco [J]. Plant and cell physiology, 42(3): 264–273.

[133]SHINOZAKI K, OHME M, TANAKA M, et al., 1986. The complete nucleotide sequence of the tobacco chloroplast genome: its gene organization and expression [J]. The EMBO journal, 5(9): 2043–2049.

[134]SMALL I, 2013. Mitochondrial genomes as living 'fossils' [J]. BMC biology, 11(1) : 30.

[135]SONG J M, GUAN Z L, HU J L, et al., 2020. Eight high-quality genomes reveal pan-genome architecture and ecotype differentiation of *Brassica napus* [J]. Nature plants, 6(1): 34–45.

[136]STUDER A, ZHAO Q, ROSS-IBARRA J, et al., 2011. Identification of a functional transposon insertion in the maize domestication gene *tb1* [J]. Nature genetics, 43: 1160–1163.

[137]TANKSLEY S D, GANAL M W, PRINCE J P, et al. , 1992. High density molecular linkage maps of the tomato and potato genomes [J]. Genetics, 132(4): 1141–1160.

[138]TAO Y, ZHAO X, MACE E, et al., 2019. Exploring and exploiting pan-genomics for crop improvement [J]. Molecular plant, 12: 156–169.

[139]TAUTZ D, 1989. Hypervariability of simple sequences as a general source for polymorphic DNA markers [J]. Nucleic acids research, 17(16): 6463–6471.

[140]TETTELIN H, RILEY D, CATTUTO C, et al., 2008. Comparative genomics: the bacterial pan-genome [J]. Current opinion in microbiol, 11(5): 472–477.

[141]The Arabidopsis Genome Initiative, 2000. Analysis of the genome sequence of the flowering plant *Arabidopsis thaliana* [J]. Nature, 408: 796–815 .

[142]The Tomato Genome Consortium, 2012. The tomato genome sequence provides insights into fleshy fruit evolution [J]. Nature, 485(7400): 635–641.

[143]THOMAS S, ROHAN L, 2017.Eukaryotic and prokaryotic gene structure[J]. Wiki journal of medicine, 4 (1): 2.

[144]THOMSON M J, 2014. High-throughput SNP genotyping to accelerate crop improvement [J]. Plant breeding and biotechnology, 2(3): 195–212.

[145]TIEMAN D, ZHU G, RESENDE M F J R, et al., 2017. A chemical genetic roadmap to improved tomato flavor [J]. Science, 355(6323): 391–394.

[146]TIEYAO T U, MICHAEL ODILLON, HANG S, et al., 2008. Phylogeny of *Nolana* (Solanaceae) of the Atacama and Peruvian deserts inferred from sequences of four chloroplast markers and the nuclear *LEAFY* second intron [J]. Molecular phylogenetics and evolution, 49:561–573.

[147]TILLER N, WEINGARTNER M, THIELE W, et al., 2012. The plastid-specific ribosomal proteins of *Arabidopsis thaliana* can be divided into non-essential proteins and genuine ribosomal proteins [J]. The plant journal: for cell and molecular biology, 69(2): 302–316.

[148]VOS P, HOGERS R, BLEEKER M, et al., 1995. AFLP: a new technique for DNA fingerprinting[J]. Nucleic acids research, 23(21): 4407–4414.

[149]VOSTERS S L, JEWELL C P, SHERMAN N A, et al., 2014. The timing of molecular and morphological changes underlying reproductive transitions in wild tomatoes(*Solanum sect. Lycopersicon*) [J]. Molecular ecology, 23: 1965–1978.

[150]WADDINGTON C, 1942. Canalization of development and the inheritance of acquires characters [J]. Nature, 150: 563–565.

[151]WANG J, YANG W, ZHANG S, et al., 2023.A pangenome analysis pipeline provides insights into functional gene identification in rice [J]. Genome biology, 24:19.

[152]WANG L, XIA Q, ZHANG Y, et al., 2016. Updated sesame genome assembly and fine mapping of plant height and seed coat color QTLs using a new high-density genetic map [J]. BMC genomics, 17(1): 1–13.

[153]WANG Y, ITAYA A, ZHONG X, et al., 2011. Function and evolution of a MicroRNA that regulates a Ca^{2+}*–ATPase* and triggers the formation of phased small interfering RNAs in tomato reproductive growth [J]. The plant cell, 23(9): 3185–3203.

[154]WANG Y, TANG H, DEBARRY J D, et al., 2012. MCScanX: a toolkit for detection and evolutionary analysis of gene synteny and collinearity [J]. Nucleic acids research , 40(7): e49.

[155]WELSH J, MC CLELLAND M, 1990. Fingerprinting genomes using PCR with arbitrary primers [J]. Nucleic acids research, 18: 7213–7218.

[156]WHEELAN S J, CHURCH D M, OSTELL J M, 2001. Spidey: a tool for mRNA-to-genomic alignments [J]. Genome research, 11(11): 1952–1957.

[157]WU S, XIAO H, CABRERA A, et al., 2011. *SUN* regulates vegetative and reproductive organ shape by changing cell division patterns [J]. Plant physiology, 57: 1175–1186.

[158]WU T M, LIN W R, KAO Y T, et al., 2013. Identification and characterization of a novel chloroplast/mitochondria co-localized glutathione reductase 3 involved in salt stress response in rice [J]. Plant molecular biology, 83: 379–390.

[159]XIAN Z, HUANG W, YANG Y, et al., 2014. MiR168 influences phase transition, leaf epinasty, and fruit development via *SlAGO1s* in tomato [J]. Journal of experimental botany, 65: 6655–6666.

[160]XIAO X, SHAO S, DING Y, et al., 2006. Using cellular automata images and pseudo amino acid composition to predict protein subcellular location [J]. Amino acids, 30: 49–

全基因组关联分析（GWAS）指的是在全基因组水平上通过性状差异和遗传变异及其频率的差异，开展多中心、大样本、反复验证的变异与性状尤其是数量性状的关联研究。GWAS 通过对大规模的群体 DNA 样本进行全基因组高密度遗传标记（如 SNP、InDel 或 SV 等）分型，统计分析每个变异与目标性状之间的关联性大小，选出最相关的遗传变异进行验证，从而寻找与性状相关的遗传变异，并进而发现影响性状形成的关键基因。GWAS 是在群体中发现与性状相关的遗传变异常用的方法，特别是随着测序技术的成熟和成本的降低，越来越成为发现变异和基因的重要方法。

第一节　全基因组关联分析的概念和原理

一、全基因组关联分析概念的提出

Risch 和 Merikangas（1996）首先提出在全基因组水平上分析各遗传变异位点与复杂性状的关联强弱，可以找到与性状相关或者连锁的基因组变异位点（Risch et al., 1996），由此衍生出了全基因组关联分析的概念。具体来说，全基因组关联分析是对多个个体在全基因组范围的遗传变异（标记）多态性进行检测，获得基因型，通过分析数百个或数千个个体的高密度分子标记的分离特征，筛选出与复杂性状表型变异相关联的分子标记，进而分析这些分子标记对表型的遗传效应。将基因型与可观测的性状（表型）进行群体水平的统计学分析，根据统计量或显著性 p 值筛选出最有可能影响该性状的遗传变异（标记），进一步可以利用标记或基因的连锁信息挖掘与性状变异相关的基因。

二、全基因组关联分析的原理

全基因组关联分析的遗传基础是连锁不平衡（LD），又称等位基因关联。这是指群体内基因组上不同基因位点（基因座）的非随机性关联，即当位于某一基因座的特定等位基因与另一基因座的某一等位基因同时出现的概率大于其随机结合的概率时，就称这两个基因位点处于连锁不平衡状态。如果不存在连锁不平衡，即是等位型间相互独立、随机组合，符合孟德尔的自由组合定律。对于同一条染色体上有双等位基因的两个基因座，把它们的等位基因分别用 A/a 和 B/b 表示。如果观测到 A 与观测到 B 这两个事件在统计学意义上是相互独立的，那么观测到 AB 同时出现的概率 P（AB）就应该是观测到 A 的概率 P（A）与观测到 B 的概率 P（B）的乘积，即 $P(AB)=P(A)\times P(B)$。

如果发生连锁不平衡，即等位基因之间存在相互联系，则 $P(AB)=P(A) \times P(B)+D$，这种情况下 D 值表示两点间 LD 程度值。但要注意的是，D 值会受等位基因频率影响，在衡量频率不同的等位基因之间的 LD 时会产生明显的偏差，所以 D 值并不是一个用来衡量 LD 的很好的指标。为了找到更适合衡量 LD 程度的量，可以对 D 值进行标准化，产生了 D' 和 r^2 两种衡量 LD 的标准。它们都以 D 为基础，D' 反映了群体的重组历史，适用于研究群体的 LD 程度，D' 的取值范围是 -1~1。r^2 反映等位基因相关程度，r^2 的取值范围为 0~1。r^2 和 D' 都能反映群体的重组史。同时 r^2 还包括了重组和突变，因此 r^2 能更准确地估测重组差异。鉴于此，现代的群体研究中，r^2 被广泛应用。$r^2=0$ 就是两个位点完全不相关，群体中单倍型分布是随机的（观测值 = 期望值）。$r^2=1$ 就是两个位点完全相关，某些基因型（A）只与特定的基因型（B）共同出现。一般而言，$r^2 > 0.8$ 就是强相关。如果 $r^2 < 0.1$，则可以认为没有相关性。如果 LD 衰减到 0.1 这么大的区间内都没有标记覆盖的话，即使这个区间有一个效应很强的功能突变，也是检测不到关联信号的。所以，通常可以通过比较 r^2 衰减（到 0.1）距离和标记间的平均距离，来判断标记是否对全基因组有足够的覆盖度（GWAS 标记量 = 基因组大小 / 平均 LD 衰减距离）。也就是说，随着位点间的距离不断增加，两个位点之间发生重组的可能性就会越来越大，所以 r^2 通常情况下会慢慢下降。这个规律通常会用 LD 衰减图来呈现（图 7–1）。

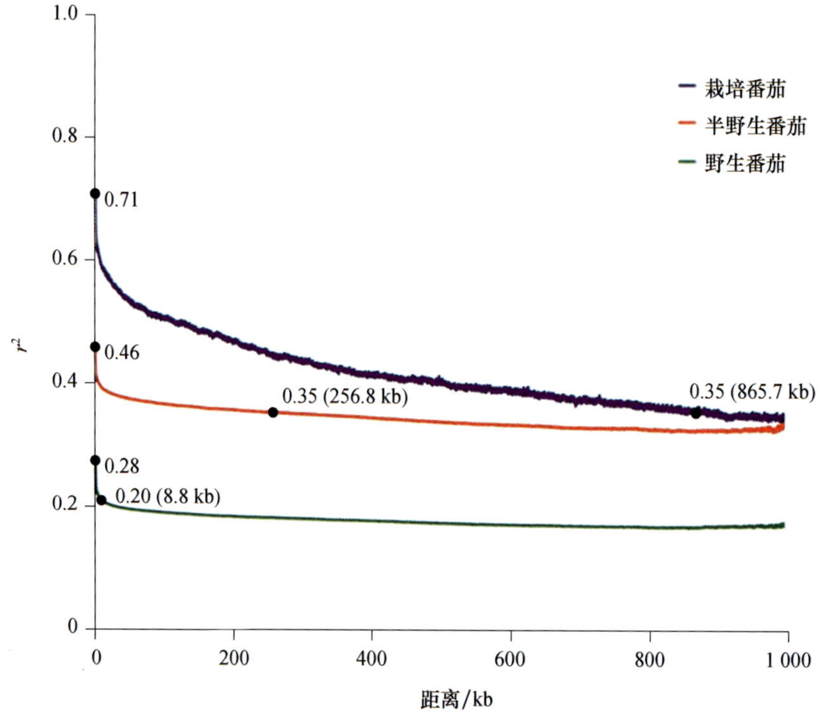

图7–1　LD衰减图举例——番茄LD衰减图（Chen et al., 2014）

许多因素会影响种群的 LD，包括长期进化过程中的种群迁移、基因突变、环境和人为选择，以及有限的群体规模等，这些都可能导致等位基因频率的变化，进而影响 LD。通过测量 LD 衰减距离，即平均 LD 系数降至最大值一半时的物理距离，可以了解位点间从连锁不平衡到连锁平衡的转变速度。LD 衰减的计算有助于确定关联基因组研究所需的标记数量，以降低成本并提高其检测效力和精度。一般来说，在 GWAS 中，LD 衰减速度越慢，所形成的单体型区块越大，需要的群体和标记数量越少，但定位精度较低，常见于番茄、莴苣、西瓜等作物；而 LD 衰减速度较快时，形成的单体型区块较小，需要更多的群体和标记，定位更准确，如玉米、苹果、柑橘等作物。此外，同一连锁群内的慢速 LD 衰减通常反映了该群体受到的人工或环境选择。LD 系数的衰退速度受多种因素影响，包括物种类型、群体类型和染色体位置。例如，繁殖力强、世代间隔短的物种（如异花授粉植物）的 LD 衰减速度较快。不同遗传背景的相同物种群体中，LD 衰减速度也有显著差异。通常，经过驯化选择的群体（如栽培番茄）的 LD 衰减速度较慢，而野生群体的 LD 衰减速度较快。同样，异花授粉植物的 LD 衰减速度通常快于自花授粉植物。染色体不同区域的 LD 衰减距离也有所不同，例如着丝粒区的 LD 衰减较慢。

第二节　全基因组关联分析的研究策略

一、全基因组关联分析的方法

用于 GWAS 的研究通常包括基于无关个体（unrelated individual）的关联分析和基于家系的关联分析（family-based association）。GWAS 通常包括上千个个体，这上千个个体又可以根据地理位置、生长习性、亲缘关系、栽培类型等分为若干个亚群体。因此，群体结构是关联分析中需要考虑的首要因素。群体结构不仅会造成 GWAS 结果的假阳性，也是影响 GWAS 假阴性的主要因素之一。例如，在水稻的 GWAS 中，对某个农艺学性状的关联通常会在不同的亚群体中分析，如粳稻和籼稻，也会在整个测序大群体中分析。这种分析手段主要是为了排除水稻群体结构对关联分析结果的影响。然而，在有关人类复杂疾病的研究中，用于定位和关联的群体通常会考虑家系关系，使用传递不平衡检验（transmission disequilibrium test，TDT）等方法进行分析，这种分析方法也是为了降低群体结构对关联分析结果的影响。GWAS 中的群体结构（Q 矩阵）纠正通常使用群体结构衡量矩阵和主成分分析（principal component analysis，PCA）矩阵。主成分分析是将高维度的基因型数据降维，通过正交交换将一组可能存在相关性的变量转换为一组线性不相关的变量，最终使用若干个主成分控制群体结构。群体遗传结构（population genetic structure）用于描述群体水平大尺度遗传差异、亚群水平等位基因频率差异以及不同祖先来源、个体间亲缘关系、家系等差异。因此选择材料时，在保持群体丰富遗传变异的同时，也要尽量避免过于复杂的群体结构。基于不同算法的分析群体遗传结构的软件有STRUCTURE、ADMIXTURE、fastSTRUCTURE、TeraStructue等。

虽然GWAS是基于LD理论，但GWAS的研究方法有多种，既有简单的线性分析、方差分析、*t* 检验等，也有复杂的广义线性模型（generalized linear model, GLM）、混合线性模型（mixed linear model, MLM）等。其中广义线性模型和混合线性模型的应用最为广泛。GLM 模型将群体结构作为关联分析的协变量，可以从大规模的分子标记中找到与表型连锁的标记。而 MLM 模型采用了 Q+K 的模式，在考虑了群体结构的同时，还加入了亲缘关系矩阵（Kinship），相对于 GLM 模型，大大降低了关联分析的假阳性率，使得关联分析的结果更加可靠。常见的 GWAS 软件详见表 7-1。

表7-1　GWAS常用软件

功能	软件	网站链接
通用软件	R	https://www.r-project.org
	SAS	https://www.sas.com
	Perl	https://www.perl.org
	Python	https://www.python.org
群体结构与亲缘矩阵	STRUCTURE	https://web.stanford.edu/group/pritchardlab/structure.html
	fastStructure	http://rajanil.github.io/fastStructure
	AMDIXTURE	http://www.genetics.uclaedu/software/admixture
	EIGENSOFT	https://www.hsph.harvard.edu/alkes-price/software
LD 估算	Lddecay	https://github.com/CJ-Chen/Taiji/tree/master/LDdecay
	PopLDdecay	https://github.com/BGI-shenzhen/PopLDdecay
	Ldlink	https://ldlink.nci.nih.gov
关联分析	PLINK	https://zzz.bwh.harvard.edu/plink
	GCTA	http://cnsgenomics.com/software/gcta
	TASSEL	https://www.maizegenetics.net/tassel

续表

功能	软件	网站链接
关联分析	EMMAX	https://genetics.cs.ucla.edu/emmax
	rMVP	https://github.com/xiaoyu-wei/rMVP
	Fastlmmc	https://www.microsoft.com/en-us/research/project/fastlmm
	GEMMA	https://github.com/genetics-statistics/GEMMA
	FarmCPU	https://zzlab.net/FarmCPU
	SNPTEST	https://www.well.ox.ac.uk/~gav/snptest

表型－基因型关联分析是寻找与性状相关基因的重要手段。在基因型检测的手段不断丰富（重测序、GBS、多重 PCR、SNP 芯片等）以及成本不断降低的时代背景下，表型检测和数据前处理就显得尤为重要，因为这将直接影响关联（连锁）分析结果的准确性。

图 7–2 展示了以二代测序数据为例的 GWAS 的一般流程：①数据比对：将二代测序数据比对到参考基因组，获取 bam 文件；②变异检测：检测群体水平的多态性；③变异检测结果注释：对多态性（一般是 SNP）进行变异功能注释，解析 SNP 发生的物理位置，即 SNP 在基因组中的具体位置，如外显子、UTR 区、内含子和基因间区等，同时对发生在外显子区域的 SNP 进行功能注释，如移码突变等；④关联分析：对 VCF 文件与表型信息进行关联分析。

二、全基因组关联分析的表型处理

1. 表型的类型

植物 GWAS 中常见的表型性状通常分为三种：数量性状、质量性状与分类性状。数量性状在遗传育种研究中十分常见，此类性状由多基因控制，且可以通过数字来量化，例如产量、株高、抗病性、抗逆性等，所以这一类数量性状比较容易量化，且适用于大部分线性回归分析模型。质量性状是一种简单的离散型分类性状，严格意义上讲，单基因控制的性状才可能被定义为质量性状，例如符合孟德尔 3∶1 分离比的性状。除了可以量化的数量性状和直接定义的质量性状外，自然界还有很多无法量化和定义的复杂性状，例如，植物花瓣的颜色有红色、黄色、白色等，叶片的形态有缺刻、锯齿、全缘等，这些性状不能用具体的数值来量化。对于这种情况，我们则需要对表型本质进行剖析，依靠我们的经验，对性状进行分级，这种通过人为主观定义而进行分类的离散

数据比对	软件	bwa, samtools, picard
	输入	参考基因组文件(ref.genome.fa) 二代测序文件(sampleN.1.fq.gz.sampleN.2.fq.gz)
	输出	比对结果文件(sampleN.bam)
	注:输出的bam文件，需要进行排序与去除重复	
变异检测	软件	GATK
	输入	ref.genome.fa sampleN.bam
	输出	群体水平多态性文件(all.raw.vcf) 群体水平SNP文件(all.SNP.vcf) 群体水平INDEL文件(all.INDEL.vcf)
	注:VCF文件，需要根据实际情况进行过滤	
变异检测结果注释	软件	ANNOVAR gffToGenePred
	输入	ref.genome.fa 基因组注释文件(genome.gff3) VCF文件
	输出	变异位置文件(variant.function) 变异功能文件(exonic function)
	注:--neargene参数一般为2 000	
关联分析	软件	emmax
	输入	VCF文件 表型信息(trait.table)
	输出	emmax.output.ps
	注:表型信息与VCF文件中样品顺序需要一一对应	

图7-2　GWAS的一般流程

型变量统称为分类性状。在某些情况下，连续性变化的数量性状也可以依靠一定的阈值标准被定义为分类性状。例如，植株的花期统计，既可以把开花天数作为统计标准（0 ~50 d），也可以对开花时间设定阈值，设定为早开花、晚开花的等级；对于植物的抗病性，既可以按照叶片病斑的面积（0~100%）将其定义为连续型的数量性状，也可以人为设定阈值定义为分类形状，即将病斑面积大的植株定义为感病，病斑面积小的定义为抗病，病斑面积中等的定义为一般抗病。

2. 表型值的处理

对于常规的植物学性状，其统计的原始表型数据分布应该符合一定的规律。例如，符合孟德尔分离比例的单基因控制性状，可以使用卡方检验来判断其后代分离比是否符合理论上的 3∶1。对于多基因控制的复杂数量性状，所统计的表型数据理论上应该符合正态分布，可以使用 Shapiro-Wilk 检验（又称 W 检验）进行判断。Shapiro-Wilk

检验法是 Shapiro 和 Wilk 提出的用顺序统计量 W 来检验分布的正态性的方法。如果 p-value > 5%，则说明数据分布近似正态分布。另外，也可以通过将表型数据绘制频率直方图进行可视化，从更直观的角度观察其是否符合正态分布的特点。对表型数据的正态性检验除了可以判断表型数据类型外，还可以判断该表型是否适用于 GWAS，因为表型 – 基因型关联分析的模型属于广义线性模型或者混合线性模型。而线性模型分析的重要条件之一是要求数据类型符合正态分布，从而保证关联分析结果可靠性。然而随着样本数的增多，统计检验的自由度会变高，只要数值分布轻微偏离正态分布，就会得出很显著的 p 值（就是统计结果判定数值不符合正态分布），因此大样本量的表型数据通常不符合正态分布。

通常情况下，即便表型数据不符合正态分布，也会符合一定的规律。比如，数量性状的数据理论上应该符合中间个体最多、两端极端个体较少的特点。如果此时数据中有明显异常的数值出现，就非常值得我们注意了，这样的数值大概率是由调查和检测错误导致的。例如，在番茄雌蕊长度的测量中，绝大部分的番茄材料的雌蕊长度分布在 3~8 cm。然而有个别材料的雌蕊长度为 80 cm，这种情况下就需要人工去检查原始记录文件，判断其是否为记录错误或者是由录入电脑时小数点错误导致的。如果无法判断真伪，则要考虑将这些极端值个体去除。因为极端异常值的存在可能引起关联分析结果的异常。异常值去除的主要方法包括：①排序观察法，即排序观察后手动去除我们认为异常的观测值；② 3 sigma 规则，即在均值加减 3 倍标准差范围内的值为正常值，其他值为异常值；③箱线图方法，绘制箱线图，在触须以外的值均可以判断为异常值。在实际关联分析中，如果表型数据较少，可以使用第一种方法，按照人工经验判断去除异常值即可。但如果表型数据过多（例如 1 000 个样本几十个表型的调查结果），使用方法①会消耗大量的人力物力，因此可以考虑用后两种方法，使用编程语言和统计软件的相关算法自动去除异常样本。

去除异常值后的表型数据并不能直接用于 GWAS，在这之前需要对数据进行标准化。数据的标准化是指将数据按照比例缩放，使之落入一个特定的区间。这是因为原始的表型数值变异范围可能非常巨大，甚至差了几个数量级。例如，A 表型在群体中的变化范围可能是 0~10 000，将所有的数据从小到大排列起来，其中前半部分材料的变化范围为 0~100，而后半部分材料的变化范围为 1 000~10 000。那么，如此巨大的表型值差异不利于后续的表型比较和 GWAS。为了解决这个问题，则可以对数据进行标准化。数据标准化的基本原则就是在不改变一组数值相对大小的情况下，对数据整体进行调整。由于不会改变数值的相对大小，因此这种改变并不影响关联分析的结果。常用的数据标准化方法有两种，一种是 z-score 标准化，另一种是 min-max 标准化。

（1）z-score 标准化，即我们常说的数据中心化方法之一，公式为：

$$z=(x-\mu)/\sigma$$

z 为标准化后的值，x 为原始表型，μ 为这组表型的平均值，σ 为这组表型的标准差。在 z-score 标准化后，这组表型将变成均值为 0、标准差为 1 的一组数，低于平均值的表型变为负数，反之则为正数。对表型数据 z-score 处理后，数据的整体分布模式以及个体之间相对大小并没有改变，只是数据的变异范围被压缩到以 0 为中心的一个小区间。例如，eQTL 是以基因相对表达量为表型。由于同一基因在不同材料中的表达量差异极大，为了获得可靠的关联分析结果，往往需要进行 z-score 矫正后才可以用于后续的分析。

（2）min-max 标准化，一种将数据转换到 0~1 之间的方法，公式为：

$$y=[x-\min(x)]/\max(x)-\min(x)$$

y 为标准化后的值，x 为原始值。矫正后，最小值将转化为 0，最大值将转化为 1，其他数值根据相对大小被重新分布在 0~1 之间。

3. 多年多点表型的处理

美国统计学家 Henderson 在 20 世纪 60 年代开发了育种值（BV）估计算法 BLUP（best linear unbiased prediction，最佳线性无偏差预测）。BLUP 可以区分出固定因子对性状表型的影响，还可以评估随机因子对性状表型的遗传效应，大大降低环境因素对遗传评估的干扰，简单地说，就是表型观测值由环境和遗传因素共同作用而成。因此 BLUP 可以对多年多点表型数据进行处理，去除环境因素对表型的影响，保证获得可靠的关联分析结果。如果性状遗传力高，受环境影响不大，我们可以根据多年多点的结果取均值或 BLUP 值作为该性状的代表值进行分析；如果性状遗传力低，受环境影响大，我们可以每年每点单独分析后综合评判结果，在获得关联的结果后（如获得了 10 个关联位点），可以利用多元回归模型开展基因 – 环境互作的分析，这种研究手段通常可以鉴定出与环境变量相关联的遗传变异，从而揭示环境选择压力驱动的适应机制。

三、全基因组关联分析的基因型处理

基因型数据的质量控制是保证后续 GWAS 成功进行的关键。无论是基因组重测序还是芯片，得到的基因型数据应进行质控。相对于表型组学的研究，基因型需要质量控制的标准并不是很多，通常需要个体的 SNP 数据缺失筛选、某个 SNP 数据在群体中的缺失情况、性别质控、最小等位基因频率（minor allele frequency，MAF）、哈迪 – 温伯格平衡检验、杂合率检验等几个主要的参考标准。

SNP 数据缺失筛选是对 SNP 数据缺失率高的个体和群体中缺失率高的 SNP 位点进行过滤和筛选。如果一个个体，共有 100 万 SNP 数据，发现 20% 的 SNP 数据（20 万）

都缺失，那么这个个体可以认为质量不合格，后续分析会对结果产生负面影响。同样的道理，如果某个SNP在500个样本中缺失率为20%（即该SNP在100个个体中都没有基因分型结果），可以认为该SNP质量较差，应将其删除。这里的20%是过滤标准，可以依据群体的大小和测序的数据量来改变质控标准。

性别质控是根据性染色体上的SNP或者标记的比值判断性别，根据已有的性别信息进行修正或者将性别错误的个体去除。性别质控通常在人类和动物研究中使用，对其他物种参考意义不大，植物一般都是雌雄同体的，不涉及性别问题。而在某些动物的研究中，性染色体的SNP也会被去掉，并不会出现在后续的GWAS中。

最小等位基因频率是群体中次要等位基因频率，它是指群体中第二多的等位基因频率。假设某一位点检测到了A、T和C三种碱基，A出现20次，T出现10次，C出现5次，则第二多的T的等位基因频率为10/35。因此，该位点的MAF就是T等位基因的频率。如果某一位点有A和T两种碱基，A出现3次，T出现7次，那么这个位点的MAF就是A等位基因的频率。之所以使用MAF作为过滤的标准之一，是因为MAF如果非常小，若小于0.02，那么意味着群体中的大部分位点都是相同的基因型，这些位点所能提供的信息非常少，不仅增加了候选分析的计算量，还会增加假阳性。MAF为0，那就是所有位点只有一种基因型，这些位点没有贡献信息，无法解释群体的表型变异，没有任何意义。

杂合率在自然群体中的分布一般是相对固定的，个体的杂合度过高或者过低，都不利于候选的关联分析，因此需要根据杂合度进行过滤。过分的偏差可能表明样品受到污染、来源于近亲繁殖或者远缘杂交等。但在某些群体中，比如自交系、杂交种F_1，杂合度的过滤可以跳过。

哈迪－温伯格定律（Hardy-Weinberg principle, HWP），也被称为群体遗传平衡定律，是群体遗传学中最关键的原则之一。该定律得名于英国数学家Hardy和德国医生Weinberg，他们在1908年分别独立发现了这一定律。哈迪－温伯格定律指出，在不受突变、迁移、选择影响的无限大、随机交配的种群中，基因频率和基因型频率会逐代保持稳定，从而解释了繁殖如何影响种群的基因和基因型频率。当考虑一个基因的两种等位基因A和a时，A和a的频率之和必须等于100%，即1。在这种情况下，群体达到遗传平衡的状态，意味着基因频率和基因型分布比例保持稳定。如果群体没有达到这种状态，则表明是一个遗传不平衡的群体。但通过群体中的随机交配，这种基因频率和基因型分布比例通常会逐渐稳定，从而达到遗传平衡状态。在应用哈迪－温伯格遗传平衡吻合度检验时，将计算得到的基因频率代入公式，计算基因型的平衡频率，并乘以总人数以求得预期值（e）。通过将观察数（O）与预期值（e）进行比较，并进行卡方检验，可以比较基因型分布的观察值和预期值是否有显著差异。如果p值大于0.05，说明基因型分布的观察值与预期值无显著差异，从而判断种群是否符合哈迪－温伯格遗传平衡定律。

四、全基因组关联分析结果的解读及可视化

将表型数据与基因型进行关联分析后，通常会获得一个包括标记相关信息的、假设性检验的 *p*-value、标记的 R^2（标记对表型的解释率）、膨胀系数（λ）等相关信息的表格。为了找到与目标性状相关联的标记，我们需要定义一个阈值，*p*-value 小于该阈值的标记被认为与该性状相关联。对于 GWAS 的阈值确定，多重检验校正非常重要。通常我们会应用不同的方法对结果的阈值进行校正，以此获得校正后的显著性阈值，如 Bonferroni 校正法、置换检验法、控制错误发现率法等。在 GWAS 中，Bonferroni 检验通常被用来确定关联分析的阈值，Bonferroni 校正会将设定的显著性水平除以测试次数，最终得到一个总的阈值。将阈值从 $a= 0.05$ 调整为 $a=0.05/n$，其中 n 是进行统计检验的次数，在 GWAS 中即 SNP 或其他变异的个数。因此，在 GWAS 中，$a=1$ 时所获得的阈值定义为潜在关联的阈值；$a=0.05$ 时所获得的阈值定义为显著关联的阈值；$a=0.01$ 时所获得的阈值定义为极显著关联的阈值。

在 GWAS 中，曼哈顿图和 Q-Q 图是用来展示 GWAS 结果最常用的两类图，可以使用R语言中qqman包或者cmplot包来绘制。曼哈顿图和Q-Q图可以把与研究的性状（如果实大小等）显著相关的基因位点清晰地展现出来。曼哈顿图是根据染色体顺序和遗传标记的位置把 GWAS 之后所有遗传标记的 *p*-value 在整个基因组上从左到右依次画出来。同时，为了使 GWAS 结果更加直观，通常会将每个标记的 *p*-value 转换为 $-\log_{10}$（*p*-value）。这样，*Y* 轴的高度就对应了标记与表型性状的关联程度，*Y* 轴越高说明 *p*-value 越低，表示标记与表型的关联度越高。一般而言，由于存在锁不平衡关系，那些在强关联位点周围的遗传标记也会跟着显示出类似的信号强度，并依次往两边递减，使得该区域的曼哈顿图会类似于正态分布，因此，我们在曼哈顿图（图 7-3）上就会看到一个个整齐的信号峰。对于只有一个位点超过阈值线的结果，通常是一个假阳性的关联位点。对于没有检测到显著关联位点的结果，可能是多种原因导致的，例如，性状调查不准确，性状受环境影响较大，性状的差异是由于多个微小效应的位点控制的（通常可以检测到没有超过阈值的峰），关联分析所使用的模型检测效力问题，标记性状变异是由表观修饰导致的，表型差异与遗传没有直接关系等，后续需要对 GWAS 流程进行调整以获得相对可靠的关联结果。

Q-Q 图使用的数据和曼哈顿图使用的数据一样，但是更能体现出 GWAS 结果的好坏，它是 GWAS 重要的质控图。Q-Q 图全称是 quantile-quantile 图，又叫作分位图，是一种通过比较两个概率分布的分位数从而实现对两个概率分布进行比较的概率图方

法。因此，如果两个概率分布相同，那么它们的分位数也应该相同或者重叠在同一条直线上。Q-Q 图的纵轴是遗传标记的 p-value 值（这是实际得到的结果，Observed），与曼哈顿图一样也表示为 $-\log_{10}$（p-value）；横轴则是均匀分布的概率值（这是 Expect 的结果），同样也换算为 $-\log_{10}$。

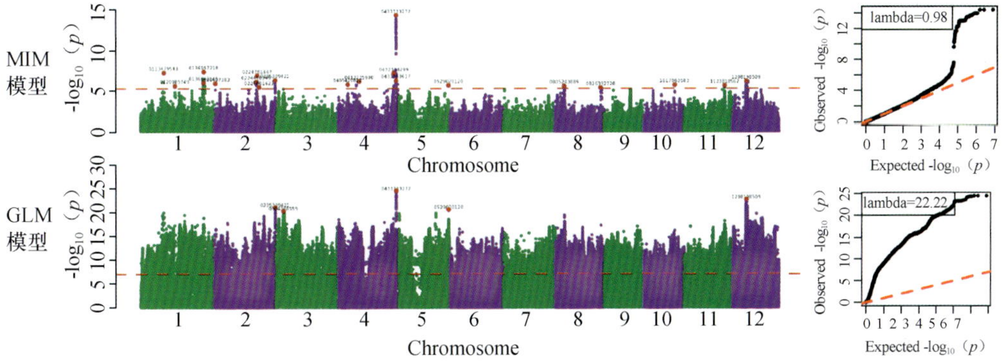

图7-3 GWAS结果可视化举例（Chen et al., 2014）

注：左侧为曼哈顿图，右侧为Q-Q图。

膨胀系数（λ）定义为经验观察到的检验统计分布与预期中位数的中值之比，从而量化了因大量膨胀而造成结果的假阳性率，膨胀系数定义为得到的卡方检验统计量的中值除以卡方分布的预期中值。预期的 P 值膨胀系数为 1，实际膨胀系数越偏离 1，说明存在群体分层的现象越严重，容易有假阳性结果，需要重新矫正群体分层。通常情况下，使用 GLM 模型所得到 GWAS 结果的膨胀系数会远远大于 1，这是由于 GLM 模型只使用了 Q 矩阵作为群体结构的校正，存在较高的假阳性率。

第三节 全基因组关联分析的应用

一、全基因组关联分析在植物研究中的应用

前面我们提到现在 MLM 是 GWAS 中使用最为广泛的算法之一，并且通过对 MLM 算法进行改进，开发了同时兼顾速度和准确性的压缩混合线性模型 CMLM（compressed mixed linear model）以及适用于多点的混合模型 MLMM（multi-locus mixed-model）等。随着 MLM 在 GWAS 中的引入，越来越多的重点性状关联的位点被发现，大大推动了基因组学和遗传学的发展。Atwell 等（2010）使用集成 MLM 的 EMMA 工具对拟南芥自交系的 107 个表型进行了 GWAS，鉴定到了参与调控开花、逆境响应等相关的 QTL 区域；

Zhao 等（2011）通过对收集自不同国家的 413 份水稻种质资源品种开展 GWAS，利用 MLM 鉴定到了 34 个与生长发育及植物形态相关的候选位点及基因；Huang 等（2010）使用 CMLM 对水稻低覆盖度测序材料进行 GWAS，鉴定到了控制种皮颜色的新位点，并且该位点可以完全解释亚群中种皮颜色的变异，同时也证明了大规模对自交系进行低覆盖度测序在关联分析中也有着很大的效力；McMullen 等（2009）利用 25 个不同的自交玉米品系与 B73 参考系杂交，构建了玉米巢式关联作图（nested association mapping, NAM）群体，该群体被全球用于玉米农艺学性状的研究，定位了诸如含油量、花期、株型等农艺学性状的候选基因，大大促进了玉米复杂农艺学性状鉴定的发展。单倍型是染色体上共同遗传的多个等位基因的组合，包含了等位基因间的连锁信息。单倍型 GWAS（haplotype-based genome-wide association study, hGWAS）把整个单倍型区块用于 GWAS，检测与性状显著关联的单倍型区块。在水稻中，Ogawa 等（2018）把单倍型作为固定效应进行 GWAS，筛选出与水稻农艺性状相关的候选 QTL。GWAS 不仅在二倍体植物研究中被广泛应用，而且在多倍体植物研究中也有很好的效果。Fang 等（2017）通过对 318 份异源四倍体棉花进行全基因组测序及 GWAS，鉴定出了 119 个与产量、纤维品质、抗病等关联的位点；Su 等（2018）对 194 份四倍体白菜材料进行 GWAS，鉴定到了与白菜抽薹开花密切相关的候选基因 *BrVIN3.1* 和 *BrFLC1*；Tang 等（2021）利用 505 份甘蓝型油菜群体的基因组重测序数据分析鉴定了 600 多个与含油量显著关联的候选基因，这些基因编码的蛋白主要参与转录调控、脂质代谢和次生代谢等。

随着 GWAS 的日趋成熟，依赖于传统 GWAS 的改进方法也不断产生。例如，全转录组关联分析（transcriptome-wide association study, TWAS）。TWAS 是把转录调控作为遗传变异和表型之间的中介，将单个遗传变异与表型的关联转换成基因 / 转录本与表型的关联。Li 等（2020）通过整合性状 GWAS 和 TWAS 发现了一个可以调控 962 个基因的热点区域，这些被调控的靶基因与棉花纤维细胞的细胞壁发育有关。

eQTL 的全称是 expression quantitative trait loci，译为表达数量性状基因座，指的是染色体上一些能特定调控 mRNA 和蛋白质表达水平的区域，其 mRNA/ 蛋白质的表达水平与数量性状成比例关系。eQTL 的研究是将基因的相对表达量进行均一化，作为 GWAS 的表型数据与基因型数据进行关联分析，鉴定影响基因表达的顺式调控区域和反式调控区域。Zhang 等（2017）通过对 240 份莴苣种质进行转录组测序，利用基因表达和基因组变异图谱进行 eQTL 分析，发现了调控花青素合成的主调控因子。该转录因子属于 MYB 转录因子家族，该转录因子可以通过激活花青素合成途径中相关酶的活性来增加花青素的积累。

可变剪接在植物体中广泛存在。据统计，超过 90% 的基因存在可变剪接，有些基因的剪接方式多达数百种，这是基因表达调控和蛋白质组多样性形成的重要机制。因此，将可变剪接的转录本进行量化，结合 GWAS 可以得出可变剪接变异数量性状位点（splicing quantitative trait locus，sQTL）。在 Chen 等（2018）的研究中，368 个玉米自交系的未成熟籽粒被用作研究材料。研究团队通过转录组数据分析了玉米基因组水平的可变剪接情况，并使用关联基因组研究方法对可变剪接变异数量性状位点进行了定位。他们的进一步研究揭示了许多 sQTL 与表型性状的 QTL 共定位。此外，他们发现一个编码甘氨酸富集 RNA 结合蛋白的基因 *ZmGRP1* 调控着大量下游基因的可变剪接。通过使用 CRISPR/Cas9 敲除系，研究证实了 *ZmGRP1* 对可变剪接的调控作用。

由于使用二代测序鉴定 SNPs 的准确率高、密度大，因此，GWAS 最常用的基因组标记是 SNPs。但随着基因组测序技术的进步和测序成本的降低，基于基因组结构变异的 GWAS（SV-GWAS）、基因存在 / 缺失变异的 GWAS（PAV-GWAS）及基因组拷贝数变异的 GWAS（CNV-GWAS）也广泛开展起来，并且发现了一些利用 SNP-GWAS 无法解释的基因组变异位点。

GWAS 之所以得到广泛的应用，主要是由于它与连锁分析相比存在以下优势：①不需要构建杂交分离群体，只需要扫描自然群体个体中的遗传多样性；②双亲杂交群体只能检测到双亲有差异的位点，具有局限性，而自然群体的关联分析可以获得更多的等位基因组合；③自然群体中可以获得的遗传标记多，因此与双亲杂交群体相比，在检测与性状连锁时具有较高的精度。

二、全基因组关联分析在番茄研究中的应用

2012 年，番茄“Heinz 1706”基因组发布，其基因组预测大小为 900 Mb，组装大小为 760 Mb，同时还获得了醋栗番茄 LA1589 的基因组草图，通过比较发现，野生醋栗番茄的基因组与栽培番茄存在 0.6% 的序列差异（Peralta et al., 2008）。番茄基因组的发布为开展 GWAS 研究提供了基础。

2014 年，我国科学家通过对从世界各地收集的 360 份番茄种质进行基因组重测序，总共获得了 11 620 517 个 SNPs 和 1 303 213 个小的 InDel 变异，利用所获得的高质量 SNPs 进行 GWAS 鉴定到了与番茄果皮颜色密切关联的关键变异位点，此位点的变异导致成熟的粉果番茄果皮种不能积累类黄酮（Lin et al., 2014）。

中国农业科学院深圳农业基因组研究所研究员黄三文领衔的科研团队通过对 100 多种番茄的品尝实验，确定了 33 种影响消费者喜好的风味物质。并利用 GWAS 对 400 份番茄的风味物质含量进行了分析，获得了 50 个基因候选位点，为培育美味番茄提供了切实可行的路线（Tieman et al., 2017）。

Ye 等（2021）对 605 份番茄资源共 27 个产量相关性状进行了 GWAS，通过包括

500 万个 SNP 的高分辨变异图谱，共鉴定到了 129 个与产量性状相关的候选位点，为番茄驯化改良过程中产量相关性状的驯化提供了遗传基础。

Zhu 等（2018）通过对 442 份番茄材料进行代谢定性定量，共发现了 980 个不同的代谢物，包括 362 个已注释的代谢物。利用 mGWAS 手段，共检测到与 3 465 个基因相关的 434 809 个显著的 SNPs。将转录组分析获得的相对表达量数据作为表型，使用 GWAS 获得了 96 153 个 eQTL 位点。最终建立了一个包括 371 个代谢物，970 个 SNPs，535 个基因的“代谢物 -SNP- 基因”多组学网络。其中效应最大的位点是位于 10 号染色体上包含 P450 氧化还原酶、酰基转移酶和糖基转移酶的一个基因簇，对其进行体外实验，发现糖基转移酶基因（*Solyc10g085230*）外显子上一个点突变造成提前终止，显著降低栽培番茄果实中茄碱物质的含量。

Wang 等（2020）通过比较醋栗番茄和栽培番茄基因组获得了 92 000 多个 SVs，利用得到的 SVs 对 600 份番茄材料进行基因分型，将 SV 与表达数据相结合，使用 SV-GWAS 手段，发现了影响类黄酮生物合成和表皮蜡质积累等的热点区域和主要调控因子。

Li 等（2023）通过组装 11 个番茄种染色体级别的基因组，构建了一个番茄超级泛基因组图谱，对 321 个番茄群体的 SVs 进行基因分型，对 32 种风味相关的化合物和 362 种果实代谢产物进行基于 SV 的 GWAS，共检测到 17 种风味挥发物和 249 种果实代谢产物的显著相关信号。例如，在 10 号染色体的 65.2 Mb 处一个 347 bp 的 InDel 与香叶酮的含量密切相关。

Zhou 等（2022）组装了 31 个可以代表红果番茄分支多样性的样本的参考水平基因组，得到了一个包含 17 898 731 个 SNPs、1 499 161 个 InDels 和 195 957 个 SVs 的数据集。同时对 332 份番茄种质进行了基因分型并进行 GWAS，发现了与性状关联的 SVs 可以更好地解释表型变异，捕获了先前使用 SNPs 关联所丢失的遗传力。

Kim 等（2021）使用 MLMM 模型和从 162 个番茄种质中鉴定到的 34 550 个 SNPs 进行 GWAS，结合三年多个种植地点的表型数据，总共鉴定到了 30 个与番茄果实相关的 QTLs，其中有 14 个位点与已知的 QTL 位点相重合。

Zhao 等（2019）利用 MLMM 模型对三个番茄自然群体总共 775 个番茄种质的糖、酸等涉及番茄风味的性状进行 GWAS，同时使用 META 分析方法将三个群体所获得的关联信号进行整合，总共获得了 305 个显著的关联信号。值得注意的是，这也是首次将 META 分析方法应用在番茄 GWAS 中。

Domínguez 等（2020）利用 602 个栽培和野生番茄种质的基因组重测序数据鉴定了转座子（TE）在番茄群体中的多样性，并将 TE 的多态性作为分子标记，利用 GWAS 发现了 40 个与表型相关的 TE 多态性位点，这些 TE 的有无与果实颜色及次生代谢有关。

参考文献

[1]ATWELL S, HUANG Y S, VILHJÁLMSSON B J, et al., 2010. Genome-wide association study of 107 phenotypes in *Arabidopsis thaliana* inbred lines [J]. Nature, 465(7298): 627-631.

[2]CHEN Q, HAN Y, LIU H, et al., 2018. Genome-wide association analyses reveal the importance of alternative splicing in diversifying gene function and regulating phenotypic variation in maize [J]. The plant cell, 30(7): 1404-1423.

[3]CHEN W, GAO Y, XIE W, et al., 2014. Genome-wide association analyses provide genetic and biochemical insights into natural variation in rice metabolism [J]. Nature genetics, 46(7): 714-721.

[4]DOMÍNGUEZ M, DUGAS E, BENCHOUAIA M, et al., 2021. The impact of transposable elements on tomato diversity [J]. Nature communications, 12(1): 3203.

[5]FANG L, WANG Q, HU Y, et al., 2017. Genomic analyses in cotton identify signatures of selection and loci associated with fiber quality and yield traits [J]. Nature genetics, 49(7): 1089-1098.

[6]HUANG X, WEI X, SANG T, et al., 2010. Genome-wide association studies of 14 agronomic traits in rice landraces [J]. Nature genetics, 42(11): 961-967.

[7]KIM M, NGUYEN T T P, AHN J-H, et al., 2021. Genome-wide association study identifies QTL for eight fruit traits in cultivated tomato(*Solanum lycopersicum* L.) [J]. Horticulture research, 8: 203.

[8]LI N, HE Q, WANG J, et al., 2023. Super-pangenome analyses highlight genomic diversity and structural variation across wild and cultivated tomato species [J]. Nature genetics, 55(5): 852-860.

[9]LI Z, WANG P, YOU C, et al., 2020. Combined GWAS and eQTL analysis uncovers a genetic regulatory network orchestrating the initiation of secondary cell wall development in cotton [J]. New phytologist, 226(6): 1738-1752.

[10]LIN T, ZHU G, ZHANG J, et al., 2014. Genomic analyses provide insights into the history of tomato breeding [J]. Nature genetics, 46(11): 1220-1226.

[11]MCMULLEN M, KRESOVICH S, BRABURY P, et al., 2009. Genetic properties of themaize nested association mapping population[J]. Science, 325:737-740.

[12]OGAWA D, NONOUE Y, TSUNEMATSU H, et al., 2018. Discovery of QTL alleles for grain shape in the Japan-MAGIC rice population using haplotype information [J]. G3,

8(11): 3559–3565.

[13]RISCH N, MERIKANGAS K. 1996. The future of genetic studies of complex human diseases [J]. Science, 273(5281): 1516–1517.

[14]SU T, WANG W, LI P, et al., 2018. A genomic variation map provides insights into the genetic basis of spring Chinese cabbage(*Brassica rapa* ssp. *Pekinensis*) selection [J]. Molecular plant, 11(11): 1360–1376.

[15]TANG S, ZHAO H, LU S, et al., 2021. Genome- and transcriptome-wide association studies provide insights into the genetic basis of natural variation of seed oil content in *Brassica napus* [J]. Molecular plant, 14(3): 470–487.

[16]TIEMAN D, ZHU G, RESENDE M F R, et al., 2017. A chemical genetic roadmap to improved tomato flavor [J]. Science, 355(6323): 391–394.

[17]WANG X, GAO L, JIAO C, et al., 2020. Genome of *Solanum pimpinellifolium* provides insights into structural variants during tomato breeding [J]. Nature communications, 11(1): 5817.

[18]YE J, WANG X, WANG W, et al., 2021. Genome-wide association study reveals the genetic architecture of 27 agronomic traits in tomato [J]. Plant physiology, 186(4): 2078–2092.

[19]ZHANG L, SU W, TAO R, et al., 2017. RNA sequencing provides insights into the evolution of lettuce and the regulation of flavonoid biosynthesis [J]. Nature communications, 8(1): 2264.

[20]ZHAO J, SAUVAGE C, ZHAO J, et al., 2019. Meta-analysis of genome-wide association studies provides insights into genetic control of tomato flavor [J]. Nature communications, 10(1): 1534.

[21]ZHAO K, TUNG C-W, EIZENGA G C, et al., 2011. Genome-wide association mapping reveals a rich genetic architecture of complex traits in *Oryza sativa* [J]. Nature communications, 2(1): 467.

[22]ZHOU Y, ZHANG Z, BAO Z, et al., 2022. Graph pangenome captures missing heritability and empowers tomato breeding [J]. Nature, 606(7914): 527–534.

[23]ZHU G, WANG S, HUANG Z, et al., 2018. Rewiring of the fruit metabolome in tomato breeding [J]. Cell, 172(1-2): 249–261.

第八章

番茄的生物信息学

第一节　番茄常用数据库

生物信息学（bioinformatics）是生命科学与计算机科学的交叉学科，对生物体海量数据的采集、处理、存储、检索、分析和解释是目前生物信息研究的主要内容。随着生物学和计算机科学与技术的发展，特别是人工智能赋能生物学研究，为生物学研究带来了新的机遇、手段和措施，生物信息学越来越成为番茄遗传育种的核心支撑。

作物改良核心依靠遗传物质 DNA，过去单个基因的改良已经远远满足不了现代育种的需要，必须对植物基因组进行分析和改良，才能满足育种不断发展的需要。近年来，广泛使用的 QTL 分析、GWAS、全基因组选择及基因组编辑等技术，都依赖生物信息学技术的支持。

番茄数据库不仅为番茄遗传改良研究提供了大量生物信息数据，而且也为番茄研究提供了生物信息工具，从而做到从大量复杂的数据中挖掘其中的价值，辅助广大科研工作者的科学研究，提高生物信息的利用价值。番茄相关基本数据库可以分为核酸序列数据库、蛋白质序列数据库、生物大分子结构数据库以及其他生物分子数据库等，下面我们对主要用于番茄生物信息数据分析的数据库网站进行介绍，虽然有些数据库没有番茄的具体信息，但在番茄实际研究中经常会用到。

一、Ensembl Plants 数据库

Ensembl 是一项由英国维康基金桑格研究院及欧洲分子生物学实验室所属分部欧洲生物信息研究所共同运营开发的真核生物基因组注释项目，该项目侧重于脊椎动物的基因组数据，但也包含了其他生物如线虫、酵母、拟南芥和水稻等。其开发的 Ensembl Plants 数据库（http://plants.ensembl.org）是一个为多种植物提供基因组规模数据的综合性数据库（Howe et al., 2020），提供不同物种的参考基因组序列、核心基因、转录组模型、遗传变异、基因表达、遗传标记和比较基因组学的基因组规模数据，每年发行四版。目前的发行版本为 Ensembl Plants 数据库第 57 版（2023 年 6 月发布），包括了多个物种的栽培种和生态型，数据库见图 8–1。

（一）数据库内容概述

1. 基因组组装和核心数据

Ensembl Plants 数据库中的基因组组装来自 European Nucleotide Archive（ENA）

（Amid et al., 2020），基因模型注释来自 ENA（Amid et al., 2020）、Phytozome（Goodstein et al., 2012）等。Ensembl Plants 数据库的主要功能是对高质量的基因组序列与相关信息进行注释，并提供一系列工具和资源来帮助研究人员进行基因组研究。该数据库包含了多个重要植物物种的基因组序列，如拟南芥、番茄、水稻、玉米、小麦等，涵盖了从单细胞藻类到被子植物的大多数植物。基因组注释是数据库的重点功能之一，它包括基因预测、转录本注释、蛋白质功能注释、非编码 RNA 注释等。通过这些注释，用户可以了解到基因的结构、功能和调控信息，进而深入研究植物的生物学过程。除了基础数据的整理导入，数据库支持对每个基因组的计算分析。数据库提供的数据分析功能见表 8–1。

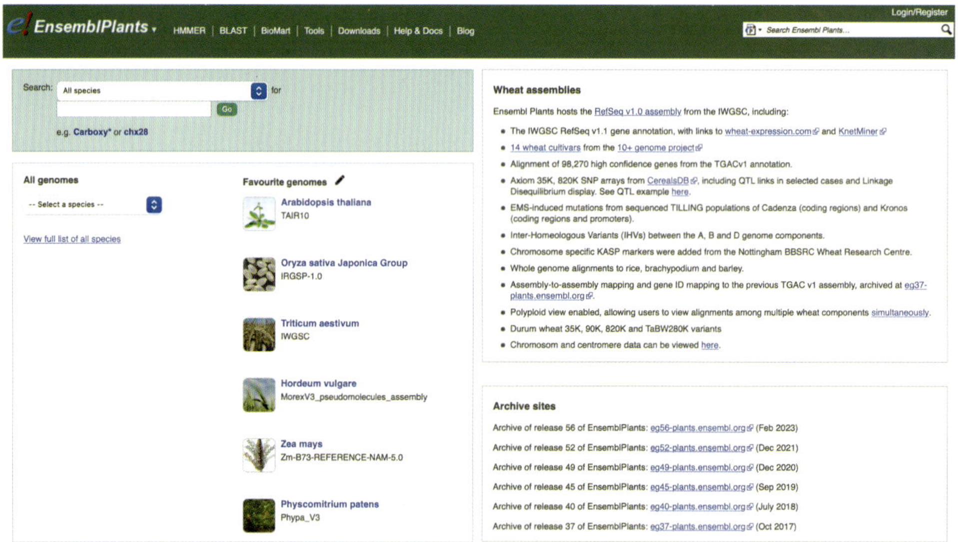

图8–1　Ensembl Plants数据库主页

表8–1　Ensembl Plants的数据分析功能

分析目的	网址
重复序列的分类和屏蔽	http://plants.ensembl.org/info/genome/annotation/repeat_features.html
基于同源性的非编码基因注释	http://plants.ensembl.org/info/genome/annotation/ncrna.html
注释的外部交叉引用（Mitchell et al., 2019; McLaren et al., 2016）	http://plants.ensembl.org/info/genome/annotation/cross_references.html
本体术语的注释（Mitchell et al., 2019）	http://plants.ensembl.org/info/genome/annotation/protein_features.html
植物通路数据库（Naithani et al., 2020）	https://plantreactome.gramene.org

续表

分析目的	网址
蛋白质注释	http://plants.ensembl.org/info/genome/annotation/protein_features.html
基因树	http://plants.ensembl.org/info/genome/compara/peptide_compara.html
全基因组比对	http://plants.ensembl.org/info/genome/compara/whole_genome_alignment.html

2. 变异数据

变异模式可以存储于群体或某一种质收集中检测到的遗传变异、等位基因和基因型数据。记录的变异类型包括单核苷酸多态性、插入 / 缺失和结构变异。变异效应预测器（variant effect predictor，VEP）为预测变异对基因功能的调控、注释变异、利用连锁不平衡数据提供更全面的注释，并提供变异与表型关联统计的信息。VEP 能够根据变异的位置、类型和相关的参考数据库，预测变异对基因功能的影响。它可以确定变异是否在编码区域（exonic）或非编码区域（non-exonic），并提供详细的注释，如功能改变的类型（如错义突变、无义突变、剪接位点变异等）。此外，VEP 还可以预测变异是否会影响转录本稳定性、蛋白质结构和功能等方面。VEP 可以利用连锁不平衡数据来提供更全面的注释。通过使用已知的连锁不平衡数据，VEP 可以推断某个变异的相关变异，并提供这些相关变异的注释信息。这对于基因组研究中的关联分析和功能解读非常有用。

3. 比较基因组数据

Ensembl 基因树分析流程用于计算蛋白质家族成员之间的进化关系。首先找到相似蛋白簇，然后把每个聚类的序列关系与 NCBI 数据库中的物种进化树之间的关系进行比较。使用 TreeBeST 软件（https://github.com/Ensembl/treebest）构建进化树，该软件可以识别直系同源和旁系同源。其中，Recipe R2 是 VEP 工具中的一个功能，用于查看对特定物种进行比较分析的数据。它可以帮助用户了解基因组中的变异在不同个体、不同物种或不同亚种之间的保守性和变异性。通过使用全基因组比对和共线性分析方法，研究人员可以了解不同物种之间基因组的演化关系，识别重要的保守区域和变异区域，并研究基因间的结构和功能重排。这些信息对于理解基因组的功能和进化非常有价值，可以帮助研究人员进一步解释和理解变异的影响和功能预测。

4.RNA 测序数据和基因表达数据

在每个发行版本中，RNA-seq 数据集都来自国际核苷酸序列数据库协作组织（INSDC，http://www.insdc.org/），并被比对到数据库中的组装基因组中。Ensembl Plants 提供丰富的基因表达数据，包括 RNA-seq 和芯片数据，这些数据可以帮助用户了解不同生物过程中基因的表达模式和调控网络。用户可以通过数据可视化工具和分析平台来探索基因表达数据，并进行差异表达分析和功能富集分析等。使用 RNA-seq 分析流程创建 CRAM 文件并发布在网站（https://ftp.ensembl.org/pub/current_mysql）上，这些文件可以在基因组浏览器中以交互方式显示。Ensembl Plants 还提供了基因簇和家族的信息，这对于研究物种间的基因家族扩张和功能保守性具有重要意义。用户可以通过基因簇和家族数据来了解物种间基因的共享和演化关系。基线基因表达报告发表在网站上的“基因表达”（RNASeq Genes）部分，使用 Expression Atlas（Petryszak et al., 2016）产生的表达数据可以通过“基因表达”部分的窗口浏览和下载。

（二）数据的导出方式

在导出小数据量的文件时，可以通过 Ensembl 数据库中基因组数据模块的“export”功能直接导出这一页的内容；数据量较大的数据集可以通过 PERLAPI（http://www.ensembl.org/info/docs/api/index.html）进行导出，如果不熟悉 Perl 语言，可以通过 Ensembl REST API（http://rest.ensembl.org/）导出指定数据集；复杂的交叉数据库，可以通过 BioMart（http://www.ensembl.org/info/data/biomart/index.html）导出目标数据；并且全部的数据集，可以通过 FTP site（http://www.ensembl.org/info/data/ftp/index.html）完成下载，以进行下一步的数据分析。

（三）数据库网站的其他常用功能

1.HMMER 序列搜索工具

在序列搜索和比较方面，Ensembl Plants 提供了快速而准确的工具来搜索，通过窗口提交蛋白质序列，与蛋白质序列数据库进行比较。

2.BLAST 在线比对工具

通过输入测序数据，比对和比较基因组序列。用户可以通过序列搜索功能来查找特定基因或基因家族，并进行序列比对和相似性分析。

3. 查询植物泛基因组

随着数据库中越来越多具有多个品种或生态型的物种基因组组装的发布，这些品种可以从相应的参考基因组页面浏览。目前，可以使用基因树流程和全基因组比对方法来查询数据库中的一些泛基因组。

二、美国国家生物技术信息中心数据库

美国国家生物技术信息中心（National Center for Biotechnology Information，NCBI），作为美国国家医学图书馆（National Library of Medicine，NLM）的一个分支，于 1988 年 11 月 4 日由美国国立卫生研究院（National Institutes of Health，NIH）创建。该中心主要使用计算机通过数学算法在分子水平上对生物与医学上的问题进行研究，并与多个 NIH 研究所、学术界、工业界和其他政府机构保持合作，已成为世界级的生物信息资源中心。该中心可为分子生物学、生物化学和遗传学等知识提供数据储存与检索功能，还可基于计算机的信息处理功能提供自动化分析服务，以解析生物重要分子的结构与功能。NCBI 还会开展研讨会与一系列讲座，以促进计算机领域的科学交流，因此使用该网站有助于在生物信息学领域的研究，进而加速我们有关番茄育种的工作。以下为最常用的几项功能介绍。

多项数据库的检索、多项功能导航、提交与下载数据、资料学习、帮助指南等功能都可通过 NCBI 主页（https://www.ncbi.nlm.nih.gov/）进行查找学习（图 8–2）。

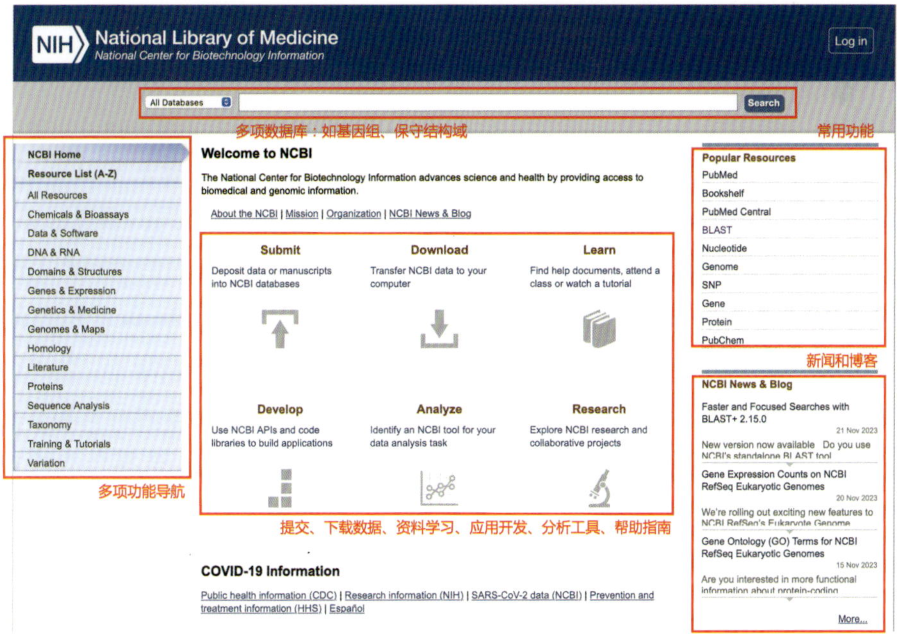

图8–2　NCBI的主页

三、茄科植物基因组数据库

茄科植物基因组数据库(Solanaceae Genomics Network，SGN，https://solgenomics.net/)整合了包括番茄在内的茄科多个物种的基因组数据(图8-4)。番茄数据部分，该网站包括了国际番茄基因组测序项目产生的全部数据，如组装的基因组数据(Genome assembly)、基因注释数据(Gene annotation)、表达数据(RNA-seq)等。该数据库可以提供免费并且方便获取的茄科基因组学资源和丰富的番茄育种资源，是基于番茄遗传研究和品质改良目的搭建的强大平台，对番茄的遗传育种具有重要意义，是一个无缝整合基因型和表型的数据库。在目前的番茄研究中，使用最广泛的就是茄科基因组数据库。

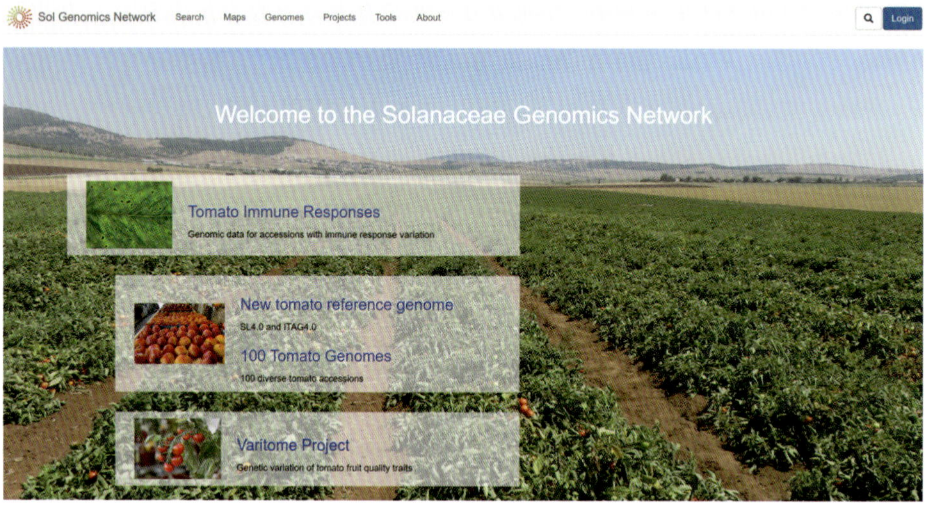

图8-4 茄科植物基因组数据库主页

(一)数据库内容概述

近年来，越来越多的植物物种已经产生了高质量的参考基因组。茄科植物基因组数据库已经从最初存储茄科植物的基因组信息，发展到存储变异检测数据和表型数据。在这些数据的基础上，如果满足标准，就可以进行GWAS等数据分析，从而识别影响目标特征的基因组区域，实现理解表型如何由基因型产生的生物学问题。SGN数据库提供了一个全面的模块，可以存储基因型和表型信息。

1. 基因组数据库

基因组数据库是SGN数据库的一个重要组成部分，专门用于存储基因组信息。基因组数据库除了实现模式生物数据库的通用功能，如基因组查看器和基因座数据库，还是一个社区驱动的数据库，其中的数据由用户直接控制，用户可以随时更新或删除提交的信息。SGN 有一个处理基因位点信息的综合系统，每个位点都有一个基因详细信息页面，其中包含数据库中有关的所有信息，该页面按照数据类型分类。第一部分“基因位点详细信息”包含有关基因的基本信息，如其名称、符号和文本描述。在使用界面中，将基因位点与基因模型联系分析，提供基因组与实验提供的基因位点之间的交叉链接，并对基因家族进行手工检验（Menda et al., 2008；Pujar et al., 2013）。同时，可以使用 solQTL（Tecle et al., 2010）将 QTL 研究的原始表型和基因型数据上传到 SGN 数据库中，并用该工具来运行 QTL 分析，将预测的 QTLs 与数据库中被注释的基因组区域联系起来，确定影响其性状表型的候选基因。在所有物种的公开数据中，包括不同的基因组组装和它们的注释，都储存在 SGN FTP 网站上（ftp://ftp.solgenomics.net/genomes/）。注释包括基因（转录组和蛋白质）序列和它们在基因组中的位置，格式为 FASTA 和 GFF。

除了数据存储功能，SGN 数据库还提供多个工具，用于在线分析。SGN BLAST 可以根据序列相似度来寻找序列，也可以直接访问来自茄科模式植物的 BLAST 数据库，检索基因组组装、基因和蛋白质序列、转录组片段等其他数据集。SGN 数据库还提供 SolCyc 工具，作为一个信息通路的基因组数据库，能够为茄科植物的代谢途径和酶促反应提供全面指导（Caspi et al., 2016）。

2. 表型数据库

表型数据库中存储了不同种质和环境作用影响下的种质资源，为多种植物都开发了本体论。对于每组物种，可以将自定义的本体加载到数据库中，描述该物种的具体目标性状。例如，SGN 系统已被应用于木薯，通过创建一个单独的网站 Cassavabase 应用于木薯育种项目（Meuwissen et al., 2001），其中木薯专用本体被用来描述木薯性状。

（二）数据导出

主要可以通过 ftp 链接下载序列相关文件，包括全基因组 CDS 序列下载、protein 序列下载、gff 注释文件下载和 genome 序列下载等。

（三）SGN 数据库的重要功能概述

1. 育种预测功能

基因组学为了实现对农作物的改良，需要选择新的育种模式，例如全基因组选择育种。全基因组选择使用表型和基因型信息将基因型与表型联系起来，目的是通过基因型信息预测表型。由于现在基因分型速度快，相对便宜，而且可以在幼苗阶段进行，所以育种周期变得更短。然而，这些策略需要强大的数据库，包括大量的基因型和表型信息，以及进行模型建立和育种价值预测的算法和界面。

2. 品种查询功能

数据库通过为育种者提供管理其育种计划的工具来捕获基因型和表型的信息，从而自动填充数据库。育种中的重要活动是杂交、跟踪谱系、设计田间试验和收集数据，数据库可以为所有这些需求提供功能。它具有易于使用的交叉功能，允许现有品种相互杂交、自交或开放授粉。该功能是在一个简单的对话窗口中实现的，在该窗口中可以选择亲本和杂交类型，并可以提供其他数据，例如杂交中涉及的花朵数量、操作员信息和获得的种子数量。杂交产生的种质可在输入杂交时在数据库中生成，或稍后添加。新生成的杂交种质将自动在数据库中具有正确的谱系信息，并将出现在谱系查看器中。

3. 其他功能

设计了多种工具对数据进行展示，例如基因组浏览器（Genome browser），序列比对（BLAST），沉默引物设计（VIGS Tools），这些分析工具极大地方便了分子生物学的相关研究。

四、番茄遗传资源中心数据库

番茄遗传资源中心（TGRC）是一个收藏有番茄野生近缘种、单基因突变和杂合遗传资源的基因库，每年更新一版，主页界面见图 8-5。野生种包括茄科番茄属植物中的代表品种，以及近缘的茄科植物 *Solanum lycopersicoides*，*Solanum sitiens*，*Solanum juglandifolium* 和 *Solanum ochranthum*。单基因突变包括影响植物生长和发育的大多数自发和诱导突变，以及抗病基因库。杂合遗传资源包括多种标记组合群，细胞遗传种群等。TGRC 是加州大学戴维斯分校植物科学系的一个单位，隶属于美国国家植物种质系统（NPGS）（Chetelat et al., 2019）。由已故的 Charles M. Rick 博士创立，收集了大量野生种，并合成了许多突变体和细胞遗传种群，作为番茄的种质资源库，为番茄育种提供数据基础。

（一）数据库内容概述

1. 品种数据库

通过输入品种号、品种状态、品种分类、杂交情况、目的基因、国家地区等选项获得需求的品种信息。

2. 基因数据库

通过输入基因名称、基因位点信息、等位基因、标记类型、变异类型、染色体号、表型区分等选项获得特异性状的品种信息。

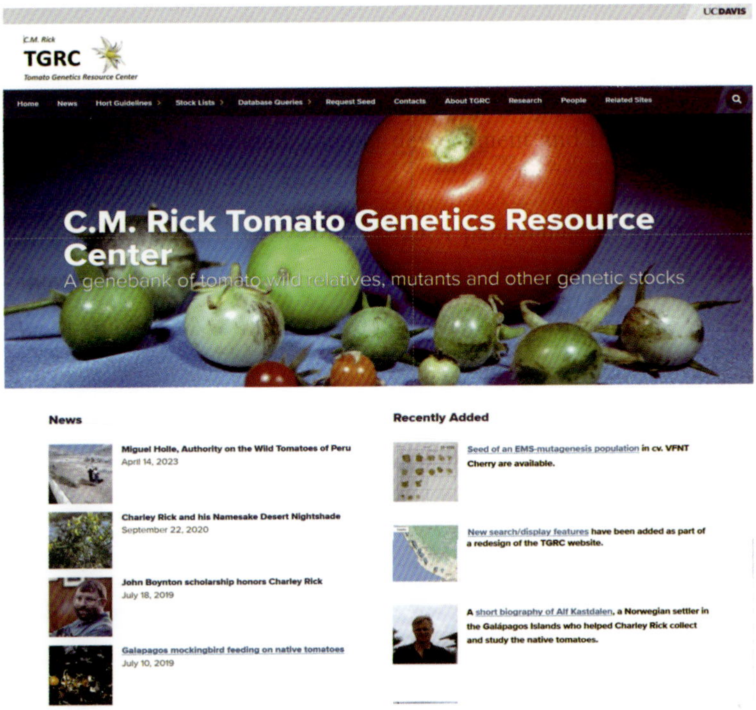

图8–5　TGRC网站主页

3. 图像信息库

通过选择基因、选择基因的表现类型、选择品种信息、选择图片说明备注等对上传的不同品种植株图片进行检索。

（二）种质的收集与使用

所有入选品种的种子样本都储存在种子库中，用于短期储存和使用。后备样品存放在科罗拉多州柯林斯堡的美国农业部植物和动物遗传资源保存部门，要定期进行发芽试验以确定需要再生的种群。植物在温室或田间进行种子繁殖，并观察其关键特征，包括形态学标记、细胞遗传学变化、遗传多样性、杂交过程和其他基本特征（Razdan et al., 2006）。种子可免费分发给全世界的研究人员，每年大约有 2 000 种或更多不同的种质被使用。

（三）数据库的重要功能

TGRC的种子资源被广泛用于各种研究项目。应用最广泛的领域是在野生种中寻找新的抗病基因，以及挖掘其他具有经济价值的性状，包括抗虫性、非生物胁迫（旱、热、冷、盐度）耐受性以及园艺和水果特性的改善（Razdan et al., 2006）。也可以进行更为基础的课题研究，包括生理学和发育（如叶片发育、果实成熟、自交不亲和等）、遗传学（如遗传图谱、QTL研究、杂交育种等）和基因组学（如基因克隆、序列比对分析等）方面的广泛研究。

第二节 番茄遗传组学分析平台

番茄是一种重要的蔬菜作物和主要的生产水果，也是重要的果实发育和抗病模式植物。为了提高番茄生物学组学信息的获取效率，开发了遗传学智能分析平台，可以促进番茄的基础研究，在番茄新品种开发后可以通过平台获得全面的实验资源和组学信息，实现信息智能化、资源共享化，更好地服务实验手段，提高工作效率，可以实现数据自动传输、智能分析，以信息化的方式帮助提高试验结果的准确率。本节介绍了三个功能强大的、成熟的番茄遗传组学智能分析平台，这些平台信息发布更新快、数据量大，不同平台可满足不同需求，在番茄的相关研究中发挥了重要的作用。

一、番茄组学数据平台

番茄组学（TOMATOMICS）数据平台是为了提供具有简化连接的大规模番茄组学信息而开发的网络数据库（http://plantomics.mind.meiji.ac.jp/tomatomics/）。该平台整合了番茄模式品种Heinz 1706和Micro-Tom生成的组学信息，可以轻松访问番茄中所有的多组学资源，实现多个独立信息源的简化访问和互连，提高番茄生物学组学信息的获取效率（Kudo et al., 2017）。

TOMATOMICS包含基因组序列、基因组注释、转录组序列、氨基酸序列和SNP等组学信息。为了无缝整合多种资源，开发者基于基因组序列本身和RNA-seq表达证据，建立了番茄位点标识符（ID）的命名法，命名为TMCS。它包含以前从未描述过的基因座、非翻译区（UTR）和剪接变体。同时，为了方便搜索不同来源的转录本序列之间的对应关系，定义了基因座组的ID。每个基因座组都涉及番茄表达序列标签（EST），基因组中预测的HTC和转录本可能源自每个单个基因座。有了这些用于基因座和基因座组的ID，可以在TOMATOMICS中轻松快速地访问有关基因组和转录本的信息。

TOMATOMICS 提供强大的数据库功能，可通过简单、直观和交互式的图形网络界面搜索、浏览、检索、可视化和下载信息。

平台页面如图 8–6 所示，平台首页（A），主要有关键字搜索、基因组浏览器和 BLAST 搜索三个主要功能。三个功能均可以通过主页面直接进入功能页面，同时从状态栏中的 Tools 也可以进入三个功能界面。高级搜索页面（B），可用关键字搜索，搜索的目标信息、类型可从文本区域下方列出的复选框中选择。BLAST 搜索页面（C），可以通过在左侧面板中粘贴文本或上传文件来提交搜索查询。选项可以在右侧面板中设置，BLAST 搜索结果以图形、表格和序列比对显示。显示关键字搜索结果的页面（D），可以在黑框内提交关键字，进行搜索，检索到的信息会以表格形式显示。表中显示的列或字段可使用复选框进行选择，检索到的信息可通过绿色的下载按钮进行下载。每列都有带有任意关键字的过滤函数，选择性地显示检索到的记录，如行、基因或位点。用于过滤的关键字显示在列的顶部，通过点击指向网页的超链接进入提供有关序列和基因座组的详细信息。“show”按钮后可以选择设置表格中的最大行数，“page”按钮选择在页面之间跳转。蓝色的“Previous”和“Next”显示表格的上一页或下一页的按钮。

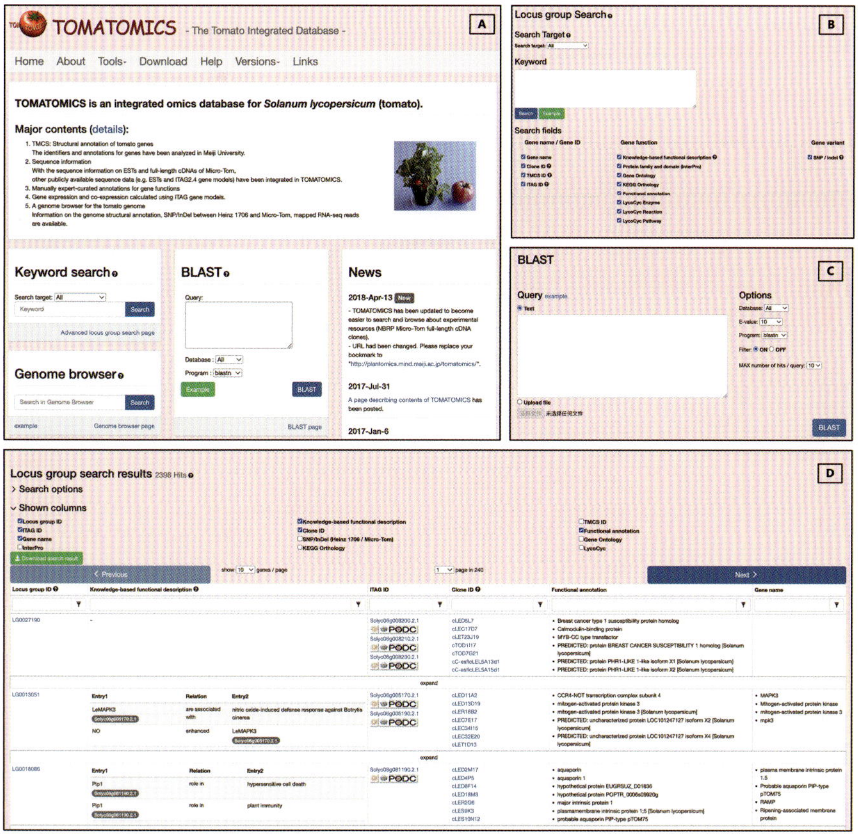

图8–6　TOMATOMICS网站功能展示

二、番茄网络数据平台

番茄网络（TomatoNet）是包含大量的番茄基因组的基于网络的预测服务器，开发者通过多种算法从 18 种不同的数据类型中分析出番茄基因之间的协同功能关系，参考 34 727 个番茄蛋白质编码基因，整合进行网络构建，集成网络优于所有单独的组件网络（Kim et al., 2017）。TomatoNet 网站首页如图 8-7 所示。

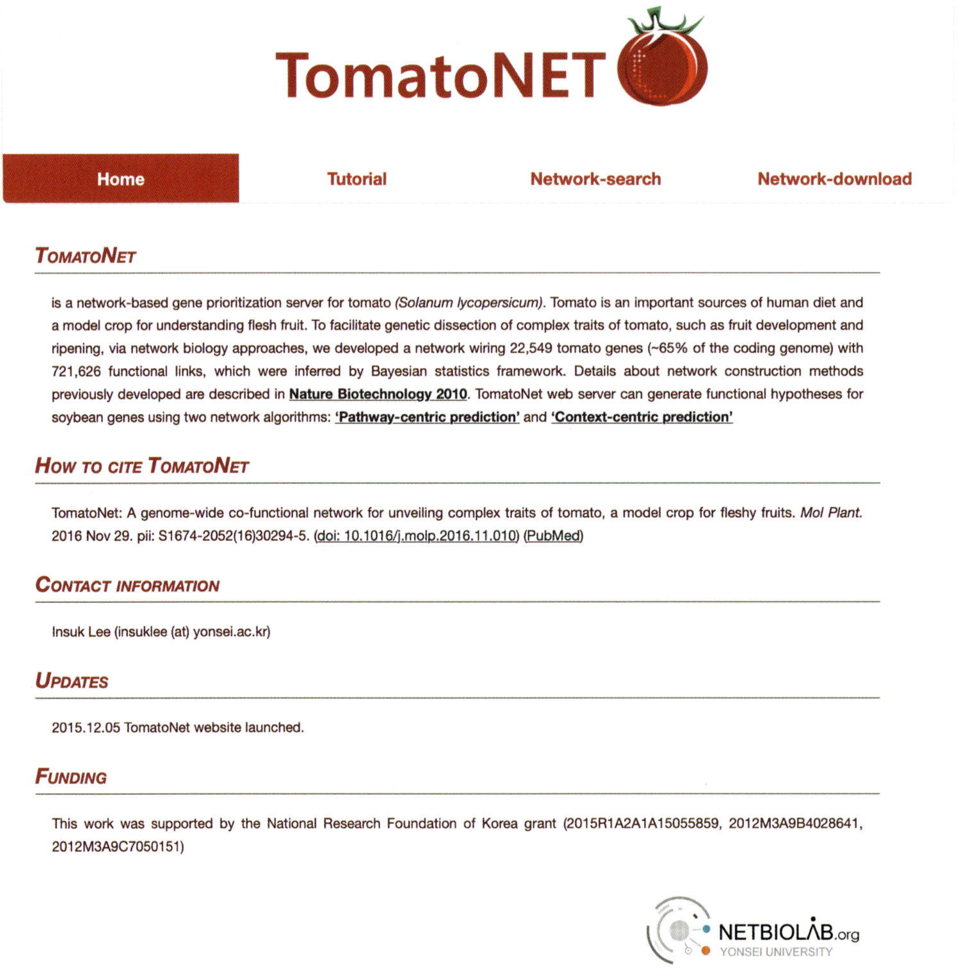

图8-7　TomatoNet网站首页

TomatoNet 对番茄中的通路具有高度预测性，这种高度预测性可以帮助重建与生物过程相关的功能模块。TomatoNet 专注于番茄果实，因此它在预测果实成熟途径方面具有独特的能力，对果实发育和成熟具有高度预测性，例如，以性状相关背景生成高通量番茄基因表达数据时，它可以促进新的性状相关基因的有效识别。除此之外，

TomatoNet 预测的其他基因也可在番茄抗病防御途径中发挥作用。

随着番茄 RNA 测序数据集的增加，TomatoNet 中包含的这些数据会进一步提高准确性和覆盖范围。使用时，可以采用两种适用于不同类型输入数据的替代网络搜索算法，对感兴趣的番茄性状的新候选基因进行优先排序。番茄和其他茄科物种之间的基因组具有相似性，TomatoNet 也可用于多种作物的功能基因预测。

三、植物组学数据平台

植物组学（Planteome）数据库是集成植物基因组学、表型和遗传学数据的共享型平台（http://www.planteome.org），为植物研究提供了大量的基础数据和物种特异性本体（Ontology）模型。该平台基于共享概念模型，对数据格式进行了规范化处理，并对基因和表型关联分析提出一些注解（Cooper et al., 2018）。

本体模型作为一种庞大且不断增长的数据集合，是集成植物基因组学、表型和遗传学数据的通用标准模型。可供参考的本体模型包括 Planteome 项目开发的植物本体、植物性状本体和植物实验条件本体，以及基因本体、表型本体和属性本体等。此外，还包含来自世界各地的各种植物育种和研究团队开发的特定作物本体模型。Planteome 数据库提供来自 95 个植物的有关性状、表型、基因功能和基因表达等的综合数据，并参考本体术语加以注释。

数据库功能如图 8-8 所示，（A）为转至浏览器允许用户探索本体层次结构和关联的注释数据。本体术语名称旁边的灰色阴影圈显示直接或间接分支树以及之间的关系类型。（B）为引导的子术语中间接累积注释到该本体术语的生物实体的数量生物实体，通过选择左侧的红色框（从搜索中排除）或绿色框（限制搜索）来分类各个单元，从而按类型和来源过滤检索信息。（C）如果单击本体术语并显示字母数字标识符、术语名称、定义、本体来源、同义词和替代 ID（如果有），则会出现术语信息窗口。（D）在弹出窗口中单击术语名称来访问术语详细信息页面，其中包含附加信息以及指向直接和间接注释的链接。（E）可以通过在弹出框中选择“检索生物实体”链接来打开与所选术语相关的所有生物实体的完整列表。（F）为自由文本搜索框。（G）为界面搜索菜单。

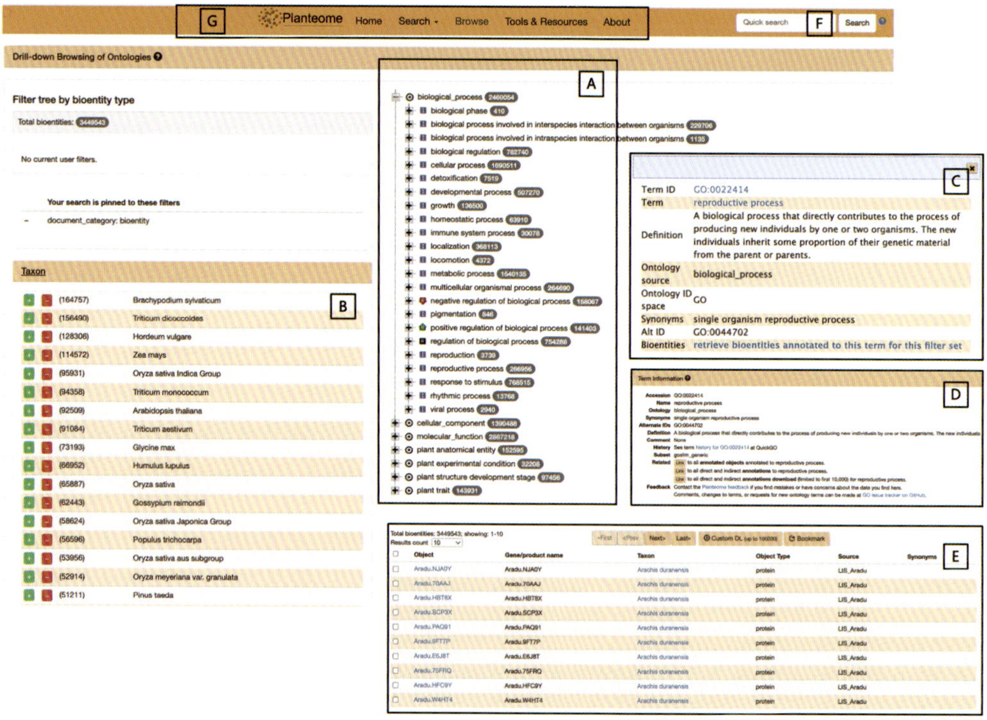

图8-8 Planteome本体和数据平台功能展示

第三节 生物信息学挖掘新基因

物种演化出新基因的同时，新性状往往也会同步诞生，“新基因是如何出现的”始终是进化生物学领域的一大未解之谜。我们寻找新的基因资源最直接和最传统的方法就是通过对自然界的不同番茄品种进行筛选，获得更多的优良的番茄种质资源，然后通过分子生物学手段获取基因资源，早期的研究大多局限于此。然而，当今时代科学研究的基本做法和基本概念以及基本逻辑正在剧烈地改变，改变的特征就是以基因组技术为基本资料库，这种方式创造的资料是天文学一般的海量资料库，因此，生物信息学研究变得必不可少。在分析这些资料时，由生物信息所创造的资料是我们必须掌握的工具。有了这种工具，我们才可以对各种各样的生物学问题进行有效的或者深入的分析。本节将从四个层面介绍利用生物信息学挖掘新基因的方法。

一、基于基因组的挖掘方法

基因组学是一门研究生物体基因组的科学，包括DNA序列、基因组结构、功能和进化等方面。基因组学研究的目的是理解基因组的结构和功能，以及基因组与生物体特性之间的关系。自20世纪末人类基因组被破译以来，整个生命科学研究至今都处在“基因组浪潮”中。人们对生物的认识不再是简单依据实验观测和描述，而是能够通过基因组数据系统地深入解析内在规律（樊龙江，2020）。近年来，随着测序技术的不断发展，科研工作者能够更快、更便捷地获得更完整、质量更高的基因组参考序列，使得基因组的研究不再是“奢侈品”。早期较为“粗糙”的基因组正不断迭代更新，而超大、超复杂物种也已逐渐被国内外学者一一破译。基因组学研究已逐渐成为一种基础且必要的研究，可为动植物序列多态性、物种栽培与驯化、基因定位、基因编辑、精细育种等提供精准信息。

基因组学研究常常需要结合生物学、生物信息学、计算机科学等多个学科的知识。研究人员通常使用DNA测序技术获取基因组信息，并使用计算机分析这些数据。随着人工智能技术的不断发展，基因组学研究也逐渐融合了机器学习、深度学习等人工智能技术，加速了基因组学的发展。人工智能可以帮助科学家在大规模基因组数据中寻找新的基因变异和基因突变，这可以促进基因组学研究的进展，深入理解基因组的结构和功能。利用不同的测序技术和手段可以获得完整、优质的基因组数据，随着组装基因组的完善，通过基因功能注释可以获得新的、从未被注释过的基因，从而有利于新基因的研究与利用。通过七大数据库（Nr、Nt、Pfam、KOG/COG、Swiss-prot、KEGG、GO）进行基因功能注释，同时可以挖掘可变剪切、等位基因、同一个基因的不同拷贝。目前，利用PacBio、Bionano和Hi-C测序技术，构建了8个野生番茄种（*Solanum habrochaites* 多毛番茄，*Solanum chilense* 智利番茄，*Solanum peruvianum* 秘鲁番茄，*Solanum corneliomulleri* 多腺番茄，*Solanum neorickii* 小花番茄，*Solanum chmielewskii* 克梅留斯基番茄，*Solanum pimpinellifolium* 醋栗番茄和 *Solanum galapagense* 加拉帕戈斯番茄）、1个番茄近源野生种（*Solanum lycopersicoides* 类番茄茄）和2个栽培番茄代表性品种，共11个染色体水平高质量基因组，解析了其基因组构成。通过重构野生和栽培番茄的系统发生关系，明确其划分为4个单系起源分支，并发现红果和绿果番茄在约173万年前分化，阐明了野生和栽培番茄的基因组演化历史。

番茄的基因工程大大依赖于准确的基因组序列，Li等（2018）针对与形态学、花和果实发育、维生素C合成相关的基因编码序列以及顺式调控区或上游开放阅读框进行靶向编辑，经过编辑的植株后代不仅具备驯化后的表型，还保持了亲本的抗病性和耐盐性。RodriguezLeal等（2017）利用CRISPR/Cas9编辑技术，通过对启动子进行基因组编辑，获得了多个顺式调控等位基因，并利用这些等位基因改良了番茄的果实大小、花序分枝和植株结构，共涉及3个主要产量性状，评估这些等位基因变异的表型效应，为筛选和固定控制数量性状的新等位基因提供了有效途径。Laurence等（2018）利用

CRISPR/Cas9 技术靶向编码番茄 DELLA 的基因，编辑位点处的 3 nt 缺失导致 DELLA 不能被降解，导致发育迟缓，创制显性矮秆番茄。

遗传图谱是目前最经典的功能基因定位策略，主要基于高通量测序技术开发单核苷酸多态性位点，并计算多态性标记间的遗传连锁距离，构建高密度遗传图谱，最后结合性状调查对目标区域进行定位。数量性状基因座是指基因组中引起数量性状变异的座位。作物的产量、质量、株型、生长发育等大多数重要经济性状及农艺性状通常都为数量性状。利用分子标记，通过连锁分析进行 QTL 定位，是遗传学中研究数量性状相关功能基因的基本手段和确定并分离目标基因的前提。而优质的基因组才能为性状精准定位提供有力支持，从而获得准确的定位基因，为新基因的挖掘提供重要的手段和依据。Zsogon 等（2018）以野生醋栗番茄为原始亲本，通过编辑 6 个与产量和产能相关的关键位点，成功将野生材料中有用性状与期望农艺性状结合。

品种化、细致化、多样化的研究需求使得动植物基因组研究进入泛基因组时代。泛基因组分析有助于理解物种的特征，同时泛基因组图谱提供的基因 PAV 变异或基因复制等复杂基因组变异，有助于解析作物表型和农艺性状的多样性。选择不同亚种材料进行泛基因组测序，可以研究物种的起源及演化等重要生物学问题；选择野生种和栽培种等不同特性的种质资源进行泛基因组测序，可以发掘重要性状相关的基因资源，为科学育种提供指导；选择不同生态地理类型的种质资源进行泛基因组测序，可以开展物种的适应性进化、外来物种入侵等热门科学问题的研究。目前，整合了一个涵盖 11 个番茄基因组的超级泛基因组，超级泛基因组捕获了已报道番茄泛基因组中 4 874 个非内参基因中的 3 441 个，还鉴定出了已报道番茄泛基因组中缺失的 9 320 个非冗余基因。通过聚类分析定义了 40 457 个泛基因家族，这些泛基因家族包括 11 个染色体水平基因组的蛋白编码基因，GO 富集分析显示核心基因富集于羧酸、脂质或有机物代谢过程、RNA 修饰或加工、酰胺转运等生物过程，而非必需基因富集于萜类化合物生物合成、端粒维持、线粒体电子转运。核心基因的表达量显著高于非必需基因的表达量，番茄超级泛基因组数据集为探索和利用野生番茄物种的基因或等位基因奠定了基础。

二、基于转录组的挖掘方法

一个物种基因组的成千上万个基因各司其职，在不同组织、时期、环境下表达，从而能够翻译出对应不同生长需求或不同环境条件的蛋白，达到生长发育或应急响应等目的。基因的表达量常被用来定量评估基因的转录水平。转录组是指在特定生理条件下，细胞中所有 RNA 分子的总和，包括 mRNA、rRNA、tRNA、snoRNA 等。转录组学是研究转录组的学科，主要研究基因的转录、剪接、编辑和调控等过程。获得高质量的基因组，将使多倍体高重复等复杂物种的转录分析准确性更高，研究结果更具可靠性。

随着生物信息学和高通量测序技术的快速发展，转录组学已经成为生物学研究的重要工具。特别是在新基因的挖掘方面，转录组学发挥了重要的作用。在新基因的挖掘中，转录组学的重要性主要体现在以下几个方面：

（1）发现新基因。通过转录组测序，我们可以发现那些在基因组中没有被注释的新基因。这些新基因可能是由基因重组、基因复制、基因突变等产生的。这些新基因可能对生物的生存和发展有重要的影响。

（2）研究基因的表达调控。转录组测序不仅可以发现新基因，还可以研究基因的表达调控。通过比较不同条件下的转录组，我们可以发现哪些基因的表达量发生了变化，从而推测这些基因可能在哪些生理过程中发挥作用。

（3）研究基因的功能。通过转录组测序，我们可以研究基因的功能。例如，我们可以通过比较不同物种的转录组，发现那些在特定物种中特异表达的基因，从而推测这些基因可能的功能。

（4）研究基因的进化。转录组测序还可以用于研究基因的进化。通过比较不同物种的转录组，我们可以发现那些在进化过程中保守的基因，以及那些在进化过程中产生变化的基因。

microRNA（miRNA）是一种表观遗传调控的类型，由 20~24 个核苷酸组成的内源非编码小 RNA，这些 miRNA 在转录和转录后水平的调控中扮演重要角色，能够分解转录物并抑制转录后的翻译过程。它们的编码基因包含 TATA-box 结构域和转录因子结合域，受到特异性转录因子的调控。miRNA 在人类、动物和植物的许多生物过程中发挥重要作用，包括生理、发育、防御和适应环境变化等，对番茄果实发育过程中的 miRNA 进行鉴定分析已成为研究的热点。许多与成熟相关的基因转录因子受到相应 miRNA 家族的调控，例如，miR156/157、miR159、miR160/167、miR164、miR171 和 miR172 家族（Moxon et al., 2008；Karlova et al., 2013；Zuo et al., 2013）。乙烯可能参与对 miRNA 及其前体基因的调控，成熟抑制子 RIN 通过 miRNA 和乙烯对相关基因转录后的调控，实现对番茄果实成熟相关基因的调控。另外，乙烯还能通过调节 miRNA 的丰度来调控 miRNA 的表达（Gao et al., 2015）。在新鲜果实的发育和成熟过程中，表观基因组学调控起着重要的作用，然而在果实成熟和环境胁迫条件下，对表观基因组学的动态研究仍然需要进一步加强（Giovannoni et al., 2017）。

基因组结合转录组分析，使得基因功能研究不再仅仅依靠原来的转录组水平的研究，可以从基因序列结合变异信息和基因表达共同研究生物学问题，使问题研究更深入。RNA-seq 数据分析首先需要对数据的质量进行评估，对测序数据的质量分布、碱基分布和 GC 含量等进行检测。主成分分析（PCA）也是一种常用的质控方法，它通过降维的方式，将多个指标转化为少数几个综合指标，从而实现提升数据处理速度的目的。其次，利用定量分析软件对测序质量合格进行快速定量统计，并对表达结果进行统计从而获得差异表达基因。其中转录因子的鉴定，可以与北大植物转录因子网站（PlantTFDB4.0：Plant Transcription Factor Database，http://planttfdb.cbi.pku.edu.cn/）中番茄的所有转录因子进行比较分析。

三、基于蛋白质组的挖掘方法

随着生物信息学和分子生物学的快速发展，对植物的理解已经从基因层面深入到了蛋白质层面。蛋白质是生命活动的直接执行者，它们的功能和结构决定了生物体的各种生理活动。因此，研究蛋白质，尤其是通过蛋白质组学的方法，对于挖掘新基因、揭示生命的奥秘具有重要的意义。蛋白质组学是在基因组学的基础上发展起来的一门新的学科，它主要研究生物体中所有蛋白质的结构和功能。蛋白质组学包括蛋白质的表达、修饰、互作网络等多个方面，是生物信息学的重要组成部分。蛋白质组学最终会输出大规模的数据，为了解释生理或病理变化，揭示深层次分子机制，需要通过数据挖掘从大规模的数据中快速有效地挑选关键蛋白或通路。转录组与蛋白质组具有组织特异性和时空特异性，而蛋白基因组的最大特征就是数据全面，可以更好地对基因组进行注释，挖掘新编码事件。

蛋白质组学在挖掘新基因中的作用：

（1）发现新的基因和蛋白质。通过蛋白质组学的研究，可以发现一些以前未知的蛋白质，这些蛋白质可能是由新的基因编码的，因此，蛋白质组学可以帮助我们发现新的基因。

（2）揭示基因的功能。通过研究蛋白质的结构和功能，可以推测出编码这些蛋白质的基因的功能，这对于理解基因的作用具有重要的意义。

（3）研究基因的表达调控。蛋白质是基因表达的最终产物，通过研究蛋白质的表达，可以了解基因的表达调控机制。

（4）构建基因和蛋白质的互作网络。通过研究蛋白质的互作，可以构建基因和蛋白质的互作网络，这对于理解植物的复杂性具有重要的意义。

目前研究表明，组蛋白的转录后修饰在植物发育和胁迫适应等多个方面起着重要作用，这些修饰以不同的方式影响染色质的紧密度和可及性，从而影响基因的表达，最终影响生物各方面的生理和发育过程，是真核生物调节基因表达最重要的表观遗传调控方式之一（Lawrence et al., 2016）。番茄组蛋白的转录后修饰在果实成熟和发育的分子调控过程中发挥重要作用，包括赖氨酸残基的磷酸化、甲基化、乙酰化和单泛素化等修饰作用（Berr et al., 2011）。例如在番茄中，多梳蛋白抑制复合物 2（PRC2）中的 SlEZ1 和 SlEZ2 起到不同的作用，抑制 SlEZ1 的表达会导致花和果实的形态变化（Kit et al., 2010），抑制 SlEZ2 的表达只影响果实的形态变化，如质地、颜色和耐储性（Boureau et al., 2016）。

四、基于重测序的挖掘方法

对于大部分动植物，其测序主要以单一品种作为参考基因组。单一基因组测序通常只能覆盖基因组的 80%~90%，且通常只有代表驯化的优良品种的单一基因型能够被准确检测到，因此不同生态型重测序数据一般只有 50%~80% 能比对到参考基因组上。而通过对两种品系基因组进行从头测序，充分比较其间的基因组变异信息，可以更好地对不同生态型进行表型功能差异分析。结合两种生态型品种杂交子代图谱，将极大地利于后续性状与功能研究。而亲缘关系较近的种间材料同样可以分别进行从头测序，并通过其间的变异分析掌控物种间的起源进化及功能关系。

GWAS 是在全基因组水平上分析各位点与复杂性状遗传变异的关联强弱。GWAS 无需构建群体，从自然界中采样即可基于基因组数据并充分利用群体进化过程中数千世代积累的重组事件，分析分子标记对表型的遗传效应，高质量的基因组联合 GWAS 将使得复杂性状的遗传基础得以剖析。

动植物特定群体的个体基因组之间往往会存在大量变异，如单核苷酸变异、插入 / 缺失变异、结构变异等。自然群体区别于驯化栽培群体最大的特征是其丰富的遗传多样性，这些动植物往往经历了种群的扩张、传播、本地化适应、基因交流等长期驯化过程。利用基因组水平遗传变异研究，可以更加准确和全面地解析动植物群体的系统发生关系及其结构、群体进化历史、遗传渐渗、驯化起源与人工选择位点情况。

第四节　生物信息学预测基因功能

随着人类基因组计划的实施，生物信息学成为一门新的学科，已经被广泛应用于基因序列数据的处理等方面，对分子生物学、医学等的发展起到了巨大的推动作用。生物信息学最首要的任务就是从大量的生物信息数据中提取有生物价值的信息，而序列比对是当前最重要、最基本的方法，对于序列保守结构域的预测也尤为重要。

一、基于序列相似性的预测

（一）序列比对的概念

序列比对是通过在序列中搜索一系列单个性状或性状模式来比较2个（两序列比对）或更多（多重序列比对）序列。通过将2个序列写成一页上的2行来进行排列。同一或相似性状（残基或碱基）置于同一列，非同一性状要么放在同一列作为一个错配，要么在另一个序列上对应一个间隔。在一个最优排列中，非同一性状和间隔的放置应尽可能使同一或相似性状垂直对齐。进行序列比对使我们能够判断两个序列之间是否具有足够的相似性，从而判定二者之间是否具有同源性。相似性是指一种很直接的数量关系，比如部分相同或相似的百分比或其他一些合适的度量。生物学认为相似的序列可能会有相似的结构，从而有相似的功能。因此，序列相似性可以帮助我们推断一段未知序列有可能存在的功能。

（二）序列比对的方法

序列比对的方法可以按不同的标准进行划分，根据比对的目的不同，可将其分为全局比对和局部比对。全局比对的目的是将两条序列在全长上比较其相似性，而局部比对的目的是找到两条序列中最相似的部分。

根据参与比对序列的数目，可以把序列比对分为两序列比对和多序列比对。两序列比对是把两条未知的序列进行排列，通过字母的匹配，删除和插入操作，使得两条序列达到同样长度，在操作的过程中，尽可能保持相同的字母对应在同一个位置。

在序列比对时，两两比对远远不能满足当今生物研究的需要，难以找出多条序列的共性，这就要求我们进行多重序列比对。多重序列比对是指参加比对的序列数目不止两条，通过字母的匹配，删除和插入操作，通过比对找出多条序列的共性。与序列两两比对不同，多重序列比对的目的是找出多条序列的共性，是生物信息学研究的一个主要方法。可用NCBI BLAST、Clustal和Muscle等进行序列比对分析。

二、基于保守结构域的预测

（一）保守结构域的概念

一条长的多肽链在超二级结构的基础上组装成几个相对独立的球状区域，它们彼此分开以松散的单条肽链相连，这种相对独立的球状区域称为结构域（domain）。这是位于蛋白质超二级结构和三级结构之间的一种层次，它往往具备一定的生物学功能，如酶活性、膜转运或核酸结合等。蛋白质结构域的定义往往与序列数据系统分析中出现的结果非常吻合，一般将蛋白质结构域作为分子进化的单位。目前已从大量的蛋白质序列数据中识别出许多保守的蛋白质序列。而序列的保守性是结构和功能保守性的基础，蛋白质序列中存在的许多已知生化功能的序列会有助于我们洞察蛋白质潜在功能。

（二）预测保守结构域的方法

在对蛋白质序列进行保守结构域的预测中，保守结构域数据库（CDD）是 NCBI 中检索系统的一部分，可通过网络（https://www.ncbi.nlm.nih.gov/cdd/）进行查询（图 8-9），一般以 FASTA 格式输入蛋白质序列或通过文件形式上传，单条蛋白质序列可通过 CD-Search 搜索保守结构域，多条蛋白质序列则通过 Batch CD-Search 进行搜索。类似的数据库还有 InterProScan（https://www.ebi.ac.uk/interpro/search/sequence-search）、SMART（https://smart.embl.de/smart/set_mode.cgi）和 Pfam（https://pfam.xfam.org/search）。

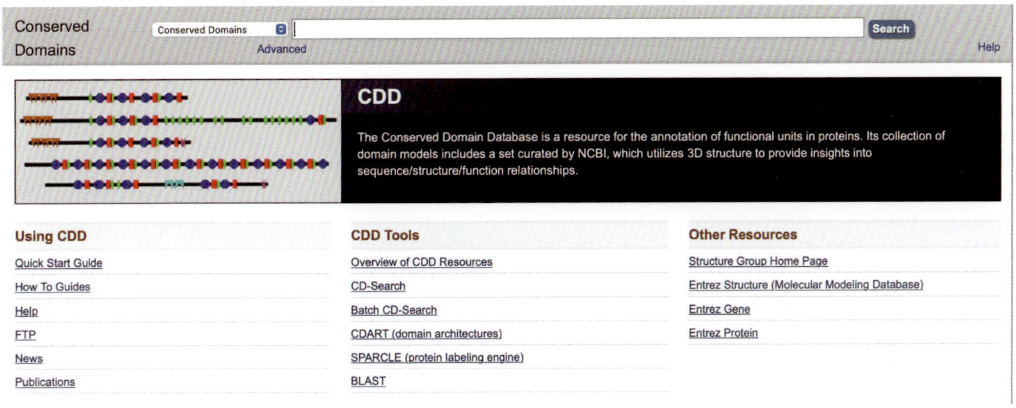

图8-9　保守结构域数据库（CDD）的页面

（三）预测相应的生物学功能

这些数据库提供了丰富的信息，包括层次分类、分类学信息、比对序列、结构互作数据、域结构、功能位点注释和当前文献来源。若库中含有该序列的相关信息，则会进行显示，我们可再通过该数据库注释具有保守蛋白质结构域序列的功能，推断功能位点和基序，并可下载其结果文件。最后，还可进行蛋白质结构域的可视化，与其相关的蛋白质超家族进行比较分析，进一步推测其生物学功能。

近些年来，测序精度逐年提升，成本也逐渐被人们接受，随之而来的是大量的未知蛋白质序列数据，因此我们可对蛋白质序列数据进行保守结构域的预测，并对保守结构域进行生物信息学分析，进而推测其可能存在的生物学功能。该方法可加快我们对番茄中一些未知蛋白质功能的认识。

三、番茄表型的精准识别

可靠、高效的表型评价体系和平台是挖掘优异基因及其关键变异的重要前提。开发和构建贯穿番茄整个生长周期（从萌发到繁殖）的表型扫描的高通量平台和方法仍是未来的一个关键任务。群体遗传学的研究将会鉴定到越来越多新的影响遗传/表观遗传变异，进而促进非生物胁迫抗性育种从传统的表型选择向标记辅助选择方法的转变，从而提高育种效率。利用运用传感器和软件对植株表型进行控制的智慧农业设施，精准感知、采集、控制、决策管理表型数据并整理收集，同时利用集互联网、移动互联网、云计算和物联网技术为一体的信息技术对农业生产进行定时定量管理，根据生长情况合理分配资源，实现农业生产的高效低耗、优质环保。

（一）植物表型的概念

植物表型是指对解剖学、生理学、生化特性以及与环境的相互作用的定量描述。基因组学的进步为番茄育种提供了巨大帮助，但是对提高番茄生产力及多个农艺性状的有效贡献还取决于其与环境型相互作用的生态生理机制，并且在一些表型上仅通过人眼识别很难进行定量的描述。因此，借助足够的遗传力对番茄植株表型进行精准识别与分析，使我们能更准确地认识基因型、环境型以及它们的互作关系，还能够远程预测番茄性状并结合选择系数，进而挖掘到用于下一代育种或者多个地点的试验材料。

（二）番茄表型的精准识别方法

若要将番茄表型中大量的图像及传感器数据转化为可供计算分析的数据类型，则需要新的数据处理手段以及建模方法。对番茄表型的精准识别可通过摄像手段对其根茎、叶片、花、果实等信息进行记录，还有利用测量仪测量茎粗、株高、叶倾角、侧枝角等多个信息的方法，不会对番茄植株产生破坏。与其他传感器相比，RGB 相机的优势在于实惠的价格和高分辨率的图像，因此目前对 RGB 图像进行分析是低成本作物表型分析中最普遍的方法。二维图像上可以使用如 Minervini 等（2014）开发的用于自动分割和分析二维图像的软件。有时候还需要对番茄植株进行一定的破坏，通过如深度相机的光学三维扫描技术与扫描平台捕捉番茄植株的点云信息，再通过一些基于深度学习的数据处理算法进行注释，如 Monica 等（2017）开发的最短路径树分割算法处理 3D 点云信息，这在很大程度上提高了算法在相关数据集上的准确率。

（三）高通量识别番茄表型

通常使用的主要有两种高通量表型方法（Xu et al., 2022），第一种是将番茄植株带到固定的传感器进行详细的表型分析。但是很多正在研究的番茄植株是不能移动的，或者在移动过程中很可能会在一定程度上伤害植株，并且表型也会与计划生长的田间条件有很大差异，从而限制了收集数据的有效性。第二种则通过传感器紧密围绕番茄植株进行记录，这可以通过使用机架、拖拉机、蜘蛛凸轮或无人飞行器来实现。遥感技术可及时准确地获取大范围的高分辨率影像，进而观察到番茄的长势。因此，目前高通量表型分析的大部分技术都是基于遥感技术（Araus et al., 2018）。用于番茄表型分析最常见的遥感传感器类型主要有多光谱成像仪、高光谱成像仪，最广泛采用的大规模田间表型分析方法主要是基于光谱反射率获取整个季节作物特性的无人机遥感技术。气象数据、作物模型、品种数据、环境变量和机器学习方法的结合，特别是深度学习算法，如 CNN 和 LSTM 神经网络，可以显著提高对番茄产量预测的精度。

第五节　番茄分子设计育种

育种的本质是基于生物多样性的组合，通过人工选择固定遗传变异，最终达到农业改良的目的。生物育种是利用遗传学、细胞生物学、现代生物工程技术等方法原理培育生物新品种的过程。随着人类科技的进步，世界农业育种经历了驯化育种、遗传杂交育种、分子辅助育种和设计育种四个时代（图 8-10）。

图8-10　育种时代划分

传统的植物育种（杂交育种）通过有性重组对植物进行有针对性的杂交以结合所

需性状，在提高农业生产力方面发挥了重要作用。20世纪50年代后期开始的第一次绿色革命就是这种策略的例证，其中“矮化”基因突变被培育到小麦和水稻等主要粮食作物中，以获得高产品种。然而，由于杂交育种只能引入亲本基因组中已经存在的性状，优良种质的低遗传变异性限制了该技术的使用（图8-11）。在突变育种中，化学诱变或辐射诱变被用于在全基因组范围内诱导随机突变，从而极大地扩大了遗传变异（Chen et al., 2019）。然而，从大量诱变植物中识别出具有所需优良性状的稀有个体是一项极其耗费人力和时间的工作。作物育种的一个关键突破是转基因育种的发展，即将其他生物体的基因或性状引入农作物，从而提高产量、减少农药使用并改善其影响物质含量。

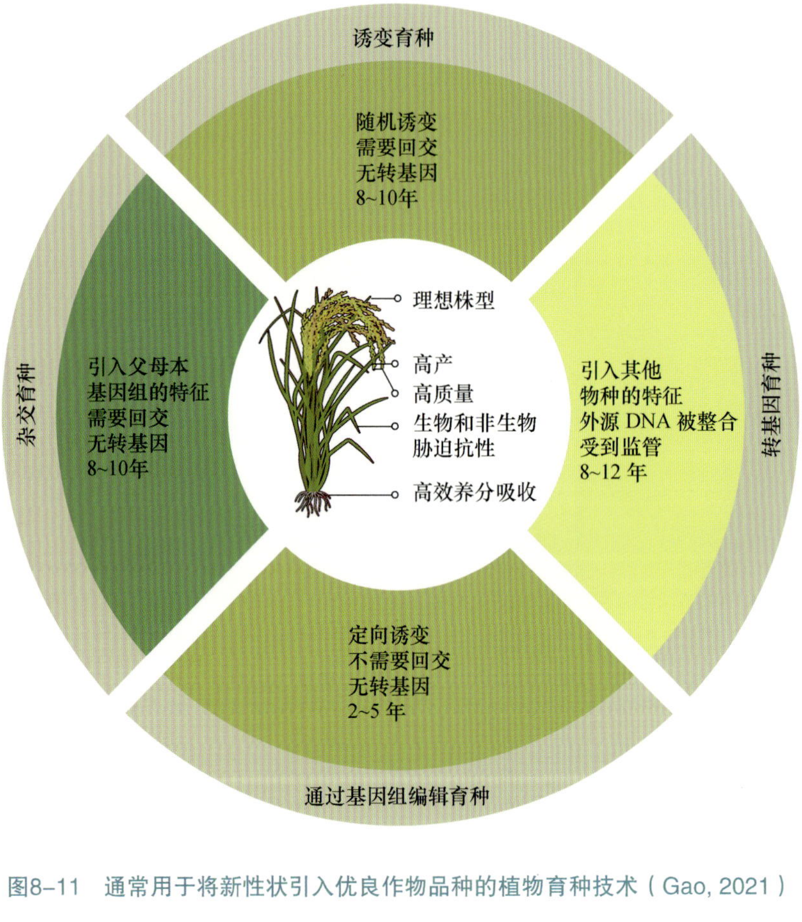

图8-11　通常用于将新性状引入优良作物品种的植物育种技术（Gao, 2021）

一、分子设计育种的一般方法

设计育种是育种当前和未来的主要方向。20世纪末到21世纪初，随着组学、系统生物学、合成生物学和计算生物学等前沿科学交叉融合，培育革命性和颠覆性重大品种的现代生物育种技术应运而生，包括全基因组选择（GS）、基因编辑和合成生物技术等（Gao, 2021），育种技术的进步为基因组图谱、转录组和蛋白组等生物大数据资源带来了前所未有的可用性机遇。

（一）分子标记辅助选择

传统育种已经实现根据表型对作物进行遗传改良，然而面对特定环境条件下对于品种的需求，传统育种的培育方式已经不能满足人们对产量和生产力的需求。基因组学的发展打破了这一局面，利用高通量的测序技术和分析算法，推进了植物对于环境适应性选择育种的研究。通过在群体中筛选和定位潜在的与抗逆性状相关的基因/QTL，并应用于标记辅助选择育种（MAS），可以在早期就基于与非生物胁迫相应的标记进行选择，精准地控制植物基因组中的特定区域，以提高作物对于非生物胁迫的适应性，同时大大缩短了育种的周期。

（二）全基因组关联分析

全基因组关联分析（GWAS）在生物育种领域中扮演着至关重要的角色。这种方法允许科学家们在整个基因组范围内识别与特定性状相关的遗传标记。通过分析成千上万个基因位点与特定性状之间的关联，GWAS 有助于揭示那些对作物产量、抗性、营养价值等性状有重要影响的关键基因或遗传区域。这些信息对于育种来说极其宝贵，因为它们可以指导育种师进行更有针对性的杂交和选择，从而加速育种进程，提高育种效率。例如，如果 GWAS 揭示了某个与干旱抗性相关的基因位点，育种师可以通过选择在这个位点上有利等位基因的个体进行杂交，培育出更适应干旱环境的作物品种。此外，随着生物信息学和基因组学技术的发展，GWAS 已经成为连接基础科学研究和应用育种的桥梁，促进现代生物育种向更精确、更高效的方向发展。

（三）全基因组选择

准确高效的育种方法只适用于少量且遗传结构简单的性状，大多数的非生物胁迫相关性状都为数量性状（即由多基因控制），MAS 就变得没有实际可行性。为了应对这种挑战，全基因组选择（GS）技术应运而生，GS 利用遍布整个基因组的大量分子标记来评估每个个体的遗传潜力或称为“净遗传价值”。这些分子标记所关联的基因效应被累加，从而为每个个体提供一个预测其继承性状表现的值，即基因组估计育种值（GEBV）。因此，即使是复杂的难以直接观测的抗逆性状，也可以利用 GS 实现品种的驯化与改良，极大地突破个体的遗传增益。

GS 本质上是利用已知育种群体全基因组的基因型和表型数据训练统计模型，目前已有的模型主要是基于贝叶斯理论的线性模型、混合线性模型 gBLUP 和机器学习模型、应用模型，从而实现对已知基因型的育种个体完成表型的直接预测。但是训练育种群体的大小、遗传多样性以及 G×E（基因型与环境互作）效应等因素会影响实际育种中的预测准确性，因此，GS 依赖于大量的遗传标记来帮助进行准确的性状预测。近年来，得益于多个高密度或超高密度 SNP 芯片的开发应用，育种芯片与基因组选择技术相结合，能够在控制成本的同时提高育种的精度和速度。然而，基因组育种过程中，想要深度破解植物在不同环境中基因的调控网络仍然是十分困难的，这需要我们整合生物学、生态学、遗传学和生物信息学等技术，不断地探索基因和基因组、基因与环境的关系。

（四）基因编辑技术的综合利用

结合 GWAS 和 CRISPR 等基因编辑技术可以极大地加速作物改良过程。这种结合的策略可以分为以下几个步骤：

（1）利用 GWAS 确定目标基因或位点：首先，通过 GWAS 识别与期望性状（如病虫害抗性、产量、品质等）相关联的基因或遗传标记。GWAS 通过分析不同基因型和性状表现之间的关联，揭示可能的候选基因或功能相关区域。

（2）基因功能验证：利用生物技术方法（如转基因、基因沉默等）验证这些候选基因或区域的功能。这一步骤确保 CRISPR 技术后续用于真正影响目标性状的基因。

（3）CRISPR 基因编辑：一旦确定目标基因或位点，使用 CRISPR 技术对这些基因进行精确的编辑。CRISPR/Cas9 系统可以用来敲除不利基因、引入有利变异，或者调控基因表达，从而直接改变目标性状。

（4）表型筛选和评估：对经过 CRISPR 编辑的植物进行表型筛选和评估，以确保基因编辑改善了期望的性状，同时也要检查是否有非目标效应。

（5）田间试验和育种：将经过基因编辑的品种进行田间试验，评估其农艺性状和环境适应性。优秀的品种可以进入常规育种程序，加速新品种的开发。

通过这种方式，GWAS 提供了目标性状的遗传信息，而 CRISPR 技术则提供了一种快速、精确改变这些性状的方法，两者相结合能大幅度提高作物改良的效率和准确性。

二、抗逆品种设计

植物激素是调节生长、发育和环境胁迫反应的关键方面的信号化合物。干旱、盐碱、高温、寒冷和洪涝等非生物胁迫对植物的生长和存活有着深远的影响。对这种胁迫的适应和耐受需要复杂的感知、信号和胁迫反应机制（Waadt et al., 2022）。

（一）非生物胁迫下的基因调控

大量高分辨率组学数据得以释放，以及高通量和自动化表型组学平台不断发展，群体遗传学研究也进展迅速、成果显著。特别是很多性状现在可以在温室和田间同时进行测量，为在非生物胁迫条件下鉴定产量相关变异铺平了道路。例如，最近很多研究直接以番茄在不同胁迫下的产量等指数作为目标性状进行 GWAS，发现了多个在非生物胁迫下调控产量等的遗传位点，发现的新遗传位点与非生物胁迫下的产量性状相关，这相对单纯的位点更易于被应用于育种过程中。

基因表达的变化介导了植物激素的许多作用。早期基因组技术表明，非生物胁迫相关的 ABA 水平增加会改变数千个基因的 mRNA 水平（Goda et al., 2008）。这一点，连同许多经典的 ABA 不敏感突变被映射到转录调节因子的发现，表明基因调控在非生物胁迫抗性中的重要作用（Xu et al., 2023）。

（二）通过转录因子数据库及后续分析筛选植物抗逆相关转录因子基因

从植物转录因子数据库和番茄基因组数据库下载抗逆相关转录因子家族的蛋白质序列。使用相关生信分析软件来识别抗逆转录因子家族的所有成员，从而获得相应转录因子的蛋白结构域的序列。利用相关生信软件对番茄和拟南芥的转录因子进行多序列比对，并根据番茄转录因子保守区的蛋白质序列进行系统发育树分析并构建进化树，从而得出转录因子家族的亚族分类，根据检索到的番茄抗逆相关转录因子的基因组信息进行染色体定位。最后利用定位到的基因序列进行功能验证并使用 CRISPR/Cas9 基因编辑等基因工程技术生产抗逆品种。

三、抗病品种设计

番茄是一种“多病蔬菜”，是典型的设施栽培作物，极易受到设施的特殊环境、连作障碍及病害的影响。迄今为止已发现的番茄病害达 200 多种，其中较严重的病害有 40 余种。番茄病害极大地影响了番茄的产量和质量，因此选育抗病性强的番茄品种显得尤为关键。现代番茄遗传学和基因组学等新技术与传统育种方法相结合，通过聚合抗性基因或位点，加速了抗病育种的进程。

迄今为止，研究者已经对番茄定位并克隆了一批抗病基因，包括番茄花叶病毒病、叶霉病、晚疫病、枯萎病和根结线虫病抗性基因等。番茄育种领域已经发展出 30 个非常重要的抗性单基因，这些基因都有相应的 DNA 分子标记可供利用。然而，多基因复合遗传的抗性性状的 DNA 标记非常有限，几乎没有得到应用。目前，MAS 已经成为选择主效抗性基因的常规方法，例如 *I*、*I-2*、*morer I-3*、*Ve*、*Asc*、*Sm*、*Pto*、*Tm-2*^{2}、*Sw-5*

等。因此，许多商业品种都具备抵抗尖孢镰刀菌、黄萎病菌、根结线虫、链格孢菌、番茄细菌性斑点病、番茄花叶病毒病和番茄斑萎病的能力。此外，*Rx-3*、*Rx-4*、*Ty-1*、*Ty-2*、*Ty-3* 和 *Ty-4* 的分子标记也越来越多地应用于培育抗黄单胞菌和番茄黄化曲叶病毒的品种中。

番茄 MAS 抗性育种中使用的标记包括与抗性连锁的表型标记和与抗性连锁的酶标记，以及与抗性位点紧密连锁的 DNA 标记。通过这些标记，抗性位点能够聚合于新品种中。MAS 的应用显著提升了选择效率，特别是在某些病害的抗病性鉴定较为困难的情况下，MAS 的优势更加明显。分子标记可以提高目标位点导入的准确性和有效性，减少连锁累赘的负面效应。MAS 选择能够将多个抗性位点与其他理想性状聚合在一起。在番茄基因组中，大多数抗性基因都是以串联方式排列的。通过表型选择或利用主效抗性基因两侧的标记进行 MAS 选择，可以同时导入这些两两连锁的抗性等位基因，从而形成具有多重抗性的品种。例如，大多数携带 $Tm\text{-}2^2$ 的番茄品种也携带 *Frl* 基因，*Frl* 基因是针对番茄颈腐根腐病菌和冠状镰刀菌的抗性基因（Foolad et al., 2012）。相反，如果抗性基因的连锁关系处于互斥状态，那么在育种过程中很难选择到纯合的互斥重组系。例如，将抗斑萎病毒的 *Sw-5* 和抗晚疫病的 *Ph-3* 结合在一起是困难的（Robbins et al., 2010）。综上所述，尽管 MAS 的应用显著提升了番茄改良的效率，但目前仍面临许多挑战。对于番茄抗病种质抗病基因的筛选，先对抗病番茄种质和易感病番茄种质进行转录组测序，通过比较不同种质的基因表达量，筛选差异表达的基因，使用生物信息分析软件进行基因差异表达分析，然后将分析出的差异基因进行功能注释，利用 KEGG、GO 数据库等基因功能分析注释及预测，最后对筛选出来的基因进行基因验证并使用 CRISPR/Cas9 基因编辑技术等基因工程手段创制抗逆新种质。于力等（2009）将共显性的 CAPS 标记 *TG97* 用于育种实践中，可以在苗期对材料进行筛选，选取纯合抗病材料，从而极大地减少田间筛选鉴定的工作，节省育种时间。

但是，对于番茄的某些病害，迄今尚未发现其自然抗性基因或 QTL。尽管可以从野生近缘种中获取抗性基因，但由于种间杂交障碍或常伴随连锁效应，育种者很难充分利用这些抗性基因。当种间杂交获得的育种群体缺乏多态性、分子标记与基因距离过远，或目标 QTL 与不良性状发生互换时，标记选择的可靠性会显著下降。在这种情况下，可以通过生物技术手段来改善番茄的病虫抗性，包括 RNA 干扰和过表达病原驱动序列等，以提供对病原菌的抗性。此外，还可以利用其他作物抗性基因的异源表达来增强番茄的抗性。例如，将源自中国辣椒（*Capsicum chinense*）的隐性基因 *purI* 引入番茄，可以使番茄对马铃薯 Y 病毒具有显性广谱抗性（Kang et al., 2007）。CRISPR/Cas9 编辑技术有望加速番茄抗病品种的选育。Nekrasov 等（2017）通过基因组敲除技术创制出了一种非转基因的抗白粉病番茄种质；通过敲除编码病毒外壳蛋白序列的番茄黄化曲叶病毒基因组或敲除编码病毒复制酶基因的方式（Tashkandi et al., 2018），创制出对番茄黄化曲叶病毒具有免疫性的工程番茄植株。通过基因编辑技术，可以设计和合成番茄功能性抗病等位基因。

参考文献

[1] 樊龙江，2020. 植物基因组学 [M]. 北京：科学出版社 .

[2] 于力，朱龙英，万延慧，等，2009. 利用多重 PCR 反应同时筛选番茄 *Ty-1* 和 *cf-5* 基因 [J]. 上海农业学报 , 25(2): 6–9.

[3]AMID C, ALAKO B T F, KADHIRVELU V B, et al., 2020. The European nucleotide archive in 2019 [J]. Nucleic acids research, 48(D1): 70–76.

[4]ARAUS J L, KEFAUVER S C, ZAMAN–ALLAH M, et al., 2018. Translating high–throughput phenotyping into genetic gain [J]. Trends in plant science, 23(5): 451–466.

[5]BERR A, SHAFIQ S, SHEN W H, et al., 2011. Histone modifications in transcriptional activation during plant development [J]. Biochimica et biophysica acta gene regulatory mechanisms, 1809(10): 567–576.

[6]BOUREAU L, HOW–KIT A, TEYSSIER E, et al., 2016. A CURLY LEAF homologue controls both vegetative and reproductive development of tomato plants [J]. Plant molecular biology, 90(4–5): 485–501.

[7]CASPI R, AITMAN T, BILLINGTON R, et al., 2014. The MetaCyc database of metabolic pathways and enzymes and the BioCyc collection of Pathway/Genome Databases [J]. Nucleic acids research, 42: 459–471.

[8]CHEN K, WANG Y, ZHANG R, et al., 2019. CRISPR/Cas genome editing and precision plant breeding in agriculture [J]. Annual review of plant biology, 70: 667–697.

[9]CHETELAT R T, QIN X, TAN M, et al., 2019. Introgression lines of *Solanum sitiens*, a wild nightshade of the Atacama Desert, in the genome of cultivated tomato [J]. The plant journal, 100(4): 836–850.

[10]COOPER L, MEIER A, LAPORTE M–A, et al., 2018. The Planteome database: an integrated resource for reference ontologies, plant genomics and phenomics [J]. Nucleic acids research, 46(D1): 1168–1180.

[11]FOOLAD M R, PANTHEE D R, 2012. Marker–assisted selection in tomato breeding [J]. Critical reviews in plant sciences, 31(2): 93–123.

[12]GAO C, 2021. Genome engineering for crop improvement and future agriculture [J]. Cell,

184(6): 1621–1635.

[13]GAO C, JU Z, CAO D, et al., 2015. MicroRNA profiling analysis throughout tomato fruit development and ripening reveals potential regulatory role of *RIN* on microRNAs accumulation [J]. Plant biotechnology journal, 13(3): 370–382.

[14]GEER L Y, MARCHLER-BAUER A, GEER R C, et al., 2010. The NCBI BioSystems database [J]. Nucleic acids research, 38(S1): 492–496.

[15]GIOVANNONI J, NGUYEN C, AMPOFO B, et al., 2017. The epigenome and transcriptional dynamics of fruit ripening [J]. Annual review of plant biology, 68: 61–84.

[16]GODA H, SASAKI E, AKIYAMA K, et al., 2008. The AtGenExpress hormone and chemical treatment data set: experimental design, data evaluation, model data analysis and data access [J]. The plant journal, 55(3): 526–542.

[17]GOODSTEIN D M, SHU S, HOWSON R, et al., 2012. Phytozome: a comparative platform for green plant genomics [J]. Nucleic acids research, 40(D1): 1178–1186.

[18]HOWE K L, CONTRERAS-MOREIRA B, DE SILVA N, et al., 2020. Ensembl Genomes 2020-enabling non-vertebrate genomic research [J]. Nucleic acids research, 48(D1): 689–695.

[19]JOHNSON M, ZARETSKAYA I, RAYTSELIS Y, et al., 2008. NCBI BLAST: a better web interface [J]. Nucleic acids research, 36(S2): 5–9.

[20]KANG B C, YEAM I, LI H, et al., 2010. Ectopic expression of a recessive resistance gene generates dominant potyvirus resistance in plants [J]. Plant biotechnology journal, 5(4): 526–536.

[21]KARLOVA R, HAARST J C, MALIEPAARD C, et al., 2013. Identification of microRNA targets in tomato fruit development using high-throughput sequencing and degradome analysis [J]. Journal of experimental botany, 64(7): 1863–1878.

[22]KIM H, KIM B S, SHIM J E, et al., 2017. TomatoNet: a genome-wide co-functional network for unveiling complex traits of tomato, a model crop for fleshy fruits [J]. Molecular plant, 10(4): 652–655.

[23]KIT A H, BOUREAU L, STAMMITTI-BERT L, et al., 2010. Functional analysis of *SlEZ1* a tomato *Enhancer of zeste*(*E*(*z*)) zeste gene demonstrates a role in flower development [J]. Plant molecular biology, 74(3): 201–213.

[24]KUDO T, KOBAYASHI M, TERASHIMA S, et al., 2017. TOMATOMICS: a web database for integrated omics information in tomato [J]. Plant and cell physiology, 58(1): e8.

[25]LAWRENCE M, DAUJAT S, SCHNEIDER R, et al., 2016. Lateral thinking: how histone modifications regulate gene expression [J]. Trends in genetics, 32: 42–56.

[26]LI T, YANG X, YU Y, et al., 2018. Domestication of wild tomato is accelerated by genome

editing [J]. Nature biotechnology, 36: 1160–1163.
[27]MCLAREN W, GIL L, HUNT S E, et al., 2016. The ensembl variant effect predictor [J]. Genome biology, 17(1): 122.
[28]MENDA N, BUELS R M, TECLE I, et al., 2008. A community-based annotation framework for linking Solanaceae genomes with phenomes [J]. Plant physiology, 147(4): 1788–1799.
[29]MEUWISSEN T H E, HAYES B J, GODDARD M E, 2001. Prediction of total genetic value using genome-wide dense marker maps [J]. Genetics, 157(4): 1819–1829.
[30]MINERVINI M, ABDELSAMEA M M, TSAFTARIS S A, 2014. Image-based plant phenotyping with incremental learning and active contours [J]. Ecological informatics, 23: 35–48.
[31]MITCHELL A L, ATTWOOD T K, BABBITT P C, et al., 2019. InterPro in 2019: improving coverage, classification and access to protein sequence annotations [J]. Nucleic acids research, 47(D1): 351–360.
[32]MONICA R, ALEOTTI J, ZILLICH M, et al., 2017. Multi-label point cloud annotation by selection of sparse control points[C]. 2017 International conference on 3D vision (3DV): 301–308.
[33]MOXON S, JING R, SZITTYA G, et al., 2008. Deep sequencing of tomato short RNAs identifies microRNAs targeting genes involved in fruit ripening [J]. Genome research, 18(10): 1602–1609.
[34]NAITHANI S, GUPTA P, PREECE J, et al., 2020. Plant reactome: a knowledgebase and resource for comparative pathway analysis [J]. Nucleic acids research, 48(D1): 1093–1103.
[35]NEKRASOV V, WANG C, WIN J, et al., 2017. Rapid generation of a transgene-free powdery mildew resistant tomato by genome deletion [J]. Scientific reports, 7: 482.
[36]PETRYSZAK R, KEAYS M, TANG Y A, et al., 2016. Expression Atlas update-an integrated database of gene and protein expression in humans, animals and plants [J]. Nucleic acids research, 44(D1): 746–752.
[37]PUJAR A, MENDA N, BOMBARELY A, et al., 2013. From manual curation to visualization of gene families and networks across Solanaceae plant species [J]. Database, 2013: bat028.
[38]RAZDAN M K, 2006. Genetic improvement of solanaceous crops volume 2: Tomato[M]. Boca Raton: CRC Press.
[39]ROBBINS, MATTHEW D, MASUD, et al., 2010. Marker-assisted selection for coupling phase resistance to tomato spotted wilt virus and phytophthora infestans (late blight) in tomato[J]. HortScience, 45(10): 1424–1428.
[40]RODRÍGUEZ-LEAL D, LEMMON Z H, MAN J, et al., 2017. Engineering quantitative trait variation for crop improvement by genome editing [J]. Cell, 171: 470–480.

[41]TASHKANDI M, ALI Z, ALJEDAANI F, et al., 2018. Engineering resistance against tomato yellow leaf curl virus via the CRISPR/Cas9 system in tomato [J]. Plant signaling and behavior, 13(10): 1–7.

[42]TECLE I Y, MENDA N, BUELS R M, et al., 2010. solQTL: a tool for QTL analysis, visualization and linking to genomes at SGN database [J]. BMC bioinformatics, 11(1): 525.

[43]TOMLINSON L, YANG Y, EMENECKER R, et al., 2018. Using CRISPR/Cas9 genome editing in tomato to create a gibberellin–responsive dominant dwarf *DELLA* allele [J]. Plant biotechnology journal, 17(1): 132–140.

[44]WAADT R, SELLER C A, HSU P K, et al., 2022. Plant hormone regulation of abiotic stress responses [J]. Nature reviews: molecular cell biology (7): 23.

[45]XU Y, ZHANG X, LI H, et al., 2022. Smart breeding driven by big data, artificial intelligence, and integrated genomic–enviromic prediction [J]. Molecular plant, 15(11): 1664–1695.

[46]XU Z, WANG J, MA Y, et al., 2023. The bZIP transcription factor SlAREB1 regulates anthocyanin biosynthesis in response to low temperature in tomato [J]. The plant journal, 115(1): 205–219.

[47]YE J, COULOURIS G, ZARETSKAYA I, et al., 2012. Primer–BLAST: a tool to design target–specific primers for polymerase chain reaction [J]. BMC bioinformatics, 13(1): 134.

[48]ZSÖGÖN A, ČERMÁK T, Naves E, et al., 2018. De novo domestication of wild tomato using genome editing [J]. Nature biotechnology, 36: 1211–1216.

[49]ZUO J, FU D, ZHU Y, et al., 2013. SRNAome parsing yields insights into tomato fruit ripening control [J]. Physiologia plantarum, 149(4): 540–553.

第九章

番茄品质性状鉴定

番茄果实色泽亮丽，果形圆润，具有特殊香气，风味酸甜可口，食用方式多样，是人们日常必不可少的果蔬之一。现代番茄品种的选育与改良，应在以高产、抗病为重点的基础上加大对品质育种的重视。但是，目前市场上大部分番茄商品性好，美观、耐储，但风味差、口感欠佳。定向育种无意中舍弃了番茄良好风味和营养丰富的部分调控基因，为了更好地满足消费者的需求，开展番茄的品质育种十分重要。

第一节　番茄重要品质性状

一、番茄营养品质

番茄营养丰富，其果实中富含番茄红素、维生素 C、糖和酸等成分，还有多种人体必需氨基酸和不饱和脂肪酸。衡量番茄果实营养品质的主要根据是不同类型营养物质的含量，大体上分为番茄红素、维生素 C 和可溶性固形物三类（图 9–1）。

（一）番茄红素

番茄红素（lycopene，LYC）是在植物中广泛存在的一种天然色素，也是常见的类胡萝卜素之一。番茄是番茄红素的主要来源，培育高番茄红素含量的番茄品种是世界各国育种者长期以来的目标。余定浪等（2018）以贵州种植的 10 个番茄品种为试验材料，测定了番茄红素、维生素 C 等营养指标，测得黄色果肉番茄中番茄红素含量较低，樱桃番茄中，除一个黑色品种外，其余颜色品种番茄红素含量均高于普通番茄；李纪锁（2003）利用分光光度计法测定了 50 个不同颜色品种番茄的番茄红素含量，试验测得的番茄红素含量在不同品种间存在显著差异，其中大果番茄（包括粉红色、大红色和黄色）平均含量为 18.93 mg/g，樱桃番茄（均为红色）平均含量为 28.61 mg/g。

番茄红素不仅是重要的营养物质，而且还是重要的生物活性物质，具有淬灭单线态氧、清除体内自由基、阻断亚硝胺形成、抑制细胞增殖、诱导细胞分化、增强免疫力、减少 DNA 损伤以及增强细胞间隙连接通信等方面的作用，能够预防和抑制恶性肿瘤的发生，食道癌、前列腺癌、胃肠癌、膀胱癌、乳腺癌、皮肤癌、胰腺癌等癌症的发生率均与血液中番茄红素的浓度成负相关，番茄红素尤其对前列腺癌有显著的预防作用（Rowles et al.，2017）。此外，番茄红素还具有预防心血管疾病、保护皮肤、提高机体免疫力、抗老化等功能（朱原 等，2020）。

过程中苹果酸含量会快速下降，谷氨酸的含量则会快速增加（王蓉 等，2017）。

3. 糖酸比

番茄果实中相比甜度的变化，糖酸比的变化对果实风味品质的影响更大，其中果糖和柠檬酸对糖酸比的变化影响最大。在糖度中果糖和葡萄糖的含量对番茄果实的甜度起决定性作用，由于果糖的甜度是葡萄糖的二倍，因此果糖要比葡萄糖对糖度有更大的影响。

番茄果实要想具有良好的风味需要在高含糖量的基础上有合适的糖酸比。番茄果实合适的糖酸比为6.9~10.8（Lambeth et al., 1964），如果甜度高、酸度低，就没有适宜的酸甜口味，味道太过单一；酸度太高，能够接受的群体太少；糖度和甜度均低，即使拥有合适的糖酸比也会令人食之无味。番茄果实不同成熟期、不同部位的糖酸比是有所差异的，成熟果实的糖酸比较未成熟的果实要大，番茄果实心室的糖酸比要低于果肉的（王蓉 等，2017）。

（二）嗅觉感官品质——挥发性物质

挥发性芳香化合物对番茄果实的风味起到至关重要的作用，食物的味道都是味觉和嗅觉相互作用的结果。对于番茄来说，多种芳香化合物可以激活嗅觉受体，糖和酸激活味觉受体，使人们品味到番茄果实特殊的香甜风味。在番茄果实中检测到的挥发性风味物质有400多种，这些结构与理化性质不同的挥发性物质共同形成了番茄果实的风味（Baldwin et al., 2000）。影响果实酸味的挥发性物质主要有乙酮、β－紫罗兰酮、乙醛、乙醇以及顺式－3－己醇；与番茄甜味相关的挥发性物质主要有1－戊醇、己醇、1－辛烯－3－醇、己醛、庚醛、癸醛、苯甲醛、顺式－2－庚烯醛、β－大马士酮和香叶基丙酮等；与番茄果实苦味相关的主要有1－戊烯－3－酮、2－异丁基噻唑等；而苯乙醇、2,3－二甲基丁醇、β－紫罗兰酮、1－辛烯－3－酮和6－甲基－5－庚烯－2－酮等与果实香气关系密切（王同林 等，2020）。

（三）触觉感官品质——果实硬度

果实硬度也影响着番茄的口感和风味，是番茄重要的感官品质指标之一。影响果实硬度的因素有果肉硬度、果实内部结构（果肉／心室）和表皮坚韧度，大多数生产者和消费者喜欢较硬的番茄。对于生产者而言，较硬的番茄可以减少机械损伤、增强贮运性、减少贮藏和运输过程中的损失，对于消费者来说，在切片的过程中可以避免汁液的损失。但是应注意的是，番茄果实并不是越硬越好，在加强果实硬度的同时，要注意保持果实良好的风味品质。分析表明，番茄果实硬度的差异在细胞膨胀期就出现并持续不变，说明番茄果实硬度差异在发育早期已存在，果实硬度的差异与番茄品种等固有属性紧密相关（李艳 等，2019）。

三、番茄商品品质研究

高品质的番茄商品果要求着色均匀、颜色鲜艳，果面有光泽，果形指数接近 1；果面光滑圆整无棱褶、无纵裂或环裂，果肩或近果梗部分同时成熟并呈同一果色，梗洼木质化部位圆小，果蒂痕小。番茄果实的大小、单果重和颜色根据不同的地区消费习惯、不同用途有着不同的标准。在我国南方，要求番茄果实果色火红、大红，中型果，汁少，肉厚而较坚硬；北方地区则多鲜食，要求番茄是粉红色大果，汁多，果肉柔软顺滑。近年来，随着人们生活品质的提高，饮食习惯在不断发生变化，消费者对于番茄的品质需求也发生着相应的变化，番茄的口感、风味、营养等品质性状越来越受到关注，如糖度高、糖酸比适中、风味浓郁的中型果番茄——“草莓番茄”颇受消费者青睐。

第二节　番茄主要品质性状鉴定方法和标准

根据《番茄种质资源描述规范和数据标准》中的规定，番茄品质特性中的性状包括裂果性、畸形果率、肉质、风味、清香味、综合品质、硬度、可溶性固形物含量、番茄红素含量、总糖含量、总酸含量、耐贮藏性等 12 个性状（李锡香 等，2006）。

一、裂果性

番茄果实表皮薄，果肉含水量多，在夏天烈日及暴雨期间容易发生裂果，裂果性直接关系番茄果实商品性状的优劣。在果实生长期，土壤水分供应不均匀是产生裂果的主要原因。同时，不同品种对裂果的抗性也有所不同。检测裂果的方法如下：在第三穗果实成熟期，从每个试验小区中随机抽取 5 棵植株上采收 10 个达到商品成熟度的果实，用目测法观察每个果实果肩部及其周围裂口的深度和长度，并测量裂口的长度，单位为 cm，精确到 0.1 cm。

根据观察及测量结果，依据下述裂果标准，计数观测果实中达到裂果标准的果实数目，并计算裂果率，即（裂果数 / 调查总果数）×100%，以%表示，精确到 0.1%。

裂果标准：果实表面有深达果肉的纵裂或环裂，裂口超过 2 cm 或数条裂口总长度超过 5 cm 者均为裂果。

根据观测结果、裂口长度及裂果率综合评价该种质的裂果性。裂果性可分为 4 个等级（图 9-2）。

0　无（果肩部光滑无裂，裂果率为 0）；

1　不易裂（果肩部只有肉眼可辨的小浅纵裂或环裂，或裂果率 < 15%）；

2　中（果肩部有 1~2 条明显或深达果肉的裂口，但总长度 < 5 cm，或 15% ≤裂果率 < 35%）；

3　易裂（果肩部有 3 条以上深达果肉的裂口，或总长度 > 5 cm，或裂果率≥ 35%）。

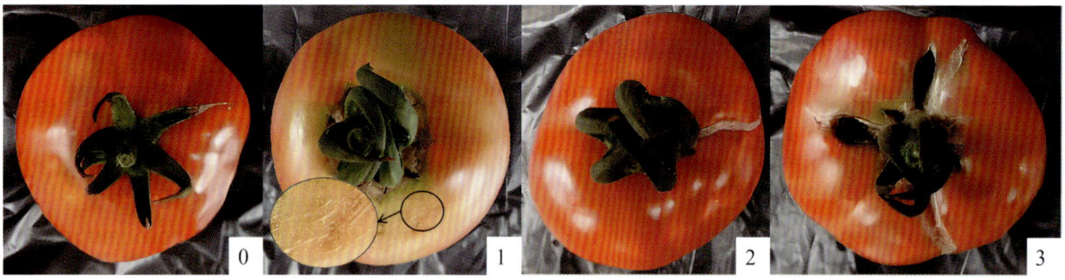

图9-2　番茄不同等级裂果

二、畸形果率

畸形果是番茄生产过程中时常发生的一种生理障碍。在低温下分化的花芽往往形成畸形果（图 9-3），在形态上主要有 3 个类型：①变形果。果实的结构上没有很大变化，但形状异形，不整齐，其中有的呈椭圆形，有的为桃形（尖嘴果）。②瘤状果。果实近叶片一端有瘤状突起，其形如鼻，这是由于子房发育初期，在其茎部有“独立”的心皮生长突出来。③脐裂果。这是早期最常见的一种畸形果。在果脐部位的果皮裂开，以及胎座组织及种子向外翻转或裸露。花芽分化间遇到低温是产生多心皮畸形果的主要原因，但不是唯一的原因，其他栽培条件也会影响畸形果的产生，而且不同品种在相同条件下形成畸形果的难易程度也不同。

图9-3　番茄畸形果

检测畸形果的方法如下：在第三穗果实成熟期，按照商品果实生产的标准定期进行采收，用目测法观察每个果实的外观，测量果实的梗洼直径和果脐直径，单位为

cm，精确到 0. 1 cm；同时用 1/10 的电子秤称量每个果实的单果重，单位为 g，精确到 0.1 g。

根据观察及测量结果，依据下述畸形果标准判断并计数畸形果的数目，计算畸形果率，即（畸形果数 / 总果数）×100%，以 % 表示，精确到 0.1%。

畸形果标准：①果实有 1~2 心室特别膨大，严重影响外观，为明显的变形果；②果面有明显歪扭、棱沟或突起，属于明显的瘤状果或脐裂果；③梗洼过大，大果（果重≥150 g）梗洼 > 2.0 cm，中果（果重 100~149 g）梗洼 > 1.5 cm，小果（果重 < 100 g）梗洼 > 1.2 cm；④果脐过大，大果果脐直径 > 1.0 cm，中果果脐直径 > 0.5 cm，小果果脐直径 > 0.3 cm。凡占有上述一项者即为畸形果。

三、肉质

参照 GB 8855—88《新鲜水果和蔬菜的取样方法》，番茄肉质检测方法如下：在结果盛期，从每个试验小区采收的商品果实中随机取成熟度适宜、有代表性、无污染的 10 个果实（小果 30 个），清洗干净，切成小块，混匀后取 1 000 g 样品。按照 GB/T 10220—2012《感官分析　方法学　总论》中有关部分进行评尝员的选择、样品的准备以及感官评价的误差控制。参照 GB 12312—2012《感官分析　味觉敏感度的测定方法》“A”- 非“A”检验方法，请 10~15 名评尝员对每份样品进行品尝和判断，通过与 3 类肉质（1 软；2 面；3 沙）的对照品种进行比较，给出“与对照同”或“与对照不同”的回答。按照评尝员对每份种质和对照肉质的评判结果，汇总对每份种质和对照品种的各种回答数，并对种质样品和对照品种的差异显著性进行 χ^2 测验，如果某样品与对照 1 无差异，即可判断该种质的肉质类型；如果某样品与对照 1 差异显著，则需与对照 2 进行比较，依次类推。

四、风味

参照 GB 8855—88《新鲜水果和蔬菜的取样方法》进行番茄风味检测，具体方法如下：在结果盛期，从每个试验小区采收的商品果中随机取熟度适宜、有代表性、无污染的 10 个果实（小果取 30 个），清洗干净，切成小块，混匀后取 1 000 g 样品。按照 GB/T 10220—2012《感官分析　方法学　总论》中有关部分进行评尝员的选择、样品的准备以及感官评价的误差控制。参照 GB 12312—2012《感官分析　味觉敏感度的测定方法》“A”- 非“A”检验方法，请 10~15 名评尝员对每份样品进行品尝和判断，通过与以下 4 类风味的对照品种进行比较，按照 4 级风味的描述，给出“与对照同”或“与对照不同”的回答。按照评尝员对每份种质和对照风味的评判结果，汇总对每份种质和对照风味的各种回答数，并对种质样品和对照风味的差异显著性进行 χ^2 测验，如果某样品与对照 1 无差异，即可判断该种质的风味类型；如果某样品与对照 1 差异显著，则需与对照 2 进行比较，依次类推。

1　甜（以甜味为主，基本无酸味）；

2　酸甜（以酸味为主，略带甜味）；

3　甜酸（以甜味为主，略带酸味）；

4　酸（以酸味为主，基本无甜味）。

五、清香味

判断番茄商品果实是否具有番茄原始种所特有的芳香味方法如下：取样方法和样品制备参照四，按照 GB/T 10220—2012《感官分析　方法学　总论》中有关部分进行评尝员的选择、样品的准备以及感官评价的误差控制；参照 GB 12312—2012《感官分析　味觉敏感度的测定方法》“A”－非“A”检验方法，请 10~15 名评尝员对每份样品通过口尝和鼻嗅的方法进行品尝和判断；通过与以下 2 类清香味的对照品种进行比较，给出“与对照同”或“与对照不同”的回答。按照评尝员对每份种质和对照品种的评判结果，汇总对每份种质和对照品种的各种回答数，并对种质样品和对照品种的差异显著性进行 χ^2 测验，如果某样品与对照 1 无差异，即可判断该种质的清香味类型；如果某样品与对照 1 差异显著，则需与对照 2 进行比较。

0　无；

1　有。

六、综合品质

取样方法参照四。用目测法观测果实外观，参考三至五的感官评价结果，按照下述分类标准，综合判断该种质的综合品质等级。

上（果形、色泽良好，果实外观整齐一致，基本无裂果，风味好）；

中（果形、色泽一般，果实外观大小有差异，有裂果，风味中等）；

下（果形、色泽较差，果实外观大小差异大，果实易裂，风味较差）。

七、硬度

番茄果实中果肉硬度与细胞壁成分、细胞间结合度、细胞内组成及细胞膨压等许多因素有关。取样方法参照一：随机选取第二穗果上有代表性的达到商品成熟或符合加工标准的红熟期果实 10~15 个。去掉外果皮，用硬度计（图 9-4）测定果实硬度，每个果实测量 3 次，计算平均值，单位为 kg/cm^2，精确到 0.01 kg/cm^2。

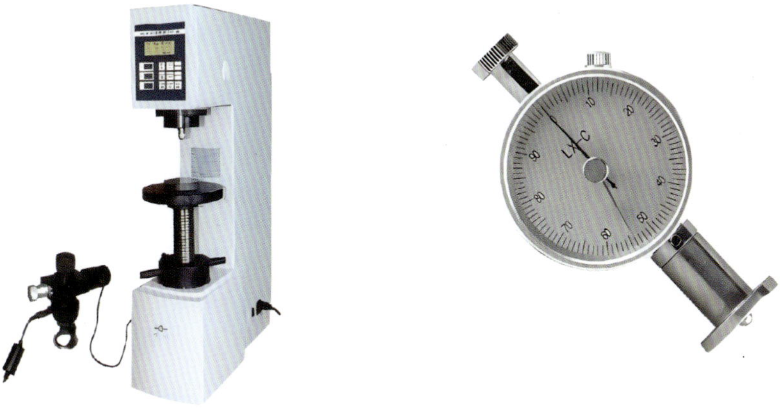

图9–4　硬度计

八、可溶性固形物含量

番茄果实中可溶性固形物的含量可以作为衡量品质和成熟度的标志。可溶性固形物中主要是糖分，其含量标志着含糖量多少和成熟度状况。

检测方法如下：在第二穗果实成熟期，参照 GB 8855—88《新鲜水果和蔬菜的取样方法》，从每个试验小区采收的商品果中随机选取第二穗果上有代表性的、成熟度适宜、无污染的果实，大果 10 个以上（小果 30 个以上）做分析样品。将果实切碎、混匀，称取 250 g 样品，放入高速组织捣碎机中捣碎，用纱布挤出匀浆汁液测定。具体测量方法依据 NY/T 12637—2004《水果和蔬菜可溶性固形物含量的测定　折射仪法》（图 9–5），以%表示，精确到 0.1%。

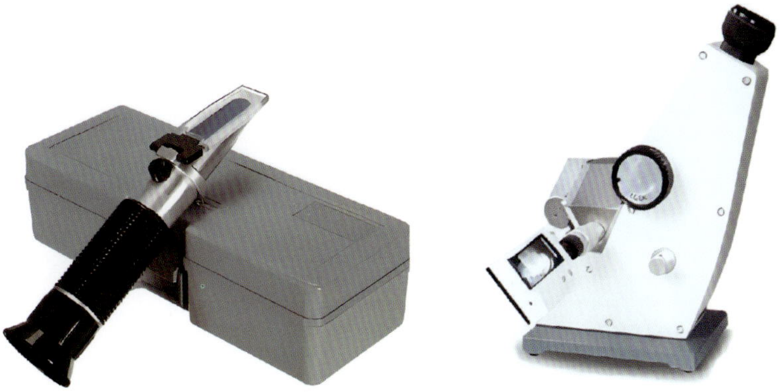

图 9–5　折射仪

注意事项：

果实的成熟度会影响其可溶性固形物含量，采集试验样品时应采收达到商品成熟度的果实，保持不同种质间采集样品成熟度的一致性。不同单株的果实样品应完全混匀，以保证测试数据能代表该份种质的特性。

九、番茄红素含量

番茄在国际市场的消费主要是番茄酱和红色鲜食番茄，而番茄红素含量不仅是加工品种重要指标形式，亦是鲜食番茄品质的考量指标。

取样方法和样品制备参照八。具体测定方法如下：

准确称取标准苏丹1号色素25.0 mg溶于无水乙醇，定容至50 mL，移取0.26、0.52、0.78、1.04、1.30 mL该溶液，分别注入50 mL容量瓶中，用无水乙醇稀释至刻度。混合后即相当于0.5、1.0. 1.5、2.0、2.5 μg/mL番茄红素的苏丹1号色素标准溶液。然后，用72型分光光度计在番茄红素最大吸收波长处（465 nm左右）分别测定其消光值，测定光压10 V、光径1 cm。以番茄红素每毫升微克数为横坐标，以消光值为纵坐标，绘制番茄红素标准曲线。

称取一定量的番茄汁（精确到0.01 g），注入小烧杯中，加入少量甲醇，用玻璃棒充分搅拌，以抽出其黄色素。再将该番茄汁移入固定在具支试管上的P-2型玻璃滤器中吸滤，并用少量甲醇洗涤烧杯。接着加甲醇于玻璃滤器中搅拌后吸滤，重复此操作，直至滤液无色为止。然后，另换一干燥具支试管接受滤液，用甲苯重复上述操作抽提番茄红素，直到滤液无色为止。将抽提液移入100 mL棕色容量瓶中，加甲苯定容、混合。吸取该溶液1 mL，加甲苯稀释至20 mL，即为色素抽提液。

将上述处理好的色素抽提液用72型分光光度计在与制作标准曲线相同的条件下测其消光值，以蒸馏水进行空白对照。经查标准曲线可知番茄红素含量，通过稀释倍数的折算可知样品中番茄红素的含量。

十、总糖含量

总糖与总酸的比值称为糖酸比，它不仅可以衡量果实的风味，也可以用来辅助判断成熟度。取样方法和样品制备参照八。总糖含量的具体测量方法参照GB 6194—86《水果、蔬菜可溶性糖测定法》。

试剂配制：

费林试剂甲：称取硫酸铜（$CuSO_4 \cdot 5H_2O$，分析纯）34.6 g溶于水中，稀释至500 mL，过滤。贮于棕色瓶内。

费林试剂乙：称取氢氧化钠50 g和酒石酸钾钠（$KNaC_4O_6H_4 \cdot 4H_2O$，分析纯）138 g溶于水中，稀释至500 mL，用石棉垫漏斗抽滤。

转化糖标准溶液：称取9.5 g蔗糖（分析纯）用水溶解后转入1 000 mL容量瓶中，加入6 mmol/L HCl（分析纯）10 mL，加水至100 mL。在20~25 ℃下放置3 d或在

25 ℃保温 24 h，然后用水定容（此为酸化的 1%转化糖液，可保存 3~4 个月）。测定时，取 1%转化糖液 25 mL 放入 250 mL 容量瓶中，加入甲基红指示剂一滴，用 1 mmol/L NaOH 溶液中和后用水定容，即为 1 mg/mL 转化糖标准溶液。

亚甲基蓝溶液：称取 0.5 g 亚甲基蓝（分析纯）溶于 100 mL 水中。

乙酸锌溶液：称取 21.9 g 乙酸锌［$Zn(OAC)_2 \cdot 2H_2O$，分析纯］溶于水中，加冰乙酸 3 mL，稀释至 100 mL。

亚铁氰化钾溶液：称取 10.6 g 亚铁氰化钾［$K_4Fe(CN)_6 \cdot 3H_2O$，分析纯］溶于水中，稀释至 100 mL。

样品提取液制备：称取匀浆 25.0 或 50.0 g 放入 150 mL 烧杯中，含有机酸较多的材料加 0.5~2.0 g 粉状 $CaCO_3$ 调至中性（广范试纸检试）。用水将样液全部转入 250 mL 容量瓶中，并调整体积约为 200 mL。置 80 ± 2 ℃水浴保温 30 min，其间摇动数次，取出加入乙酸锌溶液及亚铁氰化钾溶液各 2~5 mL，冷却至室温后，用水定容，过滤备用。

可溶性总糖测定：取已经制备的待测液 100 mL 于 200 mL 容量瓶中，加 6 mmol/L HCl 10 mL。在 80 ± 2 ℃水浴加热 10 min，放入冷水槽中冷却后，加甲基红指示剂 2 滴，用 6 mmol/L 及 1 mmol/L NaOH 溶液中和，用水定容。预测：取费林试剂甲、乙各 5 mL 或 10 mL 混合液于 250 mL 锥形瓶中，由滴定管加入待测糖液约 15 mL，在电炉上加热至沸，约沸 15 s 后迅速滴加待测糖液，至呈现极轻微的蓝色为止，此时加入 0.5%亚甲基蓝指示剂 6 滴，继续滴加待测糖液，直至溶液蓝色褪尽为止，记下待测糖液的用量 V_2（体积）。准确测定：取费林试剂甲、乙各 5 mL 或 10 mL 混合液加入锥形瓶中，由滴定管加入比预测仅少 0.5 mL 的待测糖液，并补加 V_1–V_2 体积的水（标定费林试剂所消耗的标准糖液体积 V_1 减去预测消耗的待测糖液体积 V_2，即为应补加水的体积），使其与标定费林试剂时的反应体积一致。以下按费林试剂标定同样操作，继续滴至终点。前后沸热时间须在 3 min 左右。待测糖液消耗量应控制在 15~50 mL 范围内，不能大于标定费林试剂所用标准糖液体积 V_1。否则应增减称样量重新制备待测液。

结果按公式计算：

$$\text{可溶性糖（\%，以转化糖计）} = \frac{G}{V} \times \frac{A}{W} \times \frac{250}{1\,000} \times 100\%$$

式中：W——样品称重，g；

G——10 mL 费林试剂相当的转化糖，mg；

V——准确滴定时所用待测液的体积，mL；

A——稀释倍数；

250——定容体积，mL；

1 000——由毫克换算为克。

精确到 0.1%。

十一、总酸含量

取样方法和样品制备参照八。总酸含量的具体测量方法如下：

称取试样 200 mL，过滤。吸取滤液 20 mL 于 250 mL 三角烧瓶中，加水 30 mL，以酚酞做指示剂，用 0.05 mol/L 氢氧化钠标准溶液滴定至微红色，保持 1 min 不褪色为终点，并同时做空白。

吸取上述滤液 20 mL 于 50 mL 烧杯中，加水 30 mL，开动磁力搅拌机，用 0.05 mol/L 氢氧化钠标准溶液滴定至酸度计指示 pH 8.2。同时做空白。

结果按公式计算：

$$总酸含量（\%，以柠檬酸计）= \frac{(V_1-V_2)\times c\times 0.064}{10\times \frac{20}{200}} \times 100\%$$

式中：V_1——试样消耗氢氧化钠标准溶液的体积，mL；

V_2——空白消耗氢氧化钠标准溶液的体积，mL；

c——氢氧化钠标准溶液的浓度，mol/L；

0.064——与 1 mL 1mol/L 氢氧化钠标准溶液相当柠檬酸的质量，g。

精确到 0.1%。

十二、耐贮藏性

番茄性喜温暖，果实采收后的储存温度依果实成熟度不同而异。不同成熟度的番茄可参照下列贮藏温度范围：绿熟期或变色期的番茄贮藏温度为 12~13 ℃，红熟前期至红熟中期的番茄贮藏温度为 9~11 ℃，红熟后期的番茄贮藏温度为 0~2 ℃。

番茄果实的耐贮藏性可通过贮藏天数和烂果率两个指标评价。

（一）根据贮藏天数评价番茄耐贮藏性

在第三穗果实成熟期，随机选取第 1~3 穗上有代表性的达到红熟前期至中期的果实，去掉果柄，进行相应的预冷处理后贮藏。每份种质设 3 次重复，每一重复的样品数量为 20~30 个果实。每批次设耐贮藏性分别为强、中、弱的 3 个品种为对照。

番茄果实采收、质量要求，贮藏前的灭菌、包装、预冷，贮藏条件（温度、相对湿度、通风换气等）均严格按照中华人民共和国国内贸易行业标准 SB/T 10449—2007《番茄　冷藏和冷藏运输指南》中的要求。每天检查贮藏果实，依据下述的好果标准记录好果数，并计算好果率，即（好果数 / 评价总果数）×100%，以 % 表示，精确到 1%。

好果标准为：果实贮藏前后的商品性状基本没有变化，能满足鲜食及加工要求，表现为果形、色泽尚好，果面清洁，较新鲜，无异味，不软，成熟度适宜。

当好果率降至80%时，记录已贮藏的天数，根据下列标准评价种质耐贮藏性的级别。

强（贮藏天数≥ 15 d）；

中（10 d ≤贮藏天数 < 15 d）；

弱（贮藏天数 < 10 d）。

（二）根据烂果率评价番茄耐贮藏性（简易评价方法）

将上述样品在夏季置于室温条件（25 ℃左右）下，贮放7 d，测其烂果率，即（烂果数 / 评价总果数）× 100%，以%表示，精确到1%。

根据计算结果，依据下列标准确定番茄果实的耐贮藏性。

强（烂果率 < 20%）；

中（20% ≤烂果率 < 40%）；

弱（40% ≤烂果率≤ 100%）。

注意事项：

在采收前2~3 d应停止浇水。采摘番茄应在露水干后进行，不要在雨天采收。贮藏用番茄不应带果柄，要轻拿轻放，避免机械损伤，严格挑选，除去病果、裂果及伤果。所用包装材料应在使用前进行消毒处理。番茄采收后，如采用标准评价方法，应严格进行预冷处理；如采用简易评价方法，也应先放在阴凉处短时间预贮，散发部分热量后，再行耐贮性评价。

设置耐贮性不同的代表性对照品种。如果不同批次间，对照品种的表现差异显著，需考虑重新进行试验。如果3个对照品种的试验结果分别表现为相应的强、中、弱，则本次鉴定试验合格。

第三节　番茄品质性状研究技术

随着园艺产品需求和现代科学技术的发展，许多新型、快捷、高效和实时的检测技术应用于研究园艺产品的营养和生物活性物质，包括无损检测技术、抗氧化活性分析技术、营养与功能的普遍测定评价技术和组学技术等。

一、无损检测技术

番茄的无损检测（nondestructive determination technologies，NDT）是在不损坏番茄

果实的前提下，利用被测番茄果实内部结构或者外部特征所引起的对光、声、热、电和磁等的反应，获取与番茄相关的内容、性质或成分等物理、化学信息，来探测其性质和数量变化的应用技术。根据检测原理不同，无损检测大致可分为光声学特性检测法、机器视觉技术检测方法、电学特性检测法、射线与电磁检测技术等几大类，包括高光谱成像、超声波、近红外光谱、核磁共振、光成像、生物传感器、射频识别和机器视觉等技术。

（一）高光谱成像技术

近年来，高光谱成像技术（hyperspectral imaging system）的发展使作物生理生态参数信息的快速、实时精准检测成为可能。高光谱成像技术是一种新型的光电检测技术，一个典型的高光谱成像系统主要由线阵或面阵摄像机、分光设备、光源、输送装置及计算机软硬件等五部分构成。

技术原理：一般认为，光谱分辨率在 10-1 λ 数量级范围内称为多光谱（multi spectral），光谱分辨率在 10-2 λ 数量级范围内称为高光谱（hyper-spectral），光谱分辨率在 10-3 λ 数量级范围内称为超光谱（ultra-spectral）（刘木华 等，2005）。高光谱图像是在特定波长范围内由一系列连续的窄波段图像组成的三维图像数据块，如图 9-6 所示。图中，x 和 y 表示二维平面坐标轴，λ 表示波长信息坐标轴。可以看出，高光谱图像既具有某个特定波长下的图像信息，并且针对 xy 平面内某个特定像素又具有不同波长下的光谱信息。因此，高光谱图像集图像与光谱信息于一体。在每个波长下，xy 平面内每个像素的灰度值与其在该波长下的光谱值之间一一对应，在某个特定波长下，感兴趣区域（ROI）与正常区域之间的光谱值会存在很大差异，因此，在此波长下的图像中，它们之间的灰度也存在一定的差异（李江波 等，2011）。

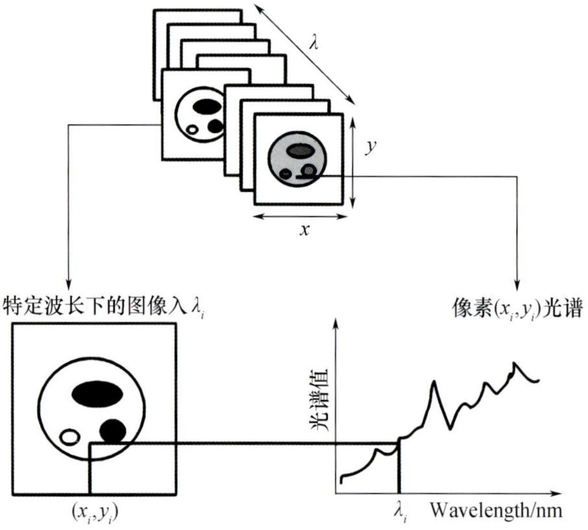

图9-6　高光谱成像技术原理（Gowen et al.，2007）

高光谱成像技术集光电子学、光学、图像处理、计算机科学等领域的先进技术于一体，是传统的二维成像技术和光谱技术的有机结合，形成了“三维”探测，能同时捕获检测对象的空间信息和光谱信息，实现了待测物体外部结构特性（如大小、形状、颜色、纹理等）和内部化学组分信息的同步检测，弥补了单一技术检测信息不全面的缺陷。该技术探测能力强、分辨率高、波段多、数据量大，且具有“图谱合一”的特点，能够获取目标像元下由上百个窄波段形成的完整而连续的光谱曲线，解决了传统光谱分析技术以点代面的光学信息获取缺陷问题，同时获取的图像信息也为目标变量的可视化信息表达提供了可能（王雷 等，2009）。

目前高光谱成像技术已可用于检测番茄的各种病虫害和内部品质。张若宇等（2014）以不同产地的鲜食和加工番茄为研究对象，选取代表番茄化学成分和质地的品质参数可溶性固形物含量（SSC）和硬度为检测指标，搭建反射、散射和漫透射三种高光谱成像系统，获取番茄空域光谱和纹理参数（或拟合参数），利用偏最小二乘回归（PLSR）方法建立番茄 SSC 和硬度的定量分析模型，实现了番茄 SSC 和硬度的准确检测。2022 年，Xiang 等基于高光谱图像和相应的深度学习回归模型的 SSC 和果实硬度的无损测试技术也被开发出来，对于相对较多的样品，此项技术比现有 SSC 检测和硬度技术精度分别高 26.4% 和 33.7%（Xiang et al.，2022）。

（二）近红外光谱检测技术

近红外光谱检测技术（near infared seetroscopy analysis）是将近红外谱区所包含的物质信息，用于定性或定量分析的一种分析技术。

技术原理：波段介于电磁波谱 800~2 500 nm 光谱区段，属于分子光谱的研究范畴，即研究物质分子与电磁波的相互作用。近红外光谱的产生主要是由于分子振动的非谐振性使分子振动从基态向高能级跃迁时产生的有伸缩振动和弯曲振动两种模式的分子能吸收近红外光。近红外光谱记录的是分子中单个化学键的基频振动的倍频和合频信息，它常常受含氢基团 C—H、O—H、N—H 等化学键的倍频和合频的重叠主导，测量的主要是含氢基团振动的倍频和合频吸收。光谱测试成分须含有 O—H、C—H、N—H 或 S—H 键，特别适用于各种官能团的定量分析和已知物质的判别（高红秀 等，2014）。

在近红外分析中具有实际意义的主要是以含 H 的基团（包括 O—H、N—H、C—H 等）为主的一些特征基团，也有其他一些强度较弱的基团。这些基团是有机物中的一些重要基团，因此近红外技术可以分析测定与这些基团有关的成分以及物理、化学性质，该谱区不但可以分析测定与这些基团有关的成分如蛋白质、淀粉、脂肪等，还可以分析物质的密度、黏度、颗粒的大小以及有关样品的电学、热学、力学性质等。

用 Vis/SWNIR 便携式光谱仪（波长：4 001 100 nm） 和中波近红外便携式光谱仪

（波长：9 001 683 nm）（图 9–7）在相互作用模式下，采用环形光源的方法对番茄样本进行光谱采集，对所采集的光谱用波长比法和波长比 + 自动缩放法进行预处理后，分别建立番茄 SSC、pH 和坚实度的预测模型，是一种基于波长比和相互作用模式的番茄品质近红外光谱检测方法（黄玉萍 等，2018）。

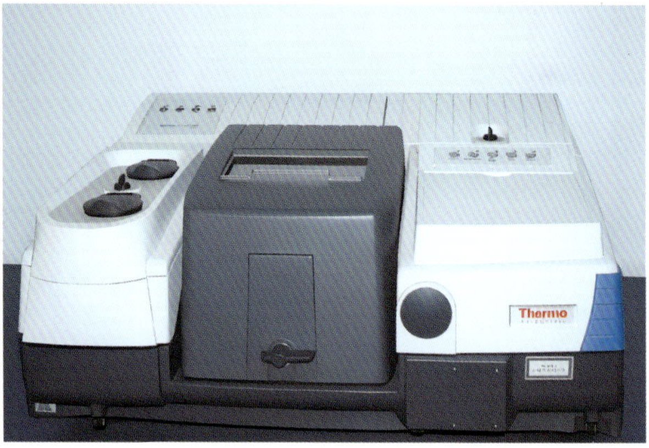

图 9–7　红外光谱仪

（美国Thermo Fisher Scientific公司生产的iS5型智能型红外光谱分析仪）

（三）电子鼻技术

电子鼻（e–nose）是基于传感器技术、模式识别技术、电子技术和计算机技术等多学科交叉，借助电子感觉系统来进行分析、识别和检测复杂嗅味和挥发性成分整体信息的仪器（图 9–8）。对应生物嗅觉系统的嗅觉膜、嗅泡和嗅觉中枢，电子鼻主要组成部分包括采样系统、气敏传感器阵列、信号处理、模式识别和气味表达。

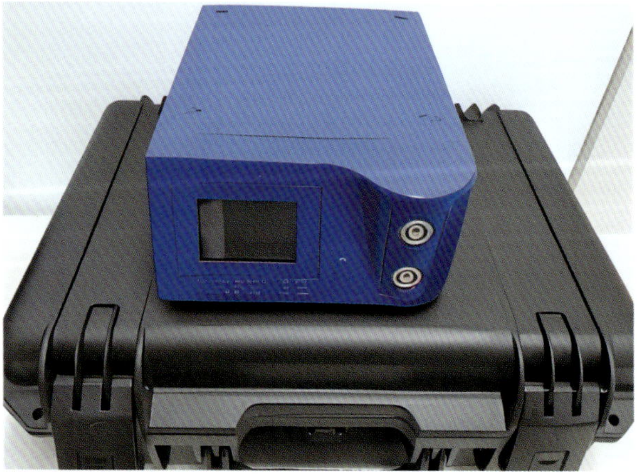

图 9–8　电子鼻

（德国AIRSENSE公司生产的PEN3型号电子鼻）

电子鼻技术的原理为：当挥发性成分处于敏感材料测试环境中时，与敏感材料产生化学作用，随后传感器将化学变化信号转化为电信号，电信号经过噪声消除、特征提取和信号放大等操作处理，然后采用合适的模式识别算法对处理后的数据进行分析，即完成电子鼻的检测过程。不同种类的园艺产品和同种类的园艺产品在不同环境条件下，都会释放一定的特征气体，不同的气体组分与敏感材料发生反应会产生特异的特征响应谱。因此，根据特征响应谱即可区分各种气体，还可利用气体传感器的阵列化及多种气体的交叉敏感特性进行气体的定量检测。电子鼻作为一种快速且智能的检测方法，已被广泛地应用于香蕉、番茄、梨、桃等果蔬的贮藏品质的预测中。

不同型号的电子鼻设备操作并不完全相同，可参考仪器说明进行。成波（2021）采用型号为 α FOX4000（Alpha-MOS，法国）的电子鼻仪器进行番茄果实芳香物质测定，操作流程如下：在 10 mL 离心管中称取 1 g 样品，加入 5 mL 饱和氯化钠溶液充分涡旋混匀后，吸取 1 mL 混合液分别置于 2 个 10 mL 气相小瓶中（包含 1 个机械重复）。40 ℃金属浴 30 min 后用 2 mL 一次性注射器抽取顶空气体注入电子鼻进样器中，数据采集时间为 120 s，延滞时间为 240 s。KFW-2L 全自动无油空气发生器产生的无油干燥空气作为载气，载气流速为 150 mL/min。每次样品检测前需要通过仪器自检，并使用标准品（0.1% 正丙醇、0.1% 丙酮、0.05% 异丙醇）进行诊断。电子鼻数据用 AlphaSoft 软件（Version 11.0）开展判别因子分析（DFA）。

二、物质成分提取技术

目前植物提取物常用的方法有溶剂提取法、超声波提取法和酶提取法，而超临界流体萃取法、微波辅助提取法等则作为新的提取技术被广泛使用。

（一）溶剂提取法

溶剂提取法常应用于天然产物的提取中，是在我国工业化生产中最为古老并且常用的方法。该方法利用相似相溶的原理，采用特定的溶剂从原料中提取有效成分。番茄果实中番茄红素的提取常采用溶剂提取法，在不同溶剂中番茄红素溶解性不同，利用这一特性可将其从组织液中提取分离出来。通常需要先对原料进行预处理，然后用溶剂萃取，再将提取液浓缩后得到产品。常被用到的有机溶剂有石油醚、正己烷、氯仿、乙醚和丙酮等（黄明亮 等，2012）。董建新等人（2018）采用乙酸乙酯浸提的方法，从新鲜番茄中提取番茄红素，以番茄红素提取率为评价指标，探究了料液比、浸提温度、浸提时间和浸提 pH 值对番茄红素提取率的影响水平，在单因素试验的基础上，利用正交试验设计对工艺进行优化，得到番茄红素的最佳提取工艺为料液比 1∶3（g∶mL），浸提温度 50 ℃，提取时间 5 h，浸提 pH 值 4。在此条件下，番茄红素的提取量达到 46.12 μg/g（张雅琦，2019）。

（二）超声波提取法

超声波提取法可用于多种物质提取，如类胡萝卜素、番茄红素、黄酮、多酚等。超声波提取的原理是利用超声波产生的强烈振动和空化效应保持被提取物质的结构和生物活性不发生变化的同时，加速植物细胞内物质的释放、扩散并溶解进入溶剂中，是近年来逐渐受到重视的一个较新的提取方法。对多数成分来说，超声波提取方法与常规的溶剂提取比较，能大幅地缩短提取时间，消耗溶剂少，浸出率高，因此具有较高的提取效率。巴宁宁等（2018）采用超声波提取法提取番茄油树脂中的多酚类化合物，得出多酚含量高达 4.4 mg/g，为多酚的提取工艺提供了数据参考。张恩平等（2016）以体积分数为 70% 的乙醇为提取液对番茄总酚进行超声波提取，提取量达到 677 mg/g。

（三）酶提取法

酶提取法可用于提取番茄红素、番茄皂苷、维生素等多种胞内成分。天然植物的细胞壁由纤维素构成，其中植物的有效成分往往被包裹在细胞壁内。酶提取法的原理就是利用纤维素酶、果胶酶、蛋白酶等（主要是纤维素酶），破坏植物的细胞壁，以促使植物有效成分最大限度地溶解分离出来。酶提取法的提取工艺中，酶的选择、酶浓度、pH 值、酶解温度、酶解时间都会影响植物提取物的提取率（李淑梅 等，2008）。由于不同原料和不同提取物所需酶的提取条件不同，因此一般在应用前需针对性摸索其最佳提取条件，以便获得较高的提取率。例如，陈思呈等（2012）为了确定酶提取法提取番茄总皂苷的工艺条件，以番茄皂苷 A 的质量浓度为考察指标，对酶解温度、酶解 pH 值、酶解时间、酶添加量进行单因素实验，在单因素实验的基础上，按照 L9（34）正交试验设计优选其提取工艺条件，得到最佳工艺条件为：酶解温度 55 ℃，酶解时间 2 h，酶添加量 0.4‰，pH 值 4.0，此条件下，番茄酶解液中的番茄皂苷 A 质量浓度值最高。通过验证实验，证明在最佳酶解条件下，加酶组的总皂苷平均提取率为 0.25%，明显高于不加酶组的 0.14%。该工艺是酶提取法提取番茄水溶性皂苷的最佳工艺，能有效提高番茄皂苷提取率和降低提取液的黏稠度。

（四）超临界流体萃取法

超临界流体萃取（supercritical fluid extraction，SFE）是一种较新型的提取分离技术，一般采用 CO_2 作为提取剂。在番茄相关研究中，该技术常用来提取番茄红素、类胡萝卜素以及番茄籽油等（惠伯棣 等，2002）。超临界流体萃取法的原理是，利用超临界流体的独特溶解能力和物质在超临界流体中的溶解度对压力温度的变化非常敏感的特性，通过升温、降压手段（或两者兼用）将超临界流体中所溶解的物质分离出来，达到分离提纯的目的。它兼有精馏和提取两种作用，具有活性成分不易失活、产品质量高、提取分离过程同步完成等优点，被认为是绿色环保的高新分离技术，特别适合于不稳定天然产物和生理活性物质的分离与精制。孙庆杰等（1998）以番茄皮作为提取原料，进行了番茄红素超临界萃取的实验研究，最后筛选确定最佳提取方法，即将原材料进行烘干后细粉碎，采用 30 MPa 压力，在 50 ℃下，以 20 kg/h 的 CO_2 流速，萃取 2 h，提取率可达 97%。

（五）微波辅助提取法

微波辅助提取技术（microwave assisted extraction，MAE）是利用微波提高提取率的一种新技术。该技术可用于一般溶剂提取法提取的物质，如番茄红素、β－胡萝卜素、黄酮等。其原理是植物样品在微波场中吸收大量的能量，而周围的溶剂则吸收较少，从而在细胞内部产生热应力而破裂，使细胞内部的物质直接与相对冷的提取溶剂接触，进而加速了目标产物由细胞内部转移到提取溶剂中，从而强化了提取过程。微波辅助提取法原理上与浸泡和过滤一样也使用热能，但是提取植物提取物的速度要比传统的方法快得多，在减少提取时间的同时避免有价值的植物提取物被破坏和降解。目前，微波辅助提取法以其快速的提取速度和较好的提取物质量成为天然植物活性成分提取的有力工具，对于液体提取体系，要求溶剂物质具有极性，非极性溶剂对微波的作用不敏感。邸娜等（2016）通过单因素试验和正交试验，探讨了影响微波辅助提取加工型番茄植株总黄酮的主要因素及其相互作用，确定优化提取工艺参数为：乙醇体积分数 70%，液料比 30 mL/g，微波功率 280 W，微波时间 1 min。

三、物质含量测定技术

对于番茄中各类物质含量的测定，一般采用园艺作物中常用的方法，包括化学分析法、原子光谱法、X 射线能量色散谱法（EDX）、电子能谱分析法、X 射线衍射法（XRD）、质谱法（MS）、高效液相色谱法（LC）、分光光度法以及不同方法之间的联合应用等，其中最常用的有分光光度法、高效液相色谱法以及高效液相色谱串联质谱法。

（一）分光光度法

分光光度法可用于测定类胡萝卜素等具有特定吸收光谱的物质，以及本身没有特定吸收光谱，但可借助显色反应显色的物质，如酚类物质等。分光光度法识别的光谱主要分为紫外吸收光谱（200~400 nm）和可见光吸收光谱（400~800 nm）。测定的原理是有些物质在可见光范围内具有光吸收，如类胡萝卜素分子主链上的共轭不饱和结构，使其在可见光区具有强烈的光吸收功能。分光光度法测量最高峰的位置、吸收光谱的形状或精细结构，为解析这类化合物的结构提供了重要的信息。这种方法能用于测定纯类胡萝卜素的量或浓度，或用来估算混合物或天然萃取物中的总类胡萝卜素含量。对于酚类等没有特定的吸收光谱的物质，则需要借助显色反应测定其含量。因此分光光度法相较于液相色谱法来说，特异性和精度均较差，但分光光度法操作便捷，使用成本较低，适用于快速检测大量样本。针对不同待测物的特性，测定前应制作标准曲线，对于没有特定的吸收光谱的物质，则还应明确显色剂的用量。李贞霞等（2019）从吸收光谱差异入手，确定最大吸收波长，在最大吸收波长处，以不同浓度的番茄红素标准液测定其吸光度值，制作标准曲线，求得回归方程，建立以石油醚为溶剂，波长 474 nm，加入 5 mL 的二氯甲烷助溶，浸提时间为 40 min 的番茄红素的简单快速的分析方法。刘荣森等（2015）利用维生素 C 的还原性，将 Fe^{3+} 转化为 Fe^{2+}，Fe^{2+} 可以与 $K^3[Fe(CN)_6]$ 反应生成可溶性普鲁士蓝。通过测定普鲁士蓝在 750 nm 处的吸光度间接测定番茄中维生素 C 的含量，在三氯化铁用量为 6 mL、铁氰化钾用量为 4 mL、反应时间为 50 min 的条件下测得番茄中的维生素 C 含量为 16.64 mg/100 g。

（二）高效液相色谱法

高效液相色谱法（high performance liguid chromatography，HPLC）是色谱法的一个分支，是目前应用最广、最适用的物质分离检测方法，它不受样品沸点、挥发度和热不稳定性的限制，同时分离效率高、分析样品快速，在番茄品质研究中常用于类胡萝卜素、酚类、黄酮类物质的检测。

高效液相色谱仪一般由高压输液系统、进样系统、分离系统、记录检测系统、数据处理系统等几部分组成。其原理是以液体为流动相，采用高压输液系统，样品溶液经进样器进入流动相，被流动相载入固定相内。由于样品溶液中的各组分在两相中具有不同的分配系数，在两相中做相对运动时，经过反复多次吸附－解吸的分配过程，各组分在移动速度上产生较大差别，被分离成单个组分依次从柱内流出，通过检测器进行检测（叶梁银 等，2013）。

在高效液相色谱法的分类中，固定相为 C18 的反相高效液相色谱法最为常用，可以分离 80% 的有机物（王强 等，1997）。李红陵（2003）采用高效液相色谱法测定番茄籽油中的 β－胡萝卜素，确证番茄籽油中含有丰富的 β－胡萝卜素。具体 HPLC 条件为：β－胡萝卜素定性分析，紫外检测器检测波长 λ 为 450 nm；流动相甲醇；流动相流速 0.8 mL/min；进样量 10 μL；压力 101.3 kPa；检测时间 20 min。β－胡萝卜素定量分析，紫外检测器检测波长 λ 为 450 nm；流动相甲醇；流动相流速 0.8 mL/min；进样量

10 μL；压力 101.3 kPa；检测时间 15 min；样品浓度 35.46 mg/mL（溶于甲醇）；标准 β－胡萝卜素浓度 0.078 mL/mL（溶于甲醇：二氯甲烷 =1：1 溶液）。

（三）高效液相色谱串联质谱法

高效液相色谱串联质谱法常用来检测番茄中多种代谢产物及挥发性物质，也可用于检测番茄果实农药残留等，是目前品质分析中物质定性、定量分析的最有力工具之一。

质谱法（mass spectrometry，MS）是用电场和磁场将运动的离子（带电荷的原子、分子或分子碎片，有分子离子、同位素离子、碎片离子、重排离子、多电荷离子、亚稳离子、负离子和离子－分子相互作用产生的离子）按它们的质荷比分离后进行检测的方法。核素的准确质量是一多位小数，绝不会有两个核素的质量是一样的，而且绝不会有一种核素的质量恰好是另一种核素质量的整数倍。分析这些离子可获得化合物的分子量、化学结构、裂解规律和由单分子分解形成的某些离子间存在的某种相互关系等信息。其基本原理是试样中各组分电离生成不同荷质比的离子，经加速电场的作用，形成离子束，进入质量分析器，利用电场和磁场使其发生相反的速度色散——离子束中速度较慢的离子通过电场后偏转大，速度快的偏转小；在磁场中离子发生角速度矢量相反的偏转，即速度慢的离子依然偏转大，速度快的偏转小；当两个场的偏转作用彼此补偿时，它们的轨道便相交于一点。与此同时，在磁场中还能发生质量的分离，这样就使具有同一质荷比而速度不同的离子聚焦在同一点上，不同质荷比的离子聚焦在不同的点上，将它们分别聚焦而得到质谱图，从而确定其质量。质谱法还可以进行有效的定性分析，但不能对复杂有机化合物进行分析，而且在进行有机物定量分析时要经过一系列分离纯化操作。而色谱法对有机化合物是一种有效的分离和分析方法，特别适合进行有机化合物的定量分析，但定性分析则比较困难，因此两者的有效结合将提供一个进行复杂化合物高效的定性定量分析的工具（李重九 等，2021）。HPLC-MS 分离能力强，即使被分析混合物在色谱上没有完全分离开，但通过 MS 的特征离子质量色谱图也能分别给出它们各自的色谱图来进行定性定量，可以同时给出每一个组分的分子量和丰富的结构信息，检测限低，灵敏度高。但是液质联用仪与高效液相色谱仪一样，都是大型精密仪器，因此使用上操作注意事项较多，对样品前处理要求较高，仪器使用费用昂贵。王振强等（2015）以番茄皮渣为原料，采用超声辅助提取工艺对番茄红素进行提取，产物经高效液相色谱串联质谱法，番茄红素提取量可达到 250.1 mg/kg。张新娜等（2019）利用高效液相色谱串联质谱法，建立番茄中番茄苷和番茄碱两种主要生物碱的同时检测方法。样品经匀浆提取后，利用 C18 固相萃取柱净化，以 5 mmol/L 乙酸铵（含 0.05% 甲酸）－乙腈为流动相，用 Agilent Proshell 120 EC-C18 进行分离，用三重四极杆检测器，以多反应监测模式进行检测。结果表明，番茄苷在 50~1 000 ng/mL 范围内线性良好，相关系数为 0.999 1。番茄碱在 5~100 ng/mL 范围内线性良好，相关系数为 0.999 4。对番茄苷和番茄碱进行 3 个水平的添加回收实验，结果表明，添加回收率在 85.6%~105.0% 之间，相对标准偏差在 1.0%~6.8% 之间。

此外还有其他形式的技术联用，如利用固相微萃取（SPME）气相色谱－质谱（GC-MS）联用技术测定番茄果实转色期和成熟期，对番茄风味有积极作用的已醛、反式 -2- 已烯醛、β－紫罗兰酮、牻牛儿丙酮、6- 甲基 -5- 庚烯 -2- 酮、2- 苯乙醇、愈伤木酚的含量在红 / 蓝光 3∶1 组合处理中最高，而对风味有消极作用的水杨酸甲酯的含量较低，并且在成熟期含量为 0（董飞 等，2019）。利用 GC-MS 分析樱桃番茄贮藏过程中的极性代谢物变化，通过主成分分析（PCA）发现，常温贮藏 28 d 过程中极性代谢物发生了显著的变化，低温贮藏过程中物质变化不明显（安静 等，2016）。利用超高效液相色谱－质谱 / 质谱联用仪（UPLC-MS/MS）和固相微萃取－气相色谱－质谱联用仪（SPME-GC-MS）快速高效检测番茄可溶性糖、可溶性酸和挥发性风味物质，该方法测定时间短、精确度高，可准确测定可溶性糖酸，包括葡萄糖、果糖、蔗糖、柠檬酸和苹果酸，半定量检测挥发性物质，包括醛类、酮类、醇类、酯类等 50 多种化合物。

随着人们健康意识的提高，对于番茄品质的需求不断变化，除了本章介绍的典型品质性状以外，越来越多的特色品质性状，如果实颜色的鲜艳程度、果实中是否有花青素等功能性物质积累、果皮咀嚼后是否无渣等，逐渐在市场需求中体现出来，也给育种家提出了新的要求。品质性状的重要性日益凸显，随之而来的分析方法及仪器也不断进步，本章中仅列出了一些最常用的和最基础的分析方法，在实际的研究中往往更加复杂，多种方法的联合应用、不同层面的联合分析越来越常见，并展现出了高效化和精细化的研究优势。基因组、转录组、蛋白质组以及代谢组等组学技术的发展和联合应用为番茄品质性状研究做出了巨大贡献（Zhu et al.，2018）。越来越多的番茄品质性状调控位点被挖掘出来，番茄红素等重要性状代谢途径和调控机制被解析，相信随着研究手段的发展和科学理论的进步，未来育种家一定会为我们带来更多高品质的番茄果实。

参考文献

[1] 安静，2016. 樱桃番茄采后衰老过程的代谢组和转录组研究 [D]. 重庆：重庆大学 .

[2] 巴宁宁，刘蕊，王英明，等，2018. 超声法提取番茄油树脂中多酚的工艺研究 [J]. 粮食与食品工业，25(2): 19-22.

[3] 陈思呈，刘金磊，卢凤来，等，2012. 果胶酶法提取番茄总皂苷的工艺研究 [J]. 中成药，34(9): 1817–1820.
[4] 成波，2021. 气调贮藏对番茄果实芳香物质的调控效应研究 [D]. 杭州：浙江大学 .
[5] 邸娜，郑喜清，王靖，等，2016. 微波辅助提取加工型番茄植株总黄酮的工艺研究 [J]. 食品研究与开发，37(21): 43–46.
[6] 董飞，王传增，孙秀东，等，2019. 基于蛋白质组学研究光质对番茄果实挥发性物质的影响机理 [J]. 园艺学报，46(2): 280–294.
[7] 董建新，谢甜，郭时印，等，2018. 番茄中番茄红素提取工艺的优化 [J]. 湖南生态科学学报，5(3): 24–28.
[8] 高红秀，金萍，周玉岩，等，2014. 近红外光谱分析原理、检测及定标技术简介 [J]. 中国科技信息 (Z1): 59–61.
[9] 谷婧玥，2014. 番茄果实可溶性糖含量的 QTL 定位及种质资源筛选 [D]. 哈尔滨：东北农业大学 .
[10] 黄明亮，孙颖，王雪莹，等，2012. 番茄红素的提取工艺及在食品中的应用 [J]. 中国调味品，37(6): 106–110.
[11] 黄玉萍，RENFU L U，戚超，等，2018. 波长比和近红外光谱的番茄品质检测方法 [J]. 光谱学与光谱分析，38(8): 2362–2368.
[12] 惠伯棣，姜雨，2003. 番茄果皮中番茄红素的超临界二氧化碳流体萃取 [J]. 中国食品添加剂 (2): 96–104, 111.
[13] 李重九，2021. 色谱 – 质谱联用技术的进步与农药多残留分析方法的发展 (之二)——从低分辨质谱技术的选择性谈起 [J]. 质谱学报，42(5): 681–690.
[14] 李好琢，霍建勇，冯辉，2009. 鲜食番茄风味品质主要因子及其构成物质研究 [J]. 中国农业信息，20(2): 17–19.
[15] 李红陵，魏沙平，2003. 高效液相色谱法测定西红柿籽油中的 β – 胡萝卜素 [J]. 食品科学，24 (6): 122–123.
[16] 李纪锁，2003. 番茄中番茄红素含量影响因素及遗传的初步研究 [D]. 北京：中国农业大学 .
[17] 李江波，饶秀勤，应义斌，2011. 农产品外部品质无损检测中高光谱成像技术的应用研究进展 [J]. 光谱学与光谱分析，31(8): 2021–2026.
[18] 李淑梅，杨帆，黄建华，2008. 酶法提取番茄红素 [J]. 光谱实验室，25(4): 599–601.
[19] 李锡香，2006. 番茄种质资源描述规范和数据标准 [M]. 北京：中国农业出版社 .
[20] 李艳，田冉文，郑伟，等，2019. 番茄绿熟期果实硬度与果皮结构及果胶含量的关系 [J]. 中国蔬菜 (12): 37–40.
[21] 李贞霞，沈欢欢，高苗苗，等，2019. 番茄红素在不同溶剂中的分光光度法分析 [J]. 光谱学与光谱分析，39(4): 1114–1117.

[22] 刘木华，赵杰文，郑建鸿，等，2005. 农畜产品品质无损检测中高光谱图像技术的应用进展 [J]. 农业机械学报，36(9): 139–143.
[23] 刘荣森，2015. 普鲁士蓝分光光度法测定蔬菜中的维生素 C[J]. 江苏农业科学，43(6): 286–287，414.
[24] 齐红岩，李天来，邹琳娜，等，2001. 番茄果实不同发育阶段糖分组成和含量变化的研究初报 [J]. 沈阳农业大学学报，32(5): 346–348.
[25] 孙庆杰，丁霄霖，1998. 超临界 CO_2 萃取番茄红素的初步研究 [J]. 食品与发酵工业，24(1): 5–8.
[26] 王富，2000. 番茄 (*Lycopersicon esculentum*) 耐低温研究 [D]. 哈尔滨：东北农业大学 .
[27] 王雷，乔晓艳，董有尔，等，2009. 高光谱图像技术在农产品检测中的应用进展 [J]. 应用光学，30(4) : 639–645.
[28] 王强，韩雅珊，戴蕴青，1997. 反相高效液相色谱法同时测定番茄中 5 种类胡萝卜素 [J]. 色谱，15(6): 76–78.
[29] 王蓉，田园，杨柳，等，2017. 番茄果实不同发育时期有机酸组分及含量分析 [J]. 中国蔬菜 (10): 58–62.
[30] 王同林，叶红霞，郑积荣，等 ,2020. 番茄果实中主要风味物质研究进展 [J]. 浙江农业学报，32(8): 1513–1522.
[31] 王彦华，2014. 番茄果实维生素 C 含量 QTL 定位及种质资源筛选 [D]. 哈尔滨：东北农业大学 .
[32] 王振强，李孝坤，王浩，2015. 响应面试验优化超声辅助提取番茄皮渣中番茄红素工艺及其 HPLC–MS 测定 [J]. 食品科学，36(12): 70–75.
[33] 余定浪，谭书明，2018. 不同品种番茄营养成分分析 [J]. 现代食品 (15): 130–132.
[34] 昝川南，叶梁银，2013. 浅析高效液相色谱分析法在各领域的应用及发展前景 [J]. 化学工程与装备 (2): 158–161.
[35] 张恩平，段瑜，张淑红，2016. 番茄果实中总酚提取工艺的优化 [J]. 食品研究与开发，37(4): 44–47.
[36] 张若宇，2014. 番茄可溶性固形物和硬度的高光谱成像检测 [D]. 杭州：浙江大学 .
[37] 张新娜，潘赛超，张旭冬，等，2019. 高效液相色谱 – 串联质谱法同时测定番茄中的番茄苷与番茄碱 [J]. 食品科学，40(22): 236–242.
[38] 张旭伟，徐明磊，李红艳，等 ,2011. 番茄果实可溶性固形物的作用及研究概况 [J]. 科技资讯 (15): 160–161.
[39] 张雅琦 ,2019. 番茄红素提取提纯方法的研究进展 [J]. 农产品加工，6(12): 84–86.
[40] 朱原，张永英，朱海波，等，2020. 番茄红素生物学功能研究进展 [J]. 食品研究与开发，41(18):202–207 .
[41]BALDWIN E A，SCOTT J W，SHEWMAKER C K，et al.，2000. Flavor trivia and tomato

aroma: biochemistry and possible mechanisms for control of important aroma components [J]. HortScience, 35(6): 1013–1022.

[42]CHEN J L, KANG S Z, DU T S, et al., 2013.Quantitative response of greenhouse tomato yield and quality to water deficit at different growth stages [J]. Agricultural water management, 129: 152–162.

[43]DAVIES J N, HOBSON G E, MCGLASSON W B, 1981. The constituents of tomato fruit–the influence of environment, nutrition, and genotype [J]. Critical reviews in food science and nutrition, 15(3): 205–280.

[44]GOWEN A A, O' DONNELL C P, CULLEN P J, et al., 2007. Hyperspectral imaging–an emerging process analytical tool for food quality and safety control [J]. Trends in food science & technology, 18(12): 590–598.

[45]LAMBETH V N, FIELDS M L, HUECKER D E, 1964. The sugar–acid ratio of selected tomato varieties[D]. Columbia: University of Missouri.

[46]ROWLES J L, RANARD K M, SMITH J W, et al., 2017. Increased dietary and circulating lycopene are associated with reduced prostate cancer risk: a systematic review and meta–analysis [J]. Prostate cancer and prostatic diseases, 20(4): 361–377.

[47]TEWOLDE F T, LU N, SHIINA K, et al., 2016. Nighttime supplemental led inter–lighting improves growth and yield of single–truss tomatoes by enhancing photosynthesis in both winter and summer [J]. Frontiers in plant science, 7:448.

[48]XIANG Y, CHEN Q, SU Z, et al., 2022. Deep learning and hyperspectral images based tomato soluble solids content and firmness estimation [J]. Frontiers in plant science, 13: 860656..

[49]ZHU G, WANG S, HUANG Z, et al., 2018. Rewiring of the fruit metabolome in tomato breeding [J]. Cell, 172(1): 249–261.

第十章

番茄抗病性鉴定

病害是番茄生产中的重要问题，每年由病害引起的番茄产量损失在 10%~30%（方智远，2017）。目前，解决番茄病害的主要措施包括化学防治、生物防治、改善栽培条件以及培育抗病新品种等。在这些措施中，利用抗病基因改良选育作物新品种是控制病虫害发生最经济有效的措施，但是该方法依赖于抗性种质资源的收集与鉴定。本章将对番茄的主要病害鉴定方法进行介绍。

第一节　番茄病毒病抗性

一、番茄花叶病毒病

我国各地以番茄花叶病毒病的发生最为普通。该病的常见症状有两种：一种是番茄叶片有轻微花叶或斑驳，但是叶片不变小、不变形，植株正常生长，对产量影响不大；另一种是番茄叶片有明显花叶，下部多卷叶且新生叶细长、狭窄、扭曲、畸形，病株的花芽分化能力差，并大量落花、落蕾，基部已坐果的果实小且质量差，对产量影响很大（图 10–1）（吕佩珂 等，2000）。

图10–1　番茄花叶病毒病

（一）病原

番茄花叶病毒病（tomato mosaic virus，ToMV）是由烟草花叶病毒引起的，病毒粒体杆状，大小 300 nm × 18 nm，钝化温度 90~93 ℃，时间为 10 min，稀释限点 1 000 000 倍，体外保毒期 72~96 h（图 10–2）。该病毒寄主范围比较广，可以侵染茄科、十字花科等多种植物。

番茄抗病毒育种攻关协作组将我国番茄ToMV划分为4个株系（0、1、2和1.2株系）（冯兰香 等，1987），对该株系的划分一直使用至今。

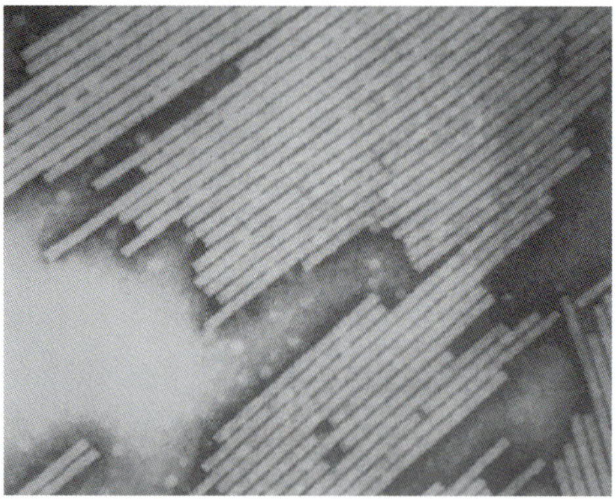

图10-2　烟草花叶病毒

（二）抗原及利用

番茄抗 ToMV 种质资源大多来源于秘鲁番茄、多毛番茄和智利番茄等野生番茄。此前，美国将多毛野生番茄和栽培品种杂交得到含 *Tm-1* 基因和 *Tm-2* 基因的自交系。通过选育抗病品种，在20世纪80年代我国就培育出了抗番茄花叶病毒病的番茄品种。1980年江苏省农业科学院蔬菜研究所成功地将 $Tm\text{-}2^{nv}$ 基因转育到早熟番茄亲本矮黄和黄粉中（冯兰香，1994）。

（三）抗病遗传

目前发现抗番茄花叶病毒病的基因有 *Tm-1*、*Tm-2*、$Tm\text{-}2^{a}$（即 $Tm\text{-}2^{2}$），这三个基因均为显性遗传，分别来自秘鲁番茄、多毛番茄和智利番茄。其中 *Tm-2*、$Tm\text{-}2^{a}$ 和隐性感病基因 *tm-2* 为等位基因，*Tm-2* 基因与能引起植株矮化和黄化的隐性基因 *nv* 紧密连锁。如今，已经开发出与 *Tm-1*、*Tm-2*、$Tm\text{-}2^{nv}$ 和 $Tm\text{-}2^{a}$ 基因紧密连锁的分子标记，可在育种过程中对这两个基因准确地进行分子标记辅助选择（方智远 等，2017）。

（四）抗病性鉴定方法

1. 接种鉴定

按中华人民共和国农业行业标准《番茄主要病害抗病性鉴定技术规程第6部分：番茄抗番茄花叶病毒鉴定技术规程》（NY/T 1858.6—2010）进行番茄花叶病毒调查和分级。病情指数统计方法为：病情指数（DI）=[Σ（各级病株数 × 该病级数）/（调

查总株数 × 最高病级数）]×100（以下病情指数计算方法同）。

2. 抗病性评价

1）病情分级标准

0 级：全株无症状。

1 级：心叶的叶脉为明脉，1~2 片真叶呈现花叶。

3 级：中上部叶片花叶。

5 级：多数叶片花叶，少数叶片畸形。

7 级：多数叶片为重花叶、畸形、皱缩。

9 级：几乎所有的叶片都为重花叶、畸形、皱缩，植株矮化比较明显。

2）群体抗病性分级标准

$D_1=0$　免疫

$0 < D_1 < 10$　高抗

$10 \leqslant D_1 < 30$　抗病

$30 \leqslant D_1 < 50$　中抗

$50 \leqslant D_1 < 70$　感病

$70 \leqslant D_1 \leqslant 100$　高感

二、番茄黄化曲叶病毒病

番茄黄化曲叶病毒病是一种病毒病，对番茄植株破坏力极强，在国内外番茄主产区的发病率逐渐扩大。番茄植株感病初期主要表现为植株生长迟缓或停滞，节间变短，矮化明显；叶片变小、变厚，叶质脆硬，有褶皱，向上卷曲变形，叶片边缘至叶脉区域黄化，以植株上部发病叶片症状为该病的典型，下部老叶症状不明显（图 10-3）（吕佩珂 等，2000）；影响果实后期坐果率，成熟期果实不易正常转色。

图10-3　番茄黄化曲叶病毒病

据数据统计，发病地段番茄将减产 20%~50%，甚至绝收，对番茄生产的影响较为严重。该病毒于 20 世纪 50 年代末在以色列约旦河一带被发现，1964 年被命名为 TYLCV，我国首次于 2006 年在上海发现 TYLCV（高敏丽 等，2019）。近年来，该病毒已在我国大部分地区大范围暴发，其中在上海、安徽、新疆等地区发病尤为严重。该病毒主要以控制烟粉虱传播为主，但由于烟粉虱繁殖能力及其迁飞频率较高，很难预测和判断烟粉虱的发生，并且由于化学农药的施用，烟粉虱对普通类化学杀虫剂产生了一定的抗药性，化学防治并未取得理想的预防和治疗效果。因此，培育含有抗病基因的抗病品种是目前防治 TYLCV 的最有效方法之一（王志荣 等，2017）。

（一）病原

番茄黄化曲叶病毒（tomato yellow leaf curl virus, TYLCV）属于双生病毒科（Geminiviridae）菜豆金色花叶病毒属（*Begomovirus*）病毒，主要通过烟粉虱（*Bemisia tabaci*）进行带毒传播。此类病毒为植物 DNA 病毒，形态为孪生颗粒状（图 10-4）（吕佩珂 等，2000），一般分布在高温、高湿地区。由于双生病毒能够通过基因的高沉默重组率快速适应环境，可以在世界各地传播，因此病毒基因的高变异率使得番茄黄化曲叶病毒株系分化较多。

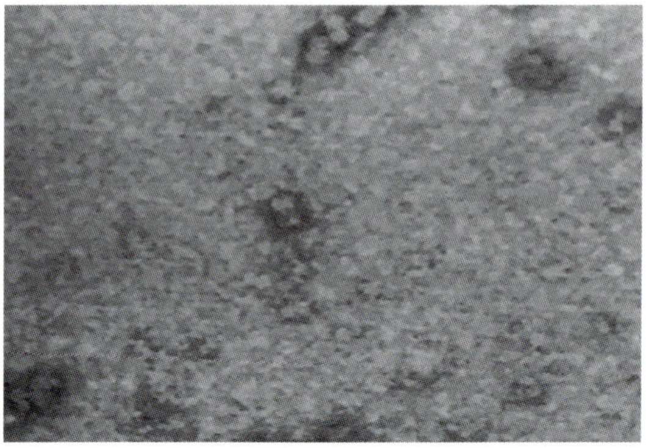

图10-4　番茄黄化曲叶病毒

（二）抗原及抗病遗传

目前已报道的抗 TYLCV 的基因共有 6 个，分别来源于不同的野生番茄。首先，自野生智利番茄材料 LA1969 的 *Ty-1* 为第一个被定位的显性抗病基因。来源于野生的多毛番茄 B6013 的 *Ty-2*，已被转育到栽培番茄 H24 中，并在我国台湾地区、印度南部表现出良好的抗性。随后，来源于智利番茄 LA2779 和 LA1932 中的抗病基因 *Ty-3*，被定位于番茄 6 号染色体。根据该基因在以上两个材料中导入的区段大小不同，将 LA1932 中的抗病基因称为 *Ty–3a*。除此之外，*Ty–4*、*Ty–5*、*Ty–6* 相继被发现和定位，其中 *Ty–5* 抗病基因已经被克隆。目前在我国抗源材料筛选过程中 *Ty–1*、*Ty–2*、*Ty–3* 和 *Ty–3a* 基因的应用较为广泛，也主要用于番茄商品新品种的开发和选育（胡恩美 等，2013）。

（三）抗性基因的研究

在番茄黄化曲叶病重要抗性基因的定位和克隆方面取得了显著研究进展，并且已经将抗性基因应用到育种中获得了抗番茄黄化曲叶病的番茄品种。Zamir 等将 *Ty–1* 定位在番茄第 6 号染色体上，位于 RFLP 标记 TG 297（4.0 cM）和 TG 97（8.6 cM）附近，TG 97 标记已被各研究机构和商业公司用于分子辅助选择（Zemir et al.，1994）。除此之外，De Castro 等发现了另外一个可用于定位 *Ty–1* 基因的 CAPS 标记，即 REX–1，该标记与番茄根结线虫病的抗性基因 *Mi* 连锁（Williamson et al.，1994）。*Ty–2* 基因被定位在番茄 11 染色体 RFLP 标记 TG 36 和 TG 393 之间，与 TG 36 紧密连锁（Hanson et al.，2006）。*Ty-3* 和 *Ty-3a* 两个抗性基因也都位于 6 号染色体上，*Ty-3* 对番茄黄化曲叶病毒有较高的抗性。*Ty-4* 位于 3 号染色体上，含有该基因的材料对番茄黄化曲叶病毒的抗性并不强，但是该基因可以协同其他抗性基因提高番茄对黄化曲叶病毒的抗性（杨欢欢 等，2015）。*Ty-5* 被定位在 4 号染色体上，*Ty-6* 是位于番茄第 10 染色体上的一个主要抗性基因，并补充了已知的 *Ty-3* 和 *Ty-5* 基因所赋予的抗性（Gill et al.，2019）。

（四）病害接种鉴定方法

1. 接种方法

常见的抗病鉴定接种方法有烟粉虱接种法、农杆菌接种法、嫁接接种法、机械接种法、基因枪接种法。

1）烟粉虱接种法

夏季和秋季在种植番茄苗的温室或大棚中释放带毒烟粉虱，利用烟粉虱携带病毒传染番茄幼苗，从而得到接种的效果。一般接种后的一周内植株幼嫩组织可以检测到 TYLCV 病毒，该病毒在 14 d 左右迅速传播，一个月左右将传染至大部分植株。该接种方法的缺点是重复性不高，受烟粉虱的传毒效率及传毒时间限制，且会对环境造成一定的污染等（朱为民 等，2009）。

2）农杆菌接种法

将 TYLCV 基因组构建 TYLCV–DNA 侵染克隆，然后将克隆载体转化连接到根瘤农杆菌 Ti 质粒 T-DNA 上，通过农杆菌侵染生长到 4~6 叶的番茄幼苗来接种病害，进行侵染。此方法主要是利用农杆菌菌液将 TYLCV 导入叶片，进而使 TYLCV 系统性地侵染植株，最终导致植株发病，可用于番茄抗 TYLCV 品种抗病性接种鉴定。该方法具有操作简单方便、重复效果较好等优势。农杆菌接种法的缺点是人工操作存在误差，接种发病时间相对较长（李美芹 等，2014）。

3）嫁接接种法

嫁接接种法分为两种，一种是以采用已感染 TYLCV 植株作为砧木，将需要鉴定的植株作为接穗；另一种是腹接法，将感病植株的叶片或茎尖通过嫁接的方法接种到需要鉴定的植株上。嫁接接种法可以使植株和病毒长时间接触，不易受到环境的限制，可用于抗 TYLCV 接种鉴定。一般接种后一周左右可在接种植株上检测到病毒，嫁接接种两周左右在植株其他部位也可检测到病毒（孙胜 等，2015）。此外，嫁接接种四周后可在整个植株检测到病毒。嫁接接种法的缺点是嫁接技术成本较高，不适用于大量材料的鉴定（于力 等，2009）。

4）机械接种法

机械接种法主要是将已感染 TYLCV 的植株研磨成汁液，用缓冲液稀释，然后再人工将菌液涂抹到其他待接种的植株上，通过表型来观察发病情况。该接种方法的缺点是接种效率较低，一般很少采用此接种法（胡节立 等，2017）。

5）基因枪接种法

基因枪接种法是首次利用 PCR 扩增得到 TYLCV 的基因全长序列，构建到克隆载体上。利用基因枪来轰击番茄植株，进一步通过表型来鉴定判断发病情况。此方法在番茄接种方面的效率较低，通常不采用此接种方法（田兆丰 等，2016）。

2. 抗病性鉴定标准

1）病情分级标准（蔬菜研究法，1989）

0 级：植株正常生长。

1 级：新叶轻微卷曲、发皱，其他正常。

2 级：叶片一定程度上黄化，发皱。

3 级：叶片大面积黄化卷曲，植株矮化。

4 级：植株严重矮化，叶片卷曲黄化严重，植株停止生长。

2）群体抗病性分级标准

抗性划分标准按病情指数为：免疫（I），0；高抗（HR），0~2.0；抗病（R），2.1~15.0；中抗（MR），15.1~30.0；感病（S），30.1~100.0。

三、番茄黄瓜花叶病毒病

番茄黄瓜花叶病毒（CMV）属于黄瓜科黄瓜病毒属。Doolittle 早在 1916 年就观察到 CMV 可能感染黄瓜和其他葫芦科植物（Doolittle，1916）。该细胞病毒可感染 85 科 365 属 1 000 多种植物，寄主范围广泛，是研究最为广泛的植物病毒之一（Xu et al.，1983）。

（一）病原

番茄黄瓜花叶病毒是一种单链 RNA 病毒，它有 RNA1、RNA2 和 RNA3 三个基因组，它们被包裹在三个球形病毒颗粒中，每个颗粒的直径为 28 nm，同时需要三个基因组或病毒颗粒同时存在才可发病。该病毒的浓缩液稀释极限点为 1 000~10 000 倍，钝化温度为 60~70 ℃，钝化时间为 10 min，体外存活时间为 3~4 d，不耐干燥（陈思宏 等，2012；任小平，2007）。

（二）接种鉴定方法

1. 接种方法

摩擦接种法是 CMV 疫苗接种的主要方法。摩擦接种法安排在接种前或接种后，接种前 1~2 d 将做接种植株遮荫处理，可提高接种效果。具体步骤如下：取侵染叶片 1 g 获得接种液，用 1∶8 磷酸缓冲液（pH 值 7.0）研磨成匀浆，用纱布过滤残渣，然后将接种液保存在冰浴中；接种叶片表面喷石英砂前，每株附着 2~3 片叶片，健康植株培养 6~8 片叶片；接种后，用清水冲洗叶片表面的残留物。植物生长所需条件为：土壤温度 25 ℃，相对湿度 75%。接种 7 d 后，记录接种植株的发病率（李海明 等，2011）。

2. 抗病性鉴定

1）分级标准（NY/T 1858.7—2010）

0 级：无任何症状。

1 级：心叶明脉，少数叶片轻微花叶。

3 级：中上部叶片花叶。

5 级：系统花叶明显或较严重，少数病叶畸形、皱缩，或植株轻度矮化。

7 级：多数病叶畸形、皱缩，植株明显矮化。

9 级：几乎所有叶片重花叶，多数叶片畸形，植株严重矮化，甚至枯死。

2）群体抗病性鉴定

抗性划分标准按病情指数为：免疫（I），0；高抗（HR），0~5.0；抗病（R），5.1~20.0；中抗（MR），20.1~40.0；感病（S），40.1~100.0。

四、番茄马铃薯 X、Y 病毒病

在我国湖南、贵州和重庆都报告了马铃薯 X 病毒（potato virus X，PVX）的病例，PVX 是感染马铃薯的主要病毒之一，该病毒是曼达里病毒属的一员。丝状 PVX 病毒粒子的大小在 470~580 nm 之间。PVX 的单链 RNA 基因组是直立的，有 5 个开放阅读框（ORF）。茄科植物最常受 PVX 的感染。当 PVX 分离株感染植物时，偶尔会引起严重的花叶病，但通常只会在马铃薯收获时引起轻微症状。

（一）病原

马铃薯 X 病毒和马铃薯 Y 病毒是引起马铃薯病毒病的两种主要病毒（冀承农，1992）。马铃薯 X 病毒分离株通常在马铃薯作物中引起中度症状，但它们偶尔会在受感染的植物中引起严重的花叶病。马铃薯 X 病毒主要影响茄科植物。受感染的烟草会导致斑疹或坏死环斑，而受感染的番茄会引起轻微的发育迟缓和花叶症状。马铃薯 X 病毒主要是依靠机械传播，马铃薯 Y 病毒主要通过蚜虫传播，被感染的植株会出现叶片发黄、植株矮化或完全枯萎、叶脉坏死、叶片斑驳、根系严重受损等症状。

（二）抗病性

1. 接种方法

接种方法主要是摩擦接种法，接种后将植物放置夜间温度为 24 ℃、白天温度为 28 ℃的温室内进行培养。

2. 抗病性鉴定

0 级：全株无病。

1 级：心叶呈现花叶症状。

2 级：植株有 1/3 左右的叶片呈现花叶、明脉、斑驳等症状。

3 级：全株叶片出现花叶、明脉、斑驳、萎缩等症状，整株的株形只是正常健株的 1/3~1/2。

4 级：全株叶片出现萎缩、畸形、坏死斑等，直至全株枯死。

五、番茄褪绿病毒病

1989 年，在佛罗里达州中北部的一个温室里，发现番茄上出现了黄叶病（yellow leaf disorder）。当时，人们认为“黄叶番茄”是化学物质或激素失衡的结果。不均匀的褪绿斑块从下部叶片开始，逐渐扩散到生长尖端，这是黄叶紊乱的迹象（图 10–5）。番茄果实和花没有任何明显的发病迹象。1998 年，番茄褪绿病毒（tomato chlorosis virus，ToCV）被确定为“黄叶病”症状背后的罪魁祸首，并已成为影响番茄产量形成的重要病毒病之一（Wisler et al.，1998）。

图10–5　番茄褪绿病毒病

（一）病原

根据其病毒学，ToCV 被归类为长线形病毒科（Closteroviridae）长线形病毒属（*Crinivirus*）成员。全长 16.8 kb 的两条单链 RNA 和 13 个开放阅读框（ORF）组成了 ToCV 的二元基因组。ToCV 在两个不同的病毒粒子中有两条 RNA 链，这两条链都是 ToCV 成功感染宿主所必需的。编码的功能蛋白包括 ToCV 外壳蛋白、参与病毒运动的蛋白以及与白粉虱病毒传播相关的蛋白。在 ToCV 基因组中发现了 *HSP70* 同源蛋白基因和两个冗余 *CP* 外壳蛋白基因（Landeo–Ríos et al.，2016）。ToCV 病毒粒子电镜图片如图 10–6 所示。

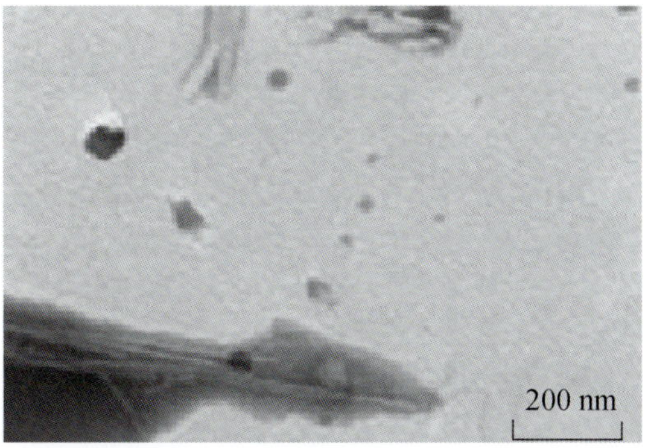

图10–6　ToCV病毒粒子电镜图片

（二）抗原及抗病基因

此前已经对野生番茄种质进行了 ToCV 抗性研究，一些野生番茄也被认为具有抗病性，主要表现为野生番茄很难被白粉虱侵染。野生番茄克梅留斯基番茄、多毛番茄和秘鲁番茄比普通番茄的抗性更强。LA1028 来自克梅留斯基番茄，对 ToCV 具有较强的抗性。遗传规律分析表明，LA1028 的抗性是单基因显性遗传，该基因位点与高度感染的病毒特征部分显性，并与许多其他微强效基因以显性和上位性的方式相互作用（García–Cano et al., 2010）。

（三）抗性基因

含有 *Ty-1*、*Ty-2* 和 *Ty-3* 等对番茄黄化曲叶病具有遗传抗性的基因的番茄品种表现出较好的 ToCV 耐受性。以 142–1009 × LA1028 的 F_2 代和 F_3 代为材料，在 730 kb 范围内筛选到番茄抗病基因 *TC11.1*，为番茄抗病基因的定位和克隆奠定了基础。

（四）抗病性鉴定方法

1. 接种鉴定

用纱布网隔离接种环境，在隔离区种植 5 株携带 ToCV 的番茄植株，释放烟粉虱进行病毒接种。接种后第 4、6 和 8 天，观察其发病情况（García–Cano et al., 2010）。

2. 抗病性评价

番茄褪绿病毒病分级标准：

1 级：抗性良好，无明显症状。

2 级：耐性良好，有轻微症状，仅在少量叶片上出现脉间失绿。

3 级：有一定抗性，症状明显，一部分出现叶片脉间失绿，但并未出现严重的黄化现象。

4 级：对 ToCV 没有抗性，中部以下的叶片都表现为褪绿黄化。

5 级：对 ToCV 表现为易感，大部分叶片出现褪绿黄化，叶片变脆。

六、番茄斑萎病毒病

番茄斑萎病毒（TSWV）属于布尼亚病毒目（Bunyavirales）番茄斑萎病毒科（Tospoviridae）。包括杂草和农作物在内的 900 多种植物都容易受到番茄斑萎病毒的感染，包括大豆、生菜、花生、辣椒、土豆、烟草、番茄、芹菜、南瓜和桔梗。TSWV 于

1919 年在澳大利亚首次被报道，TSWV 已在中国云南、贵州、四川、广东、广西、山东、河南、河北、北京、天津、陕西、宁夏等重要番茄产区广泛传播，目前已超过番茄黄化曲叶病毒病，成为番茄的重要病害之一。番茄苗期在受到 TSWV 侵染后，生长点及幼叶呈卷曲状，然后出现黑色斑点，叶背脉变紫，后期引起生长点和叶片坏死、整株萎蔫、果实表面呈环状病变表型，果实完全成熟时较为明显（图 10–7）（吕佩珂 等，2000）。

（一）病原

病原番茄斑萎病毒，属于斑萎病毒科（图 10–8），可以侵染辣椒、烟草、大豆等 84 个科 1 090 种植物。粗汁液钝化温度为 40~46 ℃，钝化时间为 10 min；稀释限点为（2×10^{-3}）~（2×10^{-2}），离体病毒在室温条件下活期为 2~5 h（尼秀媚 等，2014）。蓟马是番茄斑萎病毒的主要传播媒介，蓟马幼虫可以通过咬食带毒的植物来吸收毒素，成熟的蓟马比一龄和二龄的幼虫更具有传播力。蓟马幼虫有能力扩增 TSWV 并在整个发育过程中维持病毒存活，而成熟的蓟马能够在其整个生命周期中转移毒素。此外，寄主植物和传播媒介都能完成番茄斑萎病毒的复制，斑萎病毒的产生和传播取决于斑萎病毒与蓟马之间的互作（Whitfield et al., 2005）。

图10–7 番茄斑萎病毒病

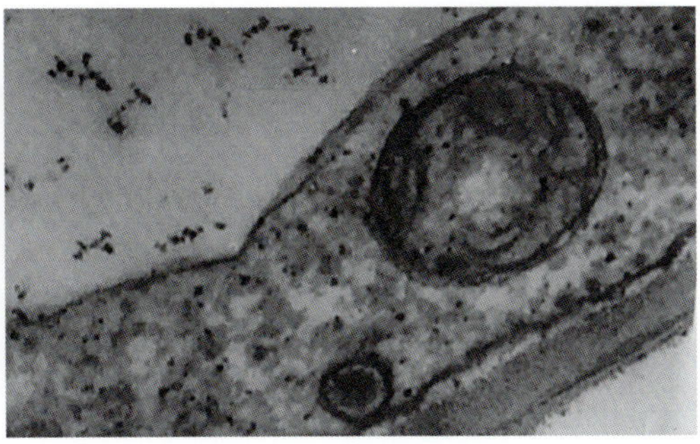

图10–8 番茄斑萎病毒

（二）抗原及遗传

已经在番茄上发现了 9 个抗 TSWV 位点：*Sw–1a*、*Sw–1b*、*Sw–2*、*Sw–3*、*Sw–4*、*Sw–5*、*Sw–5b*、*Sw–6* 和 *Sw–7*。其中 *Sw–1a*、*Sw–1b*、*Sw–2*、*Sw–3* 和 *Sw–4* 来源于普通番茄（*S. lycopersicum*），*Sw–5b*、*Sw–5* 和 *Sw–6* 来源于秘鲁番茄（*S. peruvianum*），*Sw–7* 来源于智利番茄（*S. chilense*）LA 1938。*Sw–5* 是一个广谱抗性基因，可以抵抗多种番茄斑萎病毒科病毒，如 TSWV、番茄褪绿病毒、番茄菊花茎坏死病毒（chrysanthemum stem necrosis virus，CSNV）、花生环斑病毒（groundnut ring spot virus，GRSV）等，因此在

育种中应用较多（Boiteux et al., 1993）。番茄新品种 Stevens 携带的 *Sw-5* 抗性基因是将秘鲁番茄中的抗性基因渗透到普通番茄中而获得的，但 *Sw-5* 并不能完全抵抗 TSWV 病毒，果实表面仍然会有环斑症状，叶片有坏死现象（Folkertsma et al., 1999）。

（三）抗病基因

栽培番茄和野生番茄都有抗 TSWV 的遗传资源。不同番茄材料对番茄斑萎病毒的抗性基因分别为 *Sw-1a*、*Sw-1b*、*Sw-2*、*Sw-3*、*Sw-4*、*Sw-5*、*Sw-6* 和 *Sw-7*。Finlay 将醋栗番茄与感病的栽培番茄杂交后，认为可能存在不同的抗性基因（包括 *Sw-1a*、*Sw-1b*、*Sw-2*、*Sw-3* 和 *Sw-4*）(Finlay,1953）。由于这些基因对 TSWV 的抗性较低且能够被迅速克服，因此很少用于商业育种。*Sw-5* 和 *Sw-6* 抗性基因均来源于秘鲁番茄。1992 年，Stevens 等人从具有田间抗性的秘鲁番茄材料中发现了优势抗性基因 *Sw-5*，该基因显示出对几个 TSWV 亚种的高水平广谱抗性。虽然 *Sw-6* 基因的抗性不如 *Sw-5* 基因强，但由于其抗性机制与 *Sw-5* 基因不同，*Sw-6* 可以与 *Sw-5* 基因聚合，为番茄提供持久的抗性。Yeh 等人从栽培番茄和智利番茄 LA1938 杂交后代中筛选出的育种品系 Y118 中发现了优势抗性基因 *Sw-7*（Yeh et al., 1995）。

（四）抗病性鉴定方法

1. 接种鉴定

制备 TSWV 缓冲液，将带病番茄嫩叶放置在研钵中研磨，加入 0.1 mmol · L^{-1} 磷酸钾溶液（pH 值 7.0）、0.01 mmol · L^{-1} 亚硫酸钠溶液，获得 TSWV 缓冲液。取 3~5 片真叶阶段的番茄幼苗，先用毛笔蘸取 600 目石英砂摩擦，然后用另外一支毛笔蘸取 TSWV 缓冲液进行接种。2~3 d 后再次接种，每周统计一次症状。

2. 抗病性评价

番茄斑萎病毒病分级标准：

0 级：全株无病。

1 级：心叶呈现花叶症状。

2 级：植株有 1/3 左右的叶片呈现花叶、明脉、斑驳等症状。

3 级：全株叶片出现花叶、明脉、斑驳、萎缩等症状，整株的株形只是正常健株的 1/3~1/2。

4 级：全株叶片出现萎缩、畸形、坏死斑等，直至全株枯死。

第二节　番茄真菌病害抗性

一、番茄叶霉病

番茄叶霉病是由半知菌亚门叶霉菌（*Cladosporium fulvum*）引起的，番茄叶霉病主要危害部位为叶片，严重时茎、花、果实等也会受到危害，叶片染病后，叶面出现不规则或椭圆形淡黄色病斑，叶背面病斑上长出灰褐色至黑褐色的绒状霉层（图 10-9）。在条件适宜的情况下，病叶也会在正面长出霉层。一般从病株下部叶片先开始发病，后逐渐向上蔓延，严重时可引起全叶卷曲，病株整体呈现黄褐色干枯状，受侵染的嫩茎及果柄上也会产生与上述相似的病斑，也可延及花部，引起幼果、果实的脱落或花器凋萎，且病害常在果实蒂部产生硬化的近圆形凹陷斑，可扩大至果面的 1/3 左右，老病斑表皮下有时产生黑色针头状的菌丝块（图 10-10）（王久兴 等，2014）。

图10-9　番茄叶霉病

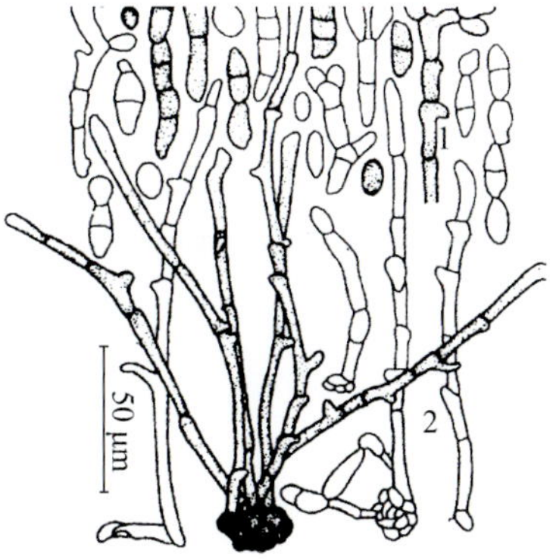

图10-10　番茄叶霉病菌

（一）病原

叶霉病菌生理小种多、生理分化快，目前已知的抗病基因和已利用的抗病基因较多。一般当病原菌的生理小种发生变异，产生新的生理小种时，就会失去原品种具有的抗性。综合已有的相关报道可知，番茄叶霉病生理小种具有时空变异的特点。在 20 世纪 30 年代，欧美国家番茄叶霉病以生理小种 0 为主，后陆续分化出生理小种 1.2、生理小种 2.3 和生理小种 1.2.3 等。美国、荷兰、加拿大等国分别于 1964 年、1966 年和 1968 年发现了侵染 *Cf-4* 基因的高毒性生理小种群。1983 年和 1984 年在来自于保加利亚的栽培番茄品种“安格拉”和来自于法国的栽培品种“Prisca”上分离出了一个新的生理小种 2.5。1985 年，抗生理小种 2.4.5 的番茄品种“Rianto”在法国变为感病品种，将该品种的发病株上分离得到的菌株用于鉴别，鉴定结果发现，该菌株能侵染带有 *Cf–2*、*Cf–5*、*Cf–9* 基因和 *Cf–2* 与 *Cf–9* 复合基因的栽培品种，证明该分离菌为一个新的生理小种，并命名为 2.5.9。在法国和地中海地区现已发现至少有 8 个叶霉病的生理小种，而全世界至少有 24 个。

表 10–1 为我国各省市地区番茄叶霉病生理小种的分化情况（薛东齐，2017；洪瑞，2010）。

表10–1 我国各省市地区番茄叶霉病生理小种的分化情况

病原菌来源	采样时间	生理小种
北京	1984—1985	以 1.2，1.2.3 为主
	1990	新增 1.2.4，2.4，1.2.3.4
	1999—2005	新增 1.2.3.4.9
东北三省	1991—1993	1.2.3（主流），1.3，3
	1998	1.2.3，1.3，3
	2002—2003	1.2.3，1.2，2.3，1.2.3.4（主流）和 1.2.4
	2006—2007	1.2.3，1.2，2.3，1.2.3.4（主流），1.3，1.2.4 以及新增 1.4, 1.3.4
	2014—2015	新增 2.5 和 2.4.5
山东	2002	2.3
	2005	1.2.3（莱阳），1.2.3.4（寿光）
浙江	1989—2004	1.2.3，1.2，1.2.3.4，1.2.4，2.3，2.4

（二）抗原及抗病遗传

现已得知 *Cf–2*、*Cf–3*、*Cf–6*、*Cf–9*、*Cf–13*、*Cf–14* 等 16 个抗叶霉病基因均来自醋栗番茄不同株系，而 *Cf–4* 来源于多毛番茄。因此，野生番茄是获得新抗叶霉病基因的重要种质资源。世界各国十分重视搜集与保存番茄的种质资源（叶青静 等，2004）。番茄近缘野生种是番茄进行遗传资源改良中取之不竭的基因库，野生番茄的耐旱、耐盐、耐低温遗传因子转入栽培番茄中显著提高了栽培番茄抵抗非生物胁迫的能力（Foolad et al.，2007）。

番茄对叶霉病的抗性表现不是仅仅由抗病基因所决定的，而是由番茄叶霉病菌内的无毒基因和抗病基因共同决定的（Wubben et al., 1994）。番茄与叶霉病之间的相互作用被认为是遵循 Flor 的“基因对基因”假说，病原物无毒基因直接或间接地编码一种配体或诱导物与寄主抗病基因显性互作，导致寄主特定品种对病原物特定的小种产生抗性，从而引发受侵染细胞内的级联的信号传导，激活防卫基因的表达，最终使植物产生抗病反应。

（三）抗性基因

随着 RFLP、RAPD、AFLP 等分子标记技术的发展和应用，越来越多的基因被定位和克隆，已克隆的抗叶霉病基因有：*Cf-2*、*Cf-4*、*Cf-4A*、*Cf-5*、*Cf-9*、*Cf-ECP1*、*Cf-ECP2*、*Cf-ECP4*、*Cf-ECP5*、*Hcr9-4E* 等（何姗姗 等，2016）。其中 *Cf* 基因编码一个细胞外亮氨酸区（leucine-rich repeat, LLR）、一个跨膜区（transmerbrane domain，TM）和一个细胞质区，其蛋白产物具有相似结构域，含有不同的亮氨酸重复，这类重复决定了不同的抗性基因对不同生理小种的识别（Bi et al., 2021）。进一步研究发现，*Cf-9* 和 *Cf-4* 属于一个多基因家族 *Hcr9s*，而 *Cf-2* 和 *Cf-5* 则属于另一个多基因家族 *Hcr2s*。*Cf-ECP2* 和 *Cf-ECP5* 被定位在番茄的第一条染色体的短臂上。其中人们对 *Cf*-9 研究得最为透彻，该基因包括一个编码 863 个氨基酸的 ORF，其包含 7 个结构域，编码一个跨膜蛋白和无胞内蛋白激酶区域，其膜外部分有 27 个富含亮氨酸重复单位，占据了蛋白分子的大部分（孟凡娟 等，2005）。

（四）抗病性鉴定方法

1. 接种鉴定

当幼苗具 3~4 片时，采用喷雾进行接种（接种重点部位为第 3~4 片真叶）。接种液浓度为叶霉病菌孢子 10^6/mL（200 倍视野 10 个左右孢子）。接种后置于控温温室内培养（白天温度 25~28 ℃、夜间温度 15~18 ℃，接种后 1 d 内相对湿度为 100%，此后相对湿度在 90% 以上）。接种后不定期调查番茄秧苗的病害发生情况，并将其接种于感病亲本，当充分发病时逐株调查各叶片的发病情况（王晓艳 等，2009）。

2. 抗病性评价

1）病情分级标准（NY/T 1858.2—2010）

0 级：无症状。

1 级：接种叶有直径 1 mm 的坏死斑或白斑。

3 级：接种叶有直径 2~3 mm 的黄化斑，叶背有少量白色霉状物，无孢子形成。

5 级：接种叶有直径 5~8 mm 的黄化斑，叶背有许多白色霉状物且有孢子形成。

7 级：接种叶有直径 5~8 mm 的黄化斑，叶背面有黑色霉状物，产生大量孢子；上部叶片也有黑色霉状物，但无孢子。

9 级：接种叶病斑上有大量孢子，上部叶片也有孢子形成。

2）群体抗病性分级标准

抗性划分标准按病情指数为：免疫（I），0；高抗（HR），< 10.0；抗病（R），$10.1 \leq DI < 30.0$；中抗（MR），$30 \leq DI < 50$；中感（MS），$50 \leq DI < 75$；高感（HS），$75 \leq DI \leq 100$。

二、番茄灰霉病

灰霉病是一种世界性植物真菌病害，由灰葡萄孢菌（*Botrytis cinerea* Pers.）侵染引起。病原菌灰葡萄孢通常将植物细胞杀死后以坏死的植物组织为营养进行生长发育，属于腐殖营养性病原菌，其寄主范围非常广泛，至少 170 科的植物都可被侵染，如番茄、浆果、四季豆、鹰嘴豆以及葡萄等（Elad et al., 2016）。该病菌不仅在生长期通过植物表面或植物伤口侵染植物的茎、叶、花和果实（图 10–11），影响其质量和产量，还会在蔬菜和水果等的运输、储藏期造成危害。番茄是重要的经济作物，番茄灰霉病是番茄的重要病害，主要侵害果实，损失较大，一般减产幅度在 20%~30%，病情严重时可使蔬菜减产 50%，甚至绝收。自 20 世纪 80 年代开始，番茄灰霉病在我国开始蔓延，现已成为栽培番茄的重大障碍。

（一）病原

灰葡萄孢菌是番茄灰霉病生物致病菌，属于半知菌类，丛梗孢目（图 10–12）。该病原真菌的分生孢子梗呈直立状，且顶端有分支，颜色为褐色，上有小突起。分生孢子呈卵圆形，无任何颜色，单个孢子，菌核黑色，颗粒状，较硬，固定在基体上（李宝聚等，1998）。

番茄灰霉病原菌是在大多数环境条件下都能普遍存在的真菌病原体，它能够随着气流的传播而引起植物病害，且致病寄主广。研究发现，灰霉病原菌对番茄的茎、叶、花和果均有危害。灰葡萄孢菌对温度的适应性普遍较广，当温度在 4 ℃时，该病原真菌就可生长，但最高不超过 32 ℃，最适温度为 20~23 ℃，且 21 ℃最佳，此时孢子的萌发率可达到 72.64%。同时，湿度对于该菌的生长也有一定的影响，当相对湿度低于 80% 时，孢子不萌发，高于 80% 时，孢子萌发病原真菌开始生长，当湿度上升到 90% 时，植物开始出现染病现象，且随着时间延长，病情逐渐加重。当灰霉病原真菌与宿主植物相互接触以后，在湿度、温度和 pH 值等各个条件适宜时，病原真菌的分生孢子就会萌发，菌丝或芽管通常会以附着胞甚至侵染垫的形式附着于植物的表面吸取其养分，使病原真菌侵染并进入植物的速度加快。在侵入时分生孢子的数量会对其侵入的效果有直接的影响，浓度高的分生孢子入侵速度较快，通常 12~14 h 时可侵入；反之，入侵速度较慢，需要 2~4 d 才可侵入。同时，分生孢子入侵的速度也与植物的健康与否有关，健康叶片，即使病原菌侵染环境适宜，叶片的病害发展也较慢；反之，伤残或衰老叶片的病害发展较快。

图10–11 番茄灰霉病

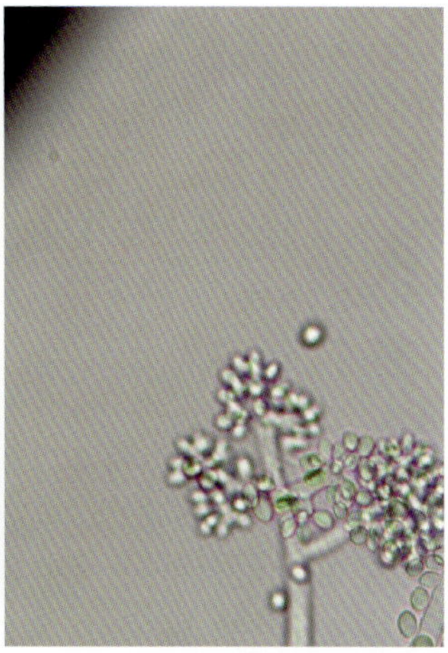

图10–12 番茄灰霉病病菌

（二）抗病性鉴定方法

1. 接种鉴定

选取 4 周龄相同大小且表面无伤口或病斑的番茄叶片。将番茄叶片在 2% 的次氯酸钠溶液中消毒 3 min，然后用无菌水清洗 3 次，在无菌纸上静置阴干。将无菌滤纸在无菌水中浸润，并置于无菌培养皿中。将处理好的叶片置于装有无菌滤纸的培养皿中，在每张叶片上用针刺 3 个伤口。在叶片的每个伤口上接种 20 μL 番茄灰霉孢子液（1×10^6 个 /mL）。将处理的叶片在 95% 相对湿度下培养 5 d（25 ℃，24 h 避光）。每个处理重复 3 次，5 d 后对病变面积百分比进行评估（董友磊 等，2009）。

2. 抗病性评价

番茄灰霉叶片病情分级标准：

0 级：无病斑。

1 级：1%~12% 病斑。

2 级：13%~25% 病斑。

3 级：26%~50% 病斑。

4 级：51%~100% 病斑。

三、番茄枯萎病

枯萎病是一种土传性病害，尖孢镰刀菌作为其主要致病菌，以菌丝体形态越冬，通过雨水、灌溉水和土壤等进行传播，或在土壤中腐生多年，通过粪肥、土壤中的病残体和依附在种子表面进行越冬。第二年土温适宜时开始繁殖，从伤口、根部侵入植物体内，产生有毒番茄凋萎素，堵塞导管，侵染番茄茎基部造成维管束堵塞、变褐，导致疏导功能丧失，叶片枯萎变黄发病，植株萎蔫枯死（图 10-13）（王久兴 等，2014）。病原菌繁殖速度受到土温影响，8 ℃最适合其繁殖，在受伤、高湿、长势较弱、施氮肥偏多时均易发病。

图10-13　番茄枯萎病

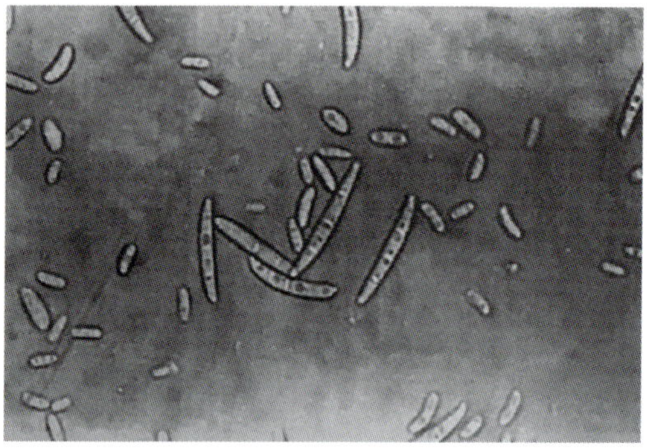

图10-14　番茄枯萎病病菌

番茄枯萎病的病原为番茄尖孢镰刀菌番茄专化型，属半知菌亚门真菌（图 10-14）。分生孢子可分为两种类型，一种是小椭圆形或椭圆形的小型分生孢子，单细胞，无颜色；一种是大型分生孢子，长纺锤形或者镰刀状，无色，隔膜多数为 3 个，部分为 2~3 个。病菌经马铃薯蔗糖培养基培养后观察，菌落颜色不一，由白色深至紫红色。此外伴有厚垣孢子在菌丝上间生或顶生，椭圆形或圆形，呈黄褐色（徐艳辉 等，2008）。

（一）病原

番茄枯萎病的病原为尖孢镰刀菌番茄专化型（*Fusarium oxysporum* f. sp. *lycopersici*），病菌只对番茄造成危害，专化性极强。番茄枯萎病菌为半知菌亚门镰孢菌属，Wellman 在 1940 年发现了番茄枯萎病的生理小种，是国外研究报道中最早发现的，主要划分为

2 个生理小种，即生理小种 1 和生理小种 2。研究学者们将生理小种 1 看作是番茄中不含有抗病基因且使番茄具有致病性的分离物；将生理小种 2 看作是不管是否含有抗病基因的番茄，其病菌都具有致病性的分离物（Porte et al.，1941）。枯萎病是由单个遗传因子控制的完全显性病害，基因 *I–1* 和 *I–2* 分别抗生理小种 1 和抗生理小种 2。在美国的大部分地区以及以色列、日本、加拿大、澳大利亚等地分布较广、报道较多的主要是生理小种 1 和生理小种 2。另外在美国、日本及澳大利亚又发现了一种新的生理小种，定义为生理小种 3，它可以使具有生理抗性的番茄品种 1 和 2 容易感病，抗病基因为 *I–3*（刘晖 等，1991）。

（二）抗源及抗病遗传

在番茄抗病育种研究中，在抗枯萎病方面的研究起步较早。1929 年，秘鲁首次发现单个显性抗病基因，在醋栗番茄的另一系统 P179532（*Missori Accessioniho*）中采集得到，对其进行命名，定义为 *I* 基因（Porte et al.，1941）。在此基础上育成世界上第一个具有垂直抗病性且含枯萎病抗病基因（*I–1*）的品种，取名“Pan American”。*I–2* 是从 P126915 中分离出来的基因，P126915 是由醋栗番茄和普通番茄进行种间杂交得到的，*I–2* 基因控制的抗性是由单基因控制的（于拴仓 等，2007）。

（三）抗性基因

I–1 基因通过定位得到位于 11 号和 7 号染色体上，*I–1* 抗性基因抗生理小种 1，但尚未分离出来。*I–2* 位于 11 号染色体长臂上的一个由 7 个相似基因组成的基因簇中（Hemming et al.，2004）。近些年，可以利用分子标记技术对 *I–3* 基因进行标记，发现位于第 7 条染色体的长臂上，并能够绘制 *I–3* 基因的连锁遗传图（李发玲 等，2011）。

（四）抗病性鉴定方法

1. 接种鉴定

幼苗处于 2 片真叶展平期，将幼苗从根上拔出，用自来水冲洗根部土壤，用无菌剪刀将主根根尖部 0.2 cm 处剪断，在 1×10^7 个 /mL 的孢子悬浮液中浸泡 20 min，然后将 0.5 mL 孢子悬浮液用注射器注入在离根 2 cm 处的茎部，移植到装有消毒土的营养钵中，置于温室内培养。接种后遮光处理 1 周，温度控制在昼温 25~30 ℃、夜温 20~22 ℃的条件下，使其发病充分。25~28 d 后调查，记录发病情况（徐艳辉 等，2008）。

2. 抗病性评价

1）病情分级标准（NY/T 1858.2—2010）

0 级：无症状。

1 级：1 片或 2 片子叶明显变黄，以致脱落。

2 级：1 片或 2 片真叶变黄或全株发黄，叶萎蔫下垂。

3 级：全株明显萎蔫或真叶严重变黄，生长受抑制、矮化。

4 级：全株严重萎蔫以致枯死。

2）群体抗病性分级标准

抗性划分标准按病情指数为：免疫（I）：DI=0；高抗（HR）：0 < DI < 12.5；抗病（R）：12.5 ≤ DI < 25；中抗（MR）：25 ≤ DI < 50；感病（S）：50 ≤ DI < 75；高感（HS）：75 ≤ DI ≤ 100。

四、番茄匍柄霉叶斑病

番茄匍柄霉叶斑病，又称番茄灰叶斑病，是近年来在全世界范围内流行的一种真菌性病害，主要危害植物的叶片、叶柄及茎部位，在幼叶和老叶上均可发生（图 10–15）（王久兴 等，2014），可以引起多种经济作物发生病害，包括番茄、玉米、辣椒、茄子、马铃薯、黑麦草等。1920 年在美国佛罗里达州首次发现该病害之后，随后严重危害以色列、阿根廷、马来西亚、新西兰、澳大利亚和委内瑞拉等国家以及我国的浙江、湖南、湖北、河南、广东、黑龙江等地，特别是在保护地栽培中危害更加严重，经常造成大面积的病害且来年温度适宜继续爆发式发病。

（一）病原

番茄匍柄霉叶斑病病原菌为半知菌亚门丝孢纲匍柄霉属真菌，但番茄匍柄霉叶斑病病原菌国内外报道不一。世界上已报道约 150 种匍柄霉属病原菌，我国记载的有 40 多种。已报道的能引起番茄匍柄霉叶斑病病原菌主要为茄匍柄霉（*S. solani*）、葱叶枯匍柄霉（*S. botryosum*）、佛罗匍柄霉（*S. floridanum*）、囊状匍柄霉（*S. vesicarium*）和番茄匍柄霉（*S. lycopersici*）。国内不同地区发现的病原菌种类不同，河北发现的病原菌为茄匍柄霉，浙江为番茄匍柄霉，重庆为茄匍柄霉和番茄匍柄霉（李宝聚 等，2009）。在我国国内的大部分地区，研究者调查发现，分离频率最高的且危害也最严重的番茄匍柄霉叶斑病病原菌主要为茄匍柄霉（李金堂 等，2011）。薛峰在调查中发现，山东泰安地区的番茄匍柄霉叶斑病是由病原菌番茄匍柄霉引起的（薛峰 等，2005），李宝聚等（2010）也在调查中发现番茄匍柄霉是引起我国番茄匍柄霉叶斑病的常见病原菌（图 10–16）。

图10-15　番茄匍柄霉叶斑病

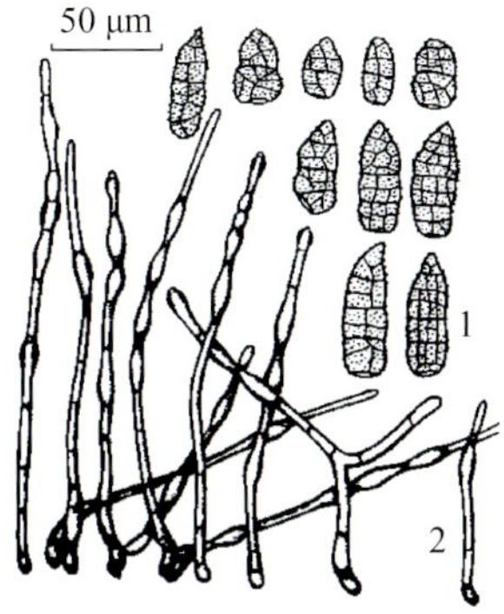

图10-16　番茄匍柄霉叶斑病病菌

（二）抗原及抗病遗传

番茄抗灰叶斑病基因 *Sm* 来源于野生醋栗番茄，在之前的研究中，*Sm* 基因被定位于番茄 11 号染色体，是一个不完全显性基因，且与番茄抗枯萎病基因 *I* 连锁。抗病基因 *Sm* 已被转育到栽培品种中。1991 年，Behare 等通过对感病材料 Moneymaker 与抗病材料 Motelle 进行杂交后自交获得的群体进行病原菌囊状匍柄霉的接种，通过 RFLP 图谱分析，将基因 *Sm* 定位于番茄 11 号染色体 T10 和 TG110 之间。选择分子标记是种植抗性品种的有效方法之一，目前通过图位克隆方法已经克隆该抗病基因（Yang et al., 2022）。

（三）抗性基因的研究

1991 年，Behare 等人将纯合抗病材料与感病材料杂交，然后将 *Sm* 基因定位在 11 号染色体上，同时构建了 *Sm* 基因的 RFLP 图谱。2022 年，Yang 等成功克隆了番茄 *Sm* 抗性基因，这表明该基因是典型的 NBS-LRR 抗性基因，并开发了紧密连锁的分子标记用于分子标记辅助选择育种（Yang et al., 2022）。

（四）抗病性鉴定方法

1. 接种鉴定

番茄匍柄霉叶斑病原菌番茄匍柄霉生长于 PDA 培养基上，在 30 ℃恒温培养箱中倒置培养 15 d 左右，待病原菌颜色由白变黄再变黑褐色后，挑取菌丝与培养基接触的部位做镜检，确认培养基没有污染，病原菌纯净单一。用无菌水将病原菌从平板中轻轻刮下，使用血细胞计数板计算孢子数量，每毫升孢子悬浮液的孢子数量大约为 1×10^4 个。将配制好的孢子悬浮液均匀地喷洒在要处理的植株表面，整个植株的所有部位都应喷洒到位（Yang et al., 2022）。

2. 抗病性评价

病情分级标准：

1 级：叶片无症状。

2 级：有黑色枯死点，占叶片面积的 10% 以下。

3 级：病斑面积占叶片面积的 11%~20%。

4 级：病斑面积占叶片面积的 21%~50%。

5 级：病斑面积占叶片面积的 50% 以上。

五、番茄颈腐根腐病

番茄颈腐根腐病是番茄土壤传播的最重要疾病之一。1969 年，它首次在日本被发现，然后被许多国家（如美国）报道。通过对番茄颈腐根腐病的发生危害规律以及病原菌特性的深入观察、比较和鉴定，其被认为是由尖孢镰刀菌引起的，在 1978 年该病原菌正式被鉴定为尖孢镰刀菌番茄颈腐根腐专化型（Yamamoto et al., 1974；Sonoda et al., 1976；Jarvis et al., 1988）。番茄颈腐根腐病发病时子叶以及下部叶片断裂，深棕色斑点位于茎底和土壤之间的接触区域，植物的 3~5 片叶子会因折倒枯萎而死亡，在 5 叶开花期和果实期，它被病原体感染，茎基部表现为缢缩且深棕色，植物呈现直立、枯萎至死亡的症状（图 10–17）（王久兴 等，2014）。中国许多地区都有关于番茄颈腐根腐病发生的报道，如宁夏、山东、辽宁及江苏等地。最严重的是寿光的日光温室番茄，其发病率高达 80%，导致番茄病死率达 30% 以上，造成番茄产量严重减少。

（一）病原

番茄颈腐根腐病病原菌是尖孢镰刀菌，一般为白色或粉红色，其孢子萌发的适宜温度为 25 ℃，最适宜 pH 值为 8。尖孢镰刀菌 FORL 的大型分生孢子以 3 个镰刀形的隔膜为主，小型的分子孢子长椭圆形则为无隔膜，可通过土壤进行番茄颈腐根腐病的传播。厚坦孢子一般为顶生或间生，只有一小部分生长方式为串生或对生，抗逆性强。大分子孢子、小分子孢子及厚坦孢子的形态不同（图 10–18）（Rattink et al.,1992）。

（二）抗病遗传

番茄颈腐根腐病抗原来自于野生番茄 *Solanum peruvianum*（PI126944、PI128650、PI126926），现已将抗性基因转入种植番茄中。研究表明，番茄颈腐根腐病抗病性遗传是由显性基因 *FRL* 控制的（Vakalounakis, 2007）。Laterrot 等人的研究结果表明，所研究的抗性基因在3份抗原材料中是相同的。此外，在抗性基因 *FRL* 和 *Tm-2* 之间存在着一定的连锁关系（Gennaro et al., 1999；Elkind et al., 1988）。

图10-17　番茄颈腐根腐病

图10-18　番茄颈腐根腐病病菌

（三）抗性基因的研究

自从完成番茄基因组测序以来，越来越多的分子标记被用于番茄育种。如今，抗颈腐根腐病的 *FRL* 基因被研究学者定位在9号染色体的长臂上。Vakalounakis 等对 *Tm-2* 与 *FRL* 间遗传距离研究的结果不同，前者在 F_3 群体中发现两者间的遗传距离为（5.1 ± 1.07）cM，后者则在 F_5 群体测得两者间的遗传距离为 10.6 cM（Vakalounakis et al., 1997）；结果显示 *Tm-2* 与 *FRL* 间的遗传距离遥远，与 *Tm-2* 紧密连锁的分子标记到目前为止还不能准确地用于番茄颈腐根腐病抗病材料的筛选中。后来，Fazio 等人开发并验证了3个与 *FRL* 基因紧密连锁的 RAPD 标记物，包括 UBC#194、UBC#116、UBC#655，它们与 *FRL* 的遗传距离分别为 5.0、7.0、8.5 cM（Fazio, 1999）。其中 UBC#194、UBC#116 为显性标记，UBC#655 为共显性标记。

（四）抗病性鉴定方法

1. 接种鉴定

1）浸根接种法

将菌体刮入无菌水中，滤去菌体，配制成 8×10^6 个 /mL 的孢子悬浮液。使用灭菌土育苗，在番茄苗长到4~5片真叶时，用清水将根清洗干净，用竹片（灭菌）压住3~5根须根，在上面轻微摩擦，造成伤口，放在孢子悬浮液中浸根处理 20 min，对照采用相同方式创伤后，放在清水中浸根处理 20 min（程琳 等，2016）。

2）茎基部接种法

使用灭菌土育苗，在番茄苗长到4~5片真叶时，将苗移栽到日光温室中。在土壤下面1~2 cm处用竹片（灭菌）擦伤0.5 cm × 0.1 cm的表皮，将室内培养的带菌培养基切成1 cm × 1 cm的小块，将菌落面正对伤口连同培养基覆盖贴靠在伤口上；对照采用相同方式。定植时覆土位置高于创伤位置1~2 cm。调查方法：定植后10 d、15 d调查各处理感病情况，记录总株数、发病株数、死苗株数，计算发病率和死亡率（程琳 等，2016）。

发病率 = 发病株数/ 调查总株数 × 100%

死亡率 = 死亡株数/ 调查总株数 × 100%

2. 抗病性评价

抗性划分标准按病情指数为：免疫（I），0；抗病（R），0~20.0；中抗（MR），20.1~30.0；中感（MS），30.1~40.0；感病（S），40.1~60.0；高感（HS），60.1~100.0。

六、番茄早疫病

番茄早疫病又称番茄轮纹病，可发生在番茄生长整个周期中，是常发性世界病害，由链格孢属真菌引起，在澳大利亚、美国和印度发病率较高。在2007年一份关于番茄早期感染病原体的研究报告中，发现番茄早疫病的病原体非常复杂，通常是许多种链格孢属真菌同时感染（罗钰林 等，2007）。目前，有2~3个种及专化型感染番茄的链格孢属真菌病原菌，而番茄引起早疫病的一种特殊类型的病原菌主要是茄链格孢（*A. solani*）、茄斑链格孢（*A. melongenae*）和链格孢（*A. alternata*）。番茄早疫病可危害叶、茎和果实（图10–19）（王久兴，2014）。在植株病害发生的早期，受感染的叶子出现深棕色斑点，呈现水渍状，然后逐渐变成圆形或不规则形状，带有绿色或黄色光环，以凸起的同心轮纹状形式出现在同心深棕色的中心。番茄早疫病通常发生在4~6月，潜伏期短（2~3 d）（Vloutoglou et al.，2000）。

（一）病原

番茄早疫病是在世界各地传播的真菌病害，是由半知菌亚门茄链格孢菌引起的，早在世界各地均有发生。茄链格孢菌菌丝分枝，菌丝变老时易变黑（图10–20），有隔膜。分生孢子梗可以从坏死组织、单侧组织或复杂组织、直立组织或轻微弯曲组织中的间隙延伸，颜色变暗。分生孢子单生或簇生，孢子间形状差异很大，且表面光滑，上有长喙。孢子梗为（50~90）μm×（6~9）μm，有1~7个隔膜，顶生，末端倒置为棍状或椭圆状，颜色不同，从淡金黄色至深橄榄褐色（贺观清，2015）。此外，该菌还可以感染许多茄科植物，如茄子、土豆、辣椒等。这些真菌产生的毒素会在一定程度上损害许多较为复杂的高级植物，例如，会改变细胞间原生质膜的形态学和生理特性，使植物枯萎甚至坏死。

图10-19　番茄早疫病

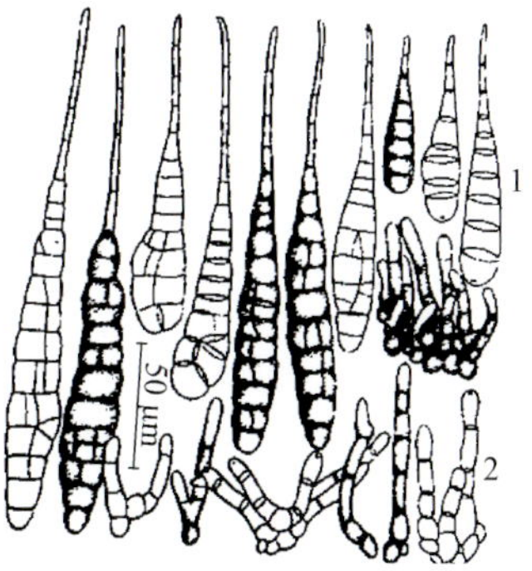

图10-20　番茄早疫病病菌

（二）抗病性鉴定方法

1. 接种鉴定

1）蘸根接种法

将番茄种子在0.01%醋酸溶液中消毒24 h，25 ℃催芽，当番茄幼苗生长出2~3片真叶时，待长出白芽后接种于灭菌花盆中，将幼苗从花盆中拔出，用针头刺伤，在悬浮液（浓度为 1×10^6 个/mL）中浸泡10 min，然后重新栽种。在温室下培养观察，一般2~3周出现症状（王莹莹 等，2016）。

2）浸根接种法

挑选番茄病株上分离到的病原真菌，纯化培养后配成浓度为 1×10^6 个/mL的孢子悬浮液，选取地上部高度大约15 cm的健康植株，浸根30 min，以清水为对照，重新栽培，观察发病情况。

3）喷雾接种法

健康、饱满的种子种植于花盆中，在人工气候培养箱室内温培养，当幼苗第3片真叶完全展开时，喷施孢子悬浮液浓度为 1×10^6 个/mL的病原菌培养液，每处理30株，重复3次，对照进行无菌喷水，接种后，在25 ℃的培养光下，60%的湿度持续48 h，监测发病后5 d的发病情况，统计植株发病率。

4）针刺接种法

在番茄植株长到3个真叶时，选取镰孢菌于PDA培养基上进行活化，在25 ℃黑暗环境下培养5 d，当整个菌落都占满培养皿时，接种5 mm菌饼。在番茄幼苗基部用针刺破3个伤口，贴上菌饼，用保鲜膜缠绕，温室培养3 d后观察发病情况。

5）注射接种法

采用注射法接种分生孢子，用注射器向健康番茄叶片和番茄茎基部注射含有分生孢子的悬浮液（浓度为1×10^6个/mL），用无菌纱布覆盖保湿，接种30株，以注射无菌水为对照。接种后在人工气候箱内12 h光照+12 h黑暗处理，温度25 ℃、湿度90%以上，7 d后观察发病情况（王莹莹 等，2016）。

2. 抗病性评价

病情分级标准：

0级：无病斑。

1级：病斑面积占整株叶片面积的5%以下。

3级：病斑面积占整株叶片面积的6%~10%。

5级：病斑面积占整株叶片面积的11%~20%。

7级：病斑面积占整株叶片面积的21%~50%。

9级：病斑面积占整株叶片面积的50%以上。

在为番茄接种早疫病原菌3 d后，叶子上的病斑开始从接种点出现，随着时间的推移逐渐形成；7 d时处理组与对照组病情严重程度呈现明显的差异，经人工接种病原菌后，对照组与处理组植株发病率均为100%。对照组植株大多数受感染的叶片病斑面积超过一半的羽状叶面积，甚至整个叶片枯死，病情指数达到75.0%；接种13 d后，番茄植株发病病情指数为55.0%，大多数受感染植物的病情等级属于2级，相对防效达到26.7%（王彦杰，2004）。

七、番茄晚疫病

番茄晚疫病是一种常见的病害，又称为番茄疫病或黑秆病，其感染源是致病疫霉菌（*Phytophthora infestans*）。番茄晚疫病在世界范围内都是毁灭性蔬菜病害（图10–21）。Montague于1845年报告了马铃薯的晚疫病，并将其命名为 *Botrytis infestans*。Waterhouse（1963, 1970）详细记录了致病疫霉的分类。1840年爱尔兰的马铃薯饥荒造成了100万人死亡、150万人无家可归，1863年证实了此病害是由致病疫霉 *Phytophthora infestans* 侵染所致（图10–22）（王久兴 等，2014）。

图10-21 番茄晚疫病

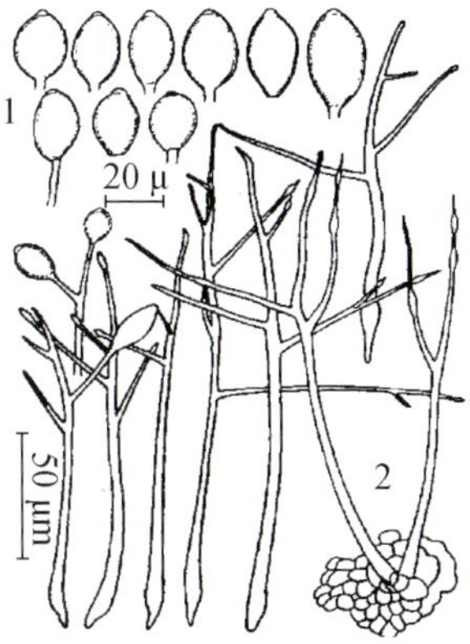

图10-22 番茄晚疫病病菌

（一）病原

晚疫病病菌的生理分化十分复杂，不同宿主、不同地域或环境均可影响其分化，病原菌不时发生变异，形成新的生理菌株，从而产生毒性和感染性、宿主性、范围等属性的变化。晚疫病致病性变异的问题，最早可以追溯到 1911 年。我国幅员辽阔，晚疫病的生理小种众多而复杂。2001 年，亚洲蔬菜研究和发展中心将我国台湾地区的番茄晚疫病鉴定为 5 个生理小种：T1、T1.2、T1.2.3、T1.4、T1.2.4。冯兰香等（2004）对我国 18 个省、市、自治区的番茄晚疫病病菌 201 个致病疫霉纯化分离株进行生理小种鉴定，鉴定出生理小种 8 个，分别为 T0、T1、T1.2、T1.2.3、T1.2.3.4、T1.4、T1.2.4 和 T3。其中生理小种 T1 和 T1.2 是主流小种，其次是生理小种 T0 和 T1.2.3。

（二）抗原及抗病遗传

番茄抗晚疫病遗传资源主要来自野生番茄，尤其是野生醋栗番茄，其中一些资源已经得到利用，也培育出一些抗晚疫病育种系和栽培系。醋栗番茄的叶子和果实未感染晚疫病，秘鲁番茄的果实未感染晚疫病。在栽培番茄和秘鲁番茄的杂交种中，发现一些杂交种与栽培番茄的性状非常相似，但具有抗晚疫病的潜力（邱夷鹏 等，2009）。

番茄的晚疫病抗性由两种不同的基因控制，一种是单基因控制的性状，*Ph1* 为完全显性基因，*Ph2* 和 *Ph3* 为不完全显性基因；另一种受多个数量性状基因控制，其抗病性与植物生长动态、生理现象等多种因素有关。亚洲蔬菜研究和发展中心使用易感品种 CLN657 与抗病品种醋栗番茄 L3708 杂交产生 F_1 和 F_2，并回交产生组合 BC_1F_1 和 BC_1F_2，通过温室授粉确定，结果表明：抗病品种表现为不完全显性遗传，由一个基因控制，从而决定了 L3708 的抗性遗传效应（Rebecca et al.，2000；李君明 等，2005）。

（三）抗性基因

Ph1、*Ph2*、*Ph3* 晚疫病抗性基因已在醋栗番茄中被发现（Zhang et al., 2013）。此前，研究人员利用 Hawaii7996 × W.Va700 杂交的 F_2 代群体，把抗晚疫病基因定位在标记 CP105 和 TG233 的 84 cM 的范围内（染色体 10 的长臂上），并利用 BSA 阵列找到了与 *Ph–2* 连锁的 AFLP 标记，从而构建了 *Ph–2* 区域的高密度图谱，为抗晚疫病基因的图谱克隆奠定了基础。Chunwongse 等利用感病品种 CLN657 和抗病品种 L3708 杂交的 F_2 代群体对基因 *Ph–3* 进行标记，找到一个 RFLP 标记 TG591（LOD=18.41）和两个 AFLP，该基因与 *Ph–1* 和 *Ph–2* 为非等位基因（Chunwongse et al., 1994）。

（四）抗病性鉴定方法

1. 接种鉴定

接种采用孢子喷雾法，喷枪接种，苗龄 7~8 片真叶接种，接种浓度为 5×10^4 个 /mL，蒸馏水作为对照。将番茄苗放入预先灭菌的接种箱中接种，接种后温度设定在 20 ℃左右，相对湿度 100%，避光种植 24 h；然后将相对湿度调至 60%~90%，培养 14 h。每一材料 30 株，接种后第 7 天，感病品种 TS19 出苗稳定时进行病害检测，计算病害指数（潘光辉 等，2011）。

2. 抗病性评价

病情分级标准（NY/T 1858.1—2010）：

0 级：无任何症状。

1 级：叶面积小于 5% 被感染。

2 级：叶面积 6%~15% 被感染。

3 级：叶面积 16%~30% 被感染，茎上有少部分病斑。

4 级：叶面积 31%~60% 被感染，茎上有大块病斑出现。

5 级：叶面积 61%~90% 被感染，茎上病斑不断扩展。

6 级：叶面积 91%~100% 被感染，茎部全面受损或植株死亡。

八、番茄黄萎病

番茄黄萎病是番茄生产，特别是设施栽培中的重要病害之一，除降低产量外，还严重影响番茄果实品质，使其失去商品价值（图 10–23）（王久兴 等，2014），是番茄生产的重要影响因素。这种病在我国 10 年前很少发生，较早地发生在山西关中，黑龙江也有报道。

（一）病原

黄萎病的致病菌包括轮枝孢菌属（*Verticillium*）的大丽轮枝菌（*Verticillium dahliae*）和黑白轮枝菌（*Verticillium alboatrum*），番茄主要以大丽轮枝菌的危害较为严重（图 10-24）。番茄黄萎病是一种维管束病害。叶缘变色沿叶脉蔓延至轮廓清晰，接着下部叶片枯萎，随后全株半部完全变黄至枯萎，病株的茎管呈褐色直至枯萎。番茄黄萎病病原体有两个生理小种，生理小种 1 出现在 20 世纪 30 年代，生理小种 2 于 1957 年在加拿大被发现。生理小种 1 能够侵染缺乏抗性基因 *Ve* 的品种，生理小种 2 可以侵染所有品种。国际上公认的鉴别寄主是 ACEVF 和 EalryPak7，生理小种 1、2 可以感染早期 EarlyPak7，生理小种 2 只感染 ACEVF（王绍志 等，2012）。

图10-23　番茄黄萎病

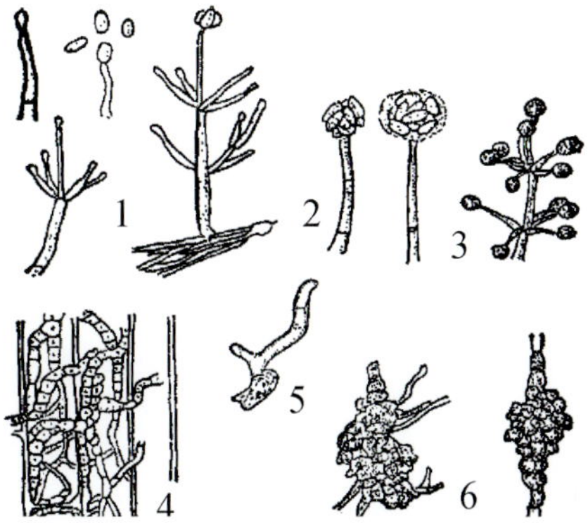

图10-24　番茄黄萎病病菌

（二）抗源及抗病遗传

研究番茄抗黄萎病遗传学，对于深入了解番茄抗病机制和选育抗病品种具有重要意义。番茄对抗黄萎病生理小种 1 的抗性效力基于野生秘鲁番茄的单个 *Ve* 控制基因。1998 年，N Diwan 等利用分子标记 RFLP 对 *Ve* 作图，得出 *Ve* 基因位于番茄 9 号染色体短臂上的结论。番茄黄萎病的基因控制抗性为单显性基因（雷娜 等，2011）。

（三）抗病性鉴定方法

病情分级标准（丁锦平 等，2023）：

0 级：无症状。

1 级：1~2 个子叶变黄脱落，真叶无症状。

2 级：子叶枯死，1~2 片真叶变黄。

3 级：1~2 片真叶严重变黄枯死，或全株变黄。

4 级：3 片以上真叶枯死，全株枯萎。

九、番茄白粉病

番茄白粉病是一种极具危害性的真菌病害。这种病害于 20 世纪 80 年代在欧洲首次被发现，并迅速传播到世界各地，使番茄生产面临巨大风险。该病近年在北方保护区或空地蔓延，尤其是春秋两季在保护地栽培中发病严重（图 10–25）（王久兴 等，2014）。

（一）病原

白粉病属于子囊菌亚门白粉菌属。白粉病是一个非常模糊和宽泛的概念，有很多文献认为整个白粉菌目（Erysiphales）都是白粉病（图 10–26）。引起番茄白粉病的病原菌只有两类：新番茄粉孢菌（*O. neolycopersici*）和番茄粉孢菌（*O. lycopersici*）。前一种分生孢子单生，相对湿度大时形成分生孢子，主要引起澳大利亚以外番茄白粉病；后一种分生孢子串生分生孢子，在澳大利亚通常会引起番茄白粉病（Jones et al.，2000）。

图10–25　番茄白粉病

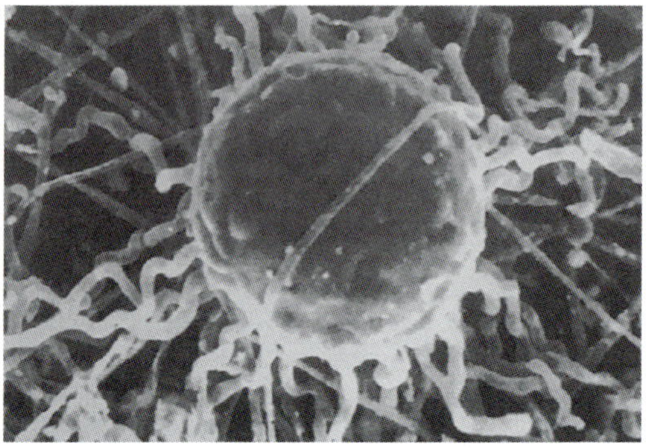

图10–26　番茄白粉病病菌

（二）抗源及抗性基因

虽然大部分栽培番茄对白粉菌有很强的感病性，但研究人员仍然在野生番茄中发现了几种对白粉菌具有抗性的种质：多毛番茄、秘鲁番茄和小花番茄（Van der Beek et al.，1994；Lebeda et al.，2014）。已经鉴定出了 9 个对番茄白粉菌具有抗性的位点，抗番茄白粉菌基因包括 5 个单显性基因（*Ol-1*、*Ol-3*、*Ol-4*、*Ol-5* 和 *Ol-6*）、1 个单隐性基因（*ol-2*）和 3 个数量性状位点（*Ol-qtl1*、*Ol-qtl2*、*Ol-qtl3*）（Seifi et al., 2014）。从多毛番茄 G1.1560 中鉴定出的 *Ol-1* 已被定位在番茄 6 号染色体长臂上（Abtew et al., 2009）。*ol-2* 是从樱桃番茄中发现的单隐性抗性基因，位于 4 号染色体上，赋予了番茄对白粉病的高抗性（Ciccarese et al., 1998；Ricciardi et al., 2007）。*Ol-4* 来自秘鲁番茄 LA2172，位于 6 号染色体短臂上（Bai et al., 2004），*Ol-6* 是在一个来源不明的高级育种系中发现的，与 *Ol-4* 的位置相同（Bai et al., 2005）。

（三）抗病性鉴定方法

1. 接种鉴定

1）摩擦法

将一定浓度的孢子悬浮液与少量石英砂混合，然后用纱布将混合菌液均匀涂抹在番茄植株的叶片上。置于潮湿的棚内栽培，温度白天控制在 23~33 ℃，晚上控制在 15~18 ℃；相对湿度 80% 左右，保湿 48 h。在田间进行正常的栽培管理，待病害充分发展后开始排查发病情况（Bai et al., 2005）。

2）刷叶法

用软毛刷刷洗具有一定孢子浓度的番茄植株叶片，接种后置于潮湿棚内栽培。温度白天控制在 23~33 ℃，夜间控制在 15~18 ℃；相对湿度 80%左右，保湿 48 h，充分发病后开始调查发病情况。

3）喷雾法

将按一定浓度形成的孢子悬浮液装入细喷瓶中，将孢子悬浮液喷洒在一定苗龄的平展的番茄叶片上，喷叶以滴水滴为宜，保湿 48 h。在潮湿的棚内培养，温度白天控制在 23~33 ℃，夜间控制在 15~18 ℃；湿度 40%~50%，正常进行栽培管理，待病害充分发展后，检查是否发生病害。

2. 抗病性评价

病情分级标准：

0 级：不发病。

1 级：叶片有粉斑，茎秆、叶柄无病斑。

2 级：叶片有粉斑，叶柄病斑≤ 5%，茎秆上无病斑。

3 级：叶片有粉斑，5% ＜叶柄病斑≤ 30%，茎秆上无病斑。

4 级：叶片有粉斑，叶柄病斑＞ 30%，茎秆上有病斑。

5 级：叶片干枯，茎秆上有病斑。

十、番茄芝麻斑病

番茄芝麻斑病，又称番茄褐斑病，是一种重要的番茄病害，是长蠕孢属（*Carposaprum*）的一种真菌病害。发病时，叶片上有直径 2~5 mm 的灰褐色小病斑，病斑外缘有黄色晕圈，病斑沿叶脉逐渐不规则扩大。后期叶片干枯但不扎根，叶片逐渐枯死（图 10–27）（王久兴 等，2014）。植株上部和下部叶片同时受害，花未开前发病可造成花朵脱落，不能坐果，影响番茄产量；结果后，萼病不引起落果，但可使果柄干枯，不能正常坐果，果实成熟时果实黄红色，无光泽，严重影响番茄的品质。

图10–27　番茄芝麻斑病

（一）病原

番茄芝麻斑病的病原体长蠕孢菌（*Helminthosporium carposaprum*）是一种长蠕孢属（*Carposaprum*）的真菌，菌落黑色絮状，近圆形；菌丝浅棕色，分生孢子梗簇生，细长，茎基部淡黄色缩短；分生孢子淡黄褐色，长条状或棒状，上方呈链状，有 0~10 个隔膜，大小 5.3~11.96 μm，萌发时两端伸出胚芽管（廖咏梅 等，2000）。

（二）抗病性鉴定方法

1. 接种鉴定

在确定接种前应探索分析最适合病原菌繁殖的条件和影响芽孢的因素。Douglas 等（1972）研究出一种产生分生孢子的方法：先培养致病菌，剪 2 mm 缝合线，转移到增强的 PDA 培养基中，保证温度在 20~26 ℃，荧光灯照射 10~12 d，再进行第二次转移。将蒸馏水放入三角瓶中高温灭菌，取 4 mm 的糊状物放入，摇晃 1 min，静置，然后取处理过的菌量 15 mL 加入培养基中，继续用荧光灯照射 6~8 d，即可形成分生孢子。陆宁海等（2006）对番茄芝麻斑病病原菌产孢条件进行了研究，从培养基种类、氮源、光照、紫外线照射、pH 值等方面确定了最佳产孢条件。张定法等（2004）通过研究芝麻番茄真菌的生物学特性，确定分生孢子产生的最适温度为 25~35 ℃，发芽最适温度为 27~30 ℃。孢子萌发的 pH 值为 4~10，紫外线对胚芽作用较大，可阻止其存活（廖咏梅等，2000）。

2. 抗病性评价

1）病情分级标准

0 级：全株无病。

1 级：全株病斑很小（2 mm 以内小病斑不超过 15 个，5 mm 以内病斑不超过 2 个）。

3 级：全株叶片有少量病斑（小病斑 50 个以内，大病斑 2~10 个）。

5 级：1/3 以下叶片上有中量病斑，病斑中量到多量（小病斑 50~100 个，大病斑 10~20 个）。

7 级：1/3~2/3 叶片有病斑，病斑中量到多量（小病斑 100 个以上，大病斑 20 个以上），下部个别干枯。

9 级：2/3 以上叶片有病斑，病斑多，部分叶片干枯。

2）群体抗病性分级标准

抗性划分标准按病情指数为：免疫（I），0；抗病（R），0~20；中抗（MR），21~40；感病（S），41~60；易感（HS），60~100。

第三节　番茄细菌病害抗性

一、番茄青枯病

番茄青枯病又称细菌性枯萎病，是一种毁灭性土传病害（图 10-28）（吕佩珂 等，2000）。在全世界，青枯菌可对 40 多个科 200 多种植物进行侵染，其寄主范围之广仅次于土壤农杆菌（*Agrobacterium tumerfaciens*）。青枯病自被发现至今已有 150 多年的历史。1864 年，印度尼西亚首次报道该病害，其造成了烟草生产上的巨大损失。随后，美国和澳大利亚分别报道了马铃薯青枯病和番茄青枯病的发生。番茄青枯病在我国各省和长江流域均有发生，尤其是安徽、四川、浙江、福建、广东和广西等地。除番茄外，青枯病还对茄子、辣椒、马铃薯、生姜等多种作物造成严重危害。

图10-28　番茄青枯病

（一）病原

番茄青枯病的病原属于青枯雷尔氏菌（*Pseudomonas solanacearum*）。青枯假单胞菌呈两端圆的短杆状，大小（0.9~2.0）μm×（0.5~1.0）μm，一般为 1.1 μm×0.6 μm，菌体上附有 1~3 根细长的极生鞭毛。在琼脂培养基上形成平坦、有光泽的污白色、暗褐色乃至黑褐色的不规则菌落（图 10-29）（王润珍 等，2010）。

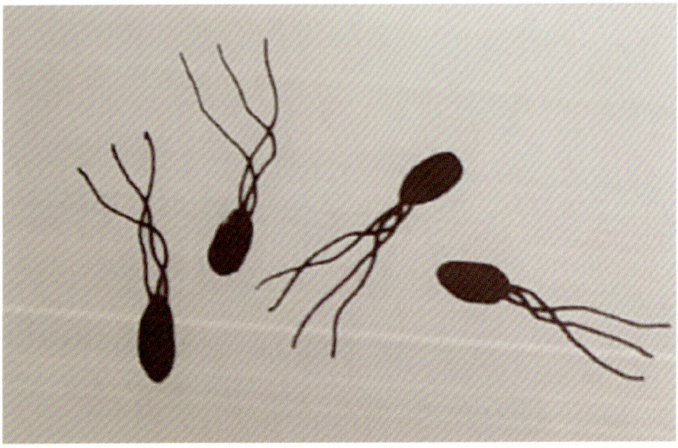

图10-29　番茄青枯病病菌

青枯假单胞菌主要在田间或带有病害的马铃薯块上越冬，通过吸收病残体分解产物存活。青枯假单胞菌通常从宿主或茎基部的伤口进入，然后扩散到维管束的螺纹导管中繁殖并阻塞导管或穿透邻近薄壁组织，使它们变褐腐烂，因为运输水分的运输器官被破坏，从而导致植株茎、叶枯萎。田间病害传播的主要途径是病菌通过雨水和灌溉水传播到田地或健康的植物上。

（二）抗源及抗病遗传

早在 1974 年，美国夏威夷就公开发表了对青枯病抗性理想的番茄新品种 Kewalo，其亲本来源于野生型亚种的选择系统；“金星”（Venus）和“土星”（Satum）在美国北卡罗来纳州被公开发表，两者抗病亲本均为来自于哥伦比亚的樱桃番茄和波多黎各的洋梨形小果番茄（González et al., 1995）。此外，两者杂交获得的杂种一代 BWN-21 的抗性表现明显优于双亲（霍建勇 等, 2002）。日本蔬菜试验场先后从美国引入 BF 兴律 101 和 LS89 等作为抗病砧木，在嫁接试验中表现出良好的青枯病防治效果。番茄青枯病的抗性受多对基因控制，各对基因的抗性差异显著。大多数研究表明抗性由多个基因控制，醋栗番茄的抗性受几个不完全显性或隐性基因的控制。

（三）抗性基因的研究

番茄栽培种 Hawaii7996 对青枯病具有稳定抗性，利用青枯病抗病材料 Hawaii7996 与感病材料 West Virginia 700 构建了一系列重组自交系（RILs），从而建立了番茄青枯病抗性的多基因遗传模型；利用 SSR 标记分析遗传群体，两个主效 QTL 位点 *Bwr6* 和 *Bwr12* 分别被定位于第 6 号、12 号染色体，被证实与番茄青枯病抗性基因紧密连锁（史建磊 等, 2022）。

（四）抗病性鉴定方法

1. 接种鉴定

接种菌株在 PDA 培养基上培养 2 d，用灭菌水配制接种液，在移栽 20 d 后，当真叶长到 10~12 片时，在离植株番茄根部 2~4 cm 处进行刺伤处理，然后用浓度 1×10^7CFU/mL 的番茄青枯菌液对每株番茄喷施 50 mL。接种 20 d 后，当感病对照已充分发病时，按番茄青枯病分级标准进行调查（尹贤贵 等, 2005）。

2. 抗病性评价

1）病情分级标准（刘郎洲 等, 2012）

0 级：无病状表现。

1 级：植株顶端个别叶枝萎蔫。

2 级：全株 1/3 的枝叶自上而下萎蔫，有一定恢复能力。

3 级：全株 1/2 的枝叶萎蔫，无恢复能力。

4 级：全株枝叶萎蔫枯死。

2）群体抗病性分级标准

发病株率 =（发病株数 / 调查总株数）× 100%。

高抗（HR），发病株率少于 20%；中抗（MR），发病株率 20%~40%；中感（MS），发病株率 40%~60%；高感（HS），发病株率超过 60%。

二、番茄细菌性斑点病

番茄细菌性斑点病亦称番茄细菌性叶斑病或斑疹病，是由丁香假单胞番茄致病变种引起的一种重要细菌病害，在生产上对番茄的叶片、茎、花、叶柄和果实产生危害（图 10–30）（吕佩珂 等，2000）。

图10–30　番茄细菌性斑点病

番茄细菌性斑点病最高发病率可达 100%，造成 5%~75% 的减产，降低果实的外观品质，对其商品性影响较大，该病已被列入我国的出入境检疫有害生物名录。自 1933 年首次报道以来，该病在南非、印度、法国、匈牙利、意大利、巴西、美国、以色列、加拿大、土耳其等 26 个国家和中国的台湾省均有发生（方智远，2017）。

（一）病原

番茄细菌性斑点病病原为丁香假单胞杆菌变种（*Pseudomonas syringae*）。菌体短杆状，单生，大小为（0.1~1.0）μm×（1.5~4.0）μm，无芽孢和夹膜，极生鞭毛 1 至多根。该病原菌的寄主范围小，主要侵染番茄类作物，通过人工接种还可以侵染辣椒、马铃薯、龙葵、毛曼陀罗、白花曼陀罗，葫芦科植物黄瓜、甜瓜等，豆科植物豇豆、菜豆，十字花科植物大白菜等，病原菌可以遗留在病叶、病果、发病枝条等植株残余组织中，以及田块内的杂草上（张艳霞 等，2016）。

（二）抗原及抗病遗传

番茄细菌性斑点病的抗性主要是由一些野生品种所赋予的，如秘鲁番茄、醋栗番茄、细叶番茄、多毛番茄，也有一些普通番茄（Ganeva et al., 2017）。但是，市场上仍缺乏兼具商业推广价值和优良抗性的栽培品种。

（三）抗病性鉴定

1. 接种方法

1）喷雾接种法（赵廷昌 等，2000）

用小型喷雾器将接种悬浮液均匀喷洒在每片叶片的正面和背面，以免形成水滴，喷清水接种作为对照。

2）涂抹接种法

用毛笔蘸取菌悬液，涂抹在叶片正反面，每苗涂抹 4 片真叶做标记，装袋 24 h，涂抹清水接种作为对照。

3）叶腋针刺接种法

用注射器将菌悬液接种于植株叶腋，每苗注射 3 个叶腋处，接种清水作为对照。

4）茎上针刺接种法

用注射器抽吸菌悬液针刺接种于植株主茎上，自下而上间隔 1 cm 进行接种，接种 3 次，以针刺清水接种作为对照。

5）灌根接种法

在每株幼苗根部灌入 50 mL 菌悬液，以灌入清水接种作为对照。

2. 抗病性评价

群体抗病性分级标准：

免疫（I），0；抗病（R），0~20.0；中抗（MR），20.1~40.0；感病（S），40.1~60.0；高感（HS），60.1~100.0。

三、番茄疮痂病

疮痂病（Bacterial spot）是番茄生产上的一种细菌性病害，由黄单胞杆菌属（*Xanthomonas*）4 个种（*X. euvesicatoria*、*X. vesicatoria*、*X. perforans* 和 *X. gardneri*）引起（Stall et al., 2009）。根据病原菌在寄主上的反应可以将其分为 5 个生理小种，

T1 小种属于 *X. euvesicatoria*，T2 小种属于 *X. vesicatoria*，T3、T4 和 T5 小种则都属于 *X. perforans*；*X. gardneri* 最早在南斯拉夫出现，尚未有小种划分的研究报道（图 10-31）（吕佩珂 等，2000）。该病发生在露地，其病原菌可侵染植株地上各部分（图 10-32）。一般造成番茄产量减产 20%~43%。自 20 世纪中叶以来，该病害在我国大部分地区均有报道，尤其是近 10 年来，人们重点关注了番茄真菌和病毒病害，使疮痂病等细菌性病害乘虚而入，成为山东、吉林、辽宁、黑龙江和西北地区保护区番茄的主要病害（杨文才 等，2021）。

图10-31　番茄疮痂病

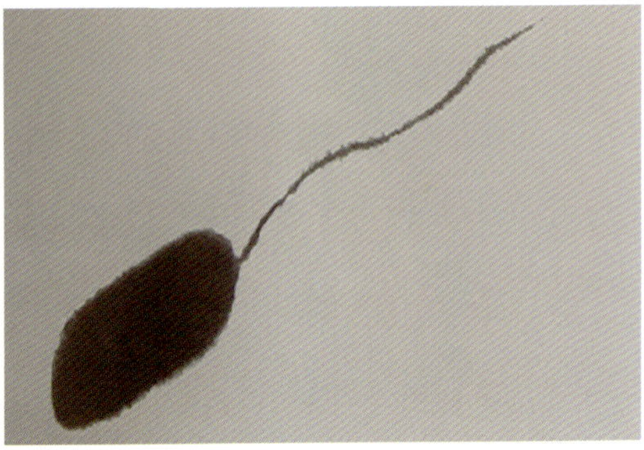

图10-32　番茄疮痂病病菌

（一）病原

番茄疮痂病病原菌的群体结构非常复杂，在同一地区同时存在几个种或小种的情况很常见。特别值得注意的是，虽然 *X. gardneri* 较早出现于欧洲和其他地区，但至今没有找到抗 *X. gardneri* 的番茄材料，这对番茄生产是一种新的威胁。1989 年之前美国只有 T1 小种，但在接下来的 13 年内小种数增至 5 个，T4 取代 T1 成为优势小种。近年来，*X. gardneri* 开始在美国出现，使得美国番茄疮痂病病原菌包括了所有已知的 4 个种和 5 个生理小种。欧洲除了原有的 *X. gardneri* 外也出现了新的种，如在俄罗斯 *X. vesicatoria* 已占总分离菌株的 43.9%（张晓敏，2009；Hutton et al.，2010；Kim et al.，2010）。

（二）抗源及利用

国外早在 20 世纪末就对番茄疮痂病的抗性遗传和基因定位进行了研究，育种材料 Hawaii7998 对番茄疮痂病病原菌 T1 具有较强的抗性（Grimault et al.，1995）。遗传研究表明，对 T1 小种的超敏反应（HR）抗性遵循多基因控制的数量性状遗传，采用 RFLP 标记定位到 3 个主效数量性状位点（QTL）*rx1*、*rx2* 和 *rx3* 以及多个修饰位点。其中，*rx1* 位于 1 号染色体短臂上的标记 TG301 和 TG236 之间，*rx2* 位于 1 号染色体长臂上的标记 TG375 和 TG157 之间，*rx3* 位于 5 号染色体长臂上的标记 TG351 和 TG60 之间（杨文才，2021；Yu et al.，1995）。

（三）抗病基因

樱桃番茄（*S. lycopersicum* var. *cerasiforme*）材料 PI114490 对疮痂病病原菌所有种和小种都表现出田间抗性。利用自交 - 回交（inbred-backcross，IBC）群体进行遗传研究发现，其田间抗性受多个基因控制的数量性状遗传影响。到目前为止，已在 5 条染色体上鉴定出至少 6 个具有抗性的 QTL。其中有些 QTL（如第 11 染色体上的 QTL-11b）具有普遍性，在所有种和小种中都具有抗性，而另一些 QTL 则具有特异性，只在某些种和小种中具有抗性（Yang et al.，2005；Scott et al.，2003；孙会军 等，2011；Scott　et al.，2015）。在 QTL 定位中，研究人员确定了 14 个抗性相关分子标记，可用于辅助选择育种。醋栗番茄材料 LA2533 和樱桃番茄材料 LA1545 对 *X. gardneri* 病原菌具有抗性。通过构建回交群体，对后代重组单株进行实验分析，共检测到 5 个 QTL，其中 11 号染色体上有 2 个标记 Sli1875 和 Sli1847_V2 同时与这 2 份材料的抗性连锁，但物理位置大约为 10 Mb，因此这 2 个标记对辅助选择抗性材料存在不确定性（赵白梅，2015）。通过图位克隆技术从番茄中成功克隆了 3 个抗疮痂病基因和一些调控因子。*Bs4* 是第一个被克隆的抗疮痂病基因，虽然该基因最初是从栽培番茄（*S. lycopersicum*）品种 Moneymaker 克隆出的并具有用于基因选择的分子标记，随后发现 *Bs4* 基因几乎存在于所有栽培品种中，且仅对携带效应因子 *avrBs4* 的辣椒疮痂病病原菌具有高度抗性，并且对番茄赤霉病病原菌不具有抗性（Schornack et al.，2010；Stall et al.，2009）。

（四）抗病性鉴定方法

1. 病菌的分离与保存

采用平板划线分离法，分别将患有疮痂病组织的茎、叶的病害和无病害两者之间的部分切成小块，样品经体积分数为 75% 的酒精喷雾消毒表面，之后用无菌水清洗 3 次后捣碎，再将其放入无菌水中浸泡 5 min，然后蘸取汁液在平板培养基上划线，等待 24 h 后观察结果，将单菌落挑在 NA 平板培养基上培养 24 h，纯化 3 次。于 −20 ℃条件下保存菌株，待进一步实验（李春 等，2009）。

2. 接种方法

用无菌水配制成浓度为 1.0×10^{8} CFU/mL 的菌悬液。然后利用小型喷雾器喷雾接种于健康番茄叶片上，接种番茄的第 4~5 片真叶，接种后在保鲜袋中保湿 48 h。

3. 抗病性评价

病情分级标准：

0 级：无病斑。

1 级：只有 1~2 个叶斑，病斑面积占叶面积的 1 /5 以下。

3 级：病斑面积占叶面的 1 /4 左右。

5 级：病斑面积占叶面的 1 /2 左右。

7 级：病斑面积占叶面的 3 /4 左右。

9 级：全叶发病。

近年来克隆的番茄抗病基因大多具有品种特异性，很容易被病原体克服，导致抗性丧失。目前缺乏可利用的广谱抗病基因，多数编码 NLR 类受体蛋白，抗性机制单一，尤其缺乏具有自主知识产权的抗性基因。因此，深入挖掘新型广谱抗病基因是未来研究的重点，将为番茄抗分子育种提供更多可选择的新基因。建立有效的预警系统和抗性处理策略是保证我国蔬菜生产稳定安全的重要步骤。

参考文献

[1] 陈思宏，于湧鑫，倪运东，等，2012. 黄瓜绿斑驳花叶病毒病对西瓜的危害与综合防控技术 [J]. 农业灾害研究，2(Z2): 10–12.

[2] 程琳，张生，李艳青，等，2016. 番茄颈腐根腐病病原菌鉴定与抗病种质材料的筛选 [J]. 园艺学报，43(4): 781–788.

[3] 丁锦平，侯颖，刘冬梅，等，2023. 番茄黄萎病抗性快速鉴定方法探讨 [J]. 商丘师范学院学报，39(3): 40–43.

[4] 董友磊，2009. 番茄灰霉病菌的分离与毒素的提取、纯化及生物测定 [D]. 扬州：扬州大学.

[5] 方智远，杜永臣，李景富，等，2017. 中国蔬菜育种学 [M]. 北京：中国农业出版社.

[6] 冯兰香，1994. 番茄病毒对烟草花叶病毒抗性的研究 [J]. 世界农业 (3): 40–41.

[7] 冯兰香，蔡少华，郑贵彬，等，1987. 我国番茄病毒病的主要毒原种类和番茄上烟草花叶病毒株系的鉴定 [J]. 中国农业科学，20(3): 60–66.

[8] 冯兰香，杨宇红，谢丙炎，等，2004. 中国 18 省市番茄晚疫病菌生理小种的鉴定 [J]. 园艺学报，31(6): 758–761.

[9] 高敏丽，张华，2019. 番茄黄化曲叶病毒病的研究进展分析 [J]. 粮食科技与经济

44(3): 73–74, 93.

[10] 贺观清, 2015. 九种药剂对番茄早疫病的防治作用 [D]. 咸阳：西北农林科技大学 .

[11] 何姗姗, 赵婷婷, 姜景彬, 等, 2016. 番茄抗叶霉病相关基因片段克隆及 VIGS 重组载体的构建与鉴定 [J]. 江苏农业科学, 44(1): 29–32.

[12] 洪瑞, 李景富, 2010. 番茄叶霉病生理小种研究进展 [J]. 东北农业大学学报, 41(2): 143–147.

[13] 胡节立, 2016. 番茄 LEACT1 的功能研究及机制分析 [D]. 合肥：安徽农业大学 .

[14] 霍建勇, 孙立春, 孙孝和, 等, 2002. 番茄抗青枯病育种研究进展 [J]. 长江蔬菜 (S1): 14–15.

[15] 冀承农, 1992. 马铃薯病害及其防治 [J] . 河北农业科学 (4): 19.

[16] 雷娜, 李景富, 康力功, 等, 2011. 番茄黄萎病抗病基因 *Ve* 的 AFLP 和 SSR 分子标记 [J]. 植物病理报, 41(1): 80–84.

[17] 李宝聚, 周艳芳, 李金萍, 等, 2010. 李宝聚博士诊病手记 (三十) 番茄匍柄霉叶斑病 (灰叶斑病) 的诊断与防治 [J]. 中国蔬菜 (23): 24–26.

[18] 李宝聚, 周艳芳, 赵彦杰, 等, 2009. 李宝聚博士诊病手记 (十六) 番茄灰叶斑病的发生与防治 [J]. 中国蔬菜 (17): 24–26,61.

[19] 李宝聚, 朱国仁, 1998. 番茄灰霉病发展症状诊断及综合防治 [J]. 植物保护 (6): 19–21.

[20] 李春, 金潜, 彭刚, 1997. 新疆番茄细菌性疮痂病的病原鉴定 [J]. 中国蔬菜 (4): 6–8.

[21] 李发玲, 李景富, 康立功, 等, 2011. 与番茄枯萎病抗病基因 *I-1* 连锁的 AFLP 和 SSR 分子标记 [J]. 植物保护, 37(1): 37–40.

[22] 李海明, 吴祖建, 陈启建, 等, 2011. 黄瓜绿斑驳花叶病毒的生物学与分子检测鉴定 [J]. 福建农业学报, 26(4): 596–600.

[23] 李金堂, 默书霞, 田磊, 等, 2011. 番茄灰叶斑病的识别及防治 [J]. 长江蔬菜 (1): 42.

[24] 李君明, 杨宇红, 宋燕, 等, 2005. 番茄抗晚疫病材料的鉴定及初步转育 [J]. 园艺学报 (5): 127–129.

[25] 李美芹, 裴华丽, 乔宁, 等, 2014.TYLCV 外壳蛋白基因植物表达载体构建及转化番茄的研究 [J]. 北方园艺 (12): 84–88.

[26] 廖咏梅, 廖宪成, 陆高峰, 等, 2000. 番茄褐斑病的诊断及其有关特性的研究 [J]. 广西植保, 13 (2): 1–4.

[27] 刘安敏, 孙家栋, 陶秀珍, 等, 2004. 保护地番茄灰叶斑病的发生与综合防治 [J]. 中国植保导刊 (4): 22–23.

[28] 刘晖, 郑是琳, 黄艳萍, 1991. 番茄枯萎病菌生理小种及其生物学特性研究初报 [J]. 山东农业大学学报 (4): 356–360.

[29] 刘邮洲, 陈志谊, 梁雪杰, 等, 2012. 番茄枯萎病和青枯病拮抗细菌的筛选、评价与

鉴定 [J]. 中国生物防治学报, 28(1): 101–108.
[30] 陆宁海, 齐尚红, 吴利民, 等, 2006. 番茄褐斑病菌产毒培养条件及其毒素的致病范围 [J]. 微生物学杂志, 26(4): 36–38.
[31] 罗钰林, 李宝军, 2007. 番茄早疫病和晚疫病的识别与防治 [J]. 西北园艺 (蔬菜专刊) (4): 28–29.
[32] 吕佩珂, 刘文珍, 张宝棣, 等, 2000. 中国蔬菜病虫原色图谱续集 [M]. 2 版. 呼和浩特: 远方出版社.
[33] 孟凡娟, 许向阳, 李景富, 2005. 番茄叶霉病研究进展 [J]. 中国农学通报 (6): 297–301.
[34] 尼秀媚, 陈长法, 封立平, 等, 2014. 番茄斑萎病毒研究进展 [J]. 安徽农业科学, 42(19): 6253–6255, 6406.
[35] 潘光辉, 杨琦凤, 尹贤贵, 等, 2011. 重庆番茄晚疫病抗病性鉴定与遗传分析 [J]. 西南农业学报, 24(4): 1335–1338.
[36] 邱夷鹏, 张子君, 李海涛, 等, 2009. 番茄晚疫病抗病育种及分子生物学研究进展 [J]. 中国蔬菜 (10): 1–6.
[37] 任小平, 2007. 黄瓜绿斑驳花叶病毒病的鉴定与防治 [J]. 中国植保导刊 (5): 41–43.
[38] 史建磊, 熊自立, 苏世闻, 等, 2022. 基于 RNA-seq 的番茄青枯病响应基因鉴定与表达分析 [J]. 华北农学报, 37(2): 171–182.
[39] 孙会军, 张洁云, 王园园, 等, 2011. 番茄疮痂病菌 T3 小种抗性的 QTL 分析 [J]. 园艺学报, 38(12): 2297–2308.
[40] 孙胜, 亢秀萍, 邢国明, 等, 2015. 番茄黄化曲叶病毒病研究进展 [J]. 东北农业大学学报, 46(5): 102–108.
[41] 田兆丰, 刘伟成, 厚凌宇, 等, 2016. 不同番茄品种对番茄黄化曲叶病毒的抗病性分析 [J]. 中国农业科学, 49(14): 2850–2856.
[42] 王久兴, 王艳侠, 张兆辉, 2014. 番茄病虫害诊断与防治图谱 [M]. 北京: 金盾出版社.
[43] 王润珍, 白忠义, 2010. 蔬菜病虫害防治 [M]. 北京: 化学工业出版社.
[44] 王绍志, 刘琼, 2012. 番茄黄萎病的发生及综合防治 [J]. 农业技术与装备 (22): 38–39.
[45] 王晓艳, 汪炳良, 郑积荣, 2009. 番茄叶霉病抗性鉴定与遗传分析 [J]. 浙江农业科学 (1): 173–175.
[46] 王彦杰, 2004. 番茄早疫病病原菌鉴定及抗病种质资源筛选 [D]. 哈尔滨: 东北农业大学.
[47] 王莹莹, 纪明山, 李宝聚, 2016. 番茄早疫病病原菌鉴定及综合防治技术 [J]. 中国蔬菜 (1): 85–87.
[48] 王志荣, 李晓东, 黄泽军, 等, 2017. 抗番茄褪绿病毒病资源材料的筛选及抗性种质

创制 [C] //中国园艺协会 . 中国园艺学会 2017 年论文摘要集 :1.
[49] 徐艳辉 , 李烨 , 许向阳 , 2008. 番茄枯萎病的研究进展 [J]. 东北农业大学学报 , 39(11): 128–134.
[50] 薛东齐 , 2017. 番茄抗叶霉病 *Cf–12* 候选基因的筛选及抗性应答机制分析 [D]. 哈尔滨：东北农业大学 .
[51] 薛峰, 张修国, 王勇, 等, 2005. 中国匍柄霉研究Ⅱ：一新种及四个中国新记录 [J]. 菌物学报, 24(3): 322–329.
[52] 杨欢欢, 许向阳, 姜景彬, 等, 2015. 番茄抗黄化曲叶病基因 *Ty-5* 的分子标记及遗传分析 [J]. 园艺学报, 42(10): 1965–1973.
[53] 杨文才 , 张晓飞 , 汪玉清 , 等 , 2021. 番茄疮痂病抗性分子标记及其在番茄疮痂病抗性基因近等基因系构建中的应用 [J]. 蔬菜 (S01): 8.
[54] 叶青静 , 杨悦俭 , 王荣青 , 等 , 2004. 番茄抗叶霉病基因及分子育种的研究进展 [J]. 分子植物育种 , 2(3): 313–320.
[55] 尹贤贵 , 王小佳 , 张赟 , 等 , 2005. 我国番茄青枯病及抗病育种研究进展 [J]. 云南农业大学学报 , 20(2): 163–167.
[56] 于力 , 朱龙英 , 万延慧 , 等 , 2009. 上海地区番茄黄化曲叶病毒病的鉴定及嫁接接种法研究 [J]. 基因组学与应用生物学 , 28(1): 115–118.
[57] 于拴仓 , 邹艳敏 , 2007. 番茄枯萎病抗性基因 *I-2* 的显性分子标记及其应用 [J]. 分子植物育种 , 5(6): 806–810.
[58] 张定法 , 刘鸣韬 , 高付军 , 等, 2004. 番茄褐斑病菌生物学特性的研究 [J]. 河南职业技术师范学院学报 , 32(3): 18–20.
[59] 张晓敏 , FRANCIS D M, 杨文才 , 2009. 我国部分番茄主栽品种抗疮痂病评价和标记辅助选择 [J]. 华北农学报 , 24(4):183–187.
[60] 张艳霞 , 2016. 番茄细菌性斑疹病的发生规律与防治 [J]. 河南农业 (34): 31,47.
[61] 赵白梅 , 曹海鹏 , 段俊杰, 等 , 2015. 番茄 3 个抗疮痂病菌 T3 小种基因的等位性测定和序列分析 [J]. 园艺学报 , 42(3): 462–470.
[62] 赵廷昌 , 孙福在 , 冯凌云 , 等 , 2000. 番茄品种对番茄细菌性斑点病的抗性鉴定 [J]. 植物保护 (4): 49–50.
[63] 朱为民 , 于力 , 万延慧 , 等 , 2009. 番茄黄化曲叶病毒病的烟粉虱接种法 : CN200810033539.1[P].
[64]ABTEW W G, 2009. Fine mapping of *Ol-1*, a resistance gene to tomato powdery mildew (*Oidium neolycopersici*) [D]. Wageningen：Wageningen University.
[65]BAI Y , HULST R V D, HUANG C C , et al., 2004. Mapping *Ol-4*, a gene conferring resistance to *Oidium neolycopersici* and originating from *Lycopersicon peruvianum* LA2172, requires multi–allelic, single–locus markers[J]. Theoretical and applied genetics,

109: 1215–1223.

[66]BAI Y, RON V D H, BONNEMA G, et al., 2005. Tomato defense to *Oidium neolycopersici*: dominant *Ol* genes confer isolate-dependent resistance via a different mechanism than recessive *ol-2* [J]. Molecular plant microbe interactions, 18(4): 354–362.

[67]BEHARE J, LATERROT H, SAFATTI M, et al., 1991. Restriction fragment length polymorphism mapping of *Stemphylium* resisitance gene in tomato [J]. Molecular plant-microbe interactions, 4 (5): 489–492.

[68]BI G Z, SU M, LI N, et al., 2021. The ZAR1 resistosome is a calcium-permeable channel triggering plant immune signaling [J]. Cell, 184(13): 3528–3541.

[69]BOITEUX L S, GIORDANO L B, 1993. Genetic basis of resistance against two *Tospovirus* species in tomato(*Lycopersicon esculentum*) [J]. Euphytica, 71(1–2): 151–154.

[70]CHUNWONGSE J, BUNN T B, CROSSMAN C, et al., 1994. Chromosomal localization and molecular-marker tagging of the powdery mildew resistance gene(*Lv*)in tomato [J]. Theoretical and applied genetics, 89 (1): 76–79.

[71]CICCAREAE F, AMENDUNI M, SCHIAVONE D, et al., 1998. Occurrence and inheritance of resistance to powdery mildew (*Oidium lycopersici*) in *Lycopersicon* species[J]. Plant pathology, 47(4): 417–419.

[72]DE CASTRO A P, DÍEZ M J, NUEZ F, 2007. Inheritance of Tomato yellow leaf curl virus resistance derived from *Solanum pimpinellifolium* UPV16991 [J]. Plant disease, 91(7): 879–885.

[73]DOOLITTLE S P, 1916. A new infectious mosaic disease of cucumber [J]. Phytopathology, 6: 145–147.

[74]DOUGLAS D R, 1972.The effect of light and temperature on the sporulation of different isolates of *Alternaria solani*[J]. Canadian journal of botany, 50(3): 629–634.

[75]ELAD Y, FILLINGER S,2016.Botrytis–the fungus, the pathogen and its management in agricultural systems [M]. Switzerland: Springer International Publishing: 1–15.

[76]ELKIND Y, KEDAR N, KATAN Y, et al., 1988. Linkage between *Tm-2* and *Fusarium oxysporum* f. sp. *radicis lycopersici* resistance (FORL) [J]. Rep tomato genet coop, 38: 22.

[77]FAZIO G, STEVENS M R, SCOTT J W, et al., 1999. Identification of RAPD markers linked to *Fusarium* crown and root rot resistance(Frl)in tomato [J]. Euphytica, 105(3): 205–210.

[78]FINLAY K W, 1953. Inheritance of spotted wilt resistance in the tomato Ⅱ. Five genes controlling spotted wilt resistance in four tomato types[J]. Australian journal of biological sciences, 6(2): 153–163.

[79]FOLKERTSMA R T, SPASSOVA M I, PRINS M, et al., 1999. Construction of a bacterial

artificial chromosome (BAC) library of *Lycopersicon esculentum* cv. Stevens and its application to physically map the *Sw-5* locus [J]. Molecular breeding, 5(2): 197–207.

[80]FOOLAD M R, 2007. Genome mapping and molecular breeding of tomato[J]. International journal of plant genomics, 2007：64358.

[81]GANEVA D, BOGATZEVSKA N, 2017. Sources of resistance to races R0 and R1 of *Pseudomonas syringae* pv. *tomato*-agent of bacterial speck on tomato [J]. Genetika, 49(1): 139–149.

[82]GARCÍ A-CANO E, NAVAS-CASTILLO J, MORIONES E, et al., 2010. Resistance to *Tomato chlorosis virus* in wild tomato species that impair virus accumulation and disease symptom expression [J]. Phytopathology, 100(6): 582–592.

[83]GENNARO F, MIKEL R S, JOHN W S, 1999. Identification of RAPD markers linked to fusarium crown and root rotresistance (*Frl*) in tomato [J]. Euphytica, 105: 205–210.

[84]GILL U, SCOTT J W, SHEKASTEBAND R, et al., 2019. *Ty-6*, a major begomovirus resistance gene on chromosome 10, is effective against tomato yellow leaf curl virus and tomato mottle virus[J]. Theoretical and applied genetics, 132(5):1543–1554.

[85]GONZÁLEZ W G, SUMMERS W L, 1995. A comparison of *Pseudomonas solanacearum*-resistant tomato cultivars as hybrid parents [J]. American society for horticultural science, 120(6): 891–895.

[86]GRIMAULT V, PRIOR P, ANAS G, 2010. A monogenic dominant resistance of tomato to bacterial wilt in Hawaii 7996 is associated with plant colonization by *Pseudomonas solanacearum* [J]. Journal of phytopathology, 143(6): 349–352.

[87]HANSON P, GREEN S K, KUO G, 2006. *Ty-2*, a gene on chromosome 11 conditioning geminivirus resistance in tomato[J]. Report of the tomato genetics cooperative, 56: 17–18.

[88]HEMMING M N, BASUKI S, MCGRATH D J, et al., 2004. Fine mapping of the tomato *I-3* gene for fusarium wilt resistance and elimination of a co-segregating resistance gene analogue as a candidate for *I-3*[J]. Theoretical and applied genetics, 109: 409–418.

[89]HUTTON S F, SCOTT J W, JONES J B, 2010. Inheritance of resistance to bacterial spot race T4 from three tomato breeding lines with differing resistance backgrounds [J]. Journal of the American society for horticultural science, 135(2): 150–158.

[90]JARVIS W R, 1988. Fusarium crown and root rot of tomatoes [J]. Phytoprotection, 69: 49–64.

[91]JONES H E, WHIPPS J M, THOMAS B J, et al., 2000. Initial events in the colonisation of tomatoes by *Oidium lycopersici*, a distinct powdery mildew fungus of *Lycopersicon* species [J].Revue canadienne de botanique, 78(10): 1361–1366.

[92]KIM S H, OLSON T N, PEFFER N D, et al., 2010. First report of bacterial spot of tomato

caused by *Xanthomonas gardneri* in Pennsylvania [J]. Plant disease, 94(5): 638.
[93]LANDEO-RÍOS Y M, NAVAS-CASTILLO J, MORIONES E, et al., 2016. The p22 RNA silencing suppressor of the crinivirus *Tomato chlorosis virus* preferentially binds long dsRNAs preventing them from cleavage [J]. Virology, 488: 129–136.
[94]LEBEDA A, MIESLEROVÁ B, PETRIVALSKÝ M, et al., 2014. Resistance mechanisms of wild tomato germplasm to infection of *Oidium neolycopersici*[J]. European journal of plant pathology, 138: 569–596.
[95]LEROUX P, FRITZ R, DEBIEU D, et al., 2002. Mechanisms of resistance to fungicides in field strains of *Botrytis cinerea* [J]. Pest management science, 58(9): 876–888.
[96]LOUGH R C, GARDNER R G, 2000. Inheritance of tomato late blight resistance derived from *Lycopersicon hirsutum* LA1033 and identification of molecular markers [J]. Horticultural science, 35(3): 490.
[97]PÉREZ-GARCÍA A, SNOEIJERS S S, JOOSTEN M H, et al., 2001. Expression and localization of two in planta induced extracellular proteins of the fungal tomato pathogen *Cladosporium fulvum* [J]. Molecular plant–microbe interactions, 14(3): 316–325.
[98]PORTE W S, WALKER H B, 1941. The Pan American tomato, a new red variety highly resistant to Fusarium wilt. [C]. Washington D C: US Department of Agriculture.
[99]RATTINK H, 1992. Targets for pathology research in protected crops [J]. Pesticide science, 36(4): 385–388.
[100]RICCIARDI L, LOTTI C, PAVAN S, et al., 2007. Further isolation of AFLP and LMS markers for the mapping of the *Ol-2* locus related to powdery mildew (*Oidium neolycopersici*) resistance in tomato (*Solanum lycopersicum* L.)[J]. Plant science, 172(4): 746–755.
[101]SCHORNACK S, BALLVORA A, DOREEN GÜRLEBECK, et al., 2010. The tomato resistance protein Bs4 is a predicted non–nuclear TIR–NB–LRR protein that mediates defense responses to severely truncated derivatives of *AvrBs4* and overexpressed *AvrBs3*. [J]. The plant journal, 37: 1937.
[102]SCOTT J W, FRANCIS D M, MILLER S A, et al., 2003. Tomato bacterial spot resistance derived from PI 114490; inheritance of resistance to race T2 and relationship across three pathogen races [J]. American society for horticultural science, 128(5): 698–703.
[103]SCOTT J W, HUTTON S F, SHEKASTEBAND R, et al., 2013. Identification of tomato bacterial spot race T1, T2, T3, T4, and *Xanthomonas gardneri* resistance QTLs derived from PI 114490 populations selected for race T4 [J]. Acta horticulturae(1069): 53–58.
[104]SEIFI A, GAO D, ZHENG Z, et al., 2014. Genetics and molecular mechanisms of resistance to powdery mildews in tomato (*Solanum lycopersicum*) and its wild relatives[J].

European journal of plant pathology, 138: 641–665.

[105]SONODA R M, 1976. The occurrence of *Fusarium* root rot of tomatoes in South Florida [J]. Plant disease reporter, 60: 271–274.

[106]STALL R E, JONES J B, MINSAVAGE G V, 2009. Durability of resistance in tomato and pepper to *Xanthomonads* causing bacterial spot[J]. Annual review of phytopathology, 47(1): 265–284.

[107]VAKALOUNAKIS D J, 1988. The genetic analysis of resistance to Fusarium crown and root rot of tomato [J]. Plant pathology, 37(1): 71–73.

[108]VAKALOUNAKIS D J, LATERROT H, MORETTI A, et al., 2010. Linkage between *Frl* (*Fusarium oxysporum* F. sp. *radicis-lycopersici* resistance)and *Tm–2* (tobacco mosaic virus resistance–2) loci in tomato (*Lycopersicon esculentum*) [J]. Annals of applied biology, 130(2): 319–323.

[109]VAN DER BEEK J G, PET G, LINDHOUT P, 1994. Resistance to powdery mildew (*Oidium lycopersicum*) in *Lycopersicon hirsutum* is controlled by an incompletely–dominant gene *Ol–1* on chromosome 6[J]. Theoretical and applied genetics, 89: 467–473.

[110]VIOUTOGLOU L, KALOGERAKIS S N, 2000. Effect if inoeulum concentration, wetness duration and plant age on development of early blight (*Altenaria solani*) and on shedding of leaves in tomato plans [J]. Plant pathology, 49: 339–345.

[111]WELLMAN F L, BLAISDELL D J, 1940. Differences in growth characters and pathogenicity of *Fusarium* wilt isolations tested on three tomato varieties [C]//United States Department of Agriculture. Technical bulletin:705.

[112]WHITFIELD A E, ULLMAN D E, GERMAN T L, et al., 2005. Tospovirus–thrips interactions [J]. Annual review of phytopathology, 43(1): 459–489.

[113]WILLIAMSON V M, HO J Y, WU F F, et al., 1994. A PCR–based marker tightly linked to the nematode resistance gene, Mi, in tomato[J]. Theoretical and applied genetics, 87: 757–763.

[114]WISLER G C, LI R H, IIU H Y, et al., 1998. Tomato chlorosis virus: a new whitefly transmitted, phloem limited, bipartite closterovirus of tomato [J]. Phytopathology, 88(5): 402–409.

[115]XU Z, BARNETT O W, 1984. Identification of a cucumber, mosaic virus strain from naturally infected peanut in China [J]. Plant disease, 68(5): 386–389.

[116]YAMAMOTO I, KOMADA H, KUNIYASU K, et al., 1974. A new race of *Fusarium oxysporum* F. sp. *lycopersici* inducing root rot of tomato[J]. Proceedings of the kansai plant protection society, 16: 17–19.

[117]YANG H H, WANG H X, JIANG J B, et al., 2022. The *Sm* gene conferring resistance

to gray leaf spot disease encodes an NBS-LRR plant resistance protein in tomato [J]. Theoretical and applied genetics, 135(5): 1467–1476.

[118]YANG W, MILLER S A, SCOTT J W, et al., 2004. Mining tomato genome sequence database for molecular markers: application to bacterial resistance and marker assisted selection [J].Acta horticulturae, 695(695): 241–250.

[119]YEH S D, 1995. Nucleotide sequence of the N gene of watermelon silver mottle virus, a proposed new member of the genus *Tospovirus*[J]. Phytopathology, 85(1): 58–64.

[120]YU Z H, WANG J F, STALL R E, et al., 1995. Genomic localization of tomato genes that control a hypersensitive reaction to *Xanthomonas campestris* pv. *vesicatoria* (Doidge) dye [J]. Genetics, 141(2): 675–682.

[121]ZAMIR D, EKSTEIN-MICHELSON I, ZAKAY Y, et al., 1994. Mapping and introgression of a tomato yellow leaf curl virus tolerance gene, *Ty-1* [J]. Theoretical and applied genetics, 88(2): 141–146.

[122]ZHANG C Z, LIU L, LI J M, et al., 2013. Fine mapping of the *Ph-3* gene conferring resistance to late blight (*Phytophthora infestans*) in tomato [J]. Theoretical and applied genetics, 126(10): 2643–2653.